U0226143

玉树藏族自治州水利志
（1951—2017）

玉树藏族自治州水利局　编

黄河水利出版社
·郑　州·

图书在版编目(CIP)数据

玉树藏族自治州水利志:1951—2017/玉树藏族自治州
水利局编. —郑州:黄河水利出版社,2019.2
ISBN 978 - 7 - 5509 - 2282 - 2

Ⅰ.①玉⋯　Ⅱ.①玉⋯　Ⅲ.①水利史 - 玉树藏族自
治州 - 1951 - 2017　Ⅳ.①TV - 092

中国版本图书馆 CIP 数据核字(2019)第 038027 号

出　版　社:黄河水利出版社　　　　　　　　　　网址:www.yrcp.com
　　　　地址:河南省郑州市顺河路黄委会综合楼 14 层　邮政编码:450003
发行单位:黄河水利出版社
　　　　发行部电话:0371 - 66026940、66020550、66028024、66022620(传真)
　　　　E-mail:hhslcbs@ 126. com
承印单位:虎彩印艺股份有限公司
开本:889 mm × 1 194 mm　1/16
印张:25.25　　　　　　　　　　　　　　　插页:12
字数:568 千字
版次:2019 年 2 月第 1 版　　　　　　　　　　印次:2019 年 2 月第 1 次印刷

定价:200.00 元

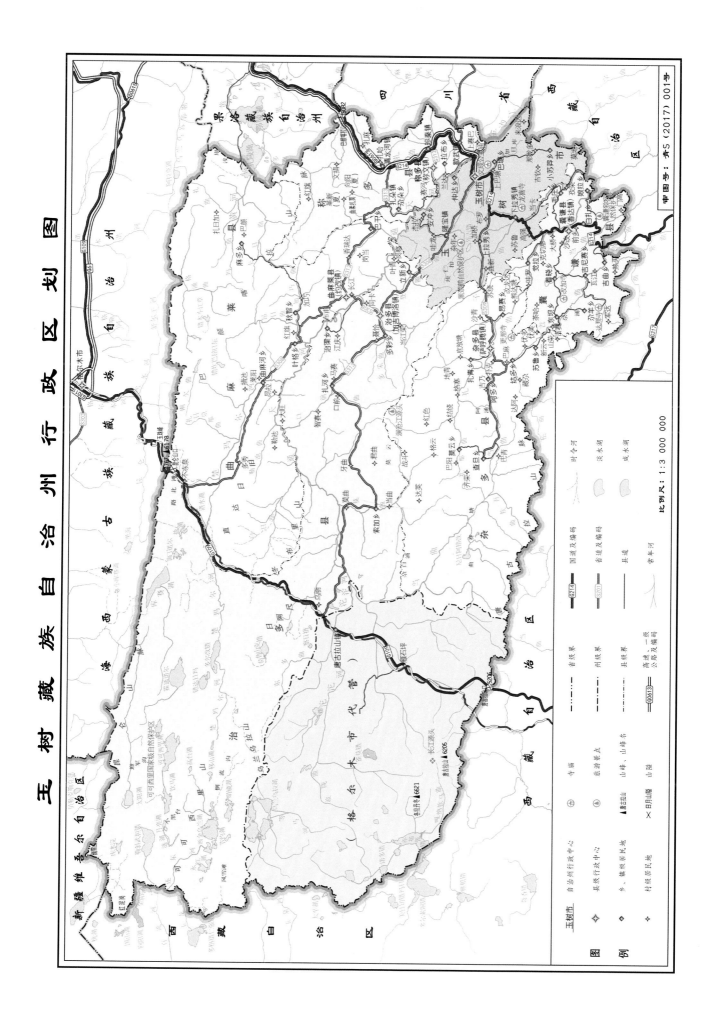

玉 树 藏 族 自 治 州 行 政 区 划 图

审图号：青S（2017）001号

比例尺：1:3 000 000

玉树藏族自治州水系图

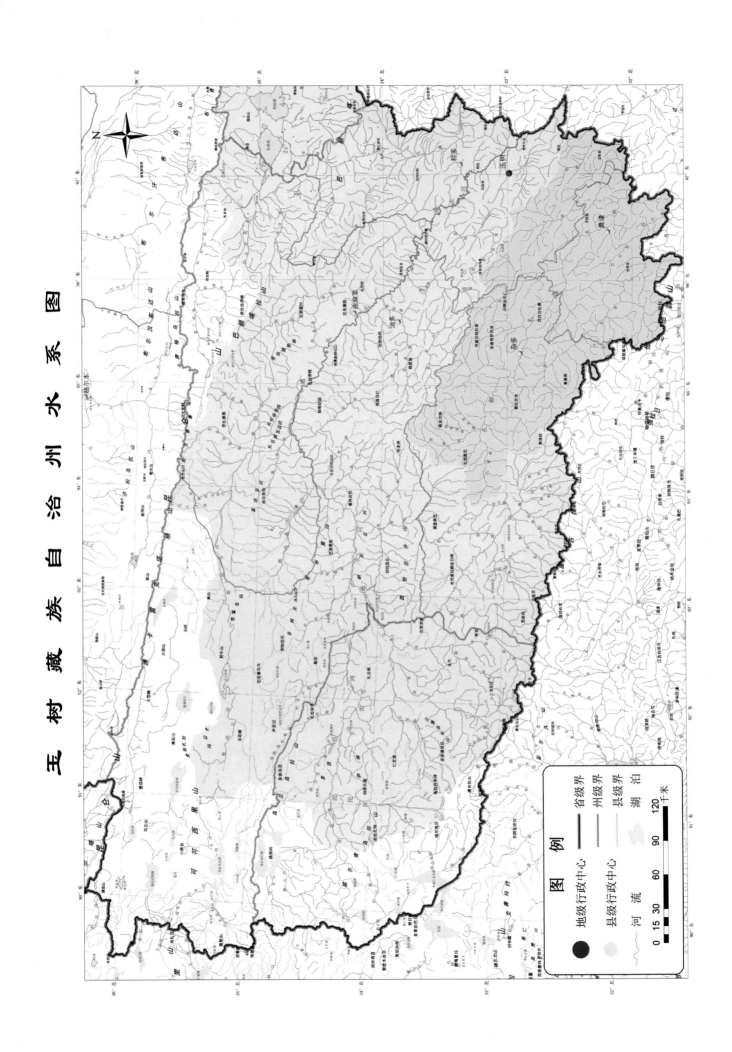

图例

● 地级行政中心	省级界
○ 县级行政中心	州级界
—— 河流	县级界
	湖泊

0 15 30 60 90 120 千米

2010 年 4 月 23 日，青海省委书记强卫（右一）检查指导玉树州水利抗震救灾工作

2010 年 5 月 10 日，青海省委副书记、省长骆惠宁（左一）检查指导玉树州水利抗震救灾工作

1999 年 10 月 24 日，青海省人民政府副省长穆东升、水利部副部长周文智、黄河水利委员会主任鄂竟平共同为黄河源碑揭碑

2016 年 7 月 25 日，青海省委常委、宣传部部长张西明（中）、水利部水资源司副司长石秋池出席玉树水文化节开幕式并与各方领导一起按动开幕式启动球

2015 年 10 月 15 日，水利部部长、党组书记陈雷（左三）在玉树州检查指导水利工作

2010 年 4 月 15 日，水利部副部长刘宁（左四）与专家组成员现场查看禅古电站水库大坝险情

2012 年 8 月 26 日，水利部副部长矫勇视察玉树水文分局及直门达、新寨水文站，并亲切慰问一线水文职工

2010 年 4 月 16 日，青海省水利厅厅长于丛乐（正中）、副厅长张世丰（右二）查看结古镇自来水厂泵房震损情况

2017 年 3 月 3 日，水利部人事司副司长孙高振（左二）一行到杨凌职业技术学院宿舍看望"玉树班"学生

2017 年 3 月 8 日，水利部水资源司司长陈明忠带领的调研组一行 9 人抵达玉树，对玉树州推进生态文明建设进行调研指导工作

1999 年 10 月 24 日，黄河水利委员会主任鄂竟平在黄河源碑揭碑仪式上宣读黄河源碑铭

2016 年 8 月 26 日，水利部专家赴玉树州调研草原灌溉项目

2010年5月5日，青海省水利厅厅长于丛乐（最前）主持禅古水电站发电仪式

2011年9月6日，青海省水利厅党组书记、厅长曹宏（左一）视察德卓滩防洪工程

2016年5月17日，青海省水利厅副厅长马晓潮率领由青海省国土资源厅、青海省水利厅防汛办及农水处等部门组成的工作组检查指导玉树州防汛抗旱及农牧区人畜饮水工作

2018年7月12—13日，水利部水电移民司司长唐传利、青海省水利厅厅长张世丰在玉树州水利局负责人的陪同下，检查指导玉树水文工作，看望慰问一线水文职工

2017年10月21日，国家防汛抗旱总指挥部办公室主任李坤刚及青海省水利厅副厅长马晓潮、玉树州副州长扎西才让一行到玉树水文分局检查指导工作并看望慰问水文干部职工

2016年11月16日，玉树州副州长才玉、玉树州水利局局长才多杰到陕西杨凌职业技术学院宿舍看望"玉树班"学生

2017年4月17日，玉树州水利局局长才多杰（正中）到玉树州贫困村调研，并与村民进行沟通交流

2015年5月，玉树州水利局局长才多杰（右二）到囊谦县检查节水灌溉工作

2016年9月，玉树州水利局局长才多杰（最前）到玉树市、称多县及囊谦县对2015—2016年水利重点项目进行督查

2010年4月19日，玉树县第一项应急抢险恢复重建基础设施项目——禅古电站水库大坝除险加固工程开工

2010年4月28日，玉树州地震灾后水利重建规划讨论会在西宁举行

2016年9月12日，青海省玉树州水利人才培养订单班开班典礼在陕西杨凌职业技术学院召开

2017年3月2日，玉树州通天河国家水利风景区揭牌仪式在玉树市举行

2017年11月12日，玉树州水利局副局长徐学录带领专业技术人员赴囊谦县检查人饮工程建设情况

2017年5月21日，玉树州水利局副调研员赵文刚带领农业技术人员在囊谦县着晓乡查哈村联点帮扶村宣讲农业知识

玉树州2015—2016年水利工程项目执行情况专项督察汇报会

玉树州通天河水利风景区申报国家级工作座谈会

黄河流域水生态文明宣传报道活动记者见面会

2016年5月5日，玉树州水利人才定向招生座谈会在西宁召开

2016年6月15日，玉树州人民政府和陕西杨凌职业技术学院在玉树州政府六楼会议室举行订单培养水利（生态）人才签约仪式

玉树州政府与水利专业订单班学生签订"订单式人才培养协议书"

2016年玉树州防汛抗旱工作会议

2017年8月18—19日，玉树州农田、草原节水灌溉及中小河流治理工程建设现场观摩会在囊谦县召开

2017年，水利部部长陈雷（左六）到玉树州调研水利工作，并同水利部门相关领导在玉树州水利局大楼前合影

2016 年，玉树州水利系统业务培训

2017 年 10 月 11 日，玉树州召开 2017 年第一次河长制工作推进会议

2017 年 11 月 3 日，玉树市国庆水库正式开工

可可西里自然保护区碑

三江源自然保护区碑

1999 年建立的黄河源碑

隆宝湖国家级自然保护区

长江第一湾

玉树州通天河国家水利风景区

约古宗列曲

卡日曲

扎陵湖

沱沱河源头

当曲

色吾曲

聂恰曲

楚玛尔河

巴塘河

北麓河

通天河

通天河直门达段

扎西科河

勒巴沟

年吉湖

隆宝湖湿地

扎曲（杂多段）

扎曲（囊谦段）

杂多县澜沧江源省级水利风景区

囊谦澜沧江国家水利风景区

扎那曲

子曲

吉曲

卓乃湖

措达日玛湖

可可西里湖

库赛湖

通天河与巴塘河交汇处

巴塘河堤防工程

通天河晒经台

通天河渡桥的变迁

囊谦县扎曲河新城段防洪工程现场

囊谦县河道治理施工

囊谦县香曲河部分河道

杂多县城沟道治理

曲麻莱县人饮安全工程蓄水池

禅古村人畜饮水工程发挥效益

禅古水电站

禅古村寺院人畜饮水工程发挥效益

西杭水电站

杂多龙青峡水电站

拉贡水电站

《玉树藏族自治州水利志(1951—2017)》
编纂委员会

策　　划　才多杰

主任委员　才多杰

副主任委员　徐学录　赵文刚

委　　员　（排名不分先后）

扎西端智　仁青多杰　求周多杰　才永扎　　张济忠

江永边巴　成林然丁　索日文才　白玛然丁　才　培

《玉树藏族自治州水利志(1951—2017)》
编纂人员

主　　编　李润杰　王霞玲

副 主 编　刘得俊　郭凯先

编纂人员　（排名不分前后）

温　军　　张金旭　　连利叶　　黄佳盛　　严尚福

吴元梅　　贾海博　　冯琪　　　陈建宏　　杨　阳

贾海峰　　扎西端智　更松卓尕　朱严宏　　才永扎

祁录守　　李小英　　旦巴达杰　阚着文毛　索南忠尕

尕玛达杰　普措看着　贺海玲　　李　琼　　巴桑才仁

巴才仁　　优　忠　　吕蔚霞　　赵守鹏　　巴丁才仁

求周多杰　张济忠　　旦增尼玛　成林然丁　索日文才

《玉树藏族自治州水利志(1951—2017)》
审查小组

云　涌　　崑文朝　　孙婉娟　　王绒艳　　李树宁

任文浩　　陈　强　　李德靖　　才多杰　　石克俭

张发年　　扎西端智　永丁才旺　才永扎　　祁录守

前　言

　　水是生命之源、生产之要、生态之基。兴水利、除水害,事关人类生存、经济发展、社会进步,历来是治国安邦的大事。中华人民共和国成立以来,特别是改革开放以来,党和国家始终高度重视水利工作,领导人民开展了气壮山河的水利建设,取得了举世瞩目的巨大成就,为经济社会发展、人民安居乐业做出了突出贡献。促进经济长期平稳较快发展、社会和谐稳定,全面建成小康社会,也必须下决心加快水利发展,切实增强水利支撑保障能力,实现水资源的可持续利用。

　　玉树藏族自治州地处青藏高原腹地,巍巍唐古拉山,莽莽昆仑山,南北对峙,滔滔黄河,滚滚长江,浩浩澜沧江,发源其间,故有"江河之源、名山之宗"和"中华水塔"等美誉。白雪皑皑的雪山冰川,辽阔无垠的草原,奔腾不息的江河,傲然耸立的群峰,构成了玉树藏族自治州在青藏高原风格独特的地理区域。繁衍生息在这里的人民,以其坚韧不拔的毅力、执着追求的精神,不断了解和认识这里的地形地貌、地质环境、土壤植被、河流水系等,智慧地利用天时地利和把握自然规律,创造发展了自己的水利史,为玉树藏族自治州社会经济发展起到基础性、先导性和保障性作用,也为子孙后代留下了宝贵的精神和物质财富。

　　为全面展示玉树藏族自治州水利事业的内涵和中华人民共和国成立以来治水发展历程,彰显玉树藏族自治州干部群众的治水业绩,玉树藏族自治州水利局于 2016 年 12 月成立了《玉树藏族自治州水利志(1951—2017)》编纂委员会,委托青海省水利水电科技发展有限公司(2018 年更名为青海省水利水电科学研究院有限公司)编写该志书。编纂组收集整理相关资料,历时二载,数易其稿,并经有关专家学者评审,终于使这部 50 多万字的《玉树藏族自治州水利志》付梓。

　　《玉树藏族自治州水利志》的编写,以马克思列宁主义、毛泽东思想、邓小平理论、"三个代表"重要思想、科学发展观、习近平新时代中国特色社会主义思想为指导,坚持评从史出、实事求是、去伪存真、立足当代、详近略远、详独略同、详主略次的原则,运用辩证唯物主义和历史唯物主义的观点,客观真实地记录了玉树藏族自治州的水利事业,是玉树藏族自治州水利史上第一部志书,具有存史、资治、教化价值。

　　本书共 15 章,详细记载了玉树藏族自治州的地理位置、地形地貌、气候条件、地质地震、土壤植被、河湖水系、水文、水资源和水利发展历程;全面阐述了玉树藏族自治州水利工程、水电工程、水土保持、防汛抗旱、水生态文明、水文事业、灾后重建等水利事业;具体叙述了各时期发生的水利事件、自然灾害等;细致记述了科技教育、水利管理、水利改革、水利投资和水利扶贫等工作。该志突出水利主题、时代特点和地域特色,填补了玉树藏族自治州水利无史的空白。

　　本书编写过程中使用了《青海省志·长江黄河澜沧江源志》《青海河流》《青海河湖概览》《玉树藏族自治州概况》《玉树州志》等文献的部分资料,同时参考引用了青海省水利及相关单位(部门)大量的相关文献资料,在此对参考文献和资料的作者表示衷心的感谢!在本书的编纂过程中,承蒙许多领导、专家学者热心提供资料,对文稿进行精心审阅,在此表示诚挚的感谢!因中华人民共和国成立以来,玉树藏族自治州水利事业不断发展,治水活动频繁,工程项目门类众多,编纂人员水平有限,书中难免出现疏漏,敬请广大读者批评指正。

《玉树藏族自治州水利志》编纂委员会

2018 年 10 月

凡　例

　　一、本志以马克思列宁主义、毛泽东思想、邓小平理论、"三个代表"重要思想、科学发展观、习近平新时代中国特色社会主义思想为指导,坚持辩证唯物主义和历史唯物主义的立场、观点和方法,力求思想性、科学性和资料性相统一。以记事存史为宗旨,坚持实事求是、存真求实的原则,运用现代科学理论和方法,客观、公正、真实地记述玉树藏族自治州区域内的自然概况、水利发展历程等。

　　二、本志为首编本,上起 1951 年,下至 2017 年,重点记述玉树藏族自治州建政以来水利事业的发展历史。

　　三、本志以概述、大事记开篇,下分自然与社会经济概况、水资源、水利工程建设、水电工程建设等 15 章正文,附录殿后,以编后记结尾。

　　四、本志以文为主,辅以图和照片,并集于志首,表格附于正文相关部分。结构为章、节、目、子目四个层次。在编纂上,立足全州,总揽六县(市)。

　　五、本志使用规范的现代语体文。除概述及章下无题序有适度议论外,其他据事直书、述而不论。

　　六、本志语言文字、标点符号、称谓、数字数据、时间表述、计量单位、图(照片)、表和引文注释等的使用,均按照国家相关规定、标准执行。

　　七、本志各项主要数据以州统计局的统计资料为准,州统计局所缺漏者,则采用省级各有关单位和部门提供的数据。

　　八、本志使用的行政区、机关和地名均采用当时名称。

编 纂 说 明

一、编纂原则

本志坚持水利志编纂的指导思想和原则,执行《地方志书质量规定》和《〈水利志〉行文规范》,客观、真实地记述玉树藏族自治州建州以来 67 年期间水利事业改革发展的历程和基本情况。

二、记述时间

本志记述时限上起 1951 年,下至 2017 年。个别章节为保证记述的完整性,时间上有适度下延。

三、结构层次

本志除概述、大事记外,共设自然与社会经济概况、水资源、水利工程建设、水电工程建设、水土保持、防汛抗旱、水生态文明建设、水文事业、科技与教育、水利管理、水利改革、灾后重建、水利投资与水利扶贫、机构与队伍、先进集体和先进个人等 15 章正文,附录。志书采用章节体,一般设章、节、目、子目四个层次。

四、体裁运用

本志采用述、记、志、图、表、录等体裁,以志为主。

五、资料来源

本志资料主要来自各相关部门文书档案、报刊、专题文献或专著等有关文字资料,同时也采用当地调查和询问记录。所采用的原始资料经鉴别、核实后入志,一般不注明出处。主要来源概括为以下方面:

(1)查阅采集青海省水利厅机关和所属单位的技术档案获取的资料;

(2)玉树藏族自治州各年度编印的《玉树藏族自治州水利年鉴》;

（3）《玉树藏族自治州概况》；

（4）《玉树州志》；

（5）《青海省志·水利志》；

（6）《青海省志·长江黄河澜沧江源志》；

（7）《青海河流》；

（8）《青海河湖概览》；

（9）《玉树县农牧业区划》《囊谦县农牧业区划》《称多县农牧业区划》《杂多县农牧业区划》《曲麻莱县农牧业区划》；

（10）《青海省水资源公报》《青海省玉树州第一次水利普查公报》；

（11）玉树藏族自治州档案局、财政局、环保局资料；

（12）玉树藏族自治州水利部门提供的资料。

六、其他事项

（1）本志大事记采用编年体和纪事本末体，以收录玉树藏族自治州内水利大事、要事、特事、新事，兼顾玉树藏族自治州内各地区的实际为原则，经筛选、核实、精练文字而成。

（2）水利水电工程的等级划分，采用水利部颁布的全国统一标准。灌区等级划分沿袭青海省以往的传统划分，即万亩以上、千亩以上划分的做法。

（3）洪旱灾害等级、降雨等级，按全国统一标准划分。

（4）本志中的相关机构单位，根据情况采用当时的全称或简称，领导人职务为当时职务。

目　录

概　述

　　水是一切生命的源泉,是人类生活和生产活动中必不可少的物质。水利不仅是农业的命脉,而且是整个国民经济的命脉,水利建设对全社会的饮水安全、农业安全、人的生命安全(防洪安全)、工业和生态建设用水安全等方面有至关重要的作用。

　　玉树藏族自治州自 1951 年建州以来,在中央和省委、省政府一系列治水方针政策的指引下,在全州人民的共同努力下,全州水利系统逐步构建并不断完善,各级领导和广大职工对水利在国民经济和社会发展中的地位和使命的认识不断提高,全州上下发展水利的思路逐步改变。全州水利事业的发展以马克思列宁主义、毛泽东思想、邓小平理论、"三个代表"重要思想、科学发展观、习近平新时代中国特色社会主义思想为指导,以实现水资源的可持续利用和优化配置为目标,认真倡导"水利为民"的精神,切实加强水利基础设施建设,统筹协调好生活、生产、生态用水,在服务全州经济社会发展中发挥着重要作用。

一

　　玉树藏族自治州位于青藏高原腹地,青海省西南部,平均海拔在 4 200 米以上。北与青海省海西蒙古族藏族自治州相连,西北与新疆的巴音郭楞蒙古自治州接壤,东与果洛藏族自治州互通,东南与四川省甘孜藏族自治州毗邻,西南与西藏昌都市和那曲市交界。全州土地总面积 20.49 万平方公里(不包括海西州代管的唐古拉山镇),约占青海省总面积的 28.37%。

　　全州地处中纬度的内陆高原区,气候高寒。具有暖季短促、冷季漫长,降雨集中、雨热同期,光照丰富、辐射强烈,冷季多大风和沙暴、暖季多雷雨和冰雹等特点。气温受西北高、东南低的地势影响,自西北向东南递增。境内日照时数因地不一。莫云、扎河以西,色吾沟、麻多以北地区年日照时数在 2 700 小时以上;玉树市下拉秀以东地区、东部的称多县以及中部的杂多县年日照时数在 2 500 小时以下;其余地区在 2 500 ~ 2 700 小时。

　　根据《全国第二次土壤普查暂行技术规程》和《青海省土壤分类系统(草案)》规定的土壤分类原则,玉树藏族自治州土壤主要有高山寒漠土、高山草甸土、高山草原土、山地草甸土、灰褐土、栗钙土、草甸土、潮土、沼泽土、泥炭土等 10 种类型。全州植被较好,主要有草甸、草原、沼泽、灌丛和疏林等 5 种主要类型。地层包括奥陶系、泥盆系、石炭系、二叠系、三叠系、侏罗系、白垩系、第三系、第四系 9 大系。地处青藏高原块体的中部,地质活动较为强烈,地震发生频率较高,自玉树藏族自治州建州以来,地震次数较多,最强烈的是于 2010 年 4 月 14 日发生在结古镇的 7.1 级大地震,地震造成严重的人员伤亡,同时导致一些水利工程被严重破坏。

玉树藏族自治州靠近亚热带的边缘,受印度洋西南季风和太平洋东南季风的影响,水汽充足,降雨量较多,河流纵横,径流量大,地下水资源丰富。全州境内河流按河川径流体系分为外流区和内流区。外流河有长江、黄河和澜沧江,内流河主要分布在西北一带,为向心水系,河流较短,流向内陆湖。

二

1949 年设玉树专区,1951 年 12 月玉树专区改为玉树藏族自治区,1955 年玉树藏族自治区改设为玉树藏族自治州。截至 2017 年,玉树藏族自治州下辖玉树市、囊谦县、称多县、治多县、杂多县和曲麻莱县 1 市 5 县,共 11 镇 34 乡 4 个街道办事处。1999 年总人口约为 25.27 万人,其中藏族人口约 24.5 万人,占总人口的 97%;2008 年总人口约为 28.31 万人,其中藏族人口约 26.98 万人,占总人口的 95.3%;2012 年总人口约为 39.18 万人,其中藏族人口约为 38.26 万人,占总人口的 97.65%;2015 年末总人口约为 39.19 万人,其中藏族人口约 38.57 万人,占总人口的 98.42%;2016 年末总人口约为 40.37 万人,其中藏族人口约 39.77 万人,占总人口的 98.51%;2017 年末总人口约为 40.95 万人。

2017 年全州实现地区生产总值 64.38 亿元,比 2016 年增长 1.0%,人均生产总值 15 798.13 元。按产业看,第一产业完成增加值 27.85 亿元,比 2016 年增长 4.1%;第二产业完成增加值 22.71 亿元,比 2016 年下降 6%;第三产业完成增加值为 13.82 亿元,比 2016 年增长 7.1%。全年农作物总种植面积 17.87 万亩,其中粮食种植面积 12.07 万亩,在粮食作物中,小麦种植面积为 0.12 万亩、马铃薯种植面积 1.05 万亩、青稞种植面积 10.48 万亩、豌豆种植面积 0.42 万亩;油料种植面积 0.64 万亩;蔬菜种植面积 0.52 万亩;其他作物种植面积 4.64 万亩。在农产品产量中,粮食总产量 18 456 吨,油料总产量 998 吨,蔬菜产量 0.49 万吨。年末草食牲畜存栏总数 250.6 万头(只)。全州全社会固定资产投资完成约 69.92 亿元。按产业分,第一产业完成投资 18 987 万元,第二产业完成投资 260 810 万元,第三产业完成投资 419 439 万元。各类学校共 211 所,广播电视转播站 7 座,有线电视用户 18 749 户,村村通(户户通)用户 86 479 户,艺术事业机构 7 个,图书馆 6 个,群众文化机构 14 个,文物管理所 7 所。城镇常住居民人均可支配收入 30 512.16 元。

三

玉树藏族自治州是长江、黄河、澜沧江的发源地,境内河网密布,水源充裕,素有"江河之源"之美誉。2016 年全州水资源总量为 204.2 亿立方米,占青海省水资源总量的 33.33%,水资源较为丰富,但水资源分布与地区经济社会的实际需求不协调,水资源开发利用的难度较大。

20世纪八九十年代,青海省水利厅在水利部的统一部署下,开展了两次全省水资源调查评价工作,对玉树藏族自治州的水资源总量、分布及"十二五"和"十三五"时期社会经济发展对水资源需求进行了评价,并提出了水资源配置方案与管理对策。

全州各级政府和水行政主管部门把水资源的统一管理、高效利用、优化配置、节约保护列入重要议事日程,全州水资源开发利用、节约保护规划和建设的力度不断加大,在实现全州水利事业日趋壮大和可持续发展的进程中迈出了坚实的步伐。

四

玉树藏族自治州水利事业不断发展,水利建设取得一定成就。2011年,全州有过闸流量1立方米/秒及以上的水闸1座,规模以上已建的引(进)水闸1座;堤防总长度为28.94公里,均为5级及以上堤防;农村供水工程1 677处,其中集中式供水工程72处,分散式供水工程1 605处,受益人口77 342人;地下水取水井1 850眼。全州所建灌区的总灌溉面积达19 860亩,其中玉树市380亩、囊谦县17 980亩、称多县1 500亩。

2017年,玉树藏族自治州内有4座水库(包含玉树州第一次水利普查的3座和2017年开工建设的国庆水库);有供水工程3 522处,受益人口26.64万人;2017年,由灌区工程发挥作用解决的农田及草原节水灌溉面积1.85万亩。

五

玉树藏族自治州境内的长江、澜沧江水量丰沛,落差大,具有坡陡流急的特点,而且水质清澈、含沙量少,具备发展水电的良好条件。自20世纪50年代以来,玉树藏族自治州地方水电建设工作开启,以多种投资方式建成了一批小型水电站。1958年修建了第一座1×40千瓦水电站,结束了玉树藏族自治州无水力发电的历史,开辟了利用水资源为人民造福的新纪元。60年代,修建了东方红电站(当代电站)。70年代相继建成玉树县仲达县、称多县一级电站和香达电站等4座水电站。80年代,先后建成称多县歇武、囊谦县白扎、尕沙河等16座水电站。90年代,先后兴建相古、科玛、同卡等5座水电站。截至2004年,全州共有水电站25座,总装机容量17 417千瓦。进入21世纪,全州的水电站建设发展较快,但由于种种原因,有部分水电站停止运行,截至2017年,全州运行的水电站有16座,装机容量45 660千瓦。

玉树藏族自治州地方水电事业的发展,与国家实施农村水电电气化县建设的部署和政策密切相关。全州列入国家实施农村水电电气化县建设计划的有玉树、称多两县,建设内容主要有电源工程、输电、变电站工程等,在省、州、县(市)相关部门和单位的组织、协调、配合下,均如期完成规定的建设任务,各项指标均达到验收标准。农村水电电气化县建设的实施和小水电建设的发展,在促进地区经济发展、社会稳定、民族团结、生态环境改善、人民生活水平提高等方面发挥了重要作用。

六

玉树藏族自治州地势平坦,水流通畅。河谷两岸多为岩石基质及植被覆盖的草场,由于根系发达,纵横交错形成坚硬的草皮,地面不易受到危害性侵蚀。但东南部山高、坡陡、沟深,雨后径流大,流速快,容易造成水土流失。特别是玉树、称多、杂多、曲麻莱4县(市)滑坡、泥石流发生频繁,危害严重。据1996年数据资料,玉树藏族自治州水土流失面积9.32万平方公里,占该地区总面积20.49万平方公里(不含格尔木市代管辖区)的45.49%。近年来,随着人类活动的增多,各种侵蚀作用普遍存在,水土流失也是限制全州发展的一个重要因素。主要侵蚀类型按侵蚀程度依次为冻融侵蚀、风力侵蚀、水力侵蚀和人为因素及鼠害等。

针对全州水土流失的实际情况,青海省委、省政府以及州级相关部门坚决贯彻《中华人民共和国水土保持法》,各级政府和水行政主管部门、水土保持工作机构明确水土保持工作的方针和政策,一手抓综合治理,一手抓预防监督。在治理过程中,遵循自然规律和市场经济规律,坚持生态效益、经济效益和社会效益协调统一,以小流域为单元,山、水、田、林、路统一规划,科学配置治理措施,综合防治水土流失。"十二五"期间,水土保持项目5项,治理水土流失面积89.75平方公里。

七

防汛责任重于泰山,抗旱工作事关发展。玉树藏族自治州水旱灾害频发,防汛抗旱是州政府及全州水利部门常抓不懈的重要任务。面对洪涝灾害的严重威胁,省委、省政府及全州人民高度重视。玉树藏族自治州人民政府防汛抗旱指挥部自成立以来,狠抓责任落实,建立督察制度,编制、修订和完善各类防汛预案。州政府所在城镇的河道防洪标准不断提高,同时实施河道治理工程。

2011年是进入"十二五"规划的第一年,也是玉树地震灾后重建的第二年,玉树藏族自治州及各县水利(务)局,在中央和青海省委、省政府及省水利厅的大力支持下,依据《玉树地震灾后恢复重建总体规划》,贯彻落实中央一号文件精神,坚持以科学发展观为指导,以玉树藏族自治州政治、经济、文化发展需求和最大限度地满足人民生活需要为出发点,在州、县水利部门的共同努力下,完成了2010年开工建设的玉树藏族自治州应急除险加固供水及防洪工程11项,当年通过政府验收,投资13 086万元;完成了玉树藏族自治州灾后重建安置点防洪工程5项,当年建设并通过政府验收,投资5 570万元。2011年,18项援建项目开工建设,完成投资26 608万元,包括河道治理工程5项和水保设施13项。

2017年,玉树藏族自治州政府对州防汛抗旱指挥部成员进行了调整。

八

2013年开始,为贯彻落实党的十八大精神,水利部发布了《关于加快推进水生态文明建设工作的意见》,全国各省(区)不同程度地开展了水生态文明试点城市建设工作。玉树藏族自治州境内分布着三江源、隆宝滩、可可西里国家级自然保护区及重要湿地,水源涵养功能显著,是我国江河源头重要的生态屏障,为全国乃至东亚地区提供了宝贵的淡水资源,生态地位尤为重要。自 2016 年被列为省级水生态文明试点区后,玉树藏族自治州按照"一心两线三源六点,建设中华水塔,美丽高原六城水系"的路线图,逐步建成全省水生态文明建设的先行区、示范区。

全州水文工作主要依托于青海省水文局,水文工作在不断完善,全州水文站网布局合理。截至 2017 年,共有新寨水文站(玉树)、直门达水文站、曲麻河水文站、香达水文站、隆宝滩水文站和下拉秀水文站 6 座水文站。水文测验等工作由手工操作逐步向系统化、规范化、机械化和自动化发展。水环境监测与评价工作为水政监察、水资源保护、经济社会发展规划、有关建设项目的决策提供了依据。广大水文工作者忠于职守,勇于奉献,高效率地完成了艰巨的测验任务,为玉树藏族自治州水文事业的发展做出了贡献。

为促进当地水利事业的发展,玉树藏族自治州水利系统高度重视和加强科技兴水和人才开发工作,每年积极派人参加水利部、省水利厅等部门组织的水利培训。同时,玉树州水利局定期邀请相关专家对水利人员进行专业培训,全面提升水利工作者的综合素养。组织开展水利活动,提高群众参与性,充分了解水利事宜,全面发展全州水利事业。

九

饮水解困工程是玉树藏族自治州水利建设的一个亮点,同时也是一个重点。在省委、省政府的指导下,州委、州政府高度重视人畜饮水解困工程建设,将其作为稳定社会、发展经济和改善农牧民生活条件的一场革命,作为农牧民脱贫致富奔小康的重要途径和为民办实事的重要任务。在人畜饮水项目建设投资上,采用国家补助、省内自筹、受益群众投资投劳等政策。青海省水利厅于 2000 年编制了《青海省解决农村牧区人畜饮水困难规划》和《人畜饮水项目建设管理实施细则》。玉树藏族自治州根据自身的实际情况,在州政府的支持与各部门的共同努力下因地制宜地兴建了供水管道、供水井等工程设施实现饮水解困。在工程施工中,将项目计划落实到村到户,逐乡逐村建档立卡,确保工程的进度、质量和效益。

据不完全统计,截至"十五"末,玉树藏族自治州累计解决 6.70 万人、98.20 万头(只)牲畜的饮水困难问题。在"十五"期间,全州共完成人畜饮水工程 49 项,总投资约 2 883 万元,共解决约 5.55 万人、50.73 万头(只)牲畜饮水问题。"十一五"期间,共完成人畜饮水工程 70 项,总投资约 6 614 万元,共解决约 5.81 万人的饮水问题。"十二五"期间,共完成人畜饮水工程 125 项,总投资约 52 705.41 万元,解决 19.26 万人、138.52 万头(只)牲畜饮水问题。自"十三五"以来,青海省人畜饮水工程基本为巩固提升工程。2016 年和 2017 年全州人畜饮水安全巩固提升工程共投资约 1 亿元,共解决约 7.15 万人、48.45 万头(只)牲畜饮水问题。

十

水利管理工作在改革中与时俱进,在计划管理、资金管理、建设管理、工程管理上都有新的发展。积极申报工程项目,争取国家和省级投资,水利工程管理体制改革不断推进,水利基础设施、基础产业的地位得到相应的巩固和提升。

在水利设施基础建设中,大力推行项目法人责任制、招标投标制、建设监理制,使水利工程建设管理走上法制化、规范化的道路。全州水利管理服务体系基本形成。

改革是水利事业发展的强大动力。玉树藏族自治州水利改革工作紧随水利部及青海省水利改革进程。根据水利部相关文件要求,出台州级相关文件,逐步推进河长制、农业水价综合改革、小型农田水利工程管理体制改革等工作。

十一

2010年4月14日,玉树藏族自治州结古镇发生7.1级大地震,导致部分水利设施严重受损。州水利局积极争取各方资金,抓紧一切力量,按照《玉树地震灾后恢复重建总体规划》的要求,完成玉树藏族自治州水利灾后恢复重建工作,全面完成了结古镇巴塘河、扎西科河堤防工程,灾害性山洪沟道治理和农牧民安置新区防洪,供水设施等的建设。修复和重建因灾受损的供水、灌溉、水文和水保等基础设施,水利保障能力适应城乡建设和发展需要。

据不完全统计,玉树藏族自治州灾后重建水利项目包括人饮供水工程、防洪工程、水保设施工程、水文及水资源监测工程、农田灌溉工程、水电工程、下游雨水排水工程及防汛设施共8项115个项目,总投资88 639.38万元。水利建设得到良好改观,主要表现在农田水利建设、小水电建设、水土保持、人畜饮水等方面,水利基础设施得到巩固和提升。

十二

水利投资是兴建和维修水利工程并保证其发挥效益的关键之举,水利投资的多少在一定程度上影响着水利事业的发展及人民生活水平的提高。

玉树藏族自治州地处偏远地区,生活条件尤为艰苦。国家和青海省政府对全州水利建设高度重视,每年都有不同程度的水利投资。1999年以后的水利投资共计257 465.52万元。1999年全州水利投资总额696.00万元。2000—2005年(2001年除外),水利投资总额9 175.55万元,其中补助资金5 178.2万元,占56.43%;自筹资金3 997.35万元,占43.57%。2006—2011年,水利投资总额108 835.7万元,其中补助资金17 015.7万元,占15.63%;配套资金1 123万元,占1.03%;预算内资金76 574万元,占70.36%;中央财政资金3 013万元,占2.77%;省级资金2 563万元,占2.36%;自筹资金8 547万元,占7.85%。2012—2016年,水利投资总额111 977.27万元,其中玉树藏族自治州本级19 790.59万元,占17.67%;玉树县(市)15 214.95万元,占13.59%;囊谦县

35 447.56万元,占31.66%;称多县17 322.36万元,占15.47%;治多县7 021.00万元,占6.27%;杂多县8 859.81万元,占7.91%;曲麻莱县8 321.00万元,占7.43%。2017年,水利投资总额27 477万元,其中玉树州本级90万元、玉树市12 958.14万元、囊谦县8 365.32万元、称多县3 701.22万元、治多县981.86万元、杂多县591.46万元、曲麻莱县789万元。

根据国家相关政策文件,玉树藏族自治州水利扶贫工作不断推进,在接受外界帮扶的同时,对当地贫困村不定期开展扶贫工作,取得良好效果。

随着玉树藏族自治州水利的改革和发展,全州水利系统职工队伍不断壮大,但由于地理位置等原因,留才、育才困难,仍存在与事业发展需求不相适应的问题。全州广大水利职工发扬"能吃苦、能忍耐、能战斗、能团结、能奉献"的青藏高原精神和"献身、求实、负责"的水利行业精神,在各自的岗位上尽心尽责,出色地完成任务,创造了可喜的成绩,涌现出一批先进集体和先进个人。

大事记

1956 年

1956 年冬至 1957 年春　玉树藏族自治州发生雪灾,冻死牲畜 92.69 万头(只),死亡率达 30.13%,直接经济损失达 13 903.50 万元。

1969 年

10 月 1 日　结古镇东方红水电站(现当代水电站)第一台机组建成发电。电站引巴塘河水,建于州府所在地结古镇当代村,引水流量 7 立方米/秒,设计水头 23 米,单机流量 3 立方米/秒,装机容量 2×500 千瓦。

1971 年

1971 年冬至 1972 年春　玉树藏族自治州发生雪灾,冻死牲畜 72.40 万头(只),死亡率达 16.34%,直接经济损失达 10 860.00 万元。

称多县一级水电站竣工、投产运行。电站引细曲河水,建于称多县称文乡,设计水头 19 米,单机流量 1.7 立方米/秒,装机容量 1×200 千瓦。

1973 年

玉树藏族自治州农牧局成立水利农技推广办公室,后改为水电科,管理全州的水利电力工作。

1974 年

1974 年冬至 1975 年春　玉树藏族自治州发生雪灾,冻死牲畜 78.70 万头(只),死亡率达 15.57%,直接经济损失达 11 805.00 万元。

1977 年

当江荣水电站竣工、投产运行。电站所处河流为聂恰河,建于治多县多彩乡,设计水头 15.5 米,单机流量 1.3 立方米/秒,装机容量 2×125 千瓦。

1978 年

12 月 29 日　王改生任玉树藏族自治州东方红水电站站长,免去其玉树藏族自治州东方红水电站革委会主任职务;熊伯康任玉树藏族自治州东方红水电站副站长,免去其玉树藏族自治州东方红水电站革委会副主任职务。

仲达水电站竣工、投产运行。电站所处河流为电达曲,建于仲达乡仲达村,设计水头19米,单机流量0.71立方米/秒,装机容量1×75千瓦。2003年增加一台1×100千瓦的机组。

1980 年

11月12日 何梁初任玉树藏族自治州农牧局副局长。

1981 年

5月27—29日 各牧业公社普降大雪并形成雪灾,受灾牲畜41万头(只、匹),死亡牲畜8万头(只、匹)。

1981年冬至1982年春 玉树藏族自治州发生特大雪灾,冻死牲畜132.00万头(只),死亡率达24.35%,直接经济损失达19 800.00万元。

1982 年

2月22日 布尕才仁任玉树藏族自治州农牧局局长。

3月24日 邓玉文任玉树藏族自治州农牧局副局长。

7月6日 崔吉士任玉树藏族自治州农牧局农机水电科科长。

1983 年

10月1日 玉树藏族自治州曲麻莱水电站,经过3年施工,正式建成投产。水电站装机2台,总容量640千瓦。

1984 年

1月 水电科从农牧局划出,成立玉树藏族自治州水利局,布尕才仁任局长,王岐军、张宏伟、程星明等任副局长。

7月4日 西杭水电站动工建设,1986年12月29日,第一台机组正式发电。该电站引巴塘河水,建于结古镇西杭村,水头33米,单机流量4.6立方米/秒,装机3×1 250千瓦,在青海省自行修建水电站中规模中居第二位。1987年正式竣工发电。电站从设计到施工、机电设备安装,均由省水利厅承担。

1984年冬至1985年春 玉树藏族自治州发生雪灾,冻死牲畜99.00万头(只),死亡率达22.78%,直接经济损失达14 850.00万元。

1986 年

6月16日 中国科学院成都分院组织的长江科学考察漂流探险队一行40余人,从长江源头至沱沱河下水,开始了探索长江奥秘的艰险历程。

11月15日 巴塘乡相古水电站竣工发电。

1987 年

7 月 24 日　由中国科学院地理研究所章生教授和张立成教授等 10 名研究人员组成的考察团，赴长江源头对长江水系水环境背景值进行考察。这是"七五"期间国家重点科技攻关项目之一。

12 月 22—26 日　称多县二级水电站工程通过青海省水利厅主持的竣工验收。该电站位于通天河左支岗查沟下游（近河口约 200 米处），为引水式电站，设计水头 26 米，单机流量 2.7 立方米/秒，电站装机容量 2×320 千瓦，年发电量 348 万千瓦时。1985 年 9 月 12 日动工建设，1986 年 12 月 10 日完工。

1988 年

2 月 23 日至 3 月 7 日　玉树县小苏莽乡遭春雪袭击，因灾死亡牲畜 2 123 头（只），冻伤牧民 63 人，患雪盲症 123 人。

8 月 18 日　由中国科学院地理研究所组织的水源水质普查工作结束。普查结果表明，分布于青藏高原中部的水源，98% 以上符合国家饮用水标准。

1989 年

1989 年冬至 1990 年春　玉树藏族自治州发生雪灾，冻死牲畜 58.20 万头（只），死亡率达 14.70%，直接经济损失达 8 730.00 万元。

1990 年

10 月 24 日　囊谦县扎曲水电站通过省水利厅组织的竣工验收。该电站系引水式电站，位于澜沧江上游扎曲河上，建于囊谦县香达乡，设计水头 11 米，单机流量 8.3 立方米/秒，装机容量 2×650 千瓦。工程于 1987 年 4 月 1 日开工建设，1989 年底竣工投入试运行。

11 月 15 日　王克诚任玉树藏族自治州水利局党组成员。

1991 年

5 月 29 日　魏廷祥任玉树藏族自治州水利局党组成员。

11 月 24 日　玉树藏族自治州编制委员会同意在玉树、囊谦、称多 3 县成立水利局（科级），其机构设在农牧局，由一名副局长兼管县水利局业务。

1992 年

7 月 9—10 日　黄河水利委员会在西宁主持召开通天河直门达水文站流量资料复核成果验收会。会议认为，省水文总站完成的复核报告提出了可供南水北调西线工程规划和设计使用的水文资料，验收合格。

12 月 8 日　玉树藏族自治州结古镇供水工程竣工验收，该工程于 1991 年 7 月开工，修建供水管道 13.03 公里（1 公里 =1 千米，下同），日供水能力达 5 000 吨，投资 450 万元。

1993 年

1—4 月　玉树藏族自治州境内发生雪灾,积雪厚度平均在 25～40 厘米,积雪覆盖面积近 15 万平方公里。至 4 月底,全州受灾面积 1.32 万平方公里,因雪灾死亡牲畜 84.67 万头(只),死亡率达 20.96%,直接经济损失达 12 700.50 万元,有 800 多人被冻伤。

3 月 27 日　李全安任玉树藏族自治州水利局党组成员、副局长。

1994 年

7 月　玉树藏族自治州普遍出现历史罕见的持续高温和干旱少雨天气,日平均气温比正常年份同期上升 1 摄氏度以上,7 月降雨量为 44.7 毫米,比 1993 年同期偏少 70 毫米。全州粮食产量比正常年份减产五成以上,损失巨大。

8 月 8 日　于 1992 年 8 月开工建设的科玛水电站建成发电。该电站是称多县扎朵金矿的配套工程,电站所处河流为细曲,建于科玛村,设计水头 21.5 米,单机流量 4 立方米/秒,装机 2×630 千瓦,总投资 1 500 万元,年发电量 825 万千瓦时。

8 月　长江上游海拔最高的孟宗沟小流域水土保持综合治理通过省级鉴定。孟宗沟小流域位于玉树县境内的长江二级支流上,是由长江水利委员会和青海省水利厅联合下达的治理项目,治理工作始于 1990 年。5 年共投资 47.34 万元,通过治理,每年可减少泥沙流失 9 732 吨。

1995 年

12 月 1 日　依西宣巴、任尕任玉树藏族自治州水利局党组成员。

1995 年冬至 1996 年春　玉树藏族自治州发生特大雪灾,冻死牲畜 129.00 万头(只),死亡率达 34.72%,2 199 户牧民成为绝畜户,13 178 户牧民成为少畜户,13 032 人患雪盲症,14 642 人被冻伤,直接经济损失达 7.6 亿元。遭受雪灾后,中共中央、国务院、青海省委、省政府、国内外社会团体及社会各界给予极大关注,共组织飞机 5 架(次)空降救灾物资、汽车 150 余辆(次)运送救灾粮食和各类药品。受灾区收到捐赠衣物 14 万件、马靴 2 900 双、救灾款 800 万元、救灾粮 150 万千克。

1996 年

3—6 月　玉树藏族自治州水利局改称玉树藏族自治州水利电力局。

7 月 24 日　经国务院批准,玉树县正式列入全国第三批 300 个农村水电初级电气化县建设计划,从 1996 年起实施,5 年内完成。

12 月 25 日　布尕任玉树藏族自治州水利电力局党组书记,依西宣巴和任尕任玉树藏族自治州水利电力局党组成员。

1997 年

5 月 8 日　"九五"期间,玉树藏族自治州投资最大的水电站——玉树禅古水电站在距结古镇 11 公里的巴塘河上破土动工,该工程总投资 5 600 万元,设计装机容量 3×

1 600千瓦,计划用3年时间完成。电站建成后,与结古东方红电站、西杭电站联网,电网可覆盖整个结古镇和巴塘地区。

7月1日　于1996年开工建设的玉树县电气化建设"龙头工程"——当托水电站竣工。电站所处河流为亚弄科,建于巴塘乡当托村,设计水头10.6米,单机流量1.432立方米/秒,装机容量1×100千瓦。

1997年12月至1998年1月　玉树藏族自治州先后出现5次大的降雪,累计降雪17场。平均积雪厚度60厘米,不少地方积雪厚度达150厘米。玉树地区有17个乡受灾,全州死亡各类牲畜21万头(只)。雪灾严重导致大部分地区通信中断,食品、燃料、饲料稀缺,各地出现了绝畜户、少畜户和断缺粮户。其中,称多县珍秦乡绝畜户452户,清水河乡绝畜户176户,治多县绝畜户500户。全州雪灾还造成雪盲症患者2 481人、冻伤1 552人,灾区流感、痢疾等疾病发病率较高。

1998 年

8月9—10日　囊谦县香达农业综合开发水利项目通过省级验收。该项目用于水利工程的投资126万元,修建香达南渠和日却渠10.29公里,修建各类渠系建筑物93座,新增有效灌溉面积4 209亩。

1999 年

2月11日　同卡电站失事,该电站于1993年开工建设,1997年10月28日开始试运行。电站所处河流为聂恰河,建设地点在同卡,设计水头9.3米,单机流量6.8立方米/秒,装机容量3×500千瓦,总投资3 500万元。

4月7日　青海省政府召开专题会议,研究玉树藏族自治州治多县同卡电站"2·11事故"调查及有关问题;4月22日,根据省"2·11事故"调查组意见,经会议研究,州委、州人民政府成立了以马伟为组长,以杨学武、于珍、昂格、罗松达哇、丁振华、马子元等为副组长的"2·11事故"调查领导小组。2002年2月9日向国务院上报《关于同卡水电站"2·11事故"整体工程调查和责任认定工作情况的汇报》;3月11日,国务院副总理温家宝做出批示:"青海省政府要根据国家法规对这起事故进行严肃处理,追究责任,吸取教训,并制定整改措施。"4月17日,省政府第67次省长办公会议决定对治多县同卡水电站"2·11事故"中负有领导责任的靳生贵、王玉虎、单金堂给予行政记过处分。

6月5日　"长江源"环保纪念碑,在长江正源沱沱河与青藏公路交会处竖立。

9月29日　青海省委、省政府做出表彰先进企业、模范集体、劳动模范、先进工作者的决定。玉树藏族自治州水电公司被评为模范集体。

10月24日　黄河源碑揭碑仪式隆重举行。青海省人民政府副省长穆东升、水利部副部长周文智、黄河水利委员会主任鄂竟平共同为黄河源碑揭碑,鄂竟平宣读了黄河源碑铭。该碑坐落在玉树州曲麻莱县东北部,碑的正面是由江泽民题写的"黄河源"三个大字,背面有碑铭。

2000 年

3月30日　依西宣巴任玉树藏族自治州水电(集团)有限责任公司董事长、总经理。

7月24日　结古至巴塘乡10千伏输电线路工程竣工。

8月18日至9月2日　黄河流域水资源保护局启动"黄河源头地区水环境及生态考察"活动。共取得各类监测和调查数据1 000余个,收集各类相关资料30余册,圆满完成了考察任务。

8月19日　三江源自然保护区正式设立。2000年5月,在国家林业局的大力支持下,青海省政府批准建立了青海三江源省级自然保护区;2000年8月19日,国家林业局、中央电视台和青海省政府在玉树藏族自治州通天河畔举行了三江源自然保护区成立大会暨江泽民总书记题名的保护区纪念碑揭碑仪式;2001年9月,青海省机构编制委员会办公室批准成立了青海省三江源自然保护区管理局;2003年1月24日,国务院批准三江源省级自然保护区晋升为国家级自然保护区;2005年5月,青海省机构编制委员会办公室依法将省级保护区管理局(县级)调整为国家级保护区管理局(副厅级)。

9月26日　才尕任可可西里国家级自然保护区管理局局长。

10月10日　《青海省志·长江黄河澜沧江源志》首发式在省水利厅举行,地方志编纂委员会主任马万里及有关部门的领导到会祝贺。省水利厅领导、有关专家学者、三江源志编纂人员共50余人参加了首发式。

10月23日　省水利厅对玉树被列入全国第三批农村水电初级电气化县的建设项目进行竣工验收。

禅古水电站竣工、投产运行。电站所处河流为巴塘河,建于结古镇禅古村,设计水头40米,单机流量4.76立方米/秒,装机容量3×1 600千瓦。

2001年

6月25—27日　玉树藏族自治州的囊谦、治多两县集中降雨,扎曲河、聂恰河水位暴涨,冲毁堤坝75米。囊谦县4个单位的房屋和50户居民住宅被淹没,倒塌损坏房屋147间;白扎乡公牙寺姑庵经堂因受降雨侵蚀突然倒塌,造成13名尼姑当场死亡,13名尼姑受伤。

7月12日　尼玛扎西任玉树藏族自治州水利电力局副局长。

9月3日　长江源头唐古拉山镇沱沱河畔举行长江源头水土保持预防保护工程启动仪式,青海省水利厅副厅长刘伟民主持仪式,长江水利委员会主任蔡其华、水利部水土保持司副司长张学俭、省政府副秘书长曹宏出席并讲话。长江源头水土保持预防保护工程范围涉及青海省的海西、玉树、果洛3州8县和格尔木市,面积10万平方公里,先期启动资金500万元。保护工程将贯彻预防为主、保护优先的方针,强化措施,逐步推进。通过5年时间,使长江源头区的人为水土流失得到有效控制。在启动仪式上,长江水利委员会和省政府授予格尔木市水保站"长江源头区水土保持护卫队"的旗帜。

9月3日　长江水利委员会主任蔡其华参加完长江源头水土保持预防保护工程启动仪式后,在青海省政府副秘书长曹宏、青海省水利厅副厅长刘伟民和格尔木市有关领导陪同下,视察万里长江第一站——沱沱河水文站。蔡其华一行察看了沱沱河水文站的测流断面、测验设施和站房,详细询问了测站职工的生产生活情况,并向他们送去了慰问金。

10 月 23 日　经玉树藏族自治州人民政府研究,设立玉树藏族自治州水土保持工作站和玉树藏族自治州水土保持预防监督站,同时撤销原玉树藏族自治州水利管理中心站。新设立的玉树藏族自治州水土保持工作站和玉树藏族自治州水土保持预防监督站与玉树藏族自治州水电队合署办公,实行两块牌子,一套人马,人员编制从内部调剂解决。

11 月 10 日　由中国林业科学研究院等单位编制完成的《青海省三江源自然保护区科考报告和总体规划》在北京通过专家评审。青海省副省长穆东升参加了初审会。规划保护区总面积 30.2 万平方公里,其中核心区、缓冲区 19 处,面积 7.8 万平方公里。

12 月 31 日　英德任玉树藏族自治州水务局局长。

玉树藏族自治州水利电力局改为玉树藏族自治州水务局。

2002 年

1 月 8 日　经中共玉树藏族自治州州委研究,决定成立玉树藏族自治州水务局党组,撤销玉树藏族自治州水利电力局党组。

1 月 10 日　玉树藏族自治州州委研究决定:英德任玉树藏族自治州水务局党组书记,任尕、依西宣巴、尼玛扎西任玉树藏族自治州水务局党组成员;免去布尕玉树藏族自治州水电局党组书记职务和依西宣巴、任尕玉树藏族自治州水利电力局党组成员职务。

1 月　长江水利委员会批准《长江源头水土保持预防保护工程实施方案》,该方案实施范围涉及玉树藏族自治州在内的 3 州 1 市 8 县,面积达 15.97 万平方公里,总投资 45 万元。

4 月 30 日　青海省水利厅发布《长江源头区水保预防保护工程管理暂行办法》,共 17 条,从下发之日起执行。

5 月 22 日　长江、黄河源区水土保持预防保护监督工程启动大会在西宁举行。青海省水利厅领导刘耀、廖太玉、张晓宁出席会议并讲话。该工程由长江水利委员会、黄河水利委员会批准实施,范围涉及 5 州 18 县(市),面积为 26.4 万平方公里。总投资 1 000 万元。

5 月　经国务院批准,玉树藏族自治州的玉树和称多两县被列入全国“十五”水利农村电气化县建设计划。

6 月 14 日　青海省水利厅决定在玉树县开展水土保持生态修复试点工作。实施期为 2002—2004 年。

2003 年

5 月 23 日　旦洛周任玉树藏族自治州水务局副局长,俄巴任玉树藏族自治州水务局助理调研员。

7 月 29 日　傍晚 7 时,结古镇地区突降大雨,在短短 40 分钟内,降雨量达到 10.8 毫米,此次大雨引发的洪灾导致 1 人失踪、2 人受重伤、30 多户民居被冲毁。

7 月 30 日　玉树藏族自治州州委、州政府召开紧急会议,安排部署防汛救灾。

11 月 28 日　王富红任玉树藏族自治州水务局副局长,任尕任玉树藏族自治州水务局调研员,耿智任玉树藏族自治州水务局助理调研员。

2004 年

4月19日　称多县拉贡水电站开工奠基仪式隆重举行。该电站由青海省水利水电集团公司承建,总投资1.5亿元,2006年底竣工。总装机容量8 000千瓦,水头12.34米,流量80立方米/秒。

7月20日　青海省发改委批复三江源区水土保持生态修复一期项目可研报告。计划在玉树、称多、玛多、河南和贵南5县,实施人工管护全封育草面积为3 060平方公里,人工管护半封禁育草(划区轮牧)面积为4 580平方公里,网围栏封禁面积为260平方公里。建设工期1年,总投资2 815万元。

9月1日　水利部黄河水利委员会主任李国英携黄河水利委员会及青海省水利厅相关人员等一行40余人到黄河源头进行考察,玉树藏族自治州人民政府副州长毛育生及玉树藏族自治州水务局人员陪同考察团考察。考察期间,黄河水利委员会考察团给麻多乡两所小学捐款2万元。

9月23日　尼玛旦周任可可西里自然保护区管理局副局长,韩德胜任可可西里自然保护区管理局助理调研员。

2005 年

1月26日　国务院第79次常务会议批准实施《青海三江源自然保护区生态保护和建设总体规划》(简称一期规划),国家正式启动三江源生态保护和工程建设。会议指出,制定并实施三江源自然保护区生态保护和建设规划,保护和改善其生态环境,不仅是对三江源区的保护,而且对全国的可持续发展都具有重要的战略意义。

2月2日　联合国教科文组织批准扎陵湖、鄂陵湖湿地列入国际重要湿地名录。

2月24日　青海省政府召开全省退牧还草与生态移民工作会议。省政府同果洛、玉树、黄南、海南等州和格尔木市签订了全省退牧还草与生态移民责任书。

2月28日　国家发改委印发《关于印发青海三江源自然保护区生态保护和建设总体规划的通知》(发改农经〔2005〕298号),指出实施三江源自然保护区生态保护与建设工程是党中央、国务院为保护和改善全国生态环境做出的一项重大决策。要求青海省发改委、国务院西部办、财政部、国家林业局、农业部、水利部、国家环保总局、中国气象局等部门,认真贯彻执行《青海三江源自然保护区生态保护和建设总体规划》。

3月13日　支援三江源增雨作业的飞机,首次在格尔木市和三江源地区试飞成功,三江源飞机增雨作业进入实质运行阶段。

3月29日　中共青海省委办公厅、青海省人民政府办公厅印发《关于印发〈三江源自然保护区生态保护和建设总体规划实施组织机构设置及职责分工意见〉的通知》(青办发〔2005〕14号),成立省三江源自然保护区生态保护和建设总体规划实施工作领导小组,下设办公室和农牧组、林业组、生态移民组、财务监审组、技术咨询组、生态监测组和宣传组。同时,还明确了领导小组、办公室和各工作组,以及州、县政府的实施机构和主要职责。5月,生态监测工作组开展了三江源生态监测项目监测站点的野外核查,完成了监测站点的资源整合,并编制完成《青海三江源自然保护区生态保护和建设工程 2005 年度生态监测项目实施方案》《三江源生态监测与生态系统综合评估技术规程(试行)》。

6 月 13 日　青海省三江源生态保护和建设办公室正式挂牌。

6 月 16 日　中国气象局与青海省政府提出以"省部合作"的形式,共同建设三江源人工增雨体系。

7 月 18 日　三江源国家级自然保护区管理局揭牌。

7 月 22 日　青海省水利厅在玉树藏族自治州结古镇召开城区防洪(一期、二期)工程竣工验收会。一期工程修建防洪堤 500 米,工程总投资 120 万元;二期工程修建防洪堤 1 300 米,工程总投资 300 万元。

8 月 19 日　青海省政府和中国科学院联合举办三江源生态保护与可持续发展高级学术研讨会,会上中国气象局和中国科学院等部门的领导和专家分别作了专题报告。

10 月 31 日　三江源区草原鼠害防治工作部署大会召开,此次安排的防治面积达到 8 122 万亩,涵盖了整个三江源地区,其防治规模之大,防治区域之广,前所未有。

11 月 21 日　8 集电视专题片《三江源》在中央电视台科教频道首播。

12 月 6 日　国家发改委稽查办派出稽查组,对实施的三江源生态保护和建设项目进行了为期 8 天的专项稽查。《人民日报》以"青海力保三江源'中华水塔'"为题,报道减人减畜、封山育林等措施使生态环境恶化趋势得到缓解。

12 月 12—13 日　玉树藏族自治州的玉树、称多 2 个"十五"农村水电电气化县建设通过省电气化县建设领导小组组织的达标验收,按计划完成电源、电网等各项建设与改造任务,各项指标均达到验收指标。

2006 年

1 月 5 日　青海省政府召开专题会议,专门研究"关于三江源地区生态移民子女异地教育办班试点工作"。

1 月 21 日　三江源生态监测与评估首期培训班开班,"三江源自然保护区生态保护和建设生态环境监测项目"进入实质阶段。

6 月 23 日至 7 月 8 日　青海三江源区生态监测综合站点野外现场核查与点位布设工作顺利完成。

7 月 4—17 日　国家发改委青海三江源项目稽查组一行 19 人来青,对青海三江源自然保护区生态保护和建设工程实施情况进行了专项稽查。

7 月 25 日至 8 月 11 日　三江源区遥感影像解译标志库建立,并完成三江源生态监测遥感影像解译地面野外核查工作。

8 月 14 日　三江源生态保护和建设工程"户用光伏电源和太阳灶"等设备订购合同签订仪式在西宁举行,标志着三江源项目能源建设开始全面实施。

9 月 20 日　青海省农牧厅印发了"黑土滩综合治理工程实施细则""建设养畜配套工程实施细则""草原鼠害防治工程实施细则""草原防火建设工程实施细则"4 个工程实施细则,为进一步规范项目管理程序和确保工程建设质量提供了制度保障。

10 月 10 日　三江源自然保护区生态保护和建设总体规划 2005 年度、2006 年度能源建设项目太阳能户用电源发送仪式在西宁举行。该项目向三江源区配送太阳灶 5 208 台,太阳能户用电源 5 729 台,项目投资约 3 000 万元。

10 月 27 日至 11 月 14 日　《青海日报》推出"三江源自然保护区生态保护和建设巡礼"系列报道,对项目实施一年多来所取得的成果进行了全面、系统、集中的报道和展示。

11 月　龙青峡水电厂试运行发电,该电厂位于杂多县境内的澜沧江上游干流扎曲河上,装机容量为 2 500 千瓦,是杂多县唯一的电力来源。

12 月 16 日　三江源地区已经确定 496 个生态监测基础站点和 14 个生态系统综合监测站。

2007 年

3 月 29 日　《青海三江源自然保护区生态保护和建设工程专项资金报账制管理暂行办法》印发并执行。

5 月 11 日　王富红任玉树藏族自治州水务局调研员。

5 月 15 日　青海三江源自然保护区生态保护和建设工程生态监测项目数据库基础平台建设通过审查验收并投入运行。

5 月 23 日　才达、肖鹏虎任可可西里国家级自然保护区管理局副局长,刘中任可可西里国家级自然保护区管理局副调研员(试用期一年)。

5 月 28 日　肖鹏虎任可可西里国家级自然保护区管理局党组成员。

6 月 18 日　"青海三江源自然保护区生态保护和建设工程生态监测项目三江源区生态系统初期综合评估"在北京通过专家论证;19 日,三江源区"黑土滩"退化草地本底调查科研课题通过省级验收;25 日,三江源自然保护区生态监测综合站(玉树珍秦乡草地生态系统综合站、玉树隆宝滩水土保持监测站)完成建设。

8 月　由全国政协牵头组织农业部、中国科学院、中国气象局、中国地震局等部门领导和专家,深入玉树藏族自治州,就"三江源生态保护和建设"情况进行专题调研。

9 月 16 日　三江源自然保护区生态保护和建设工程生态监测项目完成对称多县珍秦乡草地生态系统等 14 个综合监测站建设单项竣工验收,14 个综合站正式投入试用。

12 月 28 日　玉树藏族自治州囊谦县香达水电站通过了专家组验收。香达水电站于 2006 年 9 月 20 日正式开工建设,2007 年 6 月 12 日完成了二期导流。机组于 2007 年 10 月 12 日安装就绪。该工程属小(Ⅱ)型引水式电站。电站装机容量为 2 × 400 千瓦,年发电量 369.24 万千瓦时。

2008 年

3 月 19 日　才达任可可西里国家级自然保护区管理局党组书记。

4 月 26 日　2008 年三江源地区飞机人工增雨作业全面展开。

6 月 17 日　玉树藏族自治州州委决定免去任尕玉树藏族自治州水务局调研员职务,并同意其退休。

7 月 22—26 日　全国人大组织调研团围绕黄河沿岸生态保护和综合开发情况进行专题考察调研。

9 月 6 日　由青海省政府组织，国家测绘局指导，武汉大学测绘学院技术支持，青海省测绘局负责实施的三江源科学考察活动启动。科考队队长由青海省测绘局副局长唐千里担任，副队长由武汉大学测绘学院副院长徐亚明担任，首席科学家是中国科学院遥感应用研究所的研究员刘少创，两院院士孙枢、陈俊勇加盟。考察历时 41 天，10 月 16 日，科考队圆满完成任务返回出发地西宁市，考察最终成果汇集为《三江源头科学考察成果》。

10 月 16 日　青海省第一家省级民间环保组织"青海省三江源生态环境保护协会"在西宁正式成立。

10 月 22 日　三江源自然保护区人工增雨工程应急监测平台正式启用。

11 月 1 日　"中华水塔三江源"被确定为青海省参加上海世博会的展示主题。

11 月 6 日　2008 年三江源地区人工增雨作业圆满结束，为该区域增加降水 66.19 亿立方米。

12 月 4 日　才旦周任可可西里国家级自然保护区管理局党组副书记、局长（试用期一年），肖鹏虎任可可西里国家级自然保护区管理局副调研员。

2009 年

3 月 14 日　《三江源区水资源综合规划》通过水利部水利水电规划设计总院审定。

5 月 19 日　"青海三江源生态保护和建设工程专家库"建成，271 名国内外生态、环境、草原、畜牧、农林、水利、能源等领域的专家学者首批入编。

6 月 22 日　"三江源区湿地保护修复技术的引进与示范"科研课题通过省级验收。

6 月 25 日　玉树藏族自治州财政、农牧、水利、农机、农业综合开发办公室等部门专业技术人员，组成农业综合开发项目州级验收工作组，对 2008 年农业综合开发项目地区（玉树县下拉秀乡钻多村草原建设项目，囊谦县娘拉乡上拉、下拉两村中低产田改造项目）采取实地察看、访问座谈、调阅档案资料、审查财务支出和听取县乡领导专题汇报、走访群众等多种形式，全方面进行了检查验收。

8 月 12 日　青海省水利厅厅长于丛乐，副厅长张晓宁、宋玉龙等在玉树藏族自治州副州长江永俄色、玉树藏族自治州水务局有关领导的陪同下深入玉树水文分局视察工作并亲切慰问一线水文职工。

2010 年

1 月 5 日　扎西东周任玉树藏族自治州水务局党组成员、副局长（试用期一年）。

4 月 14 日　7 时 49 分，玉树藏族自治州发生有历史记录以来破坏最严重、涉及范围最广、人员伤亡最多、救灾难度最大的地震灾害，震级达到里氏 7.1 级，震源深度 14 公里，震中坐标东经 96.6°、北纬 33.1°。最大烈度达到Ⅸ度，波及范围约 3 万平方公里，重灾区面积 4 000 平方公里。地震共造成 2 698 人遇难，270 人失踪，246 842 人受灾；灾区房屋大量倒塌损毁,基础设施严重破坏,生态环境受到严重威胁,经济社会发展遭受重大损失,直接经济损失610多亿元;禅古电站大坝出现次高危险情,结古镇供水系统全部瘫痪、电力供应完全中断。

4月14日 青海省水利厅厅长于丛乐,副厅长宋玉龙、张伟在闻悉玉树灾情后,立刻电令禅古电站水库开闸放水,严防次生灾害发生,并召开紧急会议,成立了以于丛乐厅长任总指挥的水利抗震救灾指挥部,紧急部署了水利抗震救灾工作。11时48分,拉贡电站至结古中心变电所35千伏线路供电恢复。

4月14日 20时,青海省水利厅厅长于丛乐、副厅长张伟到达结古镇指导玉树藏族自治州抗震救灾工作。

4月14日 22时,水利部副部长刘宁,青海省水利厅副厅长张伟参加国务院玉树抗震救灾指挥部第一次工作会议;24时50分,副部长刘宁、厅长于丛乐、副厅长张伟等领导与专家组研究水利抗震救灾工作;23时,省玉树抗震救灾指挥部第一次工作会议召开,任命于丛乐厅长为基础设施保障与生产恢复组副组长。

4月15日 水利部副部长刘宁到禅古电站水库大坝指导抗震救灾工作。凌晨1时,中心变电所联结结古镇主城区首条10千伏线路抢通,省抗震救灾总指挥部恢复供电;14时15分,玉树藏族自治州人民医院供电线路抢通。

4月16日 水利部部长陈雷于北京主持召开抗震救灾视频会议,安排部署玉树藏族自治州水利抗震救灾工作。

4月17日 在水利部、长江水利委员会的支持下,青海省水利厅着手《青海玉树地震水利灾后恢复重建规划》的编制工作;玉树灾区应急供水水源工程正式恢复通水。

4月18日 中共中央总书记、国家主席、中央军委主席胡锦涛抵达玉树地震灾区,看望慰问灾区干部群众,实地指导抗震救灾工作。

4月19日 10时50分,玉树县第一项应急抢险恢复重建基础设施项目——禅古电站水库大坝除险加固工程开工建设;5月2日,大坝除险加固阶段性验收;5月3日大坝下闸蓄水。

4月21日 玉树县结古镇新建北路500多人、480多头牲畜和哈秀乡哈秀寺260多名僧众的应急供水点开始供水;17时15分,结古镇受损严重的10条高压输电线路全部投入运行。

4月23日 青海省委书记强卫到玉树藏族自治州检查指导水利抗震救灾工作。

4月24日 国务院副总理回良玉视察玉树藏族自治州水利抗震救灾工作。

4月26—27日 由水利部规划计划司、水规总院、长江水利委员会组成的灾后重建规划组一行8人赶赴玉树藏族自治州地震灾区,对玉树、称多两县水利基础设施震损情况进行了调研。

4月28日 玉树地震灾后水利重建规划(初稿)讨论会在西宁举行。会议由水利部规划计划司副司长、水利部抗震救灾领导小组灾后重建组副组长汪安南主持;长江水利委员会副主任马建华,青海省水利厅副厅长张晓宁、宋玉龙、张世丰参加会议。会议听取了青海玉树地震水利灾后重建规划编制报告,并就报告内容进行了讨论。

4月29日　结古镇11个片区临时应急供水点和8个乡镇主要临时应急供水工程全部抢通,共设置供水点58个,应急供水人口8.96万人,供水工作在较短时间内取得了阶段性成果。

5月1日　国务院总理温家宝到玉树藏族自治州视察水利抗震救灾工作。

5月4日　水利部和青海省人民政府共同在北京组织召开《青海玉树地震灾后恢复重建水利专项规划》专家审查会,并通过水利部组织的专家审查;同时对《青海玉树地震灾后农村水电设施恢复重建实施方案》进行了审议。

5月4日　玉树藏族自治州地震灾区首个灾后恢复重建工程——禅古新村、甘达新村建设工程正式开工。

5月5日　经长江水利委员会审查通过的玉树藏族自治州震区结古镇堤防应急除险加固工程正式开工建设,标志着玉树藏族自治州水利灾后恢复重建应急防洪工程全面启动;玉树藏族自治州震区结古镇周边德念沟等9条灾害性沟道防洪应急工程陆续开工;禅古水电站实现低水位发电。

5月6日　水利部部长、部抗震救灾领导小组组长陈雷主持召开水利部抗震救灾领导小组第四次全体会议,传达贯彻国务院抗震救灾总指挥部第十三次会议精神,总结前一阶段水利抗震救灾工作,进一步部署玉树震区水利灾后恢复重建工作。

5月8日　玉树地震灾区省水利抗震救灾指挥部组织专家技术人员审查通过了玉树县震灾较重地区禅古村、甘达村等水利配套基础设施(供水、供电及防洪)工程实施方案,表明玉树震后第一批恢复重建地区的水电基础设施即将开工建设。

5月10日　青海省省长骆惠宁检查指导水利抗震救灾工作。被定为玉树灾后恢复建设示范村的禅古新村、甘达新村水利基础设施恢复重建工程正式开工。

5月11日　国务院副总理李克强视察玉树藏族自治州水利水电抗震救灾工作。

5月14日　青海省水利厅组织青海省水土保持局会同玉树藏族自治州水务局的专业技术人员组成工作组,对33座拦沙坝全面勘测、排查和摸底,确定了18座拦沙坝在汛期来临之前进行恢复重建。

5月17日　查隆通水电站在玉树子曲河畔正式开工建设。

5月22日　玉树藏族自治州结古镇过渡性安置点供水、供电工程实施方案通过审查。

5月30日　玉树藏族自治州结古镇过渡安置点供水工程及赛马场安置点临时防洪工程正式开工。

6月1日　中共中央政治局常委、中央书记处书记、国家副主席习近平到达玉树地震灾区,看望慰问灾区各族干部群众和灾后重建人员,考察群众安置情况和灾后重建工作。

6月6日　设于玉树藏族自治州称多县的灾区首个卫星连续运行基准站正式开通运行。

6月15日　玉树藏族自治州结古镇巴塘河和扎西科河堤防主体工程如期完成。

6月19—22日　青海省防汛抗旱指挥部副总指挥、青海省水利厅厅长于丛乐、副厅长张晓宁和张世丰、纪检组长周慧一行对结古镇应急防洪及供水工程建设工作进行检查指导,督促落实《青海省玉树地震灾区应急度汛方案》,加快结古镇应急防洪及供水工程建设进度,保障震区群众、机关单位、重建施工单位用水,严防洪水、泥石流等灾害发生,确保玉树地震灾区恢复重建工作高效有序进行。

6月30日 禅古电站水库大坝应急除险加固工程全部完成,8月6日通过完工验收,并移交运行管理单位。结古镇巴塘河、扎西科河河道疏浚、堤防应急除险加固工程、河道临时度汛工程全面完成。建成巴塘河和扎西科河河道护岸2 408.5米,新建结古镇赛马场过渡性安置点临时防洪堤9 384.4米。

7月11日 "青海大学—清华大学三江源高寒草地生态系统野外观测站"在玉树藏族自治州玉树县珍秦乡挂牌,这标志着三江源生态系统监测和保护工作进入了一个新阶段。清华大学党委书记胡和平、青海大学党委书记乔正孝为观测站揭牌。

7月15日 姚桂基任玉树藏族自治州水务局副局长(挂职,任职时间从2010年5月算起)。

7月28日 毛建新任玉树藏族自治州水务局副局长。

8月2日 青海省水土保持局主持召开了青海省玉树藏族自治州治多县聂恰二级、囊谦县香达、杂多县龙青峡和称多县拉贡水电站水土保持设施竣工验收会议。验收组一致认为,以上工程水土保持设施建设基本达到了水土保持法律法规及技术规范、标准的要求,建成的水土保持设施质量总体合格,管护责任落实,同意通过竣工验收,正式投入运行。

8月6—7日 玉树藏族自治州曲麻莱县"十一五"水电农村电气化建设项目通过省级验收。

8月15日 玉树藏族自治州称多县尕多乡浦口水电站正式开工。

8月24日 国际科技合作项目"青海三江源国家级自然保护区水资源预测系统研究"通过专家验收。

9月3日 玉树藏族自治州玉树县结古镇震后应急水源工程全线运营。

9月25日 玉树藏族自治州结古镇城区沟道排洪应急除险加固工程通过完工验收。

10月29日 玉树藏族自治州水文分局新寨水文站重建工程正式开工。

11月8日 玉树灾后重建水土保持工作培训班在现场指挥部举办。

11月 青海省水土保持局制定了《关于简化玉树地震灾后恢复重建项目水土保持方案审批工作指导手册》。

2011 年

1月3日 由中国科学院西北高原生物研究所和青海省畜牧兽医科学院等单位共同完成的"三江源区退化草地生态系统恢复与生态畜牧业发展技术及应用"、由青海省气象研究所等单位承担完成的"三江源湿地变化与修复技术研究与示范"两项科研成果通过省级科技成果评价,专家认为研究成果达到国际领先水平。

2月21日 青海省水利厅组织有关专家通过理论授课、现场演示的方式,对玉树藏族自治州水务局、自来水公司、各用水户的管理人员进行冬季供水管理培训,并及时组织有关部门,对所有供水工程进行全面检查。

6月15日至8月11日 由青海省三江源办公室、青海省农牧厅、青海省林业厅、青海省财政厅等单位相关负责人组成联合大检查工作组,历时两个月先后赴玉树藏族自治州、果洛藏族自治州、黄南藏族自治州、海南藏族自治州和唐古拉山镇不冻泉等项目实施区,对 2011 年三江源生态保护和建设工程实施情况进行检查和督导。

7 月 15 日　来自我国生态领域的多位著名专家学者参加的三江源生态保护和建设二期工程规划研讨会在西宁召开。

7 月 16 日　玉树藏族自治州结古镇灾后重建两河防洪工程通过审查。

8 月 29 日　青海省玉树地震灾后重建现场指挥部在北京召开援建工作座谈会。青海省副省长王令浚出席并讲话。北京市政府副市长陈刚出席。中建集团、中铁工集团、中铁建集团、中水电集团、中规院以及青海省政府办公厅、青海省国资委、玉树州委州政府的主要负责人参加。

9 月 15 日　玉树藏族自治州灾后重建项目扎西科河、巴塘河河道治理工程正式开工建设。副省长王令浚宣布工程开工,青海省水利厅厅长曹宏、住房建设厅厅长匡湧,玉树藏族自治州委书记旦科、州长王玉虎及相关参建单位参加了开工仪式。

9 月 15 日　青海省水利厅党组书记、厅长曹宏在参加完玉树巴塘河、扎西科河河道治理工程开工仪式后,在水利厅玉树现场指挥部、水务局领导的陪同下专程到结古镇德卓滩查看先期开工的河道治理工程。

11 月 29 日　丁豪任玉树藏族自治州水务局局长,免去英德玉树藏族自治州水务局局长和党组书记、昂江多杰玉树藏族自治州水务局副局长和党组成员职务。

12 月 13 日　旦洛周任玉树藏族自治州水务局党组书记、副局长。

2012 年

4 月 9 日　三江源科研成果"三江源区退化草地生态系统恢复治理与生态畜牧业技术及应用"获 2011 年青海省科技进步一等奖,"三江源湿地变化与修复技术研究与示范""欧拉型藏羊繁育及生产技术推广"获科技进步二等奖。

5 月　查隆通水电站试运行发电,该电站位于玉树县境内的扎曲河支流子曲河上,装机容量为 10 500 千瓦,设计年发电量 4 200 万千瓦时,系玉树藏族自治州灾后电力重建重点项目,于 2010 年 5 月开工,是玉树藏族自治州境内已建成的规模最大的水电站。

6 月 3—5 日　青海省防汛抗旱指挥部玉树州责任区包片单位青海省水利厅、国土资源厅、气象局组成联合工作组,对玉树藏族自治州防汛抗旱工作进行了重点检查。检查组一行实地查看了结古镇巴塘、扎西科两河防洪治理工程、赛马场临时安置点堤防加固工程、孟宗沟山洪地质灾害防护工程、禅古水电站度汛准备工作、州防汛抗旱物资储备情况,以及称多县歇武镇系曲防洪工程。

7 月 21 日　国电青海分公司与青海省水利水电(集团)有限责任公司签订合作协议,双方组建公司,由国电集团公司控股,开发青海玉树藏族自治州澜沧江上游扎曲河等三条河流 150 万千瓦以上的水电资源。项目完工后,年发电量超过 60 亿千瓦时,能将三江源地区的优势资源转化为经济资源,同时能够极大改善玉树藏族自治州缺电的现状。

7 月 31 日至 8 月 9 日　由青海省人大常委会领导组织的青海三江源生态保护工作专题调研组,深入三江源区开展调研。

8月25—28日　水利部党组副书记、副部长矫勇一行深入玉树藏族自治州,考察调研水利灾后重建工作,视察玉树水文分局及直门达、新寨水文站,并亲切慰问一线水文职工。水利部规计司、水资源司、建管司、农水司有关负责人参加调研。青海省委副秘书长马文邦,青海省水利厅厅长曹宏、副厅长张晓宁及张世丰陪同考察。

10月　根据中共青海省委办公室、青海省人民政府办公厅《关于印发玉树州州县政府机构改革方案的通知》(青办发〔2009〕74号)和中共玉树藏族自治州委、玉树藏族自治州人民政府《关于州人民政府机构设置的通知》(玉发〔2010〕4号),设立了玉树藏族自治州水利局。

12月27日　由青海省水文水资源勘测局承担的《青海省玉树藏族自治州子曲水电梯级开发规划环境影响报告书》通过青海省环境保护厅审查。

2013 年

2月20日　青海省政府对三江源生态保护一期工作和实施好二期工程进行安排部署。

4月9日　2013年三江源生态保护与建设工程实施工作会议在西宁召开,会议强调"五个务必"保质保量完成今年建设任务,会上青海省政府与玉树藏族自治州、果洛藏族自治州、黄南藏族自治州、海南藏族自治州人民政府及青海省农牧厅、林业厅、环保厅、水利厅等部门和单位签订了2013年度项目实施目标责任书和廉政责任书。

4月14日　玉树重建2013年复工仪式在玉树藏族自治州行政中心举行,这意味着重建工作中还没有完成的305个项目正式复工。

4月19日　囊谦县水务局组织编制的《青海省囊谦澜沧江水利风景区总体规划》通过专家评审,同年囊谦澜沧江水利风景区被水利部正式评为国家水利风景区。

5月16日　三江源一期工程成效航拍(测)成果通过省内专家会评审。航拍(测)工作涉及面积55.5万平方公里,形成3.5万张高清晰影像资料,为三江源一期保护工程成效评估提供了重要的评判依据。

7月3日　经国务院批准,设立玉树市,撤销玉树县。

2014 年

1月8日　根据国务院2013年12月18日批准的青海三江源国家生态保护综合试验区总体方案和国务院常务会议精神,国家发展改革委下发了《关于印发青海三江源生态保护和建设二期工程规划的通知》,指出要加大工程实施力度,以保护和恢复植被为核心,将自然修复与工程建设相结合,加强草原、森林、荒漠、湿地与河湖生态系统保护和建设,规定并严守生态保护红线,完善生态监测预警预报体系,夯实生态保护和建设的基础。

1月10日　青海三江源国家生态保护综合试验区建设暨三江源生态保护和建设二期工程启动大会在西宁隆重举行。

3月4—11日　青海省农牧厅、青海省三江源办公室组成督查组,对三江源生态保护二期工程建设2014年度草原鼠害防治工程进行全面督促检查。

4月21日　青海省审计厅联合省三江源办公室组成审计工作组,赴玉树藏族自治州对2012年、2013年实施的三江源生态保护和建设项目财务和工程资料进行审计。

5月29日　第44次州委常委会议研究决定,免去尼玛旦周可可西里自然保护区管理局副局长职务。

9月8日　青海省三江源办公室会同青海省环保厅、青海省农牧厅组成工作组,对玉树藏族自治州各县生态环境保护工作开展大检查,并对检查发现的问题汇总上报,后续工作完成了整改的督查报告。

2015 年

1月29—30日　青海省三江源办公室联合青海省考核办公室、青海省审计厅、青海省财政厅等部门对玉树藏族自治州、果洛藏族自治州、海南藏族自治州、黄南藏族自治州、格尔木市政府和省农牧组、省林业组、省水利厅等2014年度三江源生态保护和建设二期工程目标三责任进行考核。

1月底　青海省三江源办公室安排玉树藏族自治州及各县三江源项目实施单位对三江源生态保护和建设一期工程档案进行电子信息化录入。

7月　才多杰任玉树藏族自治州水利局党组书记、局长。

10月13日　三江源纪录片《中华水塔》《绿色江源》开机仪式在西宁举行。

10月15日　水利部部长陈雷一行深入玉树市巴塘、隆宝、结古等地进行调研,实地察看了灾后重建人畜饮水工程、农牧区饮水安全保障等项目。

11月9日　青海省三江源办公室组成两个工作组,分别对玉树藏族自治州、果洛藏族自治州、黄南藏族自治州、海南藏族自治州三江源生态保护工程建设进度、质量、资金拨付和2014—2015年度三江源项目档案管理等情况进行专项督察。

2016 年

1月8日　青海省科技厅组织相关专家对青海省水文水资源勘测局完成的"玉树州水资源调查评价及水资源配置"项目进行了科技成果评价。

3月10—12日　水利部水利风景区办公室副主任李晓华一行7人组成的专家组到玉树藏族自治州进行调研指导。

3月22日　玉树藏族自治州水利局根据青海省水利厅《关于组织开展2016年"世界水日、中国水周"宣传活动的通知》(青水办〔2016〕73号)的要求,组织部署,联合县(市)水利局,围绕宣传教育活动的主题,开展了形式多样、内容丰富的宣传活动。

3月22—24日　青海省水利厅人事处处长高海青、玉树藏族自治州水利局局长才多杰等一行4人赴北京,与水利部人事司就玉树藏族自治州水利人才建设工作进行接洽。

3月26日　玉树藏族自治州水利局召开2016年全州水利工作布置会,回顾了2015年及"十二五"期间全州水利工作;完善和修改玉树藏族自治州防汛应急预案,并与六市(县)水利部门签订了2016年工作目标考核责任书。

4月25—27日　水利部文明办处长王卫国一行4人到玉树藏族自治州进行调研指导,并与玉树藏族自治州州委副书记师存武、副州长尕桑以及州、市相关职能部门召开玉树藏族自治州水文化建设座谈会。

4月28日　玉树藏族自治州防汛抗旱会议在州政府召开。州防汛抗旱指挥部指挥长、州委常委、州人民政府副州长尕桑与各市(县)人民政府及青海玉树电力公司在会上签订了《2016年玉树州防汛抗旱责任书》。

4月 玉树藏族自治州通天河水利风景区申报书获得玉树藏族自治州人民政府批复。

5月17—20日 青海省防汛抗旱指挥部秘书长、省水利厅党组成员、副厅长马晓潮率领由省国土资源厅、省水利厅防汛抗旱办公室及农水处等部门组成的工作组检查指导玉树藏族自治州防汛抗旱及农牧区人畜饮水工作。马晓潮一行前往杂多、治多及曲麻莱三县八个乡镇十二个村实地察看了防汛准备及农牧区人畜饮水工作情况,同时召开了各村级座谈会。

6月12日 称多县半自动化农田喷灌工程在拉布乡郭吾村竣工。

6月15日 玉树藏族自治州人民政府和杨凌职业技术学院订单培养水利(生态)人才签约在玉树藏族自治州政府举行。

7月13—17日 青海省水利厅副厅长张伟带领厅建管处、建管中心有关负责人对玉树藏族自治州水利工程建设情况进行了督导检查。

8月26—29日 水利部中国灌溉排水发展中心信息办专家组5人、省水利厅农水处和省水科所相关专家,对玉树藏族自治州农田灌溉和草原灌溉工作进行调研指导。专家组一行先后调研了解玉树市和称多县农田灌溉和草原灌溉工作进展情况。

9月12日 在水利部、青海省玉树藏族自治州和杨凌职业技术学院的共同推动下,玉树藏族自治州精准扶贫水利人才订单班正式开学,40名玉树藏族自治州的学生走进杨凌职业技术学院开始水利专业的学习。

9月20—24日 玉树藏族自治州水利局局长才多杰到玉树市、称多县及囊谦县对2015—2016年水利重点项目进行全面督查。

9月 黄河水资源保护科学研究院承担的《青海省玉树藏族自治州水生态文明试点城市建设实施方案》在西宁通过审查。水利部水资源管理中心、黄河流域水资源保护局、青海省水利厅、青海省水文水资源勘测局及玉树藏族自治州发改委、水利局、建设局、环保局等单位的代表和特邀专家参加了审查会。

10月28日 水利部召开全国水利风景区授牌仪式视频会议,玉树州通天河流域水利风景区被水利部评为国家水利风景区。

10月 玉树藏族自治州推行"河长制"工作启动。

11月3日 水利部部长陈雷在北京主持召开玉树水利工作座谈会,水利部规计司、水资源司、财务司、人事司、水保司、农水司、机关党委、综合事业局等部门主要领导,玉树州委书记吴德军,州长才让太,州委常委、州委秘书长张晓军,州委副秘书长尕玛才仁,州政府秘书长万玛才仁及州水利部门负责人等参加了会议。

2017 年

1月17—20日 根据青海省水利厅《关于开展水利安全生产大检查的通知》(青水安监函〔2017〕632号)要求,青海省水土保持局抽调专业技术人员组成第四督查组,到玉树藏族自治州开展了水利安全生产大检查。

3月3日 水利部人事司副司长孙高振、中国水利教育协会会长彭建明、水利部人事司人才培养与培训处处长孙斐、中国水利教育协会主任郭鸿、青海省水利厅人事处处长高海青、玉树藏族自治州政府秘书长多杰、玉树藏族自治州水利局局长才多杰等一行到杨凌职业技术学院调研，与院领导共商"玉树班"人才培养工作。

3月22日　世界水日，玉树藏族自治州通天河国家级水利风景区晋升为继澜沧江水利风景区后的玉树州第二处国家水利风景区。

4月21日　玉树藏族自治州州长才让太组织治多县、曲麻莱县政府，州水利局、可可西里国家级自然保护区管理局主要负责人，赴北京参加由水利部水资源管理中心和《中国水利》杂志专家委员会举办的三江源水生态文明建设高层研讨会，并于《中国水利》杂志2017年第17期出版了"三江源水生态文明建设特刊"。

6月5日　由玉树藏族自治州州委宣传部带队，玉树藏族自治州水利局及各县组成的工作组与黄河水利委员会、长江水利委员会等相关部门探讨三江源水文化建设事宜和水资源保护工作。

6月22日　中共玉树藏族自治州州委中心组（扩大）开展"水生态文明""河长制"专题讲座，讲座上水利部水资源司原司长高而坤、水利部发展研究中心副主任王冠军，分别围绕"把生态文明建设融入水利改革发展各方面和全过程""坚持生态优先绿色发展全面推行河长制"两个主题进行了宣讲，重点阐述了水生态文明的基础认识、水生态文明建设重点、水资源管理、河长制具体规定和相关法律法规等内容，讲解了河长制与水生态文明建设的重要性和必要性。

7月7日　"青海可可西里"申遗项目在联合国教科文组织第41届世界遗产委员会大会上通过审议，成功列入《世界遗产名录》，成为我国第12项世界自然遗产、第51项世界遗产。

7月7—8日　水利部水资源司司长陈明忠一行在玉树藏族自治州调研水生态文明工作。

7月10日　青海省水利厅副厅长马晓潮一行在玉树藏族自治州水利局、玉树市水利局及玉树市农牧局草原站等有关单位领导的陪同下，深入工程现场，对玉树市饲草料基地水利灌溉项目进行了检查。

7月14—16日　水利部水保司司长蒲朝勇和青海省水利厅副厅长张伟一行到玉树藏族自治州调研指导工作，先后深入玉树市通天河流域、隆宝滩国家级自然保护区、杂多县澜沧江流域昂赛乡等地考察水生态文明、水土保持预防保护和建设恢复情况。

8月18—19日　玉树藏族自治州水利局组织下辖各县（市）水利局主要负责人及业务骨干、质监站、项目办等，对玉树市人畜饮水、草原饲草料基地节水灌溉、农田水利基础设施建设等项目进行现场观摩。

10月21日　国家防汛抗旱总指挥部办公室主任李坤刚及青海省水利厅副厅长马晓潮、玉树藏族自治州副州长扎西才让一行在玉树藏族自治州水利局有关人员的陪同下，到玉树水文分局检查指导工作并看望慰问水文干部职工。

11月3日　总投资3.4亿元的玉树市重点水源工程——国庆水库正式开工建设。

11月24日　水利部景区办工程师耿燕、玉树藏族自治州水利局局长才多杰、囊谦县水务局局长成林然丁等一行8人到山东省泗水县调研水利风景区建设工作。

第一章　自然与社会经济概况

　　玉树(藏语意为"遗址")藏族自治州,是青海省第一个、全国第二个成立的少数民族自治州。位于青藏高原腹地,平均海拔在 4 200 米以上。总面积 204 891 平方公里(不含青海省内海西州格尔木市代管的唐古拉山镇),约占青海省总面积的 28.37%。水系发育,是长江、黄河、澜沧江三大河流的发源地,三江源自然保护区和可可西里自然保护区覆盖自治州全境,素有"江河之源、名山之宗、牦牛之地、歌舞之乡""唐蕃古道""中华水塔"之美誉。全州下辖玉树市、囊谦县、称多县、治多县、杂多县、曲麻莱县 1 市 5 县,共 11 镇 34 乡 4 个街道办事处。

第一节　地理位置

　　玉树州位于全球海拔最高、面积最大、隆起时间最晚、地壳最厚的青藏高原腹地——青海省的西南部,长江、黄河、澜沧江均发源于此。州境北与省内海西蒙古族藏族自治州相连,东与果洛藏族自治州相通,东南与四川省甘孜藏族自治州毗邻,南及西南同西藏自治区的昌都市和那曲市交界,西北与新疆维吾尔自治区的巴音郭楞蒙古族自治州接壤。

　　玉树市位于玉树州最东部,东和东南与西藏自治区接壤,西南与囊谦县为邻,西和杂多县毗连,西北与治多县联境,北和东北与称多、曲麻莱县以及四川省甘孜藏族自治州相望,面积 15 413 平方公里。辖 4 个街道办事处 2 镇 5 乡 62 个村牧委会 259 个生产合作社 16 个社区。

　　囊谦县位于玉树州东南部,南和东南与西藏自治区丁青、类乌齐等县相邻,西和西北与杂多县毗连,北和东北与玉树市接壤,面积 12 061 平方公里。辖 1 镇 9 乡 69 个村(牧)委会 291 个村(牧)民小组。

　　称多县位于玉树州东北部,北部与果洛藏族自治州玛多县为邻,西北至西部与本州曲麻莱县接壤,南部与本州玉树县隔通天河相望,东部与四川省石渠县毗邻,面积14 615平方公里。辖 5 镇 2 乡和赛河工作站,共有 57 个村 251 个生产合作社。

　　治多县位于玉树州中西部,东与玉树县为邻,南与唐古拉山和杂多县接壤,北与海西蒙古族藏族自治州毗连,东北隔通天河与曲麻莱县相望,面积 80 648 平方公里。辖 5 乡 1 镇 20 个牧委会 68 个牧民小组。

杂多县位于玉树州西南部,东与玉树市和囊谦县相连,西与唐古拉山相接,北与治多县为邻,南与西藏自治区昌都市丁青县和那曲市的巴青、索县、安多、聂荣县接壤,面积35 520平方公里。辖1镇7乡9个社区居委会31个村110个牧业社。

曲麻莱县位于玉树州北部,东南与玉树州称多县为邻,东北与果洛州玛多县接壤,西接青藏线与可可西里相连,北以昆仑山脉与海西蒙古族藏族自治州格尔木市和都兰县分界,南依通天河与玉树市、治多县隔江相望,面积为46 634万平方公里。辖5乡1镇19个行政村(牧委会)65个牧业社(牧民小组)。

第二节　地形地貌

玉树州北临昆仑山脉和巴颜喀拉山脉,南望唐古拉山系,东接川西高山峡谷,西连藏北高原,总的地势是南北高、中间低、西高东低。大部分海拔在4 000~5 000米,最高为布喀达板峰,海拔6 860米,最低为东南处玉树市东仲境内的金沙江江面,海拔3 335米,两者相差3 525米。

全州地貌从东南到西北按高山峡谷→高原山地→山原滩地→丘状谷地四级向上依次排列。中西部和北部的广大地区呈山原状,起伏不大,切割不深,多宽阔而平坦的滩地。可可西里地区还有一些湖盆。由于地势平缓,冰期较长,排水不畅,形成了大面积的沼泽。在经历了第四纪冰期作用和现代冰川的影响之后,一些地区焕发或残留着冰川地貌。东南部高山峡谷地带,切割强烈,相对高差多在1 000米以上,地形陡峭,坡度大部分在30°上下,其地形相当复杂。

玉树市东临川西山地,南接横断山脉北段,西近高原主体,北靠通天河。纵跨长江与澜沧江水系,地势高耸,地形复杂。由唐古拉山的余脉格群嘎牙—格拉山构成地形骨干,从东向西横贯市境中部,蜿蜒曲折,成树枝形山地,是两大流域的分水岭。总体地形西北和中部最高,东南和东北最低。平均海拔4 493.4米。境内海拔5 000米以上的山峰951座,大部分终年积雪,少数地方还有冰川地貌,如冰峰、冰脊、冰谷等。

囊谦县南接横断山脉,北临高原主体,地势高耸,山脉绵亘,山高谷深,河流多,盆地少,地势极为复杂。总体由唐古拉山四条并列的余脉构成了地形骨架,山脉均系西北至东南走向,形成全县地势由西北向东南倾斜。西北部山原和各条山脊海拔多在4 500米以上,最高峰海拔5 798米,最低处海拔3 521米,县城驻地香达海拔3 643米。山脊与谷底相对高差一般在1 500~2 000米,各条山脊上多有海拔5 000米以上的高峰,气势雄伟,终年积雪。

称多县地势由西北向东南逐渐倾斜。北有起伏不大的昆仑山中支巴颜喀拉山,是长江与黄河的分水岭,海拔4 500~5 000米,主峰5 267米;南为通天河;西南由于通天河及其支流的下切作用,起伏很大,形成高山深谷;中部地势较为平坦,低山与丘陵相间。全县海拔最低点为直门达通天河水面3 524米,最高是赛航山,高达5 500米,平均海拔4 500米左右,海拔4 800米以上的高山常年积雪。县境内多山,间有滩地,较大的山有巴颜喀拉山以及加浪拉(通天河及扎曲河的分水岭)、肖格尕当拉、加吾沙格拉、喀拉鲁那(长江与黄河的分水岭)等,滩地有卡那滩、茸陇滩、多涌滩等。

治多县地势自西北向东南倾斜,从东南向西北按高原山地→宽谷滩地→低山丘陵高原的顺序排列。境内大部分地区是起伏不大的扇缘状地貌,河流切割不深,除高山外,还有山间盆地和宽谷。由于通天河及其支流的下切作用,东北部形成了较为复杂的山地宽谷地貌。全县大部分地区海拔在4 500~5 000米,最低处在通天河出境水面,海拔3 850米,最高峰为与新疆维吾尔自治区接壤的新青峰,海拔6 860米,高差3 010米,境内海拔5 000米以上的山峰达1 802座,大部分山顶终年积雪。

杂多县地势由扎曲河源与当曲、莫曲分水岭向西侧逐渐降低。西部位于昆仑山、唐古拉山腹地,两山中间有莫云滩、旦荣滩和查用滩三个高原盆地。全县海拔大都在4 300~4 800米,最低海拔3 900米,最高海拔达6 000米,平均海拔4 290米。从整体上看,西部地区地形平坦,山体低矮平缓;东部地区高山对峙,峡谷深切。

曲麻莱县处于青藏高原山原地带,北有昆仑山、巴颜喀拉山和西部的可可西里山。山脉为东西走向,河流也随山体的走向由西向东蜿蜒奔流。但其支流多为南北流向而汇入长江、黄河水系。地势基本上由北、西北向东南倾斜,中部及河源地带多高平原、盆地。海拔也由东南部的河谷、山间盆地向高山地带逐渐上升,在3 950~5 590米,在5 000米以上的山峰岩石裸露,为终年积雪的山峰。

第三节　气候条件

玉树州地域辽阔,又处于青藏高原的腹地,属典型的高寒性气候,因而气候资源有其独特的特点,它在很大程度上影响着农牧生产的结构与布局。

州内的莫云、扎河以西,色吾沟、麻多以北地区年日照时数在2 700小时以上;中部的杂多县和东部的称多县及玉树市下拉秀以东地区年日照时数在2 500小时以下;其余地区在2 500~2 700小时。境内年均温在0摄氏度以上的有3个县(市)(玉树市、囊谦县、称多县),年内各月的极端最低气温出现在1月。观测数值表明,玉树市多年极端最低气温平均值为-23.4摄氏度,囊谦县为-22.8摄氏度,杂多县为-27.8摄氏度。

全州年降水量以囊谦县的东坝、杂多县的苏鲁一带最多,在600毫米以上;香达、下拉秀以及东南部河谷地区,清水河及东北部的巴颜喀拉山南麓山地降水量在500毫米以上;治多县沿通天河河谷向东南至玉树、杂多、下拉秀西北河谷的降水量在400~500毫米;莫云及东部地区,索加沿通天河河谷至治多、曲麻莱一带,子曲河渡口至子曲河源头地带,降水量为300~400毫米;中部地区,即当曲河源头、索加以东、扎河以南和治多以西的地带以及可可西里地区为少雨区,年平均降水量在300毫米以下。境内年降水量具有冷季少、暖季多的特点。以各月降水量而言,5—9月降水量最多,占年降水量的80%~90%;11月至翌年2月的降水量最少;3—4月和10月的降水量则各占年降水量的10%左右。

由于全州海拔达到对流层的1/3,甚至更高,大于与地球自转相适应的行星系的临界尺度,因而对大气环流产生极大的影响,形成了特有的气候状况。

一、暖季短促,冷季漫长

境内除东南部少数地区外,其余大部分地区年均温低于0摄氏度,3/5的地区低于-3.0摄氏度,年均温普遍较低是玉树州主要的气候特征。就各月平均气温而言,在0摄氏度以上的时间大都只有5个月,而在0摄氏度以下的时间却有7个月,如果粗略地将≥0摄氏度的月份作为暖季,把<0摄氏度的月份作为冷季,显然玉树州没有明显的四季之分,且大部分地区暖季短促,冷季漫长。

二、降雨集中,雨热同期

由于青藏高原在暖季主要受来自孟加拉湾的西南暖湿气流影响,冷季主要受来自西伯利亚的干冷气流影响,玉树州暖季多雨,其雨量占全年降雨量的80%以上;冷季干燥,雨量不到全年降雨量的20%。同时,一年之中的热量高峰也出现在6~8月,其中7月为最热月。

三、光照丰富,辐射强烈

各地年日照时数为2 467.7(结古)~2 789.1小时(曲麻莱),比同纬度东部果洛藏族自治州的达日、班玛等地要多181.9~327.3小时。境内各地年辐射量623.5~674.7千焦/平方厘米,这一数值同样比同纬度的东部地区要大一些。

四、冷季多大风、沙暴,暖季多雷雨和冰雹

由于降雨高度集中,加之地形等诸因素的影响,境内冷季大风盛行,沙暴天气较多。暖季多对流云系发展,冰雹、雷雨出现次数频繁。同时,因海拔高,形成气压低、沸点低和空气含氧量低的特点。西部平均气压607百帕,东部为651百帕。水的沸点东部为88摄氏度,西部为86摄氏度。空气的含氧量仅为海平面含氧量的1/2~2/3。

第四节　　地质环境

玉树州位于昆仑地体(原称昆仑褶皱系)以南,包括巴颜喀拉地体(原称巴颜喀拉褶皱系)、克南地体(原称唐古拉准地台的玉树—玉隆台缘拗陷的北半部分)、巴塘地体(原称玉树—玉隆台缘拗陷的南半部分)、唐古拉地体(原称唐古拉准地台)。全州位于青藏高原腹地,青藏高原是由不同的地体在漂移中复合拼贴到欧亚地块之上而形成的特殊地

域。州内太古代、远古代及早古生代为剥蚀区,地层剥蚀殆尽,仅局部残留一点奥陶纪地层;而在晚古生代到中生代晚期侏罗纪,海陆频繁交替,海陆相沉积交替出现;白垩纪以来,海水尽退,为纯陆相沉积。由此可知:①缺失相对老时代地层和岩浆岩。奥陶纪、泥盆纪石炭纪地层仅分布在唐古拉地层区。②以碎屑岩系地层占主导地位,碳酸盐岩、火山岩和膏岩层也相当发育。③多数地层均受北西西—南东东构造线的控制,所以呈条带状北西西—南东东方向布展。

一、地层

(一)奥陶系

奥陶系地层剥蚀殆尽,仅在玉树县(市)上拉秀的泅压陇及考尼曲一带还有残留,暂定为下奥陶统青泥洞组,为一套厚度达1 954米的滨海相碎屑岩,以灰色中厚层中细粒石英变砂岩为主,夹灰色板状石英粉砂岩、泥钙质板岩。在青藏界线附近相变为杂色板岩、灰岩夹结晶灰岩。

(二)泥盆系

缺下统,仅中上统零星分布在东部的桑知阿考及光泅钦地区,为一套滨海相化学岩、碎屑岩和中性火山岩的沉积建造。中统为桑知阿考组,上统为泅钦组,两组间为整合接触。桑知阿考组总厚594米,为一套灰绿色、灰紫色石英安山岩夹灰色变砾岩、灰绿色角砾熔岩,底部为一层深灰色变砾岩。泅钦组为一套厚91.1米的浅灰色中细粒石英砂岩和泥、钙质板岩夹中厚层灰岩。

(三)石炭系

主要分布在杂多、囊谦及治多县的莫曲、当曲、解曲及扎曲一带,上下统均有出露,但研究程度较低。

1.下石炭统

本区内将下石炭统命名为杂多群,为一套海陆交互相沉积物,岩性为碎屑岩、碳酸盐岩及火山岩。依岩性自下而上划分为容蒲组、俄群嘎组和查然宁组。

容蒲组以灰色碳酸盐岩为主,下部为碎屑岩、火山岩,出露不全,厚度大于985米,延至杂多县早青松地区,下部以紫色粉砂岩为主,夹板岩、灰岩、白云岩,上部为碎屑灰岩,厚度大于1 380米。

俄群嘎组为碎屑岩组,主要为灰色、灰黑色粉砂岩夹砂岩及炭质板岩和煤层,局部夹中酸性火山岩,厚度456~1 231米。为本区早石炭世唯一含煤碎屑岩地层。

查然宁组为碳酸盐岩组,以生物灰岩为主。夹白云岩,厚度大于720米。

2.上石炭统

仅零星出露在囊谦县、杂多县南部。下部以石英砂岩、粉砂岩为主,夹板;中部以灰岩为主,夹砂岩;上部为砂岩夹砾岩;顶部为灰岩。总厚度大于800米。该地层延至东坝、尕羊等地,下部相变为海陆交互相的碎屑岩含煤地层,厚度1 300~2 400米。

(四)二叠系

为玉树州地区主要含煤地层之一。在巴颜喀拉地层区出露甚少,仅在玉树州分层区玉树县(市)附近零星出露;在唐古拉地层区十分发育。

1. 巴颜喀拉地层区玉树分区

仅出露下二叠统,为玉树分区最古老地层。下部为灰色砂质板岩夹砂岩、生物灰岩,总厚200米;上部为灰色生物灰岩及含砂砾不纯灰岩,总厚310米。

2. 唐古拉地层区

上下统均十分发育,分布在沱沱河、当曲、扎曲、子曲流域,呈北西—南东展布,向东南延入四川、西藏境内,长500公里、宽100公里左右。下统为开心岭群,上统为乌丽群。

1)开心岭群

为一套滨海相碎屑岩、碳酸盐岩夹中基性火山岩及波层状膏岩层岩系。可分上下两组,下组为尕笛考组,厚度大于448米;下部为安山集块岩、火山角砾岩及英安岩;上部为厚层状生物灰岩夹泥钙质板岩和石英砂岩。上组为扎格涌组,厚度1 437~1 172.5米;下部为蚀变安山玄武岩、安山岩、夹火山角砾岩;中部为暗色安山岩、英安质火山角砾凝灰质熔;上部为钙质粉砂岩夹黏土岩及灰岩。

2)乌丽群

为一套海陆交互相含煤碎屑岩碳酸盐岩层系。分上下两组,下组命名为那以雄组,厚度大于284米。以黑色炭质页岩、粉砂质泥岩为主,夹泥质砂岩、中细粒砂岩、不纯灰岩及煤层。上组命名为察马尔扭组,厚度大于130米,为一套灰白色砂质灰岩地层,底部有少量砂砾岩。

(五)三叠系

在玉树州极其发育,出露面积约占全州面积的1/3,在不同地层区岩相也十分复杂。

1. 巴颜喀拉地层区

1)巴颜喀拉山分区

区内将三叠系命名为巴颜喀拉山群,以类复理石沉积层系为其特征。自上而下又划分三个亚群,分别代表三叠系下、中、上统。下亚群分布在玉树州与海西蒙古族藏族自治州交界处,为一套总厚度达4 300余米,总体为中—粗粒砂岩夹粉砂质板岩,局部砂板岩互层的碎屑岩系。中亚群分布在玉树州东北地区,总厚度大于3 500米,为一套中—细粒长石砂岩、长石石英砂岩、粉砂岩和粉砂质板岩。上亚群分布在可可西里湖—曲麻莱—称多一带,以具有大量含泥质碎屑岩为其特征,厚度在5 600米至万余米。据其岩性组合特点,从下而上可分为五个岩组:底部砂、板岩互层组,下部板岩组,中部砂板岩互层组,上部砂岩组及顶部砂板岩互层组。

2)玉树分区

区内缺失三叠系中下统,仅出露上统,命名为柯南群。岩性为一套中浅变质的碎屑岩、火山岩及碳酸盐岩系,总厚度可达8 189米。按岩性自下而上可分为三个岩性组:下部砂岩夹板岩的碎屑岩组,中部灰岩、基性火山岩互层岩组及上部石英砂岩夹板岩的碎屑岩组。

2. 唐古拉地层区

区内缺失下统,仅见中上统,以上统为主。中统命名为结隆群,上统命名为结扎群和巴塘群。

1) 结隆群

出露面积不大,仅见于本区东北缘,格隆、压陇赛依涌北一带。为一套灰色浅变质的滨海—浅海相的碎屑岩、碳酸盐岩层系,厚度 625 ~ 780 米。下部为灰色巨厚层复成分砾岩、灰紫色含砾杂砂岩、细粒杂砂岩或粉砂岩、上部为中厚层粉砂岩、细砂岩夹泥质板岩、泥质页岩、灰泥岩、生物灰岩等。

2) 结扎群

为一套海相碎屑岩、碳酸盐岩及海陆交互相的含煤碎屑岩层系,厚度 2 690 ~ 4 579 米。据岩性可分为三个岩组:下部碎屑岩组为灰色中厚层细粒杂砂质石英岩夹灰绿色、灰紫色砂质、粉砂质板岩、泥岩,偶有灰岩夹层;中部碳酸盐岩组为深灰、灰白色中厚层粉砂质泥灰岩、灰岩,偶夹有细粒长石质石英砂岩;上部含煤碎屑岩组为细粒石英砂岩夹砾岩、炭质粉砂质泥岩夹细粒石英砂岩及煤层。

3) 巴塘群

巴塘群与结扎群为同期异相的产物。出露于玉树—乌兰乌拉湖断裂南的巴塘南北两侧宽 15 ~ 20 公里、长 400 公里地带,总厚度达 8 879 米。本群可分为四个岩性组。

(1) 底部碎屑岩组。紫色、紫红色长石石英砂岩,泥质粉砂岩夹含砾粗砂岩,粉砂质、泥钙质板岩,底部可见砾岩,厚度大于 420 米。

(2) 下部碳酸盐岩组。灰色中厚层灰岩夹粉砂质板岩,局部夹中酸性晶屑凝灰岩、安山质角砾岩,安山质凝灰岩,厚度 650 ~ 1 534 米。

(3) 中部碎屑岩夹火山岩组。灰绿色、深灰色粉砂质板岩夹石英砂岩、薄层灰岩及少量中酸性晶屑凝灰岩,安山质凝灰岩、安山质火山角砾岩、安山玄武岩、玄武岩等,厚度 480 ~ 3 229 米。

(4) 上部碳酸盐岩组。灰白、灰、灰黑色中厚层生物碎屑灰岩、泥灰岩夹硬砂质长石石英砂岩,粉砂质板岩,泥质板岩及薄层灰岩。局部夹有中酸性凝灰岩,厚度 590 米。

(六) 侏罗系

在巴颜喀拉地层区没有出露,而大面积出露在唐古拉地层区,出露面积约占全州面积的 1/4,属海陆交互相沉积。缺失早侏罗世地层,中晚侏罗世地层分别命名雁石坪群、吉日群。

1. 雁石坪群

为一套厚度达 3 126 米的碎屑岩与灰岩互层,底部有数十米厚的紫红色复成分砾岩,下部为紫色、灰色中厚层中细粒砂岩夹灰岩;上部为深灰色厚层生物碎屑灰岩夹钙质粉砂岩。

2. 吉日群

为一套厚度达 2 284 米的海陆相互层的屑岩和灰岩。岩性为紫色薄层粉砂岩,灰紫、灰黄绿、灰绿、深灰色中厚层中细粒砂岩、砾岩、钙质粉砂质细砂岩及深灰色、灰色灰岩、生物碎屑灰岩等。

(七) 白垩系

玉树州境内白垩系分布零星,下统断续出露于唐古拉山北缘,上统出露于可可西里山、巴颜喀拉山和唐古拉山结合部。未分群,岩性主要为一套湖相碎屑岩和化学岩。

1. 下白垩统

底部砖红色厚层砾岩,厚147米;下部浅灰色中厚层钙质长石石英砂岩夹土黄色团状灰岩,厚143米;中部为浅灰色灰岩夹白垩,厚564米,上部为灰白色石英砂岩,厚46米。总厚度750~900米。

2. 上白垩统

分布在沱沱河北至风火上一带。下部为紫红、紫灰色中厚层粉砂质泥岩、页岩、粉砂质夹石英砂岩;中部为紫红色含铜钙质杂砂岩及中粗粒石英砂岩;上部为灰紫、紫红色中厚层粗—细粒石英砂岩夹含粒砂岩、砾岩及粉砂质泥岩,厚度大于6 898米。

(八)第三系

1. 巴颜喀拉地层区

研究程度低,可能缺失下第三系,上第三系划分中新统和上新统。

1) 中新统

以高原湖泊沉积为其特征。下部呈砖红、橘红色,为中厚层岩屑长石砂岩、砾岩、含砾砂岩夹石膏、岩盐薄层,厚468~1 228米。上部为灰、灰白色中厚—薄层泥灰岩,厚度20~454米。

2) 上新统

分布在区内各山间盆地和谷地。底部为砾岩层,中部紫色粉砂岩、砂质泥岩夹砂岩及石膏层,顶部以灰、黄色细砾岩为主,厚度2 284米。曲麻莱县查哈西里山由黄褐、橘红、灰绿色砾岩、砂砾岩、粗砂岩、细砂岩、粉砂岩、泥岩和少量石膏组成,顶部为橘黄色巨砾岩,厚度大于541米。

2. 可可西里— 唐古拉地层区

比较发育,但分布广,且地层完全,以高原湖泊沉积为突出特点。

1) 下第三系

主要分布在唐古拉山与巴颜喀拉山结合地带,以杂多县拉加涌上游发育较全,厚度达3 382米,为紫红色碎屑岩夹泥灰岩和膏岩层,局部有火山岩。碎屑岩主要为中厚层砾岩、含砾石英砂岩、石英砂岩及粉砂岩。

2) 上第三系

中新统称查保马群,集中分布在东经92°左右,厚度400~1 050米,以玄武岩、中性火山角砾岩及晶屑凝灰岩等火山岩为主,底部有少量暗红色砾岩、砂岩、泥质岩等碎屑岩。

上新统主要分布在通天河盆地、楚玛尔河盆地及可可西里盆地,为一套湖相沉积物,厚度大于2 737米。其岩性主要为紫灰、灰绿灰色砂岩、砂质泥岩、泥岩,局部夹灰岩、泥灰岩。以中厚层为主,且含大量生物化石。在可可西里盆地岩层中普遍夹石膏层。

(九)第四系

玉树州地处青藏高原腹地,属典型高寒山区,现代山岳冰川广布。第四系在高山以冰碛、冰水沉积为主,山间盆地以冰水、湖积为主,冲积、洪积主要分布在各河谷内,坡积、残积则更是随处可见。各种成因的陆相沉积物皆以角度不整合覆盖在其他老地层之上。有部分地层,特别是中下更新统,已胶结或半胶结。

1.更新统

下更新统,一般分为三套地层,下部冰碛地层,厚度约150米;中部冰水沉积地层,厚约30米;上部河湖沉积地层,厚约10米。

中更新统,一般也分三套地层,下部为厚10～50米的冰碛物,中部厚数米至十余米的冰水、河流相沉积的砂砾层(有时缺失),上部又为冰碛地层,厚数十米至数百米不等。

上更新统,地层与中更新统相类,但各地地层厚度悬殊,从数米至200米厚。

2.全新统

全新统有冰水堆积、冲积、洪积、坡积、残积,现代山岳冰川堆积,现代湖泊堆积等各种成因的现代堆积物,广泛分布,厚几米至几十米不等。

二、构造

玉树州地处青藏高原腹地,深大断裂发育,构造运动和岩浆活动频繁,从而形成了异常复杂的各种构造。

(一)构造单元划分

各种大地构造单元划分的学术观点甚多,难以尽述其详,这里陈述青海省比较通用的一种,即青海地矿局编的《青海省区域地质志》的划分方法。据此方法,玉树州处在松潘—甘孜印支褶皱系的北巴颜喀拉冒地槽带部分地区,南巴颜喀拉冒地槽带、通天河优地槽带及唐古拉准地台的巴塘台缘褶带、乌丽—囊谦台隆、小唐古拉台拗等两个一级构造单元的六个二级构造单元带内。

(二)褶皱构造

更新世中期以前的地层,普遍发生了不同程度褶皱。在巴颜喀拉地层区发育基底褶皱,在唐古拉地层区发育相盖层和陆相盖层褶皱。

1.基底褶皱

基底褶皱又分为冒地槽型褶皱和优地槽型褶皱。

1)冒地槽型褶皱

形成于巴颜喀拉山运动,分布在巴颜喀拉冒地槽带中,受走向断层夹持。尖状、箱状、扇状、梳妆褶曲均有出现,大型复向斜、复背斜也时有所见;多呈不对称型线波状起伏,褶曲圈闭明显。西段褶皱紧闭,次级褶曲发育,线状特征明显;东段褶皱开阔平缓以短轴状为主。主要的褶曲有巴颜喀拉山复向斜和巴干—呷依复向斜,褶皱宽40～80公里、长100～150公里,且次级褶曲发育。

2)优地槽型褶皱

仅分布在乌兰乌拉湖—玉树断裂以北的通天河优地槽带中,主要由上三叠统柯南群褶皱而成。褶皱轴以北西为主,褶曲为紧密线状,在断裂附近有倒转褶曲。主要的褶曲有多彩复背斜和玉树—马达寺背斜等,其长度60～80公里,宽度10～15公里。次级褶曲发育。

2.海相盖层褶皱

发育在地台区及地槽区造山期后的海相盖层中。主要分为四种类型:短轴褶曲、长轴状褶曲、近于等轴的隔挡式褶曲、构造盆地。主要构造有格群涌背斜、清水河源的隔挡式褶曲(由一个背斜和两个向斜组成)、查日涌向斜、巴日根曲—沙那陇仁复背斜及雀莫莫—布茸口生构造向斜盆地等。

3.陆相盖层褶皱

玉树州陆相盖层褶皱主要分布在白垩纪以来形成的陆相断陷、坳陷盆地内,按其褶皱特征可分为如下三种基本类型。

山间盆地陆相褶皱:以宽缓的短轴褶曲和挠曲为主,常见穹隆构造和缓倾斜向斜盆地。岩层倾角多在5°~15°,最陡也不超过30°。如囊谦向斜盆地、阿多向斜及扎青向斜等。

山间断陷带的陆相盖层褶皱:褶皱受断陷控制明显,常见褶皱形态较紧闭,岩层倾角较陡,两翼不对称,线状特征明显,如多伦多向斜、下拉秀—子曲向斜。

推覆构造带陆相盖层褶皱:主要发育在逆掩推覆构造带内或其旁侧。褶皱严格受断裂带控制,以拖褶曲、平卧及倒转褶曲为其特征,如莫云东2个飞来峰及昂赛北北飞来峰。

(三)断裂构造

玉树州的断裂构造十分发育,常密集成带分布,按其规模可分为深大断裂、区域断裂和局部断裂三种。

1.深大断裂

在玉树州的深大断裂带为乌兰乌拉湖—玉树深断裂系,由数条密集的北西向断裂组成。主要裂缝长700公里、宽20~40米,断层面倾向北东,倾角40°~70°。它构造了松潘—甘孜印支褶皱系与唐古拉准地台的界线。在晚三叠世早期,以本断裂系为界,北侧为深海、半深海优地槽区,沉积了柯南群;而南侧则为地台边缘,接近于大陆坡,沉积了巴塘群。

2.区域断裂

1)巴颜喀拉山中央断裂

西起昆仑山口以西,东向横穿巴颜喀拉山,经雅拉达泽山北坡、野牛沟、甘德楠,延出省外,省内断续延长1 000公里,州内长650公里。断层面倾向北东,倾角40°~70°。西边发育挤压破碎带,动力变质作用显著,断层残山,断层崖多处可见,是南北巴颜喀拉冒地槽的分界线。该断裂开始于印支早期,印支中期形成南坳北隆,燕山期、喜山期活动强烈,岩浆侵入,是一多期活动断裂带。

2)饮马湖—称多断裂带

西起饮马湖,经五道梁、曲麻莱县、称多县,呈S形出省,省内长约800公里。断层面倾向北东,倾角50°~60°。由一束密集成带的断裂组成。主要切割中上三叠统,并使下二叠统露出地表,使上三叠统逆覆于第三系之上,使第三纪、第四纪发育窄长条状断陷盆地。在断层两侧形成挤压破碎带,断层陡坎及酸性岩浆侵入,是活动在南巴颜喀拉冒地槽中的主要断裂。

3)西乌兰湖—歇武断裂带

由一组密集的北西西—南东东向断裂组成,长约800公里,宽20~30公里,断层面南西倾,倾角65°～80°。它构成通天河优地槽带与南巴颜喀拉冒地槽的分界。

4)牙曲—巴塘断裂

北西在牙曲附近归玉树断裂,南东段经伯切延至巴塘后出省,省内长达380公里,是唐古拉地台内,巴塘台缘褶带与乌丽—囊谦台隆的分界线。断层面倾向北东,倾角50°～70°,断层破碎带宽30～100米。

5)子曲河断裂带

由一组北西—北西西向断裂组成,平面上略具S形。西段由乌丽过子曲河,断续出露,经囊谦北出省,州内长约500公里。断层面倾向不定,有北东,也有南西倾向,倾角60°～70°,本断层虽发育在乌丽—囊谦台隆区内,但两侧地质特征却有所不同,北侧结扎群广泛发育煤系,而南侧少见。

6)解曲断裂带

由若干大小不一、倾向不定、彼此交切的断裂组合而成。断裂北西西向延伸,西起乌兰乌拉湖南,经通天河、莫云、解曲出省,长达700公里。主断裂倾向南西,倾角40°～70°,构成了乌丽—囊谦台隆与小唐古拉台拗的分界线,平面上呈锯齿状。

3.局部断裂

在各区域断裂之间发育着为数众多、形态复杂的各级断裂,小者延长仅数十米至数百米,大者数十公里至百余公里,破碎带宽度从仅数厘米到数十米不等。可分为走纵向断裂和横向断裂。这些断裂控制着内生类矿体的形态、产状及分布。

(四)中、新生代陆相盆地

燕山期及喜山期构造运动在玉树州十分活跃,从而逐步形成一系列断陷盆地,盆地初期形成于白垩纪,成熟于晚第三纪。盆地大致以东经91°及94°为界,分西、中、东三种类型。东经91°以西为内陆湖区,断陷盆地主要受北西构造控制,也受制于南北断裂,呈面状产出,边界极不规则,地貌特征不明显,仅能从沉积物分布范围来确定盆地范围。盆地中心塌陷,发育成现代湖泊。东经91°～94°,是长江源头区,盆地受制于北西西断裂,呈宽谷盆地出现,宽度一般20公里以上,最宽处达100公里,向北西展布。东经94°以东地区,由于受构造控制和强烈的河流溯源侵蚀作用,盆地呈北西向线性展布,长度是宽度的10倍至数十倍。

全州各县(市)地质详细状况如下:

玉树市位于青藏高原东部,地处昆仑山脉南支巴颜喀拉山南麓,金沙江北端。根据地层所处构造位置划分处于北部巴颜喀拉拉—羌北地层区、西金乌兰—玉树地层分区。该分区玉树市分布的地层由老到新主要有早奥陶世青泥洞组、中—晚泥盆桑知阿考组、石炭—二叠纪西金乌兰群(隆宝蛇绿混杂岩)及开心岭群、三叠纪地层(昌马河群、结隆组、甘德组、巴颜喀拉山群、巴塘群等)及古近纪、新近纪、第四纪。县境内印支(晚古生代)、燕山期(中生代)岩浆侵入活动较频繁,岩石类型以中酸性侵入岩为主。境内构造线总体呈北西向展布,影响较大的区域性断裂主要有甘孜—理塘断裂、西金乌兰湖—金沙江断裂、乌兰乌拉湖—玉树断裂。

囊谦县地质构造属于唐古拉褶皱区,基岩主要由石灰纪二叠纪地槽时期的变质灰岩构造;其次为二叠纪陆台相红砂岩、砾岩、板岩、片岩和媒质叶岩等构成。在这些岩层中广泛充填着内陆相红层、石灰层,山地多形成尖峭的高峰和峡谷;红层和其他岩相所构成的山地较为低矮,主要是中山宽谷,也有中山峡谷。

称多县境内地层以中新生代早期为主,地质构造比较复杂,属巴颜喀拉山地槽褶皱系。三叠系沉降带由超过万米的印度期到诺利期的浅变质泥沙碎屑岩组成,夹有少量不纯石灰岩层。上覆盖曾是瑞春期陆相含煤碎屑——火山岩系。地质构造大体划分为经向纬向、青藏歹字形构造。压性断裂褶皱发育,各时代地层展布,多受地质构造体系控制,新构造运动有明显的继承性,岩浆活动较弱。部分地区为泥质、钙质隆起,在金沙江褶皱系有小面积花岗岩带,高山带多坡积物,风化严重,形成许多崩岩体,裂隙发育顺向断层分布广。

治多县主要有三叠系地质构造,在北及西北部由第三系、第四系全新统地质构成。在当江、治渠、立新等地一带,多为三叠系上统、中统,属巴颜喀拉山群,由硬质长石灰岩夹板岩、石灰岩、中基性火山岩、底部砾岩组成。由于地处通天河沿岸,受河流的切割,山峦起伏较大,高差明显,多形成高山深谷,发育着高山草甸土及山地草甸土等。

杂多县的地质构造,总的属昆仑山脉和唐古拉山造山运动而形成。全县地处唐古拉山系中部,属青藏高原。由于多次升降褶皱和断裂、地壳运动以及火成岩的浸冲,地质构造极为复杂。走向呈西北—东南的复式背斜构造。地面切割强烈,组成县境内明显的多山构造和冰蚀区地貌单元。雪山遍布,冰山角峰和 U 形谷多见,残存有各种冰蚀地形和冰积物。在海拔 4 200 米以下地段,以冰、水侵蚀切割为主,形成 V 形峡谷和阶梯状陡坎;而在多山区前缘分布有裙带状山前丘陵地貌。境内多冰川和永冻土,岩石系松散的第三系红层。地表多为沉积物,下为风化变质岩基。全县地质大都为红紫色砂砾岩和夹煤岩等。

第五节　土壤植被

一、土壤

土壤是在母质、气候、地形、生物、时间等自然成土和人类生产活动综合作用下形成的。

（一）土壤类型

玉树州主要有高山寒漠土、高山草甸土、高山草原土、山地草甸土、灰褐土、栗钙土、草甸土、潮土、沼泽土、泥炭土等 10 种土壤类型。

1.高山寒漠土

高山寒漠土在全州各高山地带有分布,特别是在巴颜喀拉山和唐古拉山等主要山体及其支脉的高峰则较为多见。所在地带多为分水岭地区,有的还被现代冰川所覆盖。高山寒漠土是寒冻期最长、脱离冰川影响最晚、成土时间最短的一种高山土壤,面积为

2 188.83万亩。

2. 高山草甸土

高山草甸土为州内面积最大、分布最广的土类。从州东部连续分布至五道梁和风火山山口一带。多处于山地中、上部，海拔4 200米以上，常年低温潮湿，微生物活动较弱，植物残体难以充分分解，有机质含量和潜在肥力较高。植物以嵩草属为主，盖度80%～90%，系牧业主草场。土层一般小于50厘米，有连续而坚实的草皮层，耐牧耐践踏，但通气和透水性差，更新不良。根据地貌部位、水热条件和植被等情况，本土类又分为普通高山草甸土等3个亚类和5个土属。

3. 高山草原土

高山草原土主要分布于曲麻河、索加以西地区，尤其是青藏公路以西的可可西里地区分布最广，扎陵湖以西至东昆仑山南麓也有一定面积的分布，系高原面上的基带性土壤，面积占全州土地总面积的26%，仅次于高山草甸土。

4. 山地草甸土

山地草甸土主要分布于东部山地乔木林分布界限以下的地段，向西延伸至杂多、治多和曲麻莱3县附近的河谷地区。与灰褐土所处的海拔相同，上接高山草甸土，下接栗钙土，成土母质以坡积、残积为主，通常有明显的沉积层（B）和连续的草皮层面积为938.25万亩。

5. 灰褐土

灰褐土分布在州境东南部地区，处于子曲、扎曲、解曲和通天河及其支流等河流的谷地。在囊谦县毛庄、白扎和娘拉等地尤为集中，而在治多、杂多、曲麻莱3县的东部仅有小面积分布，面积为224.41万亩。

6. 栗钙土

栗钙土主要分布于东部各大河的河谷阳坡、半阳坡阶地以及中下河谷下段的坡地和冲积扇上，沿河岸两侧呈连续或间断状，海拔3 350～3 800米，面积为96.36万亩。

7. 草甸土

草甸土多分布于河流两岸的河漫滩、季节性积水的洼地和低阶地上，系水成土壤，分布不连续，多呈小片状镶嵌于其他土类之中，面积为398万亩。

8. 潮土

潮土分布于扎曲、子曲、吉曲等河谷中下段的低阶地上，多系林灌草甸土或草甸土经长期耕作后形成的，分布零星，母质多为冲积和洪积物，具疏松的耕作表土层，含多量砾石，质地粗，呈强石灰性反应，面积不大，仅为3.58万亩。有1个亚类1个土属和1个土种。

9. 沼泽土

沼泽土属隐域性土壤，在玉树州各地区均有分布，尤以治多、杂多和曲麻莱3县面积最大。在治多县的扎河乡，杂多县的旦荣、莫荣滩，曲麻莱县的麻多乡等地都有大面积的沼泽土。囊谦县的巴尔滩，玉树县的隆宝滩、晒阴措、年吉措、白马海、尕符底达，称多县的解吾曲、马尔曲、洛曲、卡拉滩等地沼泽土分布也较集中，面积为2 478.38万亩。

10. 泥炭土

泥炭土的成土条件与成土过程与泥炭沼泽土、沼泽土相近，所在地形部位往往比泥炭沼泽土地带海拔略高一些,或以复区出现,面积为 1 173.23 万亩。

（二）土壤养分状况

各类土壤养分的总体综合评价虽以泥炭土和沼泽土含量最高,但在对生产有重大意义的土类中,则以灰褐土和高山草甸土的含量较高。按土地利用划分的各类土壤养分状况见表1-5-1。

1. 农业（种植业）土壤

在耕地总面积中,一级土壤占51.1%,二级占43.3%,三级占5.6%。耕作土壤共有耕种山地草原化草甸土、棕红土、绵软土和冷沙土4种。在总体上,有机质和全氮处于中上等水平,全磷、速效磷和碱解氮不足,全钾和速效钾较多,"缺磷少氮钾丰富"。重要的是以往耕作很少施肥或不施肥,仅仅依靠轮歇来恢复地力,必使土壤肥力速减,越种越瘠薄。玉树州耕作土壤养分含量见表1-5-2。

2. 林业土壤

林业土壤包括高山灌丛草甸土、山地灌丛草甸土、淋溶灰褐土、碳酸盐灰褐土和森灌草甸土5个亚类,前4种为天然林下土壤,而第1、2种又仅为灌木林下土壤。林业土壤的有机质含量普遍丰富,均属一级,在10.1%~14.75%。全氮平均含量均大于0.2%,最高0.7%。碱解氮含量除林灌草甸土较低（70 ppm）外,其余均属一级。全磷含量较低,速效磷含量在6~12 ppm,严重缺磷。全钾含量在1.22%~1.88%。

3. 牧业土壤

除灰褐土和潮土之外,其余土类均可归入牧业土壤。其中一级土壤占37.6%,二级占22.8%,三级占17.2%,四级占22.4%。有机质含量1%~30.66%不等,面积较大的草甸土类含量在3%~13%,全氮含量与此成正比,碱解氮含量在150 ppm以上的占牧业土壤面积的37.6%;含量在60~90 ppm的占39.7%,含量在30~60 ppm的占13.8%。同样,牧业土壤也严重缺磷,有近80%的土壤速效磷含量在3~10 ppm,而钾的含量均属中上等水平。

（三）各县（市）土壤概况

玉树市属于高原地带性土壤,全部为高山土类,成土因素受地形、海拔、气候和冰川的影响最大,具有成土层薄、层次分化不明显等特征。囊谦县主要有高山寒漠土、高山草甸土、山地草甸土、山地灰褐土、草甸土、栗钙土、沼泽土等7种土壤类型分布。称多县和治多县在青海省土壤区划中属于东南部高山灌丛草甸土、高山草甸土区,主要土壤类型为高山灌丛草甸土和高山草甸土,两者交错分布,高山灌丛草甸土多分布在山地阴坡,高山草甸土多分布在山地阳坡,土壤熟化层薄有机质含量低。杂多县主要有高山寒漠土、高山草甸土、高山草原土、山地草甸土、灰褐土、栗钙土、草甸土、沼泽土等8种土壤类型分布。曲麻莱县境内土壤自西北向东南有高山草原土、高山荒漠草原土、高山草甸土、高山灌丛草甸土、山地草甸土以及零星的灰褐土。

二、植被

玉树州植被以其明显的空间分异为特征,即从东向西大致分为森林、灌丛草甸、草甸、

表 1-5-1　玉树州各土类营养元素含量

土类	土层深度（厘米）	代换量 me/100克土	酸碱度 pH	碳酸钙（%）	有机质（%）	全氮（%）	全磷（%）	全钾（%）	碱解氮（%）	速效磷（%）	速效钾（%）	C/N
高山寒漠土	15.0	15.4	8.1	18.53	1.58	0.210	0.144	2.26	100.1	7.34	158.8	9
高山草甸土	39.7	28.2	7.7	4.77	9.78	0.482	0.147	1.93	250.3	7.30	198.6	11
高山草原土	43.8	9.3	8.5	8.57	1.39	0.085	0.130	1.64	45.2	3.50	165.3	9
山地草甸土	55.6	21.9	8.2	5.03	8.12	0.410	0.190	1.75	268.3	9.14	259.6	11
灰褐土	48.6	26.0	7.8	10.10	10.18	0.480	0.385	1.62	321.0	14.88	213.5	11
栗钙土	66.9	8.6	8.2	9.47	3.09	0.198	0.171	1.60	140.1	11.25	170.6	9
草甸土	39.5	11.2	8.2	12.46	5.05	0.223	0.131	1.74	125.2	6.13	152.6	11
潮土	44.0	9.9	8.1	12.93	2.74	0.156	0.169	1.42	118.0	16.88	214.4	10
沼泽土	59.7	39.2	7.6	7.88	17.42	0.890	0.171	1.89	343.5	7.57	225.4	12
泥炭土	73.4	41.6	7.0	3.14	26.60	1.040	0.120	1.67	488.0	8.50	176.7	15

表 1-5-2　玉树州耕作土壤养分含量

土类	土层深度（厘米）	代换量 me/100克土	酸碱度 pH	碳酸钙（%）	有机质（%）	全氮（%）	全磷（%）	全钾（%）	碱解氮（%）	速效磷（%）	速效钾（%）	C/N
耕种山地草原化草甸土	62.0	11.2	7.0	0.29	5.33	0.310	0.250	1.59	206.8	10.40	368.3	10
棕红土	54.6	9.4	8.0	7.02	3.14	0.230	0.195	1.80	144.1	7.60	295.1	8
绵软土	71.9	9.5	8.1	8.89	2.73	0.162	0.166	2.30	149.2	10.57	332.7	9
冷沙土	44.0	9.9	8.1	12.93	2.74	0.156	0.169	1.42	118.0	16.88	241.4	10

草原荒漠四个带或亚区。在《中国植被》一书的植被区划中,玉树州有 3 个 3 级区域和 5 个 4 级区域。按照植被类型的划分标准,全州的植被可分为 9 个植被型组(针叶林、阔叶林、灌丛、疏林草甸、草甸、草原、沼泽、荒漠、高山流石坡稀疏植被)、10 个植被型(寒温性针叶林、落叶阔叶林、常绿灌丛、落叶阔叶灌丛、疏林草甸、草甸、草原、沼泽、荒漠、高山流石坡稀疏植被)、36 个群系(川西云杉林、大果圆柏林、细枝圆柏林、白桦林、百里香杜鹃灌丛、长管杜鹃灌丛、昌都锦鸡儿灌丛、细枝绣线菊灌丛、水子灌丛、沙棘灌丛、筐柳灌丛、河柏灌丛、球花水柏枝灌丛、山生柳灌丛、鬼箭锦鸡儿灌丛、金露梅灌丛、鲜卑木灌丛、藏沙棘灌丛、大果圆柏疏林草甸、小嵩草草甸、矮嵩草草甸、线叶嵩草草甸、粗喙苔草草甸、垂穗披碱草草甸、以珠芽蓼为主的杂类草草甸、以头花蓼为主的杂类草草甸、异针茅 + 小嵩草草甸、藏嵩草草甸、芨芨草 + 赖草草原、紫花针茅草原、羽柱针茅草原、硬叶苔草草甸、水麦冬沼泽、垫状驼绒藜荒漠、垫状点地梅 + 垫状蚤缀荒漠、高山流石坡草本稀疏植被)。

玉树市植被跨有寒温性针叶林带、高温灌丛草甸带和高寒草甸带 3 个植被带,其海拔与土壤分布基本一致。位于通天河底部的高山草原属于非地带性植被,植被分布受地形、气候和土壤的影响显著,在区系上总的属于泛北极区的北温带亚区,小区上主要属唐古特区和藏东区。占有中国植被分区的 2 个三级区和 3 个四级区,有许多青藏高原特有成分和经济植物。植物分布的主要特点是:垂直地带谱明显,水平地带谱次之,与整个高原的分布规律相反;在冷暖空气通道上的植被类型出现倒置,如草原在河谷出现,草甸比疏林灌丛低等;植被的原始性强,次生群落较少。

囊谦县的植被有草甸、草原、沼泽、灌丛和疏林等 5 种主要类型。根据植被的垂直分布规律,可分为高山草甸灌丛带和高山草甸森林带。在高山草甸灌丛带内,主要植被是高山草甸和高山灌丛。在高山草甸森林带内,有草甸、草甸草原、草原、灌丛和疏林等。

称多县植物区系总的属于青藏高原高寒植被区域,以北温带成分为主,热带和亚热带的植物区系成分几乎不存在。全县植被占有中国植被区划中的 1 个二级区(植被地带)和 2 个八级区(植被区),在青海植被区划中属于青南高原针叶林、高寒灌丛、高寒草甸区(植被区),占有青海植被区划中的 2 个二级区(植被地带)和 2 个三级区(植被地区)。植被可分为灌丛和灌草丛、草原和稀疏植被、草甸、水生植被等。分布规律大致符合高原地带性,即水平带谱是从东南向西北逐步更替。东南部的拉布、歇武有疏林、草原、灌丛、草甸,西北部的扎朵、清水河只有草甸、沼泽和少量的灌丛。同一地区,植被分布起主导作用的仍是垂直分布,即按海拔高度构成的垂直分布掩盖了水平分布,从山脚到山顶按山地草原→高寒草甸→高山流石堆稀疏植被的顺序排列。

治多县境内植被以高寒草甸和草场为主,其次是高寒沼泽草场、高寒灌丛草场和少量疏林草场,植被覆盖度为 80% 左右。草场总面积 3 317.94 万亩,可利用草场面积为 2 821.46 万亩,其中冬春草场面积 1 241.94 万亩,夏秋草场面积为 1 579.5 万亩,冷暖两季草场之比为 0.79。全县高寒沼泽草场和高寒草甸草场占全县可利用草场的 93.1%,畜产可食鲜草在 100 ~ 150 公斤;其次是高寒草原草场和灌丛草场,占全县可利用草场面积的 6.9%。

　　杂多县植被有高寒草甸、高寒沼泽、山地灌木草丛和山地疏林草丛草场4个类型。草甸草场是杂多县草场的主体,广泛分布于全县各地,尤以中部和东南部发育最好;沼泽草场主要分布在西部莫云、旦荣、高涌地区,往往占据长宽百里以上的整个滩地及平缓的山地;灌木草丛草场主要分布于东部的昂赛、结扎乡和北部的扎青乡;疏林草场主要见于昂赛乡以及扎曲河沿岸及其支流下段的山地阳坡和半阳坡,从东向西呈楔形分布。

　　以土壤类型而言,高山草原土壤上的植被以紫针茅、青藏苔草、扇穗茅为优势种,盖度低,一般无草皮层,平均厚度44厘米,有机质含量低,通体具石灰石反应,有3个亚类。山地草甸土壤上的植被以蒿草、苔草为主。有些地方垦为农田或种植饲草饲料,有3个亚类。栗钙土壤上的植被以旱中生的针茅、芨芨草、婆陵菜等属为主,也有部分黄土和冲积—洪积物,处于水热条件相对较好地段,有1/3已被辟为耕地或饲草基地。草甸土壤上的植被以蒿草、苔草、杂草类为主,具草皮层。沼泽土壤上的植被主要以藏蒿草、海韭菜、驴蹄草等湿生植物为主,多系暖季草场,有3个亚类。泥炭土壤上的植被有藏蒿草、海韭菜、灯心草、驴蹄草、苔草等植物。

第六节　地　震

　　从地质构造来看,玉树州地处青藏高原块体的中部,该板块的地质活动较为强烈,中强度以上的地震在历史上持续不断。

　　1979年玉树州地震台成立,编制14人,隶属玉树州科学技术委员会。自1983年地震台正式投入运行以来,能在地震前准确地测报出震中和震级。随着经济的进步以及社会发展的需要,地震台逐步扩大范围掌握地震动向和资料,先后在玉树、囊谦、治多等县设立了宏观地震前兆网点、水源观测点等。据不完全统计,在地震台成立之前,有正式记载的强震共3次,即于1738年12月23日发生在玉树州的6.2级地震、1896年3月发生在四川石渠县洛须—青海玉树间的7级地震以及1979年3月29日发生在玉树州东南部的6.2级地震,这3次地震均发生在甘孜—玉树断裂带的NW段。甘孜—玉树断裂西起玉树州治多县那王草曲塘,经当江、玉树、邓柯、玉隆,至四川甘孜县城南,全长约500公里。

　　从地震烈度来看,地震烈度划分为七度区。据地震事件的不完全记载,玉树州M8级的地震发生过1次,M7~7.9级的地震发生过3次,M6~6.9级的地震发生过12次,M5~5.9级的地震发生过56次。

　　玉树州发生过的地震主要有:

　　1985年1月6日,杂多县发生5.1级地震。

　　1986年,曲麻莱县发生5.2级地震。

　　2010年4月14日,结古镇发生7.1级地震。

　　2013年1月30日,杂多县发生5.1级地震,震源深度20公里。

　　2013年12月18日,杂多县(东经92.8°、北纬33.1°)发生4.4级地震,震源深度8

公里。

　　2016 年 10 月 17 日,杂多县(东经 94.93°、北纬 32.81°)发生 6.2 级地震,震源深度 9 公里。

　　发生在 2010 年 4 月 14 日 7 时 49 分玉树州玉树市结占镇西侧(东经 96°51′26″、北纬 33°03′11″)的 7.1 级地震,是玉树州有地震记载以来发生的最大的地震,其发生在东羌塘块体东北缘与巴颜喀拉块体之间,近东西向玉树—鲜水河断裂带上,为一左行走滑断层。此次地震是印度板块向欧亚板块俯冲挤压应力场下,在青藏高原内部不同块体之间应力释放造成的,震源深度 14 公里,地震地表破裂带长约 23 公里。截至 2010 年 4 月 22 日 15 时,共记录到余震 1 374 次,其中 3～3.9 级地震 9 次,4～4.9 级地震 3 次,5～5.9 级地震 0 次,6～6.9 级地震 1 次,最大余震为 6.3 级。余震主要沿玉树—甘孜断裂带分布(发震断裂),严格受玉树—甘孜断裂带控制。此次地震波及 3.58 万平方公里的范围,其中重灾区面积 4 000 平方公里,极重灾区约 1 000 平方公里,地震致使 2 698 人遇难、270 人失踪、246 842 人受灾,造成重大经济损失。受灾最重的结古镇,平房全部倒塌,楼房倒塌过半,禅古电站大坝出现次高危险情,结古镇供水系统全部瘫痪、电力供应完全中断,水利水电基础设施损毁严重。

第七节　河湖水系

一、河流

　　按河川径流体系划分,玉树州分外流区和内流区两部分。外流区由长江、黄河和澜沧江三大流域组成,具有降水量相对较多、水系发育、河网密集的特点。内流区又分属柴达木盆地和羌塘高原两个内流区。

　　(一)长江流域

　　长江是我国第一大河,世界第三长河。正源沱沱河出于青海省西南隅唐古拉山脉主峰各拉丹东雪山西南侧姜根迪如冰川,与南源当曲汇合后称通天河,继而与北源楚玛尔河相汇,东南流至玉树市接纳巴塘河后称金沙江,在四川省宜宾附近岷江汇入后始称长江。干流流经青海、西藏、四川、云南、重庆、湖北、湖南、江西、安徽、江苏、上海 11 个省(自治区、直辖市),于上海市注入东海。长江全长 6 300 多公里,支流跨涉甘肃、陕西、贵州、河南、广西、广东、福建、浙江 8 个省(自治区)的部分地区,流域面积 179.6 万平方公里。在青海省境内干流长 1 206 公里,落差 2 065 米,平均比降 1.78‰,青海省境内流域面积 167 899 平方公里。长江干流上段囊极巴陇(当曲河口)以上称沱沱河,河长约 350 公里,囊极巴陇至巴塘河口称通天河,河长约 796 公里,巴塘河口以下主出省境段称金沙江,河长约 60 公里。流经格尔木市唐古拉山镇和玉树州的治多县、曲麻莱县、称多县和玉树市,至玉树市的最东段出青海省,流域面积 15.2 万平方公里。干流在出省境处海拔

3 335 米,天然落差 2 260 米。长江一级支流雅砻江发源于玉树州的治多县,流出省境后,入四川境内汇入金沙江,雅砻江在青海省境内的流域面积为 6 671 平方公里。

1. 正源——沱沱河

长江正源沱沱河位于江源区西部。主干流经青海省海西蒙古族藏族自治州格尔木市代管的唐古拉山镇。下段左岸有支流向北延伸到玉树州治多县境内。沱沱河流域面积 1.76 万平方公里,其中冰川面积 381 平方公里。

1) 源头

沱沱河源头即长江源头。源流东西两边各有一庞大的雪山群,西边的是尕恰迪如岗雪山群,东边的是各拉丹冬雪山群,山谷里冰川发育,山坡上冰舌高悬。各拉丹冬雪山群尤为广袤高大,海拔 6 621 米的最高峰——各拉丹冬,也是唐古拉山脉的主峰。主峰西南 5.5 公里处有一座海拔 6 543 米的无名雪峰,即长江源头的分水岭,亦即长江长度的起算点,称其为"江源雪峰"。"江源雪峰"是一座重要的冰川中心,有 5 条规模较大的山谷冰川呈放射状向外延伸。其中西面的两条冰川呈钳状绕过姜根迪如雪山(海拔 6 371 米)的南北两侧。南侧冰川长 12.8 公里,冰舌宽 1.7 公里;北侧冰川长 10.3 公里,冰舌宽 1.4 公里。这里就是长江源头的"固体河流"。

2) 干流

长江干流的源头冰川由"江源雪峰"(海拔 6 543 米)起始,向西南 4.2 公里至雪线(海拔 5 820 米),绕姜根迪如雪山南侧西行 8.6 公里至冰舌末端(海拔 5 395 米),冰川全长 12.8 公里,是各拉丹东雪山群中最长的冰川。冰川融水沿着布满冰碛的河床向西北方向流去,经 3.8 公里至巴冬雪山西南与姜根迪如雪山北侧冰川融水汇合,汇口海拔 5 310 米。然后绕巴冬雪山转向北流 5.7 公里,左岸接纳源于尕恰迪如岗雪山群的支流——拉果。汇口距江源 22.3 公里。汇口以上 9.5 公里干流的冰川融水河床均为砾石组成,一般河宽约 3 米,水深 0.2 米。汇口以上(含拉果)流域面积 122 平方公里,其中冰川面积 70 平方公里。

沱沱河全长 350.2 公里。当曲汇口以上附近河谷较窄,水流束整,水面宽 60 米,最大水深 0.94 米。河口海拔 4 470 米,河床平均比降 3.9‰。1978 年 7 月 10 日江源考察队实测河口流量为 35.5 立方米/秒;多年平均流量为 29.1 立方米/秒,平均年径流量 9.18 亿立方米,5—9 月径流量占全年的 90%。每年 11 月上旬至翌年 4 月中旬河流封冻,多年平均封冻期达 158 天。径流补给主要为天然降水和冰川融水。下游河水矿化度 686.5 毫克/升,总硬度 11.0 德国度,pH 值 8.1,水色淡黄,浊度 187 毫克/升,不能饮用。沱沱河水文站的观测井距沱沱河岸边约 150 米,井水位埋深 2～3 米,矿化度 2 185.9 毫克/升,硬度 81.6 德国度,含铁 174 毫克/升,含锰 172 毫克/升。

3) 支流

沱沱河有一级支流 97 条,其中流域面积在 1 000 平方公里以上的有 3 条,500～1 000 平方公里的有 4 条,300～500 平方公里的有 3 条。二级以下支流众多,其中流域面积大于 300 平方公里的有 3 条。

介普勒节曲　沱沱河左岸最大的一级支流。位于玉树州治多县西北部、海西州格尔木市唐古拉山镇辖区的东北部。发源于玉树州治多县西部的赛日布米山,源头地理坐标为东经91°18′、北纬34°54′,高程5 689米(以分水岭计)。河流全长175公里,流域面积4 292平方公里,其中雪山面积5.6平方公里,平均比降2.37‰。径流补给以降水为主,多年平均年降水量280.2毫米,多年平均流量6.33立方米/秒,多年平均年径流量2.0亿立方米。

扎木曲　介普勒节曲右岸最大支流。流经玉树州治多县西部和海西州格尔木市唐古拉山镇辖区东北部。发源于治多县西部乌兰吾拉山脉多索岗日雪山,源头地理坐标为91°10′、北纬34°49′,高程5 580米(以分水岭计)。河流全长130公里,流域面积1 938平方公里,河道比降为3.67‰。径流以降水补给为主,多年平均流量2.86立方米/秒,多年平均年径流量0.9亿立方米。

2. 南源——当曲

长江南源当曲,位于青海省境西南隅,流经玉树州的杂多县、治多县和海西蒙古族藏族自治州格尔木市代管的唐古拉山镇,流域面积30 944(含西藏23.3)平方公里。当曲,又称当拉曲,均为藏语音译,当曲意为"沼泽河",当拉曲意为"唐古拉河"。"唐古拉"与"当拉"为同一藏语词音译的不同撰写。当曲源出唐古拉山脉东段,流域内雨雪较充沛,沼泽连片广布,是江源区水量最大的河流。河床比降较平缓,曲流发育,比沱沱河长1.8公里,因不如沱沱河与通天河流向顺直,源头气势亦不及沱沱河源头雪山冰川之宏伟壮丽,而被定为长江南源。

1) 干流

发源于青海省玉树州杂多县境之南部边界处。源头"霞舍日啊巴(山)"属唐古拉山脉东段北支,山顶海拔5 395米,相对高度400米,山形浑圆,无冰川和永久性积雪,基岩裸露,色灰白,属燕山期斑状花岗岩,风化呈土黄色,向下渐为岩屑覆盖,岩屑坡下宽缓的夷平面上遍布草甸沿泽(海拔5 000~5 100米)。当曲源流段名称为"多朝能",从海拔5 050米处的松散覆盖层下析出,流量甚微,向东北蜿蜒流淌,渐具沟谷形态,两岸沼泽连绵,到处是高20~30厘米的草丘,草丘间是一面积0.5~1.0平方米、水深0.15~0.20米的小水潭,彼此贯通。积水不断地补给"多朝能",一路水量渐增,水流时而下切厚近1米的灰黑色沼泽土层,时而潜流于草层之下。此段河宽仅1~2米。在距源头8.1公里处,纳右岸小支流日阿日能,汇口以下干流转向西北流5公里,纳来自东北方向的支流扎西格君。汇口以下干流称作旦曲,流向转西,河道宽浅单一,河宽3~5米,平均水深0.1米,1978年8月29日江源考察队实测流量0.038立方米/秒,河床为砂砾质,沿河两岸有4~5米和15~20米高的两级阶地,阶地上均发育草甸沼泽。旦曲西流距河源21.2公里,即进入山谷2公里处,纳左岸支流笔阿能后,河宽达20米,最大水深0.8米,汇口以下始称当曲。当曲迂回曲折向北流2.8公里,复转西流,山谷逐渐展宽,纳左岸支流岗埃森曲后转向西北流,约经7公里出山谷,谷内河宽12~20米,水深0.6~0.3米,砾石河床。出谷后即进入广阔的沼泽地,渐转北偏西流,约11公里后流向转为西北,距河源73.6公里处,纳右岸支流多仁曲,以下转向西流,经1.6公里纳左岸支流奔草曲,汇口以下河宽约17米,水深约0.5米,沙质河床。干流左侧是当涌(滩),有大面积不能通行的沼泽地,直到左岸支流撒当曲汇口,至此距源头90.2公里,汇口以下附近河宽约28米,水深约0.9米,砾石河床,流向随之转向西偏南流。至距源头100.2公里处的左岸支流权当曲汇口,其间河宽约30米,水深约1米,沙质河床。由权当曲汇口转西流8.2公里纳左岸支流吾钦曲,再转西北流,在距源头125.9公里处纳左岸支流权吾曲,其间河宽约38米,水深约0.9米,河水时分时合,游荡于0.5~1.0公里宽的河道中。当曲继续西北流约24.3公里至果当松多(地名),纳右岸支流果曲,此段河宽为28~42米,水深约1.2米,沙质河床,河左岸约180米处有一处温泉。以下干流进入峡谷,曲折蜿蜒11.8公里出峡,成为玉树、海西两州界河,两岸多沼泽湿地,至距源头204.5公里处,纳右岸支流玛日阿达州曲,此段河宽58~60米,水深约1.2米,沙质河床,再向西偏南流3.7公里复转向西北流,在距源头226.6公里处纳左岸小支流敦曲,其间河宽60~48米,水深1~1.4米;敦曲汇口以下河道0.2~1.9公里宽,水流分汊游荡其间,至距源头247.6公里处纳天曲,此处河宽约70米,水深约1.3米。至曲波波(泉名)前1.6公里处,流向转为北偏西,沙质河床终止。天曲汇口至曲波波之间当曲河宽75~88米,水深1.3~1.4米。干流过曲波波即入峡谷。峡内河宽约30米,水深约1.5米,水流湍急,砾石河床。峡谷左为浪纳山和巴茸浪纳雪山,右为刻莫和玛尔宗山,峡长约18公里。其中以巴茸浪纳山与玛尔宗山之间长2公里的巴茸巴空峡谷较为险峻,巴茸浪纳山高出河床1 100多米,由逆覆于三叠系与老第三系地层之上的石灰系灰岩组成,山顶有冰斗悬冰川(覆盖面积0.7平方公里)。由于断裂发育,峡谷两岸时有泉水出露,尤以曲波波的涌泉群集。

当曲出峡后进入老第三系红色盆地,北流距河源304.9公里处纳右岸支流鄂阿西贡卡曲,汇口以下干流游荡于起日洛玛山东麓宽约0.8公里的河道中;再北流至企日将玛山东北麓转向西北流;距河源321.8公里处,接纳最大支流布曲。汇口处,当曲流向转为东北,沙质河床,汇口以下3公里处河宽约120米,水深约1.5米。再下河床开阔,进入砂砾滩,水流分汊呈多股游荡,其中有3股较大;砂砾滩长直达河口,宽由0.5公里逐渐扩展到4.5公里多。河水流至囊极巴陇与长江正源沱沱河汇合。河口海拔4 470米,当曲全长352公里,河床平均比降2.63‰,河道纵断面见表1-7-1。1978年7月13日考察队在当曲河口测得流量为220.6立方米/秒,含沙量为1.92千克/立方米。径流以降水、冰雪融水和地下水补给,平均年径流量约46.06亿立方米,多年平均流量146立方米/秒。

表1-7-1 当曲河道纵断面

分段点地名	海拔(米)	至河源距离(公里)
源头(霞舍日啊巴)	5 395	0
	5 200	0.5
	5 000	2.1
日阿日能汇口	4 929	8.1
扎西格君汇口	4 901	13.1
笔阿能汇口	4 878	21.2
岗埃森曲汇口	4 823	34.7
	4 800	40.9

续表 1-7-1

分段点地名	海拔(米)	至河源距离(公里)
加柔查仍汇口	4 730	71.0
撒当曲汇口	4 706	90.2
	4 700	102.8
吾钦曲汇口	4 696	108.8
权吾曲汇口	4 678	125.9
果曲汇口(果当松多)	4 660	150.2
鄂阿玛纳草汇口	4 654	154.0
郭曲汇口		174.5
	4 640	182.3
	4 620	199.3
玛日阿达州曲汇口	4 615	204.5
敦曲汇口	4 600	226.6
	4 586	236.4
天曲汇口	4 575	247.6
	4 560	261.9
曲波波	4 555	268.7
	4 540	287.7
	4 530	299.7
鄂阿西贡卡曲汇口	4 520	304.9
	4 500	321.0
布曲汇口	4 490	333.4
当曲河口	4 470	352.0

当曲与沱沱河汇合处的分水高地名为"改巴希尕日通",分布着三级阶地。一、二级阶地比高分别为 4 米、12 米,砂砾层表面被风沙覆盖;第三级阶地比高约 80 米,具有宽阔倾斜的阶地面,散布着厚 5~6 米松散的砂砾层,主要来自当曲,岩性包括砂岩、砾岩、石英岩、花岗岩和板岩等。

2)支流

当曲流域形状近似三角形,东南部多沼泽湿地,西南部多雪山冰川,水源充沛,水系发育。干流偏处流域东部,右岸支流短小,左岸支流水系庞大,尤以一级支流布曲为最,其流域面积几乎占当曲流域面积的一半。当曲共有一级支流 85 条,其中流域面积大于 1 000 平方公里的有 6 条、面积为 500~1 000 平方公里的有 3 条、面积为 300~500 平方公里的有 2 条。二级及二级以下的支流纵横密布,其中流域面积大于 300 平方公里的有 13 条。涉及玉树州(含格尔木市代管的唐古拉山镇)的主要支流有 8 条,分别为绕德曲、吾钦曲、查吾曲、郭纽曲、玛日阿达州曲、布曲、尕尔曲和冬曲。

绕德曲　当曲左岸的一级支流。位于玉树州杂多县境内中南部,是当曲在流程 90.2 公里处接纳的一条较大支流。发源于唐古拉山瓦尔公西南雪峰,源头地理坐标为东经 94°08′、北纬 32°27′,高程 5 650 米(以分水岭计),源头雪山气势雄伟。干支流源区冰川面积约 6 平方公里。主流出雪山后北流进入平缓的沼泽地，沙质河床，河宽 5 ~ 7 米，水深 0.3 米。在流程 50.4 公里和 58.0 公里处，较大支流沙曲、吉日昂岗农先后汇入，干流河宽 26 米，水深 1.5 米，砾石河床。之后北流约 6 公里，接纳最大支流撒当曲，又北流约 0.4 公里，汇入当曲。河口位于吉日加碛山西北 7 公里处，地理坐标为东经 94°01′、北纬 32°53′，高程 4 706 米。河道落差 944 米，平均比降 2.86‰。流域面积 1 066 平方公里，多年平均流量 8.08 立方米/秒，多年平均年径流量 2.55 亿立方米。流域多年平均降水量 564.7 毫米。流域南北长约 50 公里，南部近源处宽达 52 公里，北端河口附近宽 7 ~ 8 公里。绕德曲全长 65 公里，水系发育，主要支流沙曲、吉日昂岗农、撒当曲均从右岸汇入。其中撒当曲最大，河长 67 公里，流域面积 472 平方公里。

吾钦曲 当曲左岸一级支流。位于玉树州杂多县西南部。源头位于杂多县与西藏自治区巴青县交界的唐古拉山脉吾钦拉山北坡。吾钦拉山雪峰海拔 5 574 米。源流北下 0.8 公里入措陇(湖)，穿湖 0.5 公里(出口高程 5 074 米)，进入平缓的草地，向东北流约 11 公里左岸接纳源自措赛日(湖)的一条支流，汇口高程 4 391 米。继续向东北流，至登措克一带，进入大片沼泽地，两岸水泊星罗棋布，最大的小湖水面 0.83 平方公里。干流向东流约 9 公里，接纳右岸支流日阿钦曲，之后向东北蜿蜒曲折流至宰日埃贡玛(石块山)东麓春季牧点处，河宽 15 米，水深 0.6 米，沙质河床;在右岸接纳最大支流角尔曲之后，干流在宽 500 ~ 1 500 米的砂砾滩上向东北流约 6 公里，接纳右岸支流巴勒曲，之后干流渐分三汊在宽河滩游荡，流约 10 公里，在巴庆村附近合一，其下河床为砾石，河宽约 12 米，水深约 0.5 米，干流继续在砂砾河床中向东北流约 4.6 公里汇入当曲。河口在当曲流程 108.8 公里处，地理坐标为东经 93°51′、北纬 32°53′，高程 4 696 米。河道落差 878 米，平均比降 3.24‰，多年平均流量 7.46 立方米/秒，多年平均年径流量 2.35 亿立方米。河长 72 公里，流域面积 1 074 平方公里。流域南部高山有冰川分布，面积约 6 平方公里。流域内多沼泽和小水泊。流域多年平均年降水量 52.6 毫米，径流补给以降水为主。水系较为发育，较大一级支流有日阿钦曲、角尔曲、巴勒曲等 5 条。

查吾曲 当曲左岸一级支流，又名查午曲、权吾曲。位于玉树州杂多县西南部。发源于杂多县与西藏自治区聂荣县交界的唐古拉山脉查吾拉山北坡，源头地理坐标为东经 93°22′、北纬 32°33′，分水岭海拔 5 508 米。源流向西北约 14 公里出山口至措璃玛(小湖)东侧转向东北，东北流约 20 公里左岸支流索拉窝玛曲汇入，汇口高程约 4 795 米，汇口以下干流河宽 14 米，水深 0.5 米，砾石河床。继续东北流 14 公里，右岸接纳支流康果涌曲，汇口以下干流河宽 21 ~ 26 米，水深 0.6 米左右，河床为沙质。之后向东北曲折流约 29 公里，右岸较大支流纳当松多曲汇入，再北流约 6 公里注入当曲，河口地理坐标为东经 93°45′、北纬 32°59′，高程 4 678 米。河道落差 830 米，平均比降 2.48‰。流域狭长，西南至东北走向，长约 58 公里，中部较窄，平均宽约 20 公里，面积 1 179 平方公里。雪山集中在西南隅，冰川面积约 11 平方公里。干支流两岸有沼泽，尤以下游两岸的水泊、沼泽为多。流域多年平均年降水量 504.9 毫米，径流以降水补给为主。干流全长 83 公里，多年平均流量 7.17 立方米/秒，多年平均年径流量 2.26 亿立方米。共有一级支流 13 条，较大的有索拉窝玛曲、康果涌曲、纳当松多曲等 4 条。

郭纽曲　当曲流程 154 公里处左岸一级支流,又名鄂阿玛那草。位于玉树州杂多县境内西南部。流域西南至东北走向,长约 70 公里,西南部宽约 30 公里、东北部最宽处约 50 公里,平均宽约 34 公里,流域面积 2 383 平方公里。流域多年平均年降水量 473.2 毫米,径流以降水补给为主。河流全长 107 米,多年平均流量约 13.08 立方米/秒,多年平均径流量约 4.12 亿立方米。郭纽曲源流有两支,西支名纽曲,东支名郭曲,以纽曲为正源。纽曲发源于杂多县与西藏自治区聂荣县交界的唐古拉山脉雪山北坡,源头地理坐标为东经 92°49′、北纬 32°44′,河水自源头先向东后转北,顺阿巧陇巴(沟)流约 8 公里,在河床高程约 5 201 米处又转东流,约经 22 公里出山谷进入广阔的平滩地。在山谷内接纳 11 条冰川融水补给,冰川面积约 11 平方公里。出山谷后流向转东北,经约 4 公里入砂砾地,又约 12 公里进入沼泽地。干流弯弯曲曲前进,在内陆湖克江措东绕过纽涌(滩)渐转东流与支流郭曲汇合,汇口高程 4 714 米,纽曲全长 60 多公里。郭曲发源于唐古拉山高程 5 502 米的一座山峰北麓,北下约 3 公里见常流水,以下流经盆地宽谷、广袤的平滩及连片的沼泽地,于郭纽松多(地名)出沼泽地,又曲折北流约 3 公里与纽曲汇合。郭曲全长 50 公里。郭曲与纽曲汇口以下干流中游段河名为郭纽曲,汇口以下 200 多米处为沙质河床,河宽 30 米,水深 0.5 米。干流曲折向东北流约 8 公里,转向北流,又经 8 公里处河宽达 45 米,水深 0.6 米。干流从曲安尕涌(草滩名)东部穿过后进入沼泽,分作三四汊,蜿蜒北流约 7 公里,左岸最大流量确赛曲汇入。干流中游郭纽曲到汇口为止,长度约 23 公里。确赛曲长 46 公里,流域面积 483 平方公里。确赛曲上段名欧日阿曲,发源于海拔 5 206 米的多玛日峰西北,从源头东北流约 14 公里转东流,东流约 5 公里纳右岸支流勒玛浪日曲后,河名始为确赛曲。继续东流约 125 公里折向北流,约 5.6 公里入尼日阿改措(湖),穿湖约 6 公里,东流约 0.2 公里与郭纽曲汇合。郭纽曲与确赛曲汇口以下为干流之下游,河名称为鄂阿玛那草,流向折转向东,经 7 公里右岸接纳最大支流夏重果松曲。夏重果松曲源于唐古拉山高程 5 726 米的雪峰,源头冰川长约 2 公里,河道多弯曲,河长 66 公里,流域面积 779 平方公里,支流众多,且多小湖泊。汇口处高程 4 698 米,其下干流为泥质河床,河宽达 55 米,水深 1.3 米。又经约 24 公里,在纽日玛山东麓汇入当曲,河口地理坐标为东经 93°32′、北纬 33°06′,高程 4 654 米。近河口处河床呈沙质,河宽为 25 米,水深 0.7 米,下游河道长约 31 公里。

玛日阿达州曲　当曲右岸的一级支流,又称木尺曲。位于玉树州杂多县境内西北部。发源于玉树州杂多县境内西北部的尕日松卡贡玛山,源头地理坐标为东经 93°03′、北纬 33°40′,河源高程为 5 127 米。河口位于玉树州杂多县莫云乡达英村,地理坐标为东经 93°15′、北纬 33°20′,河口高程为 4 615 米,流经杂多县境内西北部,流入当曲。河长 56 公里,河流平均比降 2.81‰,流域面积 1 020 平方公里,多年平均年降水量 411.6 毫米,多年平均年径流量 0.96 亿立方米,多年平均流量 3.06 立方米/秒,沙质河床,河宽在 2 ~ 3 米,平均水深约 0.1 米。

布曲　当曲的最大支流,又名拜渡河。"布曲"系藏语音译,意为"长江"或"长河",因历史上被认为是长江正源故有此名。布曲有东西两源:东源称茸玛曲,发源于唐古拉山脉的门走甲日雪山,源头海拔 5 830 米,冰川融水出冰碛湖后,北流约 2 公里注入巴斯湖(巴斯措鄂贡玛),湖的出口宽仅4～5米,水流湍急清澈,河水出湖后沿青藏公路西北流,在104道班附近与西源汇合;西源名称日阿回区主曲,发源于各拉丹冬雪山群以东15公里的冬索山,峰顶海拔5 683米,水流绕山向东流,距源头69.2公里处与东源水流汇合,汇口海拔4 872米,以下始称布曲。西源水流比东源水流长18公里。布曲仍沿青藏公路转向北流,穿过雁石坪背斜,形成长约30公里的峡谷河段,最狭处河谷宽150米左右,水面宽20～30米,水深3米多。在距西源135.1公里处设有雁石坪水文站。距西源195.6公里处最大支流尕尔曲汇入,干流转向东流,经38.9公里汇入当曲。布曲全长232公里,流域面积13 815平方公里。河口海拔4 499米,落差1 184米,河床平均比降5.05‰。平均年径流量21亿立方米,多年平均流量约66立方米/秒。布曲径流补给除冰雪融水和天然降水外,还有温泉补给。唐古拉山北坡布曲河谷海拔5 000米的山脚下及104道班附近有温泉数十眼,温泉出水量稳定,故布曲雁石坪水文站最小流量1.34立方米/秒。布曲水系发育,支流众多,主要支流有那若曲、尕尔曲、加茸曲和冬曲。

尕尔曲　布曲的最大支流,又称得列楚卡河。"尕尔曲"又作"尕日曲",均系藏语音译,意为"白色的河"。因其流向与通天河流向颇为一致,历史上曾把尕尔曲及其与布曲汇口以东直至沱沱河口以东的河段都认作通天河干流,统称为木鲁乌苏河。"木鲁乌苏"系蒙古语音译,意为"长长的河"。1976年长江流域规划办公室江源考察队考察后,重新划分了江源水系,始废去木鲁乌苏河的名称。其上游属三江源国家级自然保护区的各拉丹冬功能区,源头深入核心区。位于海西州格尔木市唐古拉山镇境内,流域面积为4 194平方公里,多年平均年降水量372.5毫米。发源于唐古拉山脉主峰各拉丹冬以南无名雪山,地理坐标为东经91°09′、北纬33°22′,与沱沱河源仅一山之隔。源流来自约20条大小冰川,通常以岗加曲巴冰川为源。岗加曲巴冰川最为宽广雄伟,上部分为多汊,其中北汊顶端即各拉丹冬雪峰,而最长的西汊顶端是"江源雪峰",高程6 543米。岗加曲巴冰川长11公里,粒雪盆长2.4公里,雪线高程5 800米,冰舌长8.6公里、宽近2公里,冰塔林长7.4公里,瑰丽壮观,规模最大,冰舌末端高程约5 320米,融水形成卧美通冬曲。按"河源唯远"原则,以南支加夯曲为尕尔曲源流,源头分水岭为南边的一座无名雪峰,高程6 338米,冰川长8.8公里(粒雪盆长3.6公里,冰舌长5.2公里)。走向东南,末端转向东。冰川融水形成加夯曲,在宽谷中向东北流约15公里进入尕尔曲强塘(草滩),河名改称姜梗曲,在距源头68.8公里处接纳北支尕日曲。北支尕日曲系传统所指的尕尔曲源流,源头在各拉丹冬雪峰,高程6 621米(以分水岭计),冰川长4.5公里,冰川融水东流约5公里出山后漫流在长约10公里的河漫滩上,在河漫滩的东北部接纳右岸支流卧美通冬曲,转向东流入长约10公里、宽200～300米的峡谷中,两岸陡坎高10余米,水流湍急,束成一股,东流10余公里后,沿祖尔肯乌拉山麓流入开阔的尕尔曲强塘与姜梗曲汇合。北支尕日曲全长54公里,较姜梗曲短14.8公里,汇口以下河名始为尕尔曲。尕尔曲出草滩后转向东北流,接纳左岸支流扎根曲后转向东流,穿过石灰岩峡谷—公路西峡,至尕尔曲沿(曾名通天河沿),再向东流至青藏公路桥以东约0.5公里处汇入布曲,河口位于格尔木市唐古拉山镇通天河沿,地理坐标为东经92°23′、北纬33°52′,河口高程4 561米,近汇口处河滩宽达800米左右,河水漫流。河道全长162公里,主要支流有北支尕日曲、果丛束曲、扎根曲等。多年平均流量 14.95 立方米/秒,多年平均年径流量 4.71 亿立方米。水能理论蕴藏量 4.36 万千瓦,技术可开发量 0.45 万千瓦。

冬曲　布曲的第二大支流,又称旦曲,均系藏语音译。位于海西州格尔木市唐古拉山镇境内东部,流域面积 2 833 平方公里。发源于唐古拉山脉直侯玛(地名)以西的雪山,地理坐标为东经 92°10′、北纬 33°05′,源头高程 5 868 米(以分水岭计)。源流段称措陇巴日玛,蜿蜒曲折自南向北流,两岸有湖泊沼泽。在距源头约 17 公里处,干流注入淡水湖常措。干流由常措北端流出,河名为窝布茸曲,流向东北,又流经沼泽滩和峡谷后至卒日阿山下,在流程约 56 公里处左纳支流陇亚曲,以下干流称卒日阿曲,穿过较平坦的草滩继续向东北流约 8 公里折向东流 7 公里,在直钦桑纳玛山下接纳右支冬曲。右支冬曲长 60 公里,流域面积 800 平方公里,为冬曲最大支流,早先曾视其为冬曲的正源。汇口以下干流河名亦称冬曲,流向折为正北,流约 40 公里至肯底玛(地名)转向东北流,河道游荡于宽 400~800 米的沙滩,流约 7 公里又渐转向西北流,约 8 公里后再逐渐转向东北流约 14 公里,在宰加底盖注入布曲,河口地理坐标为东经 92°32′、北纬 33°52′,河口高程 4 528 米。干流落差 1 340 米,河道平均比降 3.99‰。一般河宽 15~30 米,多为砾石河床,中游间有沙质河床。流域南部水系较发育,主要支流有措陇窝玛、陇亚曲、右支冬曲、盖玛陇巴,南部干支流源头区有雪山,冰川面积 110.1 平方公里,储量 110.1 亿立方米,年冰川融量 0.87 亿立方米。流域地处青藏高原腹地,气温低,昼夜温差大,风力强劲,冰川、冻土分布较广,年平均气温在 0 摄氏度以下,多年平均年降水量 408.4 毫米。河流全长 140 公里,径流以降水和冰雪融水补给为主。多年平均流量 1.1 立方米/秒,多年平均年径流量 3.69 亿立方米。水质良好,适合饮用。水力资源理论蕴藏量 3.03 万千瓦。流域内多高山峡谷,交通不便。流域人口稀少,属纯牧业区,水资源未开发。

3. 北源——楚玛尔河

楚玛尔河,位于青海省境西南部玉树州,流经治多县和曲麻莱县。"楚玛尔"系藏语音译,意为"红水河",又作玛莱河、曲麻河、曲麻曲等,均为此意。楚玛尔河的特点是河湖相连,河床浅宽,水流散乱,沙滩广布,多风积沙丘,多干谷及间歇河。

1)干流

楚玛尔河发源于昆仑山脉南支可可西里东麓,源头在玉树州治多县境西部,可可西里湖东南约 18 公里的分水岭上(东经 91°32′、北纬 35°32′),海拔 5 301 米,河谷走向西南,经 14.8 公里始有流水;距源头 41.4 公里处,接纳右岸的"北西支流"(无名),汇口海拔 4 846 米,以下干流转向南流;距源头 62.6 公里处,接纳右岸的"西支流"(无名),汇口海拔 4 780.2 米。

长江流域规划办公室江源考察队定上述源流为北源,"西支流"为楚玛尔河西源。"西支流"发源于可可西里湖南侧的黑脊山,峰顶海拔 5 432 米,河水南流 7.6 公里进入野马滩,转东南流 10.8 公里后转向东流,经 6.9 公里注入狭长的威水湖,湖面海拔 4 787 米,湖南北宽 1.5 公里,东西长 8.5 公里,河水穿湖 9.6 公里,每逢 7—9 月由湖的东南角溢出,在砂砾滩中蜿蜒曲折向东流 6.5 公里,又入一季节湖,穿湖 1.8 公里,再东流 2.5 公里汇入楚玛尔河,长 45.7 公里(比北源短 16.9 公里),流域面积约 806 平方公里。下段南岸为大面积沙滩。支流大多为干谷。

"西支流"汇口以上北源干流河宽约 5 米,水深约 0.3 米,沙质河床。汇口以下干流转向东流,经 96 公里注入叶鲁苏湖。此段河宽一般约 6 米,水深约 0.4 米。叶鲁苏湖水面海拔 4 688 米,干流穿湖约 20 公里后流出,出口宽 12 米,流量小,常断流。又流经 120 多公里,至楚玛尔河沿(地名)青藏公路桥,进入曲麻莱县境,桥下多年平均流量 7.78 立方米/秒。水流过桥继续迂回蜿蜒向东流去,下游逐渐南转,进入曲麻滩,经曲麻河乡人民政府驻地南流,在莱涌滩汇入通天河,河口海拔 4 216 米,河口段水深 0.9 米,水面宽 40 米。楚玛尔河全长 526.8 公里,流域面积 2.08 万平方公里,多年平均流量约 32.95 立方米/秒,砂砾石河床,河床平均比降 1.37‰,河道纵断面见表 1-7-2。径流补给以昆仑山南坡冰雪融水和天然降水为主,年降水量 250 毫米左右。楚玛尔河公路桥附近河水矿化度 5.8 毫克/升,总硬度 16.8 德国度,pH 值 8.4。河口处河水矿化度 2 960 毫克/升,总硬度 25 德国度。

表 1-7-2 楚玛尔河河道纵断面

分段点地名	海拔(米)	至河源距离(公里)
北源分水岭	5 301	0
北西支流汇口(季节河)	4 846	41.4
西支流汇口(黑脊山来水)	4 780.2	62.6
叶鲁苏湖入口	4 688	158.6
叶鲁苏湖出口	4 688	178.7
楚玛尔河沿	4 528	300.5
巴拉大才曲汇口	4 436	349.4
直达峡木窝汇口	4 420	365.9
阿青岗欠陇巴汇口	4 410	373.2
	4 400	381.4
	4 380	394.2
干乃尼哇汇口	4 371.7	406.2
	4 370	407.3
	4 360	417.7
涌那谷曲汇口	4 358	419.3
扎日尕那曲汇口	4 355	421.2
阿尕松尕玛	4 343	427.7
牙扎卡色曲汇口	4 336	436.5
宁格牙贡(山)	4 320	453.1
牙扎曲汇口	4 305	467.4
年扎巴玛汇口下	4 300	472.5
桑池吉汇口	4 290	480.4
	4 280	488.0
曲麻到走汇口	4 271	497.1
曲麻河乡政府驻地	4 265	502.2
河口	4 216	526.8

2）支流

楚玛尔河水系不发育,支流较小,有一级支流57条。其中流域面积大于1 000平方公里的有3条:乌石曲、巴那大才曲和扎日尕那曲;流域面积在300～1 000平方公里的共12条:"北西支流"、"西支流"、托日阿托加曲、婆饶丛切曲、直达峡木窝、阿青岗欠陇巴、拉日曲、干乃尼哇、涌那谷曲、牙扎卡色曲、牙扎曲、高玛陇;小于300平方公里的支流有42条。

乌石曲　楚玛尔河上游右岸一级支流,季节河,因下游流经乌石山南麓而得名。位于玉树州治多县西部。发源于乌兰乌拉山东段北麓,地理坐标为东经91°12′、北纬34°50′。自源头蜿蜒流向东北,纳5条小支流,至寨昌拉昆山东麓,在流程约50公里处转向东流,东流约30公里至乌石峰东南麓,右纳最大支流(无名,河长58公里,流域面积956平方公里)后折向东北,穿过乌石山东麓的小峡谷,在乌石峰东北约10公里处汇入楚玛尔河,河口地理坐标为东经91°45′、北纬35°08′。河长92公里,流域面积1 812.4平方公里。流域东邻特拉什湖水系,南与沱沱河水系分水,西接可可西里盆地,北与楚玛尔河干流及其支流野马川河流域相邻。流域内山丘、砂砾石滩相间,呈荒漠景观。多年平均年降水量268.4毫米,年均水面蒸发量1 000毫米以上,水系极不发育。多年平均年径流量0.80亿立方米,多年平均流量2.54立方米/秒。源头高程5 491米(以分水岭计),河口高程4 740公里,河道落差751米,平均比降3.96‰。

巴那大才曲　楚玛尔河中游左岸一级支流,系藏语音译,又作巴拉大才曲。流经玉树州治多县和曲麻莱县境。流域面积1 335平方公里,全长67公里,水系不发育,流域面积大于50平方公里的支流仅有3条,干支流均为季节河,每年仅夏秋两季(6—10月)有水流。干流自北向南汇入楚玛尔河。多年平均流量2.55立方米/秒,多年平均年径流量0.80亿立方米。发源于治多县境内昆仑山脉博卡雷克塔格雪山东端,地理坐标为东经93°42′、北纬35°45′,源头高程5 401米。源区冰川长1.2公里,冰舌朝南,末端高程5 150米。夏季冰川融水自源头东流8.8公里折向南流进入开阔的滩地,河水在滩地上漫流,河床逐渐拓宽,南流约26公里至青藏公路桥,大桥东侧即66道班。干流又南下8.6公里,左岸支流路北滩河汇入,汇口高程4 507米。又南下17.4公里右岸接纳清水河。清水河长65公里,流域面积863平方公里,其中部有泉眼和众多小湖泊分布。在清水河流程约45公里处的河道上有流域最大湖泊——清水湖(湖面2.8平方公里,为咸水湖),湖长2.6公里,湖以下为干河沟,向东南约15公里汇入干流。干流在汇口以下又东南流约5公里汇入楚玛尔河。河口地理坐标为东经93°47′、北纬35°17′,河口高程4 436米。

扎日尕那曲　楚玛尔河左岸一级支流。位于玉树州曲麻莱县境内西北部,由北向南汇入楚玛尔河。发源于曲麻莱县境内昆仑山脉阿青岗欠日旧雪山,地理坐标为东经94°19′、北纬35°37′,源头高程5 587米(以分水岭计)。源区冰川长2.8公里,冰川末端高程约5 100米。融水流向东南,源流段河名为巴果拱河,流经4.8公里出山口,进入多尔吉巴尔登滩地,左岸有大面积沙滩。又向东南流15.2公里至沙长色绕(地名)流向转东北,经4.8公里折向南流4公里,纳右岸支流沙长色统曲,进入沙滩,以下河段称为扎日尕那曲。转向东南流约10公里穿过长约3公里的峡谷,进入者色可宽谷,首见生长较为良好的草地,两侧山麓始有少数的夏季牧帐。宽谷中河宽约18米,最大水深0.5米,流向渐转西南,经14公里进入下游,河宽30～50米,右岸山丘间有沙滩,左岸与牙扎卡色曲分水,地形平坦,无明显的分水线。下游段先向西南流18公里,后转向南流16.4公里汇入楚玛尔河。河口位于曲麻莱县曲麻河乡多秀村东约10公里处,地理坐标为东经94°22′、北纬35°04′,河口高程4 355米。流域面积1 034平方公里,其中冰川面积约19平方公里,分布在流域北端昆仑山脉南坡,流域中散布沙滩约96平方公里。流域多年平均年降水量246.3毫米。河流全长91公里,水流在宽为300～1 000米的沙质河床上游动,多年平均流量2.16立方米/秒,多年平均年径流量0.68亿立方米。两岸共有支流23条,均为较短小的季节性河流,上游支流较多,呈扇状分布,下游稀疏,多在右岸。

4.通天河

通天河是长江上游之一段,原泛指长江在青海省境内的干流段,今特指沱沱河与当曲汇合处——囊极巴陇至巴塘河汇口长796公里的长江干流段。因地处号称"世界屋脊"的青藏高原,地势高峻,传为"通天之河",故得名通天河。藏语河名音译为"直曲",又作"州曲"或"治曲",意为"犛牛河""牦牛河"。古时认为源出于犁牛石下,云:源头有山"高大,类乳牛";或云:沱沱河与当曲汇合处有青山形似巨牛,因而得名。

1)干流

通天河上段位于玉树藏族自治州境内,干流起于囊极巴陇,海拔4 470米,向东流进入治多县,至莫曲汇口折向东北流,在北麓河汇口附近成为治多、曲麻莱两县界河,至科欠曲汇口以下改向东南流,在得列楚拉勃登(地名)与楚玛尔河汇合后成为汹涌澎湃的大河,至此流出江源区。楚玛尔河口处海拔4 216米,通天河上段落差254米,河段长280公里,河床平均比降为0.9‰,河道纵断面见表1-7-3。区间流域面积3.36万平方公里。干流沿程所经地形特点是:自囊极巴陇以下14公里,东北向流经巴颜倾山区,形成长约10公里的宽谷,两岸山体比高250～350米,相距2～3公里,由上三叠统结扎群灰岩与碎屑岩组成,谷底宽0.5～1公里,此即马日给峡。出峡后逐渐转向东流,进入一小型盆地。除莫曲汇口附近河谷较宽外,一般宽为4～5公里,水流游荡于宽浅分汊的河床上。勒采曲汇口以下,通天河再转向东北流,进入冬布里山区,形成长28公里的峡谷段,两岸为结扎群灰岩,河谷渐窄,断面由宽浅梯形过渡为V形,谷地宽100～200米,河槽单一,名为牙哥峡。牙哥曲在峡谷下游数公里处汇入通天河,汇口附近河谷开阔,向下两岸山岭渐高,比高由100米增加至400米,由三叠系板岩、硬砂岩构成,山顶相距3～4公里,谷底宽1～2公里,水流分汊游荡,经88公里至科欠曲汇口,以下转向东南,沿着长约50公里、宽约12公里的谷地流去,直至楚玛尔河口;谷地内河汊多达10余股,各股间往往潜流互通,形成泉涌。

2)支流

通天河上段水系发育,呈树枝状分布,南岸降水较丰,支流水量亦较大。两岸共有一级支流101条,其中流域面积大于1 000平方公里的支流有6条:然池曲、莫曲、牙哥曲、北麓河、科欠曲和勒池曲;流域面积在300～1 000平方公里的支流有冬布里曲、达哈曲、夏俄巴曲3条。

表 1-7-3　通天河上段河道纵断面

分段点地名	海拔(米)	至囊极巴陇(公里)	至长江正源(公里)
"江源雪峰"	6 543		0
通天河起点(囊极巴陇)	4 470	0	350.2
夏日阿佐足	4 455	13.5	363.7
曼木太措出口	4 444	26.7	376.9
然池曲汇口	4 440	31.3	381.5
冬布里曲汇口	4 409	60.8	411.0
达哈曲汇口	4 407	64.5	414.7
莫曲汇口	4 391	99.7	449.9
勒采曲汇口	4 380	104.4	454.6
折隆陇曲汇口	4 372	118.7	468.9
仲嘎曲汇口	4 363	134.5	484.7
牙哥曲汇口	4 362	135.9	486.1
夏俄巴曲汇口	4 359	142.2	492.4
北麓河汇口	4 325	167.3	517.5
德阿佐冬汇口	4 318	173.5	523.7
孕木涌汇口	4 311	182.4	523.7
宰孜松多曲汇口	4 307	187.6	537.8
鄂阿桑曲汇口	4 303	192.8	543.0
科欠曲汇口	4 275	221.2	571.4
勒池曲汇口	4 266	232.7	582.9
那曲汇口	4 230	265.3	615.5
楚玛尔河汇口(通天河上段止)	4 216	279.9(约280)	630.1

然池曲　长江通天河段左岸一级支流,又名日阿尺曲,也称曲玛牛,为藏语音译,意为"浑浊的红河"。位于玉树州治多县境内,流域面积 2 909 平方公里。河道全长 118 公里,河宽 8~16 米,沙质河床。流域面积大于 50 平方公里的支流有 12 条,左、右岸各 6 条。流域面积大于 300 平方公里的支流有苟鲁重钦玛曲、夏仓尼圪曲、桑恰当陇曲。河源在玉树州治多县境内倒加迟可山以西,地理坐标为东经 92°24′、北纬 34°46′,源头高程5 080 米。上游称鄂茸曲,为季节河,7—10 月间有水流,南流过苟鲁塘折向东流,河名改称夏仓曲,至流程 43 多公里处左纳支流然池曲(旧以此为源),汇口以下干流改称然池曲,折向南流约 23 公里,至茶措东北 3 公里处折向东流,进入多尔美桑滩,流约 8 公里接纳左岸支流桑恰当陇曲后,水量增大,再东流约 8 公里出多尔美桑滩,转向东南流,进入沼泽区,至曼木太措东注入通天河。河口位于玉树州治多县境内扎苏山以南扎苏尼通,地理坐标为东经 93°08′、北纬 34°14′,河口高程约 4 440 米。干流落差 640 米,河道平均比降 2.51‰。流域多年平均年降水量 285.8 毫米,多年平均年径流量 133 亿立方米,多年平均流量 4.22 立方米/秒。

莫曲　长江通天河段右岸一级支流,系藏语音译。位于玉树州中部,流经治多县。

东南为澜沧江河源区,西南与西侧邻当曲,北界通天河,东与牙哥曲相接。地理位置为东经93°07′~94°33′、北纬33°19′~34°12′,流域面积8 871平方公里。发源于杂多县西北隅的扎那日根山,地理坐标为东经94°12′、北纬33°22′,河源高程5 550米(以分水岭计),上游38.6公里长的河段称措查龙曲,自源头向北约2.3公里,河道降至高程5 000米以下。蜿蜒约7.8公里,至一长仅200多米的山谷口,河道高程4 800米,两岸山坡较缓,可见河畔夏季牧帐,出谷口水流折向西北,进入宽谷,右岸为措查龙通草山(高程4 874米),左岸是果从查日纳育山(高程5 130米),谷内水草渐丰,河宽约6米,水深约0.4米。水流经8公里左纳小支流巴额恩尕曲,过汇口进入广袤平坦的草滩,上段为宰木通滩,下段为玛格通滩,滩上干支流近于平行,无明显的分水线。一般河宽10米,水深0.5米,沙质河床。下段河道两旁出现带状沼泽,可通行,干流逐渐展宽。在流程38.6公里处接纳右岸东支莫曲(旧时以此为源),东支莫曲长34公里,流域面积仅160平方公里,源于措查龙通山岭东南,源头高程5 020米,向西北流入干流,汇口高程约4 559米。汇口以下干流称莫曲,折向西流,水流较稳定,经3.3公里左纳支流查曲,汇口处干流河宽达45米,主泓水深0.5米,沙质河床,高程4 552米,两岸草滩更为宽广平坦,左岸措查龙通滩直抵鄂涌曲,长、宽均在10公里以上,左岸莫云滩南北平均宽约20公里,最宽处达30公里,东西长近50公里。鄂涌曲流域面积836平方公里,河长约62公里,沿杂多县和治多县分界线由东北向西南流入莫曲,流向与莫曲近乎垂直,汇口高程4 539米。在流程77公里处纳左岸最大支流鄂曲后折向北流进入治多县境。鄂曲流域面积1 755平方公里,占莫曲流域面积的20%。莫曲过鄂曲汇口后,河宽达58公里,主泓水深0.5米。流经3公里多散为三股水流,又经7公里多合一。于流程93.2公里处右纳支流洛德玛冒茸曲后进入峡谷。峡口高程4 444米,峡宽100~200米,两侧块石山坡陡峻,相对高差在150~300米,峡内水面宽31米,水深1.5米,峡长约8公里,出峡后经索加乡政府驻地于流程121公里处左纳支流巴子色,又经6公里纳右岸最大支流君曲,穿过长7公里的冬日日纠山宽谷,谷宽600~1 000米,在宽谷内河岸边有冬季(12月至翌年2月)牧点,谷内河宽67米,中泓水深1米。出宽谷后右纳采白加钦涌,在沙滩上继续北流10余公里,汇入通天河。河口位于玉树州治多县索加乡境内,地理坐标为东经93°42′、北纬34°12′,河口高程4 391米。莫曲全长142公里,多为沙质河床,上游河宽仅6~10米,下游河宽达45~58米。水系发育,支流众多,上游呈扇形分布。流域面积大于800平方公里的支流有鄂涌曲、鄂曲、巴子曲和君曲。径流补给以降水为主,多年平均降水量403.8毫米,多年平均径流量8.02亿立方米,多年平均流量25.43立方米/秒。干流水力资源理论蕴藏量2.13万千瓦,技术可开发装机容量1.07万千瓦,尚未开发。

鄂曲　莫曲左岸最大支流,又名撒艾曲。干流全程位于玉树州杂多县境内,仅支流鄂阿西贡卡曲延伸到治多县境。发源于杂多县境内西北部偏中的加果空桑贡玛山,河源地理坐标为东经93°54′、北纬33°18′,源头高程4 968米(以分水岭计)。源流在赛木通草滩向西北流约22公里后,穿越长6.8公里的娘扎赛里峡谷(峡宽0.3~1公里,两岸坡缓)进入赛巴涌草滩,经30公里左纳支流扎苏曲,以上为上游,亦称撒艾曲。过汇口渐转东北流进入赛巴仓空山谷,蜿蜒6.0公里出谷,流入莫云草滩,经17公里左纳最大支流鄂阿西贡卡曲。鄂阿西贡卡曲长59多公里,流域面积500平方公里,汇口高程4 509米。又东北流约11公里于莫改盖西山丘南麓注入莫曲。河口高程4 483米,地理坐标为东经93°44′、北纬33°43′。全长93公里,流域面积1 754平方公里。流域北邻巴子曲,西、南邻当曲支流,东接臭曲干流,东南与扎曲(澜沧江)分水。流域多年平均年降水量414.0毫米。全河均为沙质河床,多年平均流量5.23立方米/秒,多年平均年径流量1.65亿立方米。左岸水系较发育,右岸支流疏短,共有一级交流27条,其中较大的有赛巴涌曲、扎苏曲、鄂阿西贡卡曲。

巴子曲　莫曲左岸支流。位于玉树州治多县中部,流域面积1 414平方公里。流域东西长约44公里,南北宽约40公里,略呈方形。北以冬日日纠山与通天河干流分水,南边横亘西恰日升山,与鄂曲支流鄂阿西贡卡曲相隔,东接莫曲,西亦邻通天河。发源于西恰日升山,河源地理坐标为东经93°14′、北纬33°48′,源头分水岭高程5 014米,西北流4公里多,进入俄撒金山岭下的宽谷(高程769米),河道两旁为较大的夏秋牧点(6—10月)。出谷后进入广阔平缓的滩,多为秋季(10—12月)牧场。在距源头约17公里处与左岸支流西巧冬陇汇合,汇口高程4 611米。汇合后干流转向北流,主泓游荡在宽200～300米的沙质河滩,一般水面宽3.5米,水深0.3米。在距源头28公里、河床高程44米处河水分作两汊,西汊流向西北,在夏日阿佐足山岭西山脚下直接注入通天河;东汊为主干,经巴子通沼泽草滩曲折东流35公里,右岸最大支流多尕强仁曲。此段河床为泥质,河宽5～6米,水深0.4～0.5米。多尕强仁曲汇口以下河道较顺直,沙质河床,河宽8米,水深0.5米,东流约3公里汇入英曲。河口位于玉树州治多县境内巴子公涌山丘以东3公里,地理坐标为东经93°37′、北纬34°01′,河口高程4 422米。流域多年平均年降水量360.3毫米,径流以降水补给为主。干流河长86公里,上游北流,支流较少;下游东流,两岸多沼泽,支流较多,较大的支流有多尕强仁曲、尕日阿强咯曲。多年平均流量2.48立方米/秒,多年平均年径流量0.78亿立方米。

君曲　莫曲下游右岸支流,位于玉树州治多县境内中南部。发源于玉树州治多县境内采莫尼俄山南麓,地理坐标为东经94°30′、北纬33°54′,源头高程约4 980米,与牙哥曲分水。自源头向西9公里进入开阔的莫云涌草滩,又经6公里始见常流水,在此以上为季节性河段,每年仅5—10月有水流。又经8公里进入莫云沙滩,又经16公里处河宽8米,水深0.4米,又经12公里右岸接纳索加曲。又经5公里出沙滩,此处河宽7米,水深0.3米。此后水流在宽200～500米宽的沙质河床上摆动。又流经29公里,其间先后有吾估曲、吾格拉昧曲、吾格多赛拉曲等较大支流汇入,河宽12米、水深0.3米。以下干流成为季节性河,每年仅4—10月有水流。又经8.2公里终于完全潜入沙下,伏流4.2公里与右岸的奥格折希陇涌(沟名)水汇合,折向西北流6.2公里汇入莫曲。河口位于玉树州治多县境内采白加琼山西南6公里,地理坐标为东经93°40′、北纬34°04′,河口高程约4 410米。流域面积约1 602平方公里,河流全长104公里。多年平均年径流量1.43亿立方米,多年平均流量4.53立方米/秒。流域多年平均年降水量397.3毫米,径流补给以降水为主。河流由东向西汇入莫曲,干流位置偏南,两岸共有支流34条,左岸支流较少且短小,右岸支流较多且较长。流域面积大于50平方公里的8条支流均在右岸。

牙哥曲　长江通天河段右岸一级支流,又名牙曲,系藏语音译,意为"美丽的河"。位于玉树州治多县中东部。流域面积3 008平方公里。发源于玉树州治多县境内的荣卡曲莫及山,地理坐标为东经94°33′、北纬33°50′,源头高程5 517米(以分水岭计)。源流段称牙包查依曲,蜿蜒西北流,在劫佛纳顿山下纳左岸支流区柔曲,继续西北流,至曲柔贡底果山折向北流,穿过峡谷,在日阿玛查琼山下与右岸东支牙曲汇合,汇口以下干流始称牙哥曲,流向折向西北,在压当响纳玛包山西北端接纳右岸支流巴木曲。至君日日玛山附近折向西流,注入通天河。河口位于玉树州治多县境内加尼纳都山以西6公里,地理坐标为东经93°54′、北纬34°24′,河口高程4 362米。干流上游段始为砾石河床,约30公里后渐成沙质河床,河宽8~12米,水深0.3~0.6米,在宽200~700米的砂砾河滩上游荡。下游河宽12~20米,水深渐达1~1.2米,河滩宽达60~1 000米,砂砾厚积。流域内有大面积沼泽地,水质优良。河流全长118公里,最大支流为巴木曲,其次为东支牙曲,余皆甚小。流域多年平均年降水量382.0毫米,径流以降水补给为主,多年平均年径流量2.41亿立方米,多年平均流量7.64立方米/秒。干流水力资源理论蕴藏量1.13万千瓦,尚未开发。

巴木曲　牙哥曲的最大支流,又名帮曲。位于玉树州治多县中部,由东向西流入牙哥曲。发源于玉树州治多县中部普巴一真山东侧,地理坐标为东经94°37′、北纬34°05′,源头高程5162米(以分水岭计)。自源头向北流约6公里出山谷进入帮涌草滩,干、支流两侧密布数百个小水泊,形成冷日措加湖湿地。干流在水泊之间曲折北流约17公里,至索岗日吉山岭南麓前,在河床高程4 696米处转向西北流,流约8公里出水泊区,又西北流约15公里,接纳左岸支流加格涌曲,干流始见常流水,同时进入广阔的沼泽区。沼泽地被南北两边分水岭包围,直至河口。干流左侧为鸟通(约120平方公里)和桑姜贡卡(约56平方公里)沼泽滩,右侧是哇纳贡卡及零星沼泽滩(约190平方公里)。巴木曲在沼泽滩上渐转西流,经45公里汇入牙哥曲。河口位于玉树州治多县境内压当响纳玛包山北麓,地理坐标为东经94°07′、北纬34°19′,河口高程4 459米。巴木曲上游46公里为季节河,每年5—11月有流水,中下游5公里,河宽一般为12~17米,中泓水深由上而下为1~0.7米,均为石质河床。流域年平均降水量376.3毫米,径流以降水补给为主。多年平均流量2.63立方米/秒,多年平均年径流量0.83亿立方米。两岸共有支流23条,其中季节性河流14条,流域面积大于50平方公里的较大支流有扎根曲、加格涌曲、哇讷旧日埃曲等5条。全长91公里,流域面积1 066平方公里。

北麓河　通天河左岸一级支流,又称勒玛曲,系藏语音译,意为"红铜色的河"。北麓河流经玉树州治多县和曲麻莱县。发源于玉树州治多县境内勒迟嘛久玛山西端,源头地理坐标为东经92°20′、北纬34°51′,源头高程5 081米(以分水岭计)。源流沿日阿尺山北麓向东流71.5公里处,过青藏铁路至青藏公路北麓河大桥,此处原设有北麓河水文站。桥以下2公里多进入曲麻莱县境,干流继续东流16公里,左岸接纳扎秀尔曲,汇口以上干流为季节河,每年7—9月有水流。汇口以下干流转向东南,至流程约94公里以下干流始常年有水,在宽阔的砂砾河道中时合时分地游荡前进,在流程123.7公里处右岸纳巴音陇琼吉保曲,汇口高程4 446米,至流程141.3公里处左岸纳白日曲,汇口高程4 410米,又蜿蜒曲流约66公里,经宽阔的戈壁沙滩注入通天河。河口位于玉树州曲麻莱县境内日玛者果山以西6公里,地理坐标为东经94°05′、北纬34°34′,河口高程4 325米。干流下游河宽30~56米,河床多为深厚的砂砾石。全长209公里,支流众多,星羽状分布,上游均为季节河,较大支流有扎秀尔尔曲、白日曲、白日巴玛曲、白日窝玛曲等。径流补给以降水为主,多年平均年径流量3.60亿立方米,多年平均流量11.42立方米/秒。水力资源理论蕴藏量1.98万千瓦。资源均未开发。

科欠曲　长江通天河段右岸一级支流,又名口前曲,系藏语音译,意为"大湾河"。位于玉树州治多县东部,流域面积3 554平方公里。发源于玉树州治多县境内兴赛莫谷雪山,地理坐标为东经94°50′、北纬33°41′,源头高程5 587米(以分水岭计)。源流从雪山向北偏西流,出山谷后河宽约8米,水深0.3米,至吓根查松山下,在流程约42公里处纳左岸较大支流阿娘考,之后逐渐转向东北流,河宽约12米,水深0.5米。在流程74.3公里处右纳较大支流瓦卜曲后,逐渐转向西北流。在流程87.9公里处最大支流崩曲从右岸汇入后,河宽达26米,水深0.6米。以下河水分为多股散流,散流约48公里,至扎邦仁陇附近水流合一,折向北流约18公里,此段河宽21~50米,水深1~1.3米。之后干流分为两股继续北流1公里汇入通天河。河口位于卡肖山西北7公里处,地理坐标为东经94°27′、北纬34°41′,河口高程4 275米。干流河道平均比降3.32‰,河谷宽而平缓,砂砾石河床,两岸陡峭。全长156公里,支流众多,流域面积大于30平方公里的支流有瓦卜曲和崩曲。径流以冰雪融水和降水补给为主,流域多年平均年降水量389.6毫米,多年平均年径流量3.56亿立方米,多年平均流量11.29立方米/秒。干流水力资源理论蕴藏量2.4万千瓦,区内人口稀少,仅有畜牧业,资源尚未开发。

勒池曲　长江通天河段左岸一级支流。位于玉树州曲麻莱县境内西部,由西北流向东南汇入通天河,右邻北麓河,左邻楚玛尔河。发源于曲麻莱县境内直达日旧山南麓,地理坐标为东经93°50′、北纬34°58′,源头高程4 832米。源流向东南约10公里河段为季节河,每年5—10月有水流,以下为常年性河流,在宽约5公里的草滩上继续东南流15.2公里后,进入先锋贡玛峡谷,峡长26公里,至先锋窝玛山前出峡,于勒池涌草滩汇入通天河。河口位于勒池村东南约14公里处,地理坐标为东经94°31′、北纬34°44′,河口高程4 267米。干流河道平均比降5.69‰。流域面积1 016平方公里,流域多年平均降水量302.8毫米,径流主要靠降水补给。主河流全长88公里,沙质河床。多年平均年径流量0.46亿立方米,多年平均流量1.46立方米/秒。干支流构成羽状水系,两岸共有支流43条,均较小,且多为时令河。

其他支流:

色吾曲　又名昂日曲,长江通天河段左岸一级支流。"色吾曲"系藏语音译,意为"黄色的河",因夏季河水浑浊而得名。位于玉树州曲麻莱县境内。地理位置为东经94°55′~96°15′、北纬34°18′~35°21′。发源于曲麻莱县境内巴颜喀拉山脉齐峡扎贡山北麓,源头在10多眼山泉水汇集处,地理坐标为东经95°06′、北纬35°00′,高程5 002米。源流由东北向逐渐转向东流,上游两岸平坦,湖泊星罗棋布,河宽7~8米,水深0.3~0.4米,至流程48公里处,左岸支流昂日尼美审美曲汇入,随即转向东南流,进入高山峡谷区,河宽12~20米,水深0.4米。在峡谷中穿流约41公里,左岸支流仙陇仁保汇入,之后蜿蜒南流约51公里至色吾索纳山西南角与最大支流东色吾曲汇合。汇口以上干流称昂日曲,汇口以下干流称色吾曲。汇口附近干流河宽17米,水深0.6米。左纳东色吾曲后干流折向西流,在峡谷中流约5公里至叶格乡色吾沟村。1980年10月之前该村曾是曲麻莱县人民政府驻地。干流在峡谷中再西流11.6公里纳右岸最大支流孔阿陇贡玛后转向南流,曲流约9公里汇入通天河。河口位于曲麻莱县叶格乡红旗村南,地理坐标为东经95°21′、北纬34°29′,河口高程4 153米。末段河宽18米以上,水深约1.3米。干流落差849米,河道平均比降3.23‰。流域东接德曲水系,西与楚玛尔河水系相邻,南为通天河干流,流域面积6 699平方公里。色吾曲全长167公里,水系较发育,支流众多,流域面积大于50平方公里的各级支流有40条,流域面积大于300平方公里的一级支流有昂日尼美审美曲、仙陇仁保、东色吾曲和孔阿陇贡玛。径流补给以降水为主,多年平均年径流量3.88亿立方米,多年平均流量12.3立方米/秒。流域平均高程4 500米,多年平均年降水量293.7毫米。

东色吾曲　色吾曲的最大支流,曾被当作色吾曲的正源。位于玉树州曲麻莱县境东部。干流上游段名加巧曲,发源于曲麻莱县与称多县交界的阿尕拉山东南约6公里的山坡,地理坐标为东经96°12′、北纬34°30′,源头高程4 800米。自源头蜿蜒西流约45公里至桑驰山东南麓,右岸最大支流龙玛陇和左岸最大支流普通曲、左岸第二大支流白的口先后汇入。纳以上三大支流后干流始称东色吾曲,曲折西流约30公里注入色吾曲,河口位于色吾索纳山西南麓,地理坐标为东经95°32′、北纬34°33′,河口高程4 243米。河长80公里,流域面积2 010平方公里。流域东邻黄河源区和德曲流域,南为通天河干流,西接色吾曲干流,北与色吾曲第二大支流仙陇仁保分水。流域内多高山峡谷,多年平均年降水量316.9毫米,80%以上的降水集中在5—6月。水系较为发育,共有一级支流15条,其中流域面积大于50平方公里的有8条,较大的有龙玛陇、普通曲和白的口。干流多年平均流量5.28立方米/秒,多年平均年径流量1.67亿立方米,河道平均比降4.79‰。

聂恰曲　长江上游通天河右岸一级支流,又名宁恰曲,均系藏语音译。位于玉树州治多县境。发源于治多、杂多两县交界的卖少色勒哦雪山北麓,源头高程5 060米,地理坐标为东经94°49′、北纬33°34′。源流段为自源头向北偏东曲折流淌约12公里的河段。之后折向东流,河名恩前曲(又作昂欠涌曲),折转处河宽4米,水深0.3米。蜿蜒东流约59公里,右岸较大支流东帝涌曲汇入,汇口以上干流先后穿流于沙滩、砂砾滩和长约3公里的峡谷。纳东帝涌曲后,干流向东南流13.8公里,右岸最大支流米曲(又称日涌曲)汇入,汇口以下干流进入峡谷,绕恩卓查锐山向北偏东曲流13.8公里,纳右岸较大支流麦龙涌,汇口以下山谷渐宽,干流始称聂恰曲。曲折北流10.4公里至当江荣附近出峡谷,峡口处河宽43米,水深1.1米,下行约1公里右岸支流当江涌汇入,汇口以下干流向西北流4.5公里后转向北,在峡谷中流14.5公里出峡,最大支流多采曲由西汇入,汇口附近干流河宽40米,水深0.9米。纳多采曲后水量大增,转向东偏北流约16公里至治多县城加吉博洛镇。县城附近干流在砂砾滩上分多股漫流,过县城继续约5公里,右岸支流缅前弄汇入,之后干流转向北偏东流约 20 公里,左岸较大支流达考汇入,汇口附近干流河宽 32 米,水深 0.9 米。达考汇口以下干流转向东北流约 11 公里注入通天河。河口地理坐标为东经 95°50′、北纬 34°01′,河口高程 4 052 米,河道落差 1 008 米,平均比降 4.35‰。河道多为石质河床。下游段河道下切数十米,河岸陡峭,河床覆盖层下为软岩层,两岸坡积物由碎石和风化的砂质岩土构成。干流河长 179 公里,流域面积 5 721 平方公里。流域南与澜沧江上游水系分界,北为通天河干流,东、西分别与登额曲、科欠曲流域相邻。地理位置为东经 94°48′~95°50′、北纬 33°18′~84°12′。流域内多高山峡谷,间有沙滩和洼地。上游区有雪山分布,面积 90 多平方公里;中部石灰岩地区的洼地上有残积红土和溶融槽谷分布,洼地周边群峰兀立。流域多年平均年降水量 426.1 毫米,径流补给以降水为主,以地下水和冰雪融水为辅。干流多年平均流量 29.3 立方米/秒,多年平均年径流量 9.24 亿立方米,水力资源理论蕴藏量 4.33 万千瓦。流域水系发育,支流众多。流域面积大于 50 平方公里的支流有 32 条,流域面积在 300 平方公里以上的有东帝涌曲、米曲、多采曲、达考等 4 条级支流和诃泡荣曲、日啊日曲 2 条二级支流。最大支流为多采曲,河长 82 公里,流域面积 2 160 平方公里。

多采曲 聂恰曲最大支流,从左岸汇入。位于玉树州治多县境东部。发源于流域西南隅雪山群中部的一条冰川,冰川长 1.8 公里,上部分水岭高程 5 527 米,末端高程 5 200 米,源头地理坐标为东经 94°50′、北纬 33°44′,冰川融水自源头向东北流约 9 公里进入宽谷,曲折东流约 17 公里,右岸较大支流多采吓登章通汇入,汇口附近干流河宽 5~6 米,水 0.3 米,砾石河床。继续曲折东流约 25 公里,右岸最大支流罗仁曲汇入,之后沿迁曲的山谷东流约 19 公里,左岸接纳最大支流诃泡荣曲,再东流约 3 公里至多采乡政府驻地,最后曲折东流约 8.0 公里汇入聂恰曲。河口高程约 4 260 米,地理坐标为东经 95°29′、北纬 33°49′,河道落差约 940 米,平均比降 7.49‰。下游河段河宽 10~18 米,中泓水深 0.3~0.6 米,多为石质河床。干流全长 82 公里,流域面积 2 160.3 平方公里。流域东西长 60 余公里,南北宽近 60 公里,西南部高山上有冰川分布,面积约 20 平方公里。流域多年平均降水量 415.6 毫米,径流主要靠降水补给。干流多年平均流量 10.01 立方米/秒,多年平均年径流量 316 亿立方米。流域内多山地与宽谷,水系发育,流域面积大于 50 平方公里的支流有 10 条,其中较大的有罗仁曲、诃泡荣曲、日啊日曲。

登额曲 长江通天河段右岸一级支流,又作登艾龙曲,均系藏语音译。流经玉树州玉树市西北部和治多县东部。发源于玉树市西北部的妥拉牙山南麓,源头邻近玉树市与杂多县的交界,地理坐标为东经 95°48′、北纬 33°15′。源流先向东南流约 2 公里,后向东流约 9 公里至宗根阿尼,此段河名宗坡曲入能。之后折转北流,河名宗可曲,北流约 16 公里,左岸支流雅可汇入,汇口高程 4 487 米,继续北流 5 公里,穿过长约 3 公里的峡谷后,左岸较大支流扎儿它汇入,汇口以下干流转向东,流 1 公里后转向东北,穿过长约 1 公里的峡谷和玉树市与治多县的交界渐转北流。纳右岸较大支流赛依曲玛龙。再向北曲流约 12 公里,左岸最大支流征毛涌曲汇入,汇口以下干流名松莫茸。干流继续北流约 3 公里又进入峡谷,渐转东北流约 10 公里,最大支流尕曲从右岸汇入,汇口以下干流始称登额曲。自尕曲汇口始,干流折向西北,流约 18 公里至当江白日阿朋村,左岸支流当江科汇入,当江科长16公里,其中游带有温泉。当江科汇口以下干流转向东北,在峡谷中穿流29公里,于治多县立新乡叶青村北注入通天河。河口地理坐标为东经96°03′、北纬33°48′。此段河宽35~38米,中泓水深1.0~1.4米,峡谷底部宽200~500米,两侧山坡约30°,山体相对高度在500米以下,山坡上大多有土层覆盖,牧草生长较好。干流全长109公里,流域面积2 265.1平方公里。流域东、西分别与益曲流域、聂恰曲流域相邻,南部与澜沧江支流子曲上游区分界,北部为通天河。流域内多高山峡谷,高山上有冰雪覆盖,径流以降水和冰雪融水补给为主。流域多年平均降水量441.7毫米,多年平均径流量4.36亿立方米,多年平均流量13.82立方米/秒,水力资源理论蕴藏量2.23万千瓦,源头高程4 810米,河口高程3 996米,河道落差814米,平均比降5.98‰。流域草类植被较好,河水清澈,水质良好。

德曲　长江通天河段左岸一级支流。"德曲"系藏语音译,意为"矿物河",因河床有沙金而得名。流经玉树州曲麻莱县东南部、称多县西部。发源于曲麻莱县境内的着格那青山西南麓,源头地理坐标为东经96°01′、北纬34°18′。河水自源头曲折东流约26公里,右岸支流丘入窝玛汇入,随即向东北流约9公里,纳左岸支流知咯阿那曲。该支流长26公里,流域面积369平方公里。汇口以下干流成为曲麻莱县与称多县的界河,界河段长约56公里,在弯弯曲曲的流程中先后纳左岸支流折陇和右岸支流鄂安日考,段末纳左岸最大支流解吾曲。解吾曲长64公里,流域面积893平方公里,汇口高程4 196米。解吾曲汇口以下干流始称德曲,南流进入曲麻莱县境,流约24公里转向西南,西南流约10公里,最大支流布曲从右岸汇入,汇口高程4 003米,巴干乡政府驻地在布曲汇口东北约5公里的干流岸边。纳布曲后流向西南曲折行进24.4公里注入通天河,河口地理坐标为东经96°24′、北纬33°43′。河长150公里,流域面积4 235.7平方公里。流域多年平均年降水量372.2毫米,径流补给以降水为主。多年平均径流量4.90亿立方米,多年平均流量15.53立方米/秒,水力资源理论蕴藏量3.64万千瓦。源头高程5 000米,河口高程3 868米,河道落差1 132米,平均比降5.39‰。

布曲　又名白布河,德曲的最大支流,从德曲下游右岸汇入。流域位于曲麻莱县南部。发源于曲麻莱县城东北约33公里的山地,源头北距地哑栋陇村约4公里,地理坐标为东经96°06′、北纬34°14′,高程约4 800米。河水自源南流约17公里,右纳上游较大支流布考后转向东南,东南流约7公里渐转向东北,行进5公里至香瑞达村南,之后向东南流13公里,右岸最长支流柏切陇汇入,继续东南流16公里,最大支流得拉考汇入,再流约3公里至团结村,右岸较大支流腰青科汇入,最后向东南流10公里于巴干村附近注入德曲,河口地理坐标为东经96°29′、北纬33°52′,高程4 003米。河道落差797米,平均比降8.84‰。河长71公里,流域面积1 106.4平方公里,多年平均年降水量383.8毫米,多年平均流量4.61立方米/秒,多年平均年径流量1.45亿立方米。水系较发育,共有支流20条,较大的有布考、柏切陇、得拉考、腰青科。最大支流为左岸汇入的得拉考,其河长为37公里,流域面积217平方公里。流域内多山丘峡谷,植被良好,流域属纯牧区,中下游河畔、山麓草地有居民点和牧帐分布。

细曲　长江通天河段左岸一级支流,河名系藏语音译。流域位于玉树州称多县西部。发源于曲柔扎莫山以西的石块地,地理坐标为东经 96°43′、北纬 34°01′,源头高程 5 034 米。河水自源头先向西后渐转向南偏东流,在流程约 17 公里处纳右岸支流曼宗曲,之后在宽谷中继续向南偏东流约 25 公里,左岸较大支流昂然曲汇入。昂然曲长 28 公里,流域面积 184 平方公里。昂然曲汇口以下南流约 5 公里至扎朵镇政府西侧,此段河谷束窄,谷中有温泉。扎朵镇以北 3.6 公里处有扎朵金矿,镇西 10 公里处的色航寺为始建于明洪武年间的藏传佛教格鲁派名寺。左岸较大支流夏蒿经镇南汇入细曲,夏蒿长 37 公里,流域面积 373 平方公里。之后转西南流约 12 公里,右纳小支流拉刃后折向东南,流约 6 公里至尕朵乡政府驻地西南,最大支流卡龙陇从左岸汇入。卡龙陇长 43 公里,流域面积 389 平方公里。卡龙陇汇口以下曲折南流约 13 公里注入通天河,河口在卓木其村西约 2 公里处,地理坐标为东经 96°41′、北纬 33°33′,河口高程 3 781 米。细曲河宽 3 ~ 18 米,石质河床。河道落差 1 253 米,平均比降 10.4‰。干流长 77 公里,流域面积 1 629.1 平方公里,多年平均年降水量 450.7 毫米,河川径流以降水补给为主,多年平均流量 7.89 立方米/秒,多年平均径流量 2.49 亿立方米,水力资源理论蕴藏量 1.84 万千瓦。河水清澈,水质良好。

益曲 长江上游通天河右岸一级支流,又名叶曲,系藏语音译。位于玉树州玉树市境西北部。流域东与巴塘河流域相邻,南与澜沧江支流子曲上游区分界,西与登额曲流域相接,北为通天河干流。发源于玉树市境西北部的沙俄茶交山北麓沼泽地,地理坐标为东经 95°56′、北纬 33°18′。河水自源头曲曲弯弯向东南流约 82 公里,右纳交曲后向北流。源流段称曲玛公牙,长约 25 公里,沿河有大面积沼泽,河道曲折,水流平缓。至洞莫色给山下纳左岸一小支流后干流始称登俄涌曲,河道缩窄,水流湍急,两岸山势较陡。过交曲汇口北流 13.5 公里,最大支流隆宝河从右岸汇入。隆宝河下游有面积近 20 平方公里的隆宝湖,湖周有大面积沼泽湿地。一个以保护珍禽黑颈鹤及其栖息生态环境为主要对象的隆宝国家级自然保护区已建多年。过隆宝河汇口向西北流 4 公里至隆宝镇政府驻地杂年村,杂年村对岸为左岸最大支流可涌的汇口。可涌长 26 公里,下游一带有大面积沼泽。可涌汇口下干流称叶好涌,向北约 15 公里左纳支流岗日扣,之后转向东北,曲流约 30 公里至俄冲肖山东侧转向东南,干流始称益曲。东南流约 25 公里途径安冲乡政府驻地拉则村,出峡谷后在英达村附近注入通天河。河口地理坐标为东经 96°43′、北纬 33°26′。益曲长 169 公里,流域面积 2 646.2 平方公里。多年平均流量 20.96 立方米/秒,多年平均年径流量 6.61 亿立方来,水力资源理论蕴藏量为 5.69 万千瓦。

巴塘河 长江上游通天河末端右岸一级支流,又名扎曲,系藏语音译,意为"从山岩中流出的河"。位于玉树州玉树市境内,因流经玉树州玉树市境东部的巴塘盆地而得名。发源于格拉山以北、日阿如东塞山以东的山峰北坡,地理坐标为东经 97°21′、北纬 32°36′,源头分水岭高程 5 122 米。河水自源头北流,穿过长达 34.1 公里的各侯峡,至各琼达出峡,此段河名为各曲。各侯峡两岸陡峭,峡中水流湍急。出峡后河水折向西北,进入巴塘滩。行进约 3 公里至巴塘乡政府驻地铁力角村,右岸长 24 公里的最大支流玛曲(又称暗子曲)汇入,继续西北流约 10.5 公里至上巴塘村附近,左纳较大支流扎曲(又称扎巴曲),以下干流始称巴塘河。巴塘滩高程 4 000 ~ 4 150 米。干流纳扎曲后继续西北流约

2 公里,接纳由西而来的巴曲,之后进入山丘宽谷地带,穿行约 15 公里出峡,扎西科河(又作扎喜科河)由西岸汇入,随即进入玉树市城区。巴塘河长 92 公里,流域面积 2 473.6 平方公里。径流补给以降水为主,多年平均年径流量 8.01 亿立方米,多年平均流量 25.39 立方米/秒。水力理论蕴藏量 9.41 万千瓦。巴塘河过城区向东北流 4 公里至新寨水文站(高程 3 659 米),之后转向东偏南流约 16 公里汇入通天河,河口位于卡孜村东 4 公里处,地理坐标为东经 97°15′、北纬 32°59′,河口高程 3 530 米。

（二）黄河流域

黄河是中国第二大河,因河水浑浊而得名,是世界著名的多泥沙河流。在中国古籍中称"河",为"四渎之宗"(注:古称江、河、淮、济为四渎)。黄河发源于玉树州曲麻莱县境内,巴颜喀拉山北麓的约古宗列盆地。流经青海、四川、甘肃、宁夏、内蒙古、山西、陕西、河南、山东 9 个省(自治区),在山东省垦利县注入渤海,属太平洋水系。干流全长 5 464 公里,流域面积 75.2 万平方公里。青海境内的黄河位于省境东南部,西靠卡日扎穷和柴达木内陆水系相接;南依巴颜喀拉山与长江流域相邻;北有布青山、鄂拉山、拉鸡山,与柴达木内陆水系、湟水水系相邻。干流流经青海省 4 州 1 地区 16 个县,进入甘肃省。青海省境内干流全长 1 694 公里,流域面积 12.10 万平方公里。玉树州境内干、支流总长 559 公里。

1. 干流

黄河水利委员会河源勘查队于 1952 年 8—12 月在河源区进行了查勘,确认历史上所指的约古宗列曲是黄河源干流。1978 年青海省人民政府和青海省军区邀请有关单位组成考察组,进行了 1 个月的实地考察,提出卡日曲作为黄河源干流的建议。1985 年黄河水利委员会根据历史传统和各家意见确认约古宗列曲为黄河上源之干流,并于同年 6 月再次勘察河源时在约古宗列(盆地)西南隅的玛曲曲果,东经 95°59′24″、北纬 35°01′18″处,树立了水利部原副部长、黄河水利委员会原主任王化云题写的"黄河源"碑作为河源标志。

黄河发源于玉树州曲麻莱县境东北部,巴颜喀拉山脉卡日扎穷(山岭)北麓的约古宗列(盆地)西南隅,源头分水岭名为玛曲曲果日,系藏语音译,意为"孔雀河源头山",海拔 4 698 米。河川径流以降水和冰雪融水补给为主,流域年降水量在 250～700 毫米,5—9 月降水量约占全年降水量的 70%。年平均流量 737 立方米/秒,年平均径流量 232.42 亿立方米。

2. 支流

黄河在玉树州境内流域面积约 1.29 万平方公里,多年平均径流量 8.34 亿立方米。在玉树州境内的主要支流有扎家同哪曲、约宗曲、阿棚鄂里曲、扎曲、玛卡日埃(曲)、卡日曲、多曲、洛曲等。

1）扎家同哪曲

黄河河源段左岸支流。位于玉树州曲麻莱县境内,流域面积 1 002.2 平方公里。发源于曲麻莱县与都兰县交界的稍日哦山西南,源头海拔 4 970 米,源流段干支流为季节性河流。自源头向东流约 2.4 公里,进入植被较好、多眼泉水汇集的谷地,穿过 3.0 公里长的谷地,向东南流约26公里,进入扎家同哪滩,而后东流约18公里,接纳左岸支流阿棚鄂里曲,汇口海拔4 357米,干流在此处河宽8~10米,再向东南蜿蜒曲折流约5公里接纳右岸支流索哇日鄂曲,汇口海拔4 349米;继续东南流5.6公里至星宿海向东南流约4公里接纳左岸支流贡恰陇巴曲,之后再流8公里汇入黄河,河口海拔4 319米。全长72公里,河床平均比降2.49‰,多为沙质河床,多年平均流量0.7立方米/秒,多年平均径流量0.22亿立方米。流域多年平均降水量260.3毫米。流域面积超过100平方公里的支流有阿棚鄂里曲、索哇日鄂曲、贡恰陇巴曲,其中索哇日鄂曲最大,其河长54公里,流域面积280平方公里。

2)阿棚鄂里曲

玛曲左岸一级支流。位于曲麻莱县境内,发源于曲麻莱县与都兰县交界处的扎加邹(山),源头分水岭海拔4 572米,南下约1公里即"扎加塘果"宽谷,附近有数眼泉水汇集,源流通过一小湖继续南流9.4公里至"阿棚鄂一"山下,此处河床海拔4 402米,河宽约4米,水深约0.3米。往下逐渐转向东南流,进入"扎家同哪"滩,流经约14公里右岸接纳源于"索哇日鄂"山的一条支流,汇口海拔4 354米,其下附近河宽约9米,水深约0.3米。过汇口干流进入玛涌(滩),约经4公里右岸接纳支流索哇日鄂曲,又东南流6.6公里至星宿海西边,在星宿海中继续向东南流约16公里汇入玛曲。河口海拔约4 319米,河长51公里,曲流发育,河床平均比降5.0‰,多为沙质河床,下游星宿海中的河床为泥质。平均年降水量260毫米,平均年径流深33.8毫米,平均年径流量0.32亿立方米,多年平均流量1.03立方米/秒。上游水系发育,全河共有一级支流17条,其中以索哇日鄂曲最大,其河长约150公里,流域面积约265平方公里。

3)约宗曲

约古宗列曲右岸一级支流。位于曲麻莱县境内,发源于巴颜喀拉山脉卡日扎穷(山)中,源头分水岭海拔4 724米,源流段称"曲尿陇巴",系藏语音译,意为"泉水沟"。由源头向东1公里见常流水,沿卡日扎穷(山)北麓东流7.4公里进入峡谷,谷口上游干流的左岸约1公里即黄河源头玛曲曲果日。约宗曲在峡谷中东流8公里接纳右岸自南而来的原约宗曲源流(其长度仅约6公里)后转向北流,汇口以下干流始称约宗曲,蜿蜒曲折于峡谷中北流7.2公里后,出峡谷进入约古宗列(盆地)。在盆地中由北转东北曲流约13公里接纳右岸支流"作毛鸭绒",又经2公里汇入约古宗列曲,全长38.6公里,流域面积242平方公里,河口海拔4 463米,落差261米,河床平均比降6.8‰,石质河床,河宽7~11米,水深约0.2米。径流补给主要为天然降水和地下水,流域内平均年降水量约280毫米,平均年径流量约28毫米,平均年径流量为0.07亿立方米,多年平均流量约0.21立方米/秒。水系较发育,分布于约古宗列(盆地)东南部,有一级支流11条,其中最大支流作毛鸭绒长约24公里,流域面积124平方公里,余则甚小。

4)扎曲

黄河河源段左岸一级支流。位于曲麻莱县境内。"扎曲"系藏语音译,意为"从山岩中流出的河"。扎曲发源于曲麻莱县东北角与都兰县交界处的"查安西里客布气"山,源头海拔4 752米,向南1.6公里见常流水,在较为平坦的山间盆地南流18.3公里,转向西南进入峡谷。以上为沙质河床,河宽 2~4 米,水深约 0.3 米。以下 16.5 公里流长在峡谷内的河床,上段为砾石,下段为沙质,河宽约 6 米,水深 0.4 米。扎曲出峡谷进入玛涌(滩),继续西南流 17.2 公里转向东南,沿"盖寺由池"山西南麓流 18.4 公里汇入玛曲,这段河床多为沙质,河宽 8~10 米,水深 0.2~0.6 米。近河口 7 公里内有众多小湖泊集中分布于扎曲与玛曲之间。扎曲全长 72 公里,河口海拔约 4 310.5 米,落差 441.5米,河床平均比降 6.1‰,流域面积 822 平方公里,平均年降水量 270 毫米,平均年径流深40.5 毫米,平均年径流量 0.33 亿立方米,多年平均流量 1.06 立方米/秒。扎曲有一级支流 12 条,其中流域面积在 50~100 平方公里的有 6 条,其余均较小。

5)玛卡日埃(曲)

玛曲左岸一级支流。位于曲麻莱县东北隅,发源于曲麻莱、都兰两县交界处的查哈西里(山),源头分水岭海拔 4 696 米。源流名"那加壤",由源头向南 4.3 公里见常流水,并在宽谷中转向西南流 4.2 公里后成为季节河 继续向西南 12.6 公里接纳左岸源于"龙然杰阁"山的支流后复见常流水,又经 8.8 公里接纳右岸支流琼走陇巴,汇口以下干流始称玛卡日埃(曲),并进入峡谷流经 12.6 公里后转向西流,经 4.8 公里至玛卡日埃(山)下复转为西南流,经 2.4 公里出峡谷进入玛涌(滩),又经 5.5 公里转向东南流 0.7 公里汇入玛曲,全长 55.9 公里。河口位于卡日曲河口以上约 0.6 公里处,海拔约 4 304 米,落差 392 米,河床平均比降 7.0‰,砾石河床,中下游河宽 2~4 米,水深 0.1~0.3 米。流域面积 515 平方公里,平均年降水量 263 毫米,平均年径流深 42 毫米,平均年径流量 0.22亿立方米,多年平均流量 0.68 立方米/秒。水系不发育,一级支流仅有 4 条。

6)卡日曲

黄河河源段右岸一级支流。卡日曲是藏语音译,意为"红铜色的河",因河道经过第三纪红色地层,洪水期河水挟带大量泥沙呈棕红色而得名。卡日曲在清代曾称阿尔坦河,位于玉树州称多县和曲麻莱县。发源于巴颜喀拉山的毛喏岗西北麓,河长 156 公里,流域面积 3 131 平方公里。源流段名热核扎啥贡玛,由数股泉水汇成。源头海拔 4 862米,汇口海拔 4 303 米,河道落差 595 米,平均比降 2.15‰。径流补给以大气降水为主,其次是冰雪融水和地下水。流域多年平均年降水量 287.4 毫米,多年平均流量 5.05 立方米/秒,多年平均年径流量 1.59 亿立方米。因受地形和季风影响,降水、径流地域分布总趋势是由南向北、从东到西递减。水力资源理论蕴藏量 8 962 千瓦。

7)多曲

黄河右岸支流,系河源区最大的一级支流。位于玉树州称多县北部、曲麻莱县东部与果洛州玛多县西部,发源于巴颜喀拉山脉主峰勒那冬则西南 7.5 公里处的香拉沟头,靠近称多县与玛多县交界处,源流段名白玛曲,又称贝敏曲,河口位于扎陵湖下湖口以东4.5 公里处。河长 163 公里,流域面积 5 706 平方公里。源头海拔 4 880 米,河口位于玛多县扎陵湖乡多涌牧委会措日尕泽,河口海拔 4 283 米,落差 597 米,河道平均比降2.24‰,石质河床,河口附近河宽约 30 米,水深约 0.7 米。流域多年平均降水量 346.3毫米,多年平均流量 12.8 立方米/秒,多年平均年径流量 4.05 亿立方米。水力资源理论蕴藏量为 1.53 万千瓦。

8)洛曲

多曲最大支流。位于玉树州称多县北部。发源于称多县境西北隅巴颜喀拉山南麓的呀西当陇沟头,为季节河,每年4—10月有水流。河长101公里,流域面积1 437平方公里。源头海拔4 942米,河口位于称多县扎朵镇红旗村,河口海拔4 425米,落差517米,河道平均比降2.69‰。流域多年平均年降水量326.9毫米,多年平均流量3.48立方米/秒,多年平均年径流量1.1亿立方米。

(三)澜沧江流域

澜沧江,著名的国际河流,东南亚第一巨川,亚洲第六大河。流经青海、西藏、云南省(自治区),出国境后称湄公河。湄公河流经老挝、缅甸、泰国、柬埔寨、越南,注入南海。干流全长4 688公里,流域面积约79.5万平方公里。中国境内干流长2 194公里,平均比降1.43‰,流域面积164 778平方公里。青海省境内干流长457公里,流域面积37 016平方公里。发源于玉树州杂多县北部的拉宁查日山,地理坐标为东经94°41′、北纬33°43′,河源高程5 400米。青海省境内澜沧江干流称扎曲,又作杂曲。扎曲流经玉树州杂多县和囊谦县,于囊谦县打如达村以南进入西藏自治区境内,省界处河道高程3 516米。流域包括玉树州杂多县的东部、囊谦县全部和玉树市的西南部;流域北与治多县相邻,南、东南与西藏自治区相邻。玉树州境内总长1 792公里。

1.干流——扎曲

澜沧江干流在青海省境内的名称,位于青海省西南部和西藏自治区的东北部,又作杂曲,系藏语音译,意为"古名兰苍水"。源出玉树州杂多县西北,唐古拉山北麓的查加日玛西4公里的高地,河源海拔5 388米。干流自河源至陇冒曲汇口名加果空桑贡玛曲,以下至尕纳松多名扎纳曲,再下始称扎曲。河水自西北流向东南,流经囊谦县境后出省进入西藏自治区。支流延伸至玉树市。青海省境内干流河长448公里,青海与西藏共界河长约4.5公里,流域面积18 509平方公里。省界处河道海拔3 516米,落差1 872米,河道平均比降4.1‰。河宽100~200米,峡谷段30米左右,河床为砂砾石质。河流水系发育,支流密布,流域面积在300平方公里以上的支流共33条,其中17条支流在省境内注入扎曲,16条支流从青海省直接进入西藏自治区汇入扎曲。

2.支流

1)扎那曲

澜沧江上游段右岸一级支流。发源于玉树州杂多县境内中部加果空桑贡玛山,源头地理坐标为东经93°53′、北纬33°17′,高程5 388米。流经玉树州杂多县中部。河长89公里,河道平均比降4.64‰,流域面积1 977平方公里。河口地理坐标为东经94°36′、北纬33°13′,高程4 360米。径流由降水、融水冰水补给,多年平均年径流量3.36亿立方米,多年平均流量10.65立方米/秒,多年平均年径流深169.9毫米。流域内仅有畜牧业,人口稀少,水资源尚未开发利用。

2)阿涌

澜沧江上游段扎曲右岸支流,又称阿曲。发源于杂多县境内的昆果日玛沼泽地,源头地理坐标为东经94°23′、北纬32°55′,高程5 026米。流经玉树州杂多县中部。源流段名为曲米邦稿,自源头南流15.3公里后转向东流,以下始称阿涌。东流11.2公里至最大支流康谷的汇口,之后转向东北流22.9公里至东补涌汇口,然后折向北流41.6公里,于尕青玛山西麓汇入扎曲,河口地理坐标为东经94°46′、北纬33°11′,高程4 308米。河长93公里,平均比降5.19‰,流域面积1 154平方公里。流域南北长48公里,东西平均宽约24公里。河川径流以降水补给为主。流域多年平均年降水量530.1毫米,多年平均年径流深231.7毫米,多年平均年径流量2.67亿立方米,多年平均流量8.48立方米/秒。水力理论蕴藏量1.71万千瓦。

3)布当曲

澜沧江上游段扎曲左岸支流。发源于杂多县邻近治多县的日阿东拉垭口东侧的雪山中,源头地理坐标为东经95°08′、北纬33°34′,高程5 770米。流经玉树州杂多县东部。河源区有东西长3.2公里的冰川。源流段名穷日弄,自源头曲折南流约17公里后转东南流,称查日涌曲。东南流约18公里,左纳较大支流然也涌曲,之后转向西南流,称也车曲。西南流12.8公里,最大支流众根涌曲汇入,以下干流始称布当曲。干流自众根涌曲汇口转向东南流,流13.8公里,然者涌曲汇入,之后渐转南流约4.5公里,东脚涌曲汇入,再向南偏西流约12.8公里至扎青乡政府驻地西侧。该乡政府驻地位于干流流经的一个方圆约4公里的山间盆地。过乡政府驻地南流约4.5公里,较大支流尕茸曲汇入,继续南流7.5公里折转西流约5公里汇入扎曲。河口位于夏龙尕木赛山北麓,地理坐标为东经95°06′、北纬32°59′,河口高程4 160米。河长96公里,河道平均比降6.56‰,流域面积1 959.3平方公里。流域南北长约70公里,东西平均宽约28公里。河川径流以降水补给为主。流域多年平均降水量482.3毫米,多年平均年径流深210.3毫米,多年平均径流量4.12亿立方米,多年平均流量13.07立方米/秒。水力理论蕴藏量3.04万千瓦。

4)沙曲

澜沧江上游段扎曲左岸支流,又称尕沙河、扎格涌曲。发源于杂多县东北部的藏西查牙本桑山,源头地理坐标为东经95°25′、北纬33°12′,分水岭高程4 860米。流经玉树州杂多县东北部。河水自源头向南偏东流约27公里,左纳郭荣涌;继续流约8公里,左纳结绕涌;之后转南流约4.5公里,右纳耐千涌;再南流约8公里,左纳最大支流沙群涌;之后转向西南流约4.5公里汇入扎曲,河口位于蒙扎赛山西麓,地理坐标为东经95°06′、北纬32°59′,高程3 990米。沙群涌汇口以上干流称扎格涌曲,以下河段称沙曲、尕沙河。河长50公里,平均比降12.9‰,流域面积897.4平方公里。流域南北长约40公里,东西平均宽约21.9公里。河川径流以降水补给为主。流域多年平均降水量503.4毫米,多年平均径流深260.4毫米,多年平均径流量2.34亿立方米,多年平均流量7.41立方米/秒。水力理论蕴藏量1.55万千瓦。

5)班涌

澜沧江上游段扎曲右岸支流,又称班曲。位于玉树州囊谦县西北部。发源于囊谦县西北部的冬青才扎山,源头地理坐标为东经95°25′、北纬32°40′,高程5 381米(以分水岭计)。河水自源头在宽谷中东流约10公里转东南流,约经30公里,最大支流窑涌从右岸汇入,茶哈盐场即在汇口对岸。纳窑涌后干流转向东北,流6公里后进入峡谷,穿流约15

公里注入扎曲。河口位于斜对岸哇罗村正西约 1 公里处。河口地理坐标为东经 95°54′、北纬 32°34′,高程 3 870 米。河长 61 公里,平均比降 10.9‰,流域面积 887.4 平方公里,流域东西长约 44 公里,南北平均宽约 20 公里。河川径流以降水补给为主。流域多年平均降水量 546.4 毫米,多年平均径流深 356.5 毫米,多年平均年径流量 3.16 亿立方米,多年平均流量 10.03 立方米/秒。水力理论蕴藏量 2.18 万千瓦。

6) 宁曲

澜沧江上游段扎曲左岸支流,流经玉树州杂多县东部、玉树市西南部、囊谦县北部。发源于杂多县东部的玛日赛山南麓,源头地理坐标为东经 95°43′、北纬 33°02′,高程 5 050 米(以分水岭计)。河水自源头先向西流 2 公里后渐转东南流 21 公里过 309 省道大桥,继续东南流约 16.5 公里后转向南偏东流约 12 公里,后又转向东南流约 5 公里,左岸支流梭啰涌汇入。之后向南流 7.5 公里,纳最大支流莫海。再东南流 5.5 公里纳左岸大支流晓各龙曲。最后南流约 14.5 公里汇入扎曲。河口位于囊谦县觉拉乡政府驻地以西约 3.5 公里处,地理坐标为东经 96°07′、北纬 32°33′,河口高程 3 780 米。干流上段有高各查依、高涌的称谓,流 53 公里进入玉树市西南隅后称郭曲,晓各龙曲汇口以下始称宁曲。河长 84 公里,平均比降 9.92‰,流域面积为 1 286.7 平方公里。流域东部、北部与子曲流域毗连,南部紧临扎曲,西部与沙曲流域相依。河川径流以降水补给为主。流域多年平均年降水量 507.1 毫米,多年平均径流深 323.6 毫米,多年平均径流量 4.16 亿立方米,多年平均流量 13.20 立方米/秒。水力理论蕴藏量 3.72 万千瓦。

7) 子曲

澜沧江上游段扎曲左岸一级支流。位于玉树州和西藏昌都市境内,发源于玉树州杂多县东北端扎格俄玛拉山口东北 2 公里处的无名山地,源头地理坐标为东经 95°28′、北纬 33°21′,源头高程 5 428 米(以分水岭计)。干流自河源至子郡曲汇口名子切涌;以下至河口名子曲,河水由西北流向东南,流经玉树州囊谦县,从玉树玛以南出青海省进入西藏自治区,流经约 9.5 公里又进入西藏与青海交界地区,于两省(区)交界出口以下 1 公里汇入扎曲。干流全长 299 公里,河道平均比降 3.35‰,流域面积 12 852 平方公里。青海省境内干流长 277 公里,流域面积 8 212 平方公里,地理位置为东经 95°26′~97°58′、北纬 31°28′~33°22′,其东以得实普山—拉无茹山为界与金沙江分水,南以子散赛拉—查拉—夏拉—多吉直赛—浪俄拉山与干流扎曲相隔,西接布当曲,北与通天河各大支流的源区相邻。径流以降水和冰雪融水补给为主。多年平均年降水量 525.1 毫米,多年平均径流深 341.3 毫米,多年平均径流量 28.03 亿立方米,多年平均流量 88.87 立方米/秒。水力理论蕴藏量 39.85 万千瓦。

8) 隆曲

子曲左岸支流,又称龙曲,位于玉树州玉树市中南部,发源于玉树市中部的阿吉扎依山峰以西 3 公里的山地,源头地理坐标为东经 96°29′、北纬 32°58′,源头高程 4 975 米。河水自源头在名为务陇的山谷中向东南流 9.7 公里进入波洛滩盆地。滩上干流河宽约 3 米,水深 0.2 米,流速仅 0.4 米/秒,砾石河床。在盆地东南流 13 公里,左纳小支流塞陇后转向南流,南流约 1 公里与 214 国道交会,公路桥下游 500 米处的右侧有名为草陇措

的一眼清泉,周边有牧帐聚集。河流过公路桥后进入巧格绒尕峡谷,峡谷中河宽 12~17
米,中泓水深 0.5~1.2 米,流速渐增至 3 米/秒,河床由砾石渐变为石质。在峡谷穿流
28.1 公里至玉树市下拉秀镇政府驻地龙西寺。龙西寺处于林区中心,周边松柏繁茂,北
达岳涌汇口之南,东西南三面邻近分水岭。干流过龙西寺转向西南,经 4.4 公里至嘎玛
村,之后转向西流 2.8 公里注入子曲。河口位于国道子曲大桥南侧,河口对岸为下拉秀
镇尕玛村,河口地理坐标为东经 96°34′、北纬 32°38′,河口高程 3 870 米。河长 59 公里,
河道平均比降 11.5‰,流域面积 784 平方公里。河川径流以降水补给为主。流域多年平
均年降水量 493.4 毫米,多年平均径流深 346.5 毫米,多年平均径流量 2.72 亿立方米,
多年平均流量 8.62 立方米/秒。

9)吉曲(解曲)

澜沧江(扎曲)右岸一级支流,又作解曲,流出青海省后称昂曲。发源于青海省与西
藏自治区交界的唐古拉山瓦尔公冰川,源头地理坐标为东经 94°09′、北纬 32°27′,源头高
程 5 660 米。吉曲源头西距长江二级支流绕德曲源头约 1.5 公里。干流上段名松曲,长
73.6 公里,流经西藏自治区巴青县东北部;中段名吉曲,长 258 公里,流经青海省杂多县、
囊谦县;段名昂曲,长 188.4 公里,流经西藏自治区昌都市类乌齐县、卡若区。干流全长
520 公里,流域面积 16 872 平方公里。青海省吉曲流域面积 9 461 平方公里,其北部、东
部与澜沧江(扎曲)干流流域相连,南部、西部与西藏自治区毗邻。径流由降水、地下水、
冰雪融水补给。洪水期以降水补给为主,枯水期以地下水和融水补给为主。流域多年平
均降水量 571.9 毫米,多年平均水面蒸发量约 950 毫米,多年平均径流深 351.8 毫米,多
年平均径流量 33.28 亿立方米,多年平均流量 105.54 立方米/秒。水力理论蕴藏量 49.2
万千瓦,尚未开发。

10)麦曲

吉曲右岸支流,又作买曲。位于玉树州囊谦县西南部。发源于囊谦县西南部的则拢
果雪山北坡,源头地理坐标为东经 95°34′、北纬 31°45′,高程约 5 000 米。河水自源头北
流 6 公里后转向西北,继而渐转向东北,在流程约 20 公里处纳右岸支流甘穷郎,继续东
北流约 12 公里,最大支流麦也从左岸汇入,水量大增。过麦也汇口东流 4.5 公里,纳右
岸支流别弄,继续东流 5.5 公里后折向北流,在拐弯以北约 2 公里的右岸有一处温泉。
北流约 4 公里后向北偏东流约 10 公里处的右岸,坐落着有 800 多年历史的达那寺,该寺
建在达那山腰,寺周松柏茂盛,寺中存有传为格萨尔王及其部将的诸多遗物。过达那寺
继续向北偏东流 14 公里汇入吉曲,河口位于吉尼赛乡麦曲村东南 3 公里处,地理坐标为
东经95°49′、北纬 32°05′,河口高程 3 915 米。河长 66 公里,流域面积 891.2 平方公里
(含西藏自治区丁青县境内的 3.2 平方公里)。流域多年平均降水量 597.6 毫米,多年平
均径流深 400.0 毫米,多年平均径流量 3.56 亿立方米,多年平均流量 11.30 立方米/秒。

11)巴曲

吉曲左岸一级支流,也是吉曲最大的支流。河名系藏语音译,又作巴尔曲、巴日曲。
流经囊谦县中部、东南部和西藏自治区类乌齐县东北部。发源于囊谦县着晓乡日啊恰赛
山东南山地,河源地理坐标为东经 95°58′、北纬 32°23′,高程 4 640 米。源流河名腾日涌,

自源头西流约 8 公里,纳小支流江日达后渐转东南流,始称巴曲。东南流约 38 公里后转向东流,东流约 13 公里左纳最大支流当曲后复转东南,流约 23 公里,纳左岸支流智林尕,汇口西北干流左岸滩地设有囊谦县马场,汇口以东 7 公里处有囊谦王族古墓。继续东南流约 32 公里,支流大欧绒、穷塘涌分别从左、右岸汇入,白扎林场即坐落在汇口附近的干流左侧,林场以北数公里处有白扎煤矿。再东南流 23 公里,穿尕尔寺峡谷进入西藏自治区类乌齐县境,流 7 公里汇入吉曲。巴曲出省境处河道高程 3 680 米,河口高程 3 518 米。河口位于类乌齐县尚卡乡吉多村,地理坐标为东经 96°38′、北纬 31°41′。全长 144 公里,河道平均比降 7.87‰,流域面积 1 756.8 平方公里。流域处于澜沧江(扎曲)和吉曲干流之间,多年平均降水量 559.7 毫米,多年平均径流深 392.7 毫米,多年平均径流量 6.90 亿立方米,多年平均流量 21.88 立方米/秒。巴曲水力资源蕴藏量 7.22 万千瓦,尚未开发。

12)热曲

澜沧江右岸支流金河(亦称紫曲、色曲)的左岸最大支流。流经玉树州囊谦县西南部(其中有约 11 公里长的青藏两省(区)共界河段),流域跨囊谦县和西藏自治区类乌齐县。发源于玉树州囊谦县西南邻近边界血江拉垭口的高山北坡,源头地理坐标为东经 95°50′、北纬 31°42′,高程 5 400 米。河水自源头北流 6 公里,穿过一南北狭长的小湖(湖名草措,长约 3.5 公里,平均宽约 0.2 公里),转向西北流约 6.5 公里,纳左岸支流觉都,汇口高程 4 622.5 米。继续西北流 5 公里,渐转向东北流 5 公里,之后转向东南流约 8 公里,继而沿青藏两省(区)边界东流约 11 公里,其间有最大支流从右岸汇入。出共界段在囊谦县境继续东流约 13 公里后转东南流约 11 公里转向南流,南流约 21 公里注入金河(色曲)。河口位于囊谦县吉曲乡热买村南与西藏自治区类乌齐县交界处,地理坐标为东经 96°10′、北纬 31°36′,河口高程 4 203 米。河长 89 公里,河流平均比降 5.46‰,流域面积 720 平方公里,其中囊谦县境内 58 平方公里,占流域总面积的 77.5%。流域多年平均年降水量 598.8 毫米,多年平均径流深 397.7 毫米。径流补给以降水为主,以冰雪融水和地下水补给为辅。多年平均年径流量 2.86 亿立方米,多年平均流量 9.08 立方米/秒。

(四)内流区

玉树州境内内流区分属柴达木盆地西部和羌塘高原区。其中,柴达木盆地第一、第三大河那棱格勒河、格尔木河分别发源于境内治多县和曲麻莱县境内;羌塘高原区河流水系集中分布在治多县西部地区,主要由海丁诺尔水系、库赛湖水系、卓乃湖水系、可考湖水系、可可西里湖—饮马湖水系、勒斜武担湖水系、西金乌兰湖水系组成。

二、湖泊

根据全国第一次水利普查成果,玉树州境内共有 1 平方公里以上的湖泊 108 个(不包括可可西里湖),湖泊面积为 3 533.21 平方公里。其中,淡水湖 36 个、咸水湖 69 个、盐湖 2 个、未确定属性湖泊 1 个,详细情况见表 1-7-4。

表 1-7-4　玉树州湖泊属性统计

序号	水系	湖泊名称	常年水面面积（平方公里）	咸淡水属性	所属行政区
1	黄河流域	扎陵湖	528	1	曲麻莱县，玛多县
2	黄河流域	寇察	19.1	1	称多县
3	黄河流域	措陇日阿	3.87	2	曲麻莱县
4	黄河流域	阿木措	2.64	1	称多县
5	黄河流域	日玛措根	2.48	1	曲麻莱县
6	黄河流域	星星湖	1.61	1	曲麻莱县
	面积小计(平方公里)		557.7		
7	长江流域	多尔改措	204	2	治多县
8	长江流域	苟鲁山克措	59.4	2	治多县
9	长江流域	尼日阿改措	35.2	1	杂多县
10	长江流域	苟鲁措	24.6	2	治多县
11	长江流域	雅西措	20.8	2	治多县
12	长江流域	隆宝湖	19.8	1	玉树县
13	长江流域	年吉措	19.7	1	玉树县
14	长江流域	措江钦	12.4	2	治多县
15	长江流域	野马川湖	12	2	治多县
16	长江流域	措坎巴昂日东	10.6	1	曲麻莱县
17	长江流域	孕鄂恩措纳玛	8.7	1	杂多县
18	长江流域	乌石湖	7.94	2	治多县
19	长江流域	察日措	7.9	2	治多县
20	长江流域	措希尼阿	7.49	2	治多县
21	长江流域	苟鲁都格措	6.04	1	治多县
22	长江流域	扎里娃措	5.98	2	治多县
23	长江流域	扎木措	5.38	2	杂多县
24	长江流域	晒阴措	5.26	1	玉树县
25	长江流域	直达湖	5.2	2	曲麻莱县
26	长江流域	宰马贡尼措	4.93	2	治多县
27	长江流域	茶措	4.89	2	治多县
28	长江流域	鸟岛湖	3.98	2	治多县
29	长江流域	长尾湖	3.77	1	治多县
30	长江流域	笔架措	3.77	1	曲麻莱县
31	长江流域	长湖	3.23	2	治多县
32	长江流域	苟弄措	3.09	2	治多县
33	长江流域	清水湖	2.83	2	曲麻莱县
34	长江流域	寨洛日湖	2.59	1	治多县
35	长江流域	棒湖	2.33	2	治多县

续表 1-7-4

序号	水系	湖泊名称	常年水面面积（平方公里）	咸淡水属性	所属行政区
36	长江流域	措坎北湖	2.3	1	曲麻莱县
37	长江流域	曼木太措	2.18	2	治多县
38	长江流域	阿青湖	2.16	1	曲麻莱县
39	长江流域	众泉湖	2.16	1	曲麻莱县
40	长江流域	青 F1054	2.04	1	杂多县
41	长江流域	长梁南湖	1.79	2	治多县
42	长江流域	飞兔湖	1.79	1	治多县
43	长江流域	河滩湖	1.78	2	治多县
44	长江流域	楚玛尔南湖	1.67	2	治多县
45	长江流域	湖边山湖	1.67	2	治多县
46	长江流域	小岛湖	1.53	1	曲麻莱县
47	长江流域	克江措	1.52	2	杂多县
48	长江流域	马鞍山北湖	1.49	2	治多县
49	长江流域	苟弄措仁	1.44	2	治多县
50	长江流域	囊极措	1.41	2	治多县
51	长江流域	水獭湖	1.34	2	治多县
52	长江流域	改西查措	1.25	2	治多县
53	长江流域	牛弯湖	1.25	2	治多县
54	长江流域	众泉二湖	1.24	1	曲麻莱县
55	长江流域	长把湖	1.17	1	曲麻莱县
56	长江流域	君日的玛湖	1.12	2	治多县
57	长江流域	青 F1053	1.05	2	治多县
58	长江流域	苟鲁重饮马措	1.03	2	治多县
59	长江流域	青 F1052	1	2	治多县
面积小计(平方公里)			551.18		
60	澜沧江	白马海	1	1	玉树县
61	羌塘高原内陆区	西金乌兰湖	411	2	治多县
62	羌塘高原内陆区	可可西里湖	324	2	治多县
63	羌塘高原内陆区	库赛湖	271	2	治多县
64	羌塘高原内陆区	卓乃湖	265	2	治多县
65	羌塘高原内陆区	勒斜武担湖	241	2	治多县
66	羌塘高原内陆区	饮马湖	108	2	治多县
67	羌塘高原内陆区	明镜湖	97.7	2	治多县
68	羌塘高原内陆区	措达日玛	74.8	2	治多县
69	羌塘高原内陆区	永红湖	69.2	2	治多县
70	羌塘高原内陆区	可可西里东湖	61.7	2	治多县
71	羌塘高原内陆区	盐湖	39.3	3	治多县
72	羌塘高原内陆区	涟湖	36.8	2	治多县
73	羌塘高原内陆区	海丁诺尔	36.6	2	治多县

续表 1-7-4

序号	水系	湖泊名称	常年水面面积（平方公里）	咸淡水属性	所属行政区
74	羌塘高原内陆区	月亮湖	27.6	2	治多县
75	羌塘高原内陆区	移山湖	22.8	2	治多县
76	羌塘高原内陆区	马鞍湖	17.5	2	治多县
77	羌塘高原内陆区	节约湖	16.7	2	治多县
78	羌塘高原内陆区	措达日玛南湖	14.7	2	治多县
79	羌塘高原内陆区	海丁诺尔南湖	12.8	2	治多县
80	羌塘高原内陆区	高台湖	10.7	1	治多县
81	羌塘高原内陆区	连水湖	6.33	2	治多县
82	羌塘高原内陆区	八一湖	5.02	2	治多县
83	羌塘高原内陆区	库赛南湖	4.65	2	治多县
84	羌塘高原内陆区	猫湖	4.28	1	治多县
85	羌塘高原内陆区	海棠湖	3.91	2	治多县
86	羌塘高原内陆区	八一东湖	3.75	2	治多县
87	羌塘高原内陆区	夹湖	3.71	0	治多县
88	羌塘高原内陆区	火炬湖	3.35	2	治多县
89	羌塘高原内陆区	明镜南湖	3.2	2	治多县
90	羌塘高原内陆区	鹰头北湖	2.89	2	治多县
91	羌塘高原内陆区	北月湖	2.58	2	治多县
92	羌塘高原内陆区	勒斜武担东湖	2.55	2	治多县
93	羌塘高原内陆区	湾湖	2.39	2	治多县
94	羌塘高原内陆区	青 F1110	2.33	2	治多县
95	羌塘高原内陆区	盐湖	1.85	3	治多县
96	羌塘高原内陆区	白云湖	1.82	2	治多县
97	羌塘高原内陆区	盲湖	1.73	2	治多县
98	羌塘高原内陆区	青 KF043	1.27	2	治多县
99	羌塘高原内陆区	青 KF044	1.04	1	治多县
100	柴达木盆地西区	小太阳湖	8.26	1	治多县
101	柴达木盆地西区	太阳湖	100	1	治多县
102	柴达木盆地西区	库水浣	35.7	1	治多县
103	柴达木盆地西区	卡巴纽尔多	28.9	1	曲麻莱县
104	柴达木盆地西区	措木斗江章	14.6	1	曲麻莱县
105	柴达木盆地西区	措日阿巴鄂阿东	14.1	1	曲麻莱县
106	柴达木盆地西区	多纳冻宰曲	2.32	1	曲麻莱县
107	柴达木盆地西区	多纳冻宰南湖	1.12	1	曲麻莱县
108	柴达木盆地西区	措日南湖	0.78	1	曲麻莱县
	面积小计（平方公里）		2 424.33		
	面积合计（平方公里）		3 533.21		

注：咸淡水属性中，0 为未确定属性；1 为淡水湖；2 为咸水湖；3 为盐湖；常年水面面积系 2003 年 12 月至 2009 年 12 月 6 年间遥感影
像数据的中值，下同。

三、冰川

玉树州西北部分布着大面积的现代冰川,形成了巨大的冰库,是各江河径流补给的主要补给源之一。据相关资料,玉树州冰川面积2 429.72平方公里,储蓄量为1 899.9亿立方米。详细情况见表1-7-5。

表1-7-5　玉树州各年冰川面积统计

流域(水系)	地段	冰川面积(平方公里)	冰川储量(亿立方米)
长江流域	直门达以上	1 496.00	1 054.06
澜沧江流域	杂多县以上	124.75	88.71
黄河流域	称多县扎曲河以上	179.45	127.61
可可西里水系	内陆水系	629.52	629.52
合计		2 429.72	1 899.90

第八节　水　文

一、降水

玉树州深居内陆,远离海洋,地势较高,受西南暖湿气流及高原季风的影响,加之西风带系统的频繁过境,各路气流沿途水汽补充较多,降水量较其他内陆地区丰沛。

玉树州暖季主要受来自孟加拉湾的西南暖湿气流影响,冷季主要受来自西伯利亚的干冷气流影响,暖季多雨,其雨量占全年降水量的80%以上;冷季干燥,雨量不到全年降水量的20%。

（一）多年降水量

根据《青海省水资源公报》,玉树州自1994年以来至2016年多年平均降水量为738.9亿立方米。各年降水量见表1-8-1。

（二）降水量的年内分配及年际变化

全州降水量受水汽条件和地理位置的影响,年内分配不均。降水量主要集中在6—7月,占全年降水量的40.2%～43.5%,10月至翌年3月降水量仅占全年降水量的5.6%～12.5%,形成干湿季节分明的特点。连续最大4个月降水量一般出现在6—9月,占全年降水量的72.8%～79.1%。年内降水量最多的月份出现在7月,最大月降水量占全年降水量的20.4%～25.1%。12月降水量最少,降水量仅占全年降水量的0.3%～0.7%。

二、水面蒸发

玉树州水面蒸发能力空间分布基本与降水量的空间分布相反,即年降水量大的地区蒸发能力较小,年降水量小的地区蒸发能力较大。总的趋势是由东南向西北递增,水面蒸发变化在718~1 040毫米,蒸发量最大值出现在长江流域的沱沱河气象站,年蒸发量为1 040毫米,蒸发量最小值出现在长江流域的清水河气象站,年蒸发量为717.7毫米。水面蒸发量一般随海拔的升高而减小,大部分地区水面蒸发量具有明显的垂直分布规律,山区水面蒸发量较小,平原、河谷水面蒸发量较大。

表 1-8-1　玉树州各年降水量统计

| 行政区 | 年份 | 年降水量 | | 上年降水量（亿立方米） | 多年平均降水量（亿立方米） | 与上年比较（%） | 与多年平均比较（%） |
		亿立方米	毫米				
玉树州	1994	575.1	290.0		673		-32.8
	1995	517.3	260.7		673	-10.1	-23.1
	1996	657.2	331.3		673	27	-2.3
	1997	642.8	324		673	-2.2	-4.5
	1998	683.8	344.6		673	6.4	1.6
	1999	758.3	382.2	683.8	673	10.9	
	2000	781.1	393.7		673	3.0	16.1
	2001						
	2002						
	2003	810.3	397.1	375.0	738.9	5.9	9.7
	2004				738.9		
	2005	913.2	447.6	766.1	738.9	19.2	23.6
	2006	733.6	359.5	913.2	738.9	-19.7	-0.7
	2007	761.6	373.2	733.6	738.9	3.8	3.1
	2008	842.1	412.7	761.6	738.9	10.6	14
	2009	1 005.6	492.8	842.1	738.9	19.4	36.1
	2010	852.2	417.7	1 005.6	738.9	-15.3	15.3
	2011	899.8	441	852.2	738.9	5.6	21.8
	2012	981.5	481	899.8	738.9	9.1	32.8
	2013	783.5	384	981.5	738.9	-20.2	6
	2014	946.2	463.7	783.5	738.9	20.8	28.1
	2015	687.4	336.9	946.2	738.9	-27.4	-7.0
	2016	698.7	342.4	687.4	738.9	1.6	-5.4

水面蒸发量年内变化主要受气温、湿度等气象因素的综合影响,年内分配不均。大部分站点7月水面蒸发量最大,占年水面蒸发量的12.6%~18.7%,少数站点最大月水面蒸发量出现在5月,最小月水面蒸发量出现在12月,占年水面蒸发量的3.0%~5.0%。连续最大4个月水面蒸发量大部分出现在5—8月,占年水面蒸发量的50%左右。玉树州气象站蒸发量见表1-8-2。

表1-8-2　玉树州气象站多年平均（1956—2007年）蒸发量年内分配统计

站名	项目名称	1月	2月	3月	4月	5月	6月	7月	8月	9月	10月	11月	12月	年蒸发量（毫米）	连续最大4个月蒸发量		
															毫米	占年蒸发量比值（%）	出现月份
伍道梁气象站	蒸发量（毫米）	30.7	36	58.6	76.3	108.5	105.8	114.1	105.1	77.7	64.3	40.6	32.6	850.3	433.5	51	5—8
	百分比（%）	3.6	4.2	6.9	9	12.8	12.4	13.4	12.4	9.1	7.6	4.8	3.8				
沱沱河气象站	蒸发量（毫米）	34	42.1	72.4	94.6	141.7	137	141	127.2	95.8	77.7	42.7	33.8	1 040	546.9	52.6	5—8
	百分比（%）	3.3	4.1	7	9.1	13.6	13.2	13.6	12.2	9.2	7.5	4.1	3.3				
曲麻莱气象站	蒸发量（毫米）	30.2	38.5	63.1	81	112.7	106.9	116.1	108.5	79.9	50.9	36.2	29.3	853.3	444.2	52.1	5—8
	百分比（%）	3.5	4.5	7.4	9.5	13.2	12.5	13.6	12.7	9.4	6	4.2	3.4				
清水河气象站	蒸发量（毫米）	25.3	31.4	53	67.4	92	86.1	94.6	88	66.6	58.3	30	25	717.7	360.7	50.3	5—8
	百分比（%）	5	6.2	10.4	13.3	18.1	17	18.7	17.4	13.1	11.5	5.9	4.9				
玉树气象站	蒸发量（毫米）	25.7	34.4	57.5	77.9	107.8	98.1	102.8	97	74	54.9	29.4	24.1	783.6	405.7	51.8	5—8
	百分比（%）	3.3	4.4	7.3	9.9	13.8	12.5	13.1	12.4	9.4	7	3.8	3.1				
直门达水文站	蒸发量（毫米）	34.1	43	69	90.9	109.9	101.7	111.7	100.8	80.9	67.9	44.2	35	889.1	424.1	47.7	5—8
	百分比（%）	3.8	4.8	7.8	10.2	12.4	11.4	12.6	11.3	9.1	7.6	5	3.9				
杂多气象站	蒸发量（毫米）	29.5	35.4	57.8	78.4	112.3	107.9	120.1	101.1	83	65.1	38.2	30.7	859.5	441.4	51.4	5—8
	百分比（%）	3.4	4.1	6.7	9.1	13.1	12.6	14	11.8	9.7	7.6	4.4	3.6				
囊谦气象站	蒸发量（毫米）	35.8	45.4	74.4	95.6	125.8	115	122	103.6	91.8	73.2	43.4	33.7	959.7	466.4	48.6	5—8
	百分比（%）	3.7	4.7	7.8	10	13.1	12	12.7	10.8	9.6	7.6	4.5	3.5				

三、干旱指数

玉树州境内干旱指数自东南向西北递增,随着降水量的增大、水面蒸发量的减小而减小。多年平均干旱指数为 1.5~10.0;陆面蒸发量自东南向西北递减,为 300~100 毫米。一般来讲,同一地区高海拔山区降水量大,水面蒸发量小,因此干旱指数随高程的垂直变化而变小。

四、暴雨洪水

玉树州降雨强度小,暴雨出现概率较小,由于受低压和南亚季风的影响,雨水多集中在 7—9 月,而冬季 11 月至翌年 3 月则以降雪形式出现。洪水一般发生在 7—9 月,主要发生在 7 月、8 月两月,由持续降雨形成。洪水过程具有涨落缓慢、洪峰低、历时长、洪水年际变化较小的特点,洪水发生时间与降水时间一致,洪水峰型为单峰,洪水年际变化小。

五、冰情

玉树州地处深山峡谷,秋末冬初,冷空气不断侵入,太阳辐射量逐渐减少,气温下降较快,受气候条件的影响,其冰期长达半年之久。根据新寨水文站逐年冰厚及冰期统计可知,流通天河域 11 月上旬开始结冰,11 月中旬为流冰期,终止流冰日期基本上在 3 月上旬左右,融冰日期一般在 3 月末 4 月初。封冻期一般在 130 天左右,冰厚 0.2~0.4 米。

六、河流泥沙

玉树州境内通天河、澜沧江源区,海拔较高,河床宽浅,河道比降较小,水流缓慢,谷地有草甸分布,湿地和沼泽发育,气温低,降水强度小,黄河源区上游地势开阔、平缓,河道弯曲,河谷宽浅,湖泊星罗棋布,沼泽、草甸发育,因此河流含沙量普遍较小,一般在 0.1~1.0 千克/立方米。干流控制站直门达站多年平均输沙量为 933 万吨,香达(三)站多年平均输沙量为 341 万吨。主要河流泥沙基本情况见表 1-8-3。

表 1-8-3 玉树州主要河流泥沙基本情况

水资源分区	河流	测站名称	集水面积(平方公里)	多年平均含沙量(千克/立方米)	多年平均输沙量(万吨)	多年平均输沙模数(吨/平方公里)
长江流域	通天河	直门达	137 704	0.762	933	67.8
	巴塘河	新寨	2 298	0.101	7.87	34.2
西南诸河	扎曲	香达(三)	17 909	0.783	341	190.4

第九节　行政区划与社会经济

一、行政区划及人口

(一)行政区划

1949 年 10 月,青海省人民解放军军政委员会驻玉树特派员办公处成立。1949 年设玉树专区,专署驻玉树县。辖玉树(驻结古)、称多(驻周均)、囊谦(驻香达)3 县。1951年 12 月 25 日玉树专区更改为玉树藏族自治区,辖称多、囊谦 2 县,撤销玉树县建制。1952 年恢复玉树县建制,由玉树藏族自治区领导。玉树藏族自治区辖 3 县。1953 年由玉树、囊谦 2 县西部地区合并设置扎朵县,辖 4 县。1954 年原扎朵县更改为杂多县;由玉树县部分地区设治多县(驻加吉博洛格);原由省直辖的曲麻莱区改设曲麻莱县,划入玉树藏族自治区;辖 6 县。

1955 年玉树藏族自治区改名,设立玉树藏族自治州,自治州人民委员会驻玉树县;辖玉树、囊谦、称多、杂多、曲麻莱、治多等 6 县。1959 年以玉树、囊谦、杂多、治多 4 县部分地区设置江南县(在长江南岸,驻甘宁生多);以称多、治多 2 县部分地区设置天河县(在长江北岸,驻卡隆云);辖 8 县。1960 年江南县驻地由江南甘宁生多迁驻节综地区。1962 年,撤销江南县,并入玉树县;撤销天河县,并入称多、曲麻莱 2 县;玉树藏族自治州辖玉树(驻结古)、称多(驻周均)、囊谦(驻香达)、杂多(驻于玉日本)、治多(驻加吉博洛格)、曲麻莱(驻色吾沟)等 6 县。1977 年曲麻莱县由色吾沟迁驻野仓滩;玉树藏族自治州辖玉树(驻结古)、称多(驻周均)、囊谦(驻香达)、杂多(驻于玉日本)、治多(驻加吉博洛格)、曲麻莱(驻野仓滩)等 6 县。

1999 年,辖玉树、囊谦、称多、治多、杂多、曲麻莱 6 县,1 镇 47 乡 257 个村牧委会。2001 年 10 月 15 日青海省人民政府青政函〔2001〕99 号文批复:①撤销囊谦县香达乡,设立香达镇。②撤销治多县当江乡,设立加吉博洛镇(镇政府驻地迁至县政府驻地加吉博洛格)。③撤销曲麻莱县东风乡,设立约改镇(镇政府驻地迁至县政府驻地约改滩)。④撤销杂多县结扎乡,设立萨呼腾镇(镇政府驻地迁至县政府驻地萨呼腾),撤销旦荣、查当两乡,合并设立查旦乡(乡政府驻地设在原旦荣乡址)。⑤撤销称多县赛河、称文两乡,合并设立称文镇(镇政府驻地设在原称文乡址),撤销歇武乡、设立歇武镇,撤销扎朵乡、设立扎朵镇,撤销清水河乡、设立清水河镇。⑥撤销玉树县哈秀、结隆两乡,合并设立隆宝镇(镇政府驻地设在原结隆乡址)。2006 年 8 月,玉树州新增 2 个镇,由 10 镇 35 乡调整为 12 镇 33 乡,乡镇总数(45 个)保持不变。

1951 年建区级结古市,1952 年设第一肖格(区),1956 年设结古镇,1958 年设红旗公社,1963 年改设结古乡,1965 年恢复结古镇,1972 年改结古公社,1984 年复设结古镇。

2013 年 7 月 3 日,经中华人民共和国民政部同意,撤销玉树县,设立玉树市。截至 2017 年,玉树州下辖 1 市 5 县 12 镇 33 乡 4 个街道办事处,49 个社区居民委员会和 258 个村(牧)民委员会。玉树州乡(镇)行政村统计结果见表 1-9-1。

表 1-9-1 玉树州乡(镇)行政村统计

序号	乡(镇)名称	行政村(个)	行政村(牧)委会名
1	结古镇	11	镇东、镇南、镇北 3 居委会和团结、红卫、解放、民主、先锋、跃进、胜利、东风、前进、甘达、果青
2	隆宝镇	4	岗日、哇陇、甘宁、云塔
3	下拉秀镇	9	嘎麻、野吉尼玛、钻多、当卡、白玛、拉日、塔玛、苏鲁、高强
4	仲达乡	4	尕拉、电达、塘达、歇格
5	巴塘乡	7	上巴塘、铁力角、下巴塘、相古、岔来、当(托)头、老叶
6	小苏莽乡	9	西扎、本江、扎秋、多陇、让多、协新、江西、莫地、草格
7	上拉秀乡	7	曲新、日玛、玛龙、沙宁、加巧、布罗、多拉
8	安冲乡	5	拉则、叶吉、吉拉、布郎、菜叶
9	香达镇	12	香达、青土、冷日、多昌、坎达、巴米、江卡、前买、大桥、东才西、前多、拉藏
10	白扎乡	11	东帕、吉沙、东尕、叶巴、潘洪、生达、查秀、卡纳、白扎、巴买、马尚
11	吉曲乡	11	辖巴沙、加麻、外户卡、多改、瓦卡、桑永、热买、热多、改多、瓦保、瓦江
12	娘拉乡	5	多伦、娘多、娘麦、上拉、下拉
13	毛庄乡	5	孜多、孜买、孜荣、玛永、赛吾
14	觉拉乡	7	那索尼、布卫、交加尼、卡荣尼、四红、肖尚、尕少
15	东坝乡	5	吉赛、过永、龙达、尕买、热拉
16	尕羊乡	4	麦多、麦迈、色青、茶塘
17	吉尼赛乡	4	麦曲、瓦作、吉来、拉翁
18	着晓乡	6	班多、查哈、由涌、焦西、加作、巴尕
19	称文镇	7	上庄、下庄、雪吾、松当、白龙、刚查、拉贡
20	歇武镇	7	歇武、当巴、直门达、上赛巴、下赛巴、牧业、阿卓茸巴
21	扎朵镇	6	治多、直美、红旗、革新、东方红、向阳 6
22	清水河镇	7	普桑、尕秦、扎玛、中卡、扎哈、朵措、红旗
23	珍秦镇	11	扎马、勒仁、赛通、尼达、曲秦、值秦、赛龙、赛拉、措龙、克通、向阳
24	尕多乡	8	卡龙、科玛、布曲、吉新、岗由、美木其、吾云达、卡吉
25	拉布乡	7	帮布、德达、达哇、兰达、郭吾、拉司通、吾海
26	加吉博洛镇	2	日青、改查
27	索加乡	4	君曲、牙曲、当曲、莫曲
28	扎河乡	4	智赛、玛赛、口前、大王
29	多彩乡	4	达生、拉日、当江荣、聂恰
30	治渠乡	3	治加、江庆、同卡
31	立新乡	3	叶青、岗察、扎西
32	萨呼腾镇	4	红旗、多那、扎沟、沙青

续表 1-9-1

序号	乡(镇)名称	行政村(个)	行政村(牧)委会名
33	昂赛乡	3	年都、热情、苏鲁
34	结多乡	5	藏尕、巴麻、优美、优多、达俄
35	阿多乡	4	吉尼、瓦合、普克、多加
36	苏鲁乡	3	山荣、新荣、多晓
37	查旦乡	3	达古、齐荣、跃尼
38	莫云乡	4	巴阳、达英、格云、结绕
39	扎青乡	4	地青、红色、格赛、战斗
40	约改镇	3	长江、岗当、格青
41	巴干乡	3	团结、代曲、麻秀
42	秋智乡	3	格玛、加巧、布甫
43	叶格乡	3	红旗、来央、龙玛
44	麻多乡	3	扎日加、巴彦、郭洋
45	曲麻河乡	4	昂拉、多秀、措池、勒池

（二）人口

1999 年全州总人口约为 25.27 万人，其中藏族人口约 24.51 万人，占总人口的 97%，基本为康巴人。汉族、回族、土族、蒙古族、撒拉族、苗族、布依族、壮族、满族、朝鲜族等民族人口占全州总人口的 3%。

2000 年，全州总人口约为 26.27 万人。其中：玉树县 77 854 人、囊谦县 57 387 人、称多县 40 391 人、治多县 24 194 人、杂多县 38 654 人、曲麻莱县 24 181 人。

2008 年，全州人口数约为 28.31 万人。

2012 年，全州人口数约为 39.18 万人。其中：藏族人口约为 38.26 万人，占总人口的 97.65%；其他民族 0.92 万人，占总人口的 2.35%。人口出生率为 11.5‰，死亡率为 3.5‰；人口自然增长率为 8‰。

2015 年，全州总人口约为 39.19 万人。其中：藏族人口约为 38.57 万人，占总人口的 98.43%；其他民族 0.62 万人，占总人口的 1.57%。人口出生率为 9.3‰，死亡率为 2.7‰；人口自然增长率为 6.6‰。

2016 年，全州总人口约为 40.37 万人。其中：少数民族人口约 39.84 万人，占总人口的 98.69%；其他民族人口约 0.53 万人，占总人口的 1.31%。在少数民族人口中，藏族人口约 39.78 万人，回族 266 人，其他少数民族 370 人。人口出生率为 9.3‰，死亡率为 4.7‰；人口自然增长率为 4.6‰。

2017 年，全州总人口约为 40.95 万人，比 2016 年增加 0.4 万人。按城乡分，城镇常住人口 15.01 万人，占常住人口的比重为 36.6%，比 2016 年提高 1.49 个百分点；乡村常住人口 25.94 万人，占常住人口的比重为 63.4%。年末全州户籍人口 40.96 万人，其中城镇户籍人口 6.8 万人；乡村户籍人口 34.16 万人，占总人口的 83.4%，在户籍人口中少数民族人口数为 40.45 万人,占户籍人口的 98.7%。

二、国民经济和社会发展

（一）综合

2017 年全州实现地区生产总值 64.38 亿元,比 2016 年增长 1.0%,人均生产总值 15 798.13 元。分产业看,第一产业完成增加值 27.85 亿元,比 2016 年增长 4.1%;第二产业完成增加值 22.71 亿元,比 2016 年下降 6%;第三产业完成增加值 13.82 亿元,比 2016 年增长 7.1%。

（二）农业和畜牧业

2017 年农作物总种植面积 17.87 万亩,比 2016 年减少 0.64 万亩。其中粮食种植面积 12.07 亩,比 2016 年减少 0.72 亩。在粮食作物中,小麦种植面积为 0.12 万亩,比 2016 年增长 20%,马铃薯种植面积 1.05 万亩,比 2016 年上升 6.06%;青稞种植面积 10.48 万亩,比 2016 年减少 7.17%;豌豆种植面积 0.42 万亩,比 2016 年增长 5%。油料种植面积 0.64 万亩,比 2016 年增加 18.51%;蔬菜种植面积 0.52 万亩,比 2016 年增长 6.12%;其他作物种植面积 4.63 万亩,比 2016 年减少 1.07%。在农产品产量中,粮食总产量 18 456 吨,比 2016 年下降 9.74%;油料总产量 998 吨,同比增加 26.17%;蔬菜产量 0.49 万吨,与 2016 年持平。

2017 年末草食牲畜存栏总数 250.6 万头（只）,比 2016 年减少 1.44%。其中,大牲畜存栏 197.52 万头,比 2016 年增长 2.18%;羊存栏 53.08 万只,比 2016 年下降 12.94%;牛存栏 194.92 万头,比 2016 年增长 2.15%。成幼畜减损数 4.92 万头（只）,减损率为 1.93%,比 2016 年减少 0.38%。育活仔畜 80.01 万头（只）,仔畜成活率为 91.47%,比 2016 年减少 1.53 个百分点。在畜产品产量中,肉类总产量 4.68 万吨,比 2016 年增长 14.39%;奶类产量 4.63 万吨,比 2016 年下降 19.47%。

（三）工业和建筑业

2017 年实现工业增加值 8 229.08 万元,增长 0.5%,在工业产品产量中,发电量 22 900 万千瓦时,比 2016 年增长 18.6%。

（四）固定资产投资

全州全社会固定资产投资完成 69.92 亿元,增长 21.1%。按产业分,第一产业完成投资 18 987 万元,第二产业完成投资 260 810 万元,第三产业完成投资 419 439 万元。

（五）国内贸易、旅游和客运

2017 年社会消费品零售总额 12.46 亿元,比 2016 年增长 9.9%。按经营地分,城镇消费品零售额 8.5 亿元,比 2016 年增长 6.3%;乡村消费品零售额 3.9 亿元,比 2016 年增长 18.5%。按消费形态分,商品零售额 11.14 亿元,比 2016 年增长 8.7%;餐饮业零售额 0.8 亿元,比 2016 年增长 11.6%。全年共接待国内外游客 88.49 万人次,比 2016 年增长 38.5%。旅游总收入 5.75 亿元,比 2016 年增长 38.5%。2017 年,电信业务总量为 12 186.1 万元,同比增长 8.7%;移动业务总量为 13 620 万元,同比增长 11.4%;联通业务总量为 5 292.39 万元,同比增长 7.64%;邮政业务总量为 1 471.06 万元,同比增长 15%。

（六）社会保障

（1）医疗生育参保:全州参保单位 633 个,全州医疗参保人数 394 581 人。其中,职工参保 22 727 人;城乡居民医疗参保人数 371 854 人;生育保险参保人数为 16 408 人。

（2）养老保险参保:全州养老保险参保职工 11 100 人,其中在职职工参保 9 359 人,退休职工参保 1 741 人。

（3）工伤保险:全州参加工伤保险职工 12 782 人,其中企业参保 2 602 人(农民工参保 2 585 人),事业单位和非营利组织参加工伤保险的职工 10 180 人。

（4）城乡居民养老保险:全州参加城乡居民养老保险的人数为 205 045 人。

（七）财政和金融

全州实现地方公共财政预算收入 1.893 9 亿元。其中,税收收入 1.017 5 亿元,非税收入 0.876 4 亿元。地方公共财政支出 98.504 4 亿元,增长 5.2%。全州金融机构各项存款余额 143.66 亿元,比 2016 年减少 2.48 个百分点。各项贷款余额 23.42 亿元,比 2016 年增加 24.51 个百分点。精准扶贫贷款 1.17 亿元,助业贷款 0.12 亿元,民生贷款 0.6 亿元。

（八）教育和科技

截至 2017 年,全州有各类学校 211 所,其中民族学校 211 所。全州共有注册在校学生 90 069 人。全州小学 98 所,在校生 47 334 人;初级中学 10 所,九年一贯制学校 3 所,完全小学 1 所,高级中学 3 所,特殊教育学校 1 所,初中在校生 15 654 人,高中在校生 9 643 人(含异地办班生 3 655 人),特殊学校在校生 45 人,职业学校 1 所,注册在校生 4 278 人(含异地生 678 人),幼儿园 94 所,在园幼儿 13 115 人。全州各级各类教职数 6 063 人(正式在编 4 216 人),其中专任教师 4 919 人。全州争取和实施各类科技项目 3 项,其中省级 1 项,州级 2 项。全年科技项目总投入 136 万元。

（九）文化和卫生

截至 2017 年末,全州共有广播电视转播站 7 座,有线电视用户 18 749 户,村村通(户户通)用户 86 479 户,电视综合人口覆盖率 98.43%,广播覆盖率为 96.33%。全州共有艺术事业机构 7 个,图书馆 6 个,群众文化机构 14 个,文物管理所 7 所。全州共有卫生机构 96 个,其中:县级以上医院 13 个,乡(镇)卫生所(院)50 个,疾病预防控制中心 7 个;卫生监督所 7 个;采血机构 1 个;供氧中心 1 个。2017 年末实有病床数 1 679 张,卫生技术人员 1 371 人。

（十）人民生活

2017 年末,全州居民人均可支配收入 14 962.04 元,比 2016 年增加 1 448.61 元,增长 10.72%。其中:工资性收入 5 533.98 元,增长 14.69%;经营净收入 5 261.42 元,增长 9.72%;财产净收入 746.4 元,增长 27.28%;转移净收入 3 420.23 元,增长 3.43%。

城镇常住居民人均可支配收入 30 512.16 元,比 2016 年增加 2 533.69 元,增长 9.06%。其中:工资性收入 14 928.07 元,增长 10.92%;经营净收入 7 712.18 元,增长 11.8%;财产净收入 1 927.18 元,增长 14.67%;转移净收入 5 944.73 元,增长 0.06%。农村常住居民人均可支配收入 6 838.86 元,比 2016 增加 661.69 元,增长 10.71%。其中:工资性收入 626.64 元,增长 40.43%;经营净收入 3 781 元,增长 6.77%;财产净收入 129.58 元,增长 311.17%;转移净收入 2 101.46 元,增长 6.64%。

第二章　水资源

在水利部的统一部署下,青海省水利厅曾两次组织力量进行全省水资源调查评价工作。与此同时,玉树州也进行了相应的水资源调查评价。根据水资源调查评价结果,玉树州水资源总量为258.74亿立方米。2017年,水资源总量为204.2亿立方米。近年来,玉树州水利局对州域内的主要河流、湖泊等进行了水功能区划,并按此区划实施,以加强水资源的管理、保护和防治污染等工作,不断推进对全州水资源的开发利用、水污染及其治理与水资源合理配置等问题的探讨。重视水资源的节约与保护;提倡节水灌溉,提高水的重复利用率;加强水资源管理。

第一节　水资源状况

一、水资源分区

(一)水资源分区原则

(1)基本能反映水资源及其开发利用条件的地区差异,同一区内的自然地理条件、水资源开发利用条件、水利化的特点和发展方向基本相通,而相邻两区有较大差异;

(2)尽可能保持河流水系的完整性,但对自然条件有显著差异的大支流,则按第一原则分段划区;

(3)将自然条件相同的小河流合并,有利于进行地表水资源的估算和水资源供需平衡分析;

(4)适当保持行政区划的完整,照顾干、支流上已建、在建的大型水利枢纽和重要水文站的控制作用。

(二)水资源分区状况

玉树州水资源分区最早见于《青海水资源利用》(青海省水利水电勘测设计研究院,1986年7月)。该成果中,玉树州分属于黄河流域(Ⅳ区)、长江流域(Ⅴ区)、西南诸河流域(Ⅷ区)、西北诸河流域(Ⅸ区)等4个一级区。

根据全国第二次水资源综合规划分区成果,玉树州水资源分区按流域、水系(分段)、河流三级划分,分为4个一级区6个二级区7个三级区,详见表2-1-1。将16个单元合并为州套三级区,反映全州的整体情况,分区情况见表2-1-2。

表2-1-1　玉树州水资源分区

地级行政区	县级行政区	水资源一级区	水资源二级区	水资源三级区	编号	面积(平方公里)
玉树州	玉树市	长江流域	金沙江石鼓以上	通天河	Y01	5 280
				直门达至石鼓	Y02	3 240
		西南诸河	澜沧江	沘江口以上	Y03	6 892
		小计				15 412
	囊谦县	西南诸河	澜沧江	沘江口以上	Y04	12 061
		小计				12 061
	称多县	黄河流域	龙羊峡以上	河源至玛曲	Y13	4 644
		长江流域	金沙江石鼓以上	通天河	Y14	4 857
				直门达至石鼓	Y15	680
			金沙江石鼓以下	雅砻江	Y16	4 438
		小计				14 619
	治多县	长江流域	金沙江石鼓以上	通天河	Y07	48 518
		西北诸河	柴达木盆地	柴达木盆地西部	Y08	3 920
		西北诸河	羌塘高原内陆区	羌塘高原区	Y09	28 205
		小计				80 643
	杂多县	长江流域	金沙江石鼓以上	通天河	Y05	17 475
		西南诸河	澜沧江	沘江口以上	Y06	18 045
		小计				35 520
	曲麻莱县	黄河流域	龙羊峡以上	河源至玛曲	Y10	8 304
		西北诸河	柴达木盆地	柴达木盆地西部	Y11	7 490
		长江流域	金沙江石鼓以上	通天河	Y12	30 842
		小计				46 636
	合计					20 4891

玉树州长江流域总面积11.533万平方公里,分属2个二级区3个三级区。

玉树州黄河流域总面积1.2948万平方公里,分属1个二级区1个三级区。

玉树州西南诸河区系指澜沧江流域,分区总面积3.6998万平方公里,属澜沧江1个二级区中的沘江口以上三级区。

玉树州西北诸河区系指青海省境内的内陆河流域的一部分,分区总面积3.965万平方公里,分属2个二级区2个三级区。

青海省境内羌塘高原内陆区指可可西里盆地东北无人区,总面积4.44万平方公里,区内分布有众多相对独立的内陆湖水系。

表 2-1-2 玉树州水资源州套三级区分区

地级行政区	水资源一级区	水资源二级区	水资源三级区	面积 （平方公里）
玉树州	黄河流域	龙羊峡以上	河源至玛曲	12 948
	长江流域	金沙江石鼓以上	通天河	106 972
			直门达至石鼓	3 920
		金沙江石鼓以下	雅砻江	4 438
		小计		115 330
	西南诸河	澜沧江	沘江口以上	36 998
	西北诸河	柴达木盆地	柴达木盆地西部	11 410
		羌塘高原内陆区	羌塘高原区	28 205
		小计		39 615
	合计			204 891

二、水资源量

（一）水资源总量

水资源总量为地表水资源与地下水资源的总和。地表水资源即地表河川径流量,地下水资源为地下水体的动态水量,亦即地下水补给量。由 1995 年 7 月起发布的《青海省水资源公报》可知,玉树州 1995—2017 年平均水资源总量为 263.22 亿立方米,各年份的水资源总量见表 2-1-3。

根据玉树州水资源调查评价成果:玉树州多年平均水资源总量为 258.74 亿立方米。其中,黄河流域 8.34 亿立方米,长江流域 119.84 亿立方米,西南诸河澜沧江流域 114.74 亿立方米,西北诸河柴达木盆地和羌塘高原 15.81 亿立方米。平均产水模数 12.6 万立方米/平方公里,黄河流域产水模数 6.44 万立方米/平方公里,长江流域产水模数 10.4 万立方米/平方公里,西南诸河澜沧江流域产水模数 31.0 万立方米/平方公里,西北诸河产水模数 3.99 万立方米/平方公里。玉树州流域和行政分区水资源总量见表 2-1-4 和表 2-1-5。

不同频率的水资源总量:丰水年（$P=20\%$）312.3 亿立方米;平水年（$P=50\%$）251.5 亿立方米;偏枯年（$P=75\%$）210.3 亿立方米;枯水年（$P=95\%$）162.0 亿立方米。玉树州分区水资源总量特征值见表 2-1-6。

表 2-1-3　玉树州水资源总量

行政分区	年份	年降水量 （亿立方米）	地表水 资源量 （亿立方米）	地下水 资源量 （亿立方米）	水资源 总量 （亿立方米）	产水 系数	产水模数 （万立方米/ 平方公里）
玉树州	1994						
	1995	517.3	162.2	70.76	162.2		
	1996	657.2	210.8	90.01	210.8	0.32	10.6
	1997	642.8	183.7	78.54	183.7	0.29	9.26
	1998	683.8	228.4	97.73	228.4	0.33	11.5
	1999	758.3	239.5	103.01	239.5	0.32	12.1
	2000	781.1	264.1	112.19	264.1	0.34	13.3
	2001	724.4	254.6	106.53	254.6		
	2002	744.0	231.4	966.42	231.4		
	2003	810.3	257.69	101.69	257.69		
	2004	766.1	245.60	96.08	245.60		
	2005	913.2	377.86	151.42	377.86		
	2006	733.6	220.66	98.75	220.66		
	2007	761.6	267.04	108.24	267.04		
	2008	842.1	279.43	116.29	279.43		
	2009	1 005.6	379.70	154.89	379.70		
	2010	852.2	277.82	114.72	277.82		
	2011	899.8	298.72	123.36	298.72		
	2012	981.5	350.25	145.12	350.25		
	2013	783.5	252.68	105.11	252.68		
	2014	946.2	356.2	147.8	356.2		
	2015	687.4	215.6	89.85	215.6		
	2016	698.7	204.2	84.86	204.2		
	2017	836.4	295.9	122.6	295.8		

表2-1-4　玉树州流域分区水资源总量

水资源一级区	水资源二级区	水资源三级区	县级行政区	集水面积（平方公里）	降水量（亿立方米）	河川径流量（亿立方米）	河川基流量（亿立方米）	水资源总量（亿立方米）	产水系数	产水模数（万立方米/平方公里）
黄河流域	龙羊峡以上	河源至玛曲	曲麻莱县	8 304	25.61	3.86	2.05	3.86	0.15	4.65
			称多县	4 644	18.05	4.48	2.38	4.48	0.25	9.64
		合计		12 948	43.66	8.34	4.43	8.34	0.19	6.44
长江流域	金沙江石鼓以上	通天河	玉树市	5 280	26.34	10.83	5.43	10.83	0.41	20.5
			杂多县	17 475	81.92	22.39	8.73	22.39	0.27	12.9
			治多县	48 518	165.43	37.31	11.57	37.31	0.23	7.69
			曲麻莱县	30 842	96.49	18.38	6.43	18.38	0.19	5.96
			称多县	4 857	22.22	10.06	4.10	10.06	0.45	20.7
			小计	106 972	392.40	98.97	36.27	98.97	0.25	9.26
		直门达至石鼓	玉树市	3 240	16.54	10.51	6.24	10.51	0.64	32.4
			称多县	680	3.42	1.77	1.05	1.77	0.52	26.1
			小计	3 920	19.96	12.28	7.29	12.28	0.62	31.3
		合计		110 892	412.36	111.25	43.55	111.25	0.27	10.0
	金沙江石鼓以下	雅砻江	称多县	4 438	22.42	8.59	5.10	8.59	0.38	19.3
		合计		115 330	434.78	119.84	48.65	119.84	0.28	10.4
西南诸河	澜沧江	沱江口以上	玉树市	6 892	36.42	24.95	9.98	24.95	0.69	36.2
			囊谦县	12 061	68.57	47.10	23.36	47.10	0.69	39.1
			杂多县	18 045	90.64	42.69	17.08	42.69	0.47	23.6
		合计		36 998	195.63	114.74	50.42	114.74	0.59	31.0
西北诸河	柴达木盆地	柴达木盆地西部	治多县	3 920	10.61	2.27	1.88	2.27	0.21	5.78
			曲麻莱县	7 490	19.10	0.89	0.75	0.89	0.05	1.18
			小计	11 410	29.71	3.16	2.63	3.16	0.11	2.76
	羌塘高原内陆区	羌塘高原区	治多县	28 205	68.38	12.66	4.75	12.66	0.19	4.49
		合计		39 615	98.09	15.82	7.38	15.82	0.16	3.99
玉树州		总计		204 891	772.16	258.74	110.88	258.74	0.34	12.6

表 2-1-5　玉树州行政分区水资源总量

市(县)级行政区	集水面积(平方公里)	降水量(亿立方米)	河川径流量(亿立方米)	河川基流量(亿立方米)	水资源总量(亿立方米)	产水系数	产水模数(万立方米/平方公里)
玉树市	15 412	79.30	46.30	21.6	46.30	0.58	30.0
囊谦县	12 061	68.57	47.10	23.4	47.10	0.69	39.1
杂多县	35 520	172.56	65.08	25.8	65.08	0.38	18.3
治多县	80 643	244.42	52.23	18.2	52.23	0.21	6.5
曲麻莱县	46 636	141.20	23.13	9.23	23.13	0.16	5.0
称多县	14 619	66.11	24.90	12.6	24.90	0.38	17.0
合计	204 891	772.16	258.74	110.88	258.74	0.34	12.6

表 2-1-6　玉树州流域分区水资源总量特征值

行政分区	水资源三级区	集水面积(平方公里)	统计参数			设计年径流量(亿立方米)			
			均值	C_v	C_s/C_v	$P=20\%$	$P=50\%$	$P=75\%$	$P=95\%$
玉树州	河源至玛曲	12 948	8.34	0.3	3	10.26	7.97	6.51	4.95
	通天河	106 972	98.97	0.28	2	121.2	96.4	79.08	58.0
	直门达至石鼓	3 920	12.28	0.16	2	13.91	12.19	10.91	9.24
	雅砻江	4 438	8.59	0.26	2	10.39	8.39	7.00	5.27
	泚江口以上	36 998	114.74	0.2	3	133.1	112.4	98.18	81.09
	柴达木盆地西部	11 410	3.16	0.19	3	3.63	3.09	2.72	2.27
	羌塘高原区	28 205	12.66	0.4	2	16.61	11.99	8.97	5.63
	合计	204 891	258.74	0.26	2.5	312.3	251.5	210.3	162.0

(二)地表水资源量

根据《青海省水资源公报》,玉树州1994—2017年的地表水资源状况见表2-1-7。

表 2-1-7　玉树州地表水资源状况

行政区	年份	天然年径流量		上年径流量（亿立方米）	多年平均径流量（亿立方米）	与上年比较（%）	与多年平均比较（%）
		亿立方米	毫米				
玉树州	1994	178	90.1				−20.0
	1995	162.2	81.8			−27.1	−8.9
	1996	210.8	106.3			−5.3	29.9
	1997	183.7	92.6		222.5	−12.8	−17.4
	1998	228.4	115.1		222.5	24.3	2.6
	1999	239.5	121		222.5	4.9	7.6
	2000	264.1	133.1	222.5	222.5	10.3	18.7
	2001						
	2002	235.7	118.8				
	2003	257.69	126.3	235.7	242.26	9.3	6.4
	2004				242.26		
	2005				242.26		
	2006				242.26		
	2007				242.26		
	2008				242.26		
	2009				242.26		
	2010				242.26		
	2011				242.26		
	2012	350.25	171.7	298.72	242.26	17.3	44.6
	2013	252.68	123.8	350.25	242.26	−27.9	4.3
	2014	356.2	174.6	252.7	242.3	40.9	47.0
	2015	215.6	105.7	356.2	242.3	−39.5	−11.0
	2016	204.2	100.1	215.6	242.3	−5.3	−15.7
	2017	295.9	145.0	204.2	242.3	44.9	22.1

1. 分区多年平均地表水资源量

2014 年由青海省水文水资源勘测局承担的玉树州水资源调查评价及配置工作中,将玉树州共划分了 7 个水资源三级区 40 条一级河流 73 条二级河流(不包括跨县重复河流),二级河流的边界绘制严格与河流分水岭一致。对一、二级河流逐一计算地表水资源量,对于分区内有水文测站的河流,水文站断面以上区域水量均采用 1956—2012 年系列天然径流量;对其他没有控制的区域,根据1956—2012年径流深等值线图量算水量。结果显示,玉树州1956—2012年多年平均径流深126.3毫米,折合水量258.74亿立方米。按流域分区水资源一级区地表水资源量黄河流域8.34亿立方米,长江流域119.84亿立方米,西南诸河114.74亿立方米,西北诸河15.81亿立方米,详细见表2-1-8。玉树州各县行政区域地表径流量见表2-1-9。

表2-1-8　玉树州流域分区地表径流量

水资源一级区	水资源二级区	水资源三级区	县级行政区	集水面积(平方公里)	量测水量(亿立方米)	径流深(毫米)
黄河流域	龙羊峡以上	河源至玛曲	曲麻莱县	8 304	3.864 7	46.5
			称多县	4 644	4.477 8	96.4
	合计			12 948	8.342 5	64.4
长江流域	金沙江石鼓以上	通天河	玉树市	5 280	10.834 6	205.2
			杂多县	17 475	22.385 6	128.1
			治多县	48 518	37.308 0	76.9
			曲麻莱县	30 842	18.378 2	59.6
			称多县	4 857	10.063 3	207.2
			小计	106 972	98.969 7	92.5
		直门达至石鼓	玉树市	3 240	10.513 4	324.5
			称多县	680	1.774 2	260.9
			小计	3 920	12.287 6	313.5
	合计			110 892	111.257 3	100.3
	金沙江石鼓以下	雅砻江	称多县	4 438	8.585 9	193.5
	合计			115 330	119.843 2	103.9
西南诸河	澜沧江	沘江口以上	玉树市	6 892	24.949 7	362.0
			囊谦县	12 061	47.098 5	390.5
			杂多县	18 045	42.692 4	236.6
	合计			36 998	114.740 6	310.1
西北诸河	柴达木盆地	柴达木盆地西部	治多县	3 920	2.265 3	57.8
			曲麻莱县	7 490	0.885 0	11.8
			小计	11 410	3.150 3	27.6
	羌塘高原内陆区	羌塘高原区	治多县	28 205	12.660 8	44.9
	合计			39 615	15.811 1	39.9
玉树州	总计			204 891	258.737 4	126.3

表 2-1-9 玉树州行政分区地表径流量

市(县)级行政区	集水面积(平方公里)	量测水量(亿立方米)	径流深(毫米)
玉树市	15 412	46.297 8	300.4
囊谦县	12 061	47.098 5	390.5
杂多县	35 520	65.078 0	183.2
治多县	80 643	52.234 2	64.8
曲麻莱县	46 636	23.127 9	49.6
称多县	14 619	24.901 0	170.3
合计	204 891	258.737 4	126.3

2. 分区不同保证率地表水资源量

水资源调查评价及水资源配置结果显示,玉树州不同频率的地表水资源量为丰水年($P=20\%$)312.3 亿立方米,平水年($P=50\%$)251.5 亿立方米,偏枯年($P=75\%$)210.3 亿立方米,枯水年($P=95\%$)160.2 亿立方米。各分区地表水资源量及不同频率年径流量,见表 2-1-10。

表 2-1-10 玉树州地表水资源量及不同频率年径流量成果 （单位:亿立方米）

行政分区	水资源三级区	集水面积(平方公里)	均值	C_v	C_s/C_v	$P=20\%$	$P=50\%$	$P=75\%$	$P=95\%$
玉树州	河源至玛曲	12 948	8.34	0.3	3	10.26	7.97	6.51	4.95
	通天河	106 972	98.97	0.28	2	121.20	96.4	79.08	58.0
	直门达至石鼓	3 920	12.29	0.16	2	13.91	12.19	10.91	9.24
	雅砻江	4 438	8.59	0.26	2	10.39	8.39	7.00	5.27
	泚江口以上	36 998	114.7	0.2	3	133.1	112.4	98.18	81.09
	柴达木盆地西部	11 410	3.15	0.19	3	3.63	3.09	2.72	2.27
	羌塘高原区	28 205	12.66	0.4	2	16.61	11.99	8.97	5.63
	合计	204 891	258.74	0.26	2.5	312.30	251.5	210.3	162.0

(三)地下水资源量

玉树州地下水整体属于山丘区地下水。根据《青海省水资源公报》,玉树州 1995—2017 年的地下水资源状况,见表 2-1-11。

表 2-1-11　玉树州地下水资源状况

| 行政区 | 年份 | 山丘区(亿立方米) | | | | | | 平原区与山丘区间地下水资源重复计算量(亿立方米) | 地下水资源量(亿立方米) |
		河川基流量	山前侧向流出量	山前泉水溢出量	潜水蒸发量	开采净消耗量	地下水资源量		
玉树州	1995	70.76	—	—	—	—	70.76	—	70.76
	1996	90.01	—	—	—	—	90.01	—	90.01
	1997	78.54	—	—	—	—	78.54	—	78.54
	1998	97.73	—	—	—	—	97.73	—	97.73
	1999	103.01	—	—	—	—	103.01	—	103.01
	2000	112.29	—	—	—	—	112.29	—	112.29
	2003	101.69	—	—	—	—	101.69	—	101.69
	2004	96.08	—	—	—	—	96.08	—	96.08
	2005	151.42	—	—	—	—	151.42	—	151.42
	2006	98.75	—	—	—	—	98.75	—	98.75
	2007	108.24	—	—	—	—	108.24	—	108.24
	2008	116.29	—	—	—	—	116.29	—	116.29
	2009	154.89	—	—	—	—	154.89	—	154.89
	2010	114.72	—	—	—	—	114.72	—	114.72
	2011	123.36	—	—	—	—	123.36	—	123.36
	2012	145.12	—	—	—	—	145.12	—	145.12
	2013	105.11	—	—	—	—	105.11	—	105.11
	2014	147.80	—	—	—	—	147.80	—	147.80
	2015	89.85	—	—	—	—	89.85	—	89.85
	2016	84.86	—	—	—	—	84.86	—	84.86
	2017	122.6	—	—	—	—	122.6	—	122.6

　　玉树州 1956—2000 年多年平均河川基流量为 105.68 亿立方米,详见表 2-1-12。玉树州 1956—2012 年多年平均地下水资源量为 110.88 亿立方米,详见表 2-1-13。

表 2-1-12　1956—2000 年玉树州多年平均河川基流量计算成果

县级行政区	流域分区			面积（平方公里）	地表水资源量（亿立方米）	基径比	河川基流量（亿立方米）	基流模数（万立方米/平方公里）
	水资源一级区	水资源二级区	水资源三级区					
玉树市	长江流域	金沙江石鼓以上	通天河	5 280	10.21	0.501	5.12	9.7
	长江流域	金沙江石鼓以上	直门达至石鼓	3 240	10.51	0.594	6.24	19.3
	西南诸河	澜沧江	沘江口以上	6 892	23.92	0.4	9.57	13.9
	合计			15 412	44.64		20.93	13.6
囊谦县	西南诸河	澜沧江	沘江口以上	12 061	45.16	0.496	22.40	18.6
	合计			12 061	45.16		22.40	18.6
称多	黄河流域	龙羊峡以上	河源至玛曲	4 644	4.38	0.531	2.33	5.0
	长江流域	金沙江石鼓以上	通天河	4 857	9.48	0.408	3.87	8.0
	长江流域	金沙江石鼓以上	直门达至石鼓	680	1.77	0.594	1.05	15.5
	长江流域	金沙江石鼓以下	雅砻江	4 438	7.91	0.594	4.69	10.6
	合计			14 619	23.54		11.94	8.2
治多	长江流域	金沙江石鼓以上	通天河	48 518	35.14	0.31	10.89	2.2
	西北诸河	柴达木盆地	柴达木盆地西部	3 920	2.09	0.831	1.74	4.4
	西北诸河	羌塘高原内陆区	羌塘高原区	28 205	11.7	0.375	4.39	1.6
	合计			80 643	48.93		17.02	2.1
杂多	长江流域	金沙江石鼓以上	通天河	17 475	21.09	0.39	8.22	4.7
	西南诸河	澜沧江	沘江口以上	18 045	40.94	0.4	16.37	9.1
	合计			35 520	62.03		24.59	6.9
曲麻莱县	黄河流域	龙羊峡以上	河源至玛曲	8 304	3.78	0.531	2.01	2.4
	长江流域	金沙江石鼓以上	通天河	30 842	17.31	0.35	6.06	2.0
	西北诸河	柴达木盆地	柴达木盆地西部	7 490	0.86	0.846	0.73	1.0
	合计			46 636	21.95		8.79	1.9
合计				204 891	246.25		105.68	5.2

表 2-1-13 1956—2012 年玉树州多年平均地下水资源量

县级行政区	流域分区			面积 (平方公里)	地下水资源量 (亿立方米)
	水资源一级区	水资源二级区	水资源三级区		
玉树市	长江流域	金沙江石鼓以上	通天河	5 280	5.43
	长江流域	金沙江石鼓以上	直门达至石鼓	3 240	6.24
	西南诸河	澜沧江	沘江口以上	6 892	9.98
	合计			15 412	21.65
囊谦县	西南诸河	澜沧江	沘江口以上	12 061	23.36
	合计			12 061	23.36
称多县	黄河流域	龙羊峡以上	河源至玛曲	4 644	2.38
	长江流域	金沙江石鼓以上	通天河	4 857	4.10
	长江流域	金沙江石鼓以上	直门达至石鼓	680	1.05
	长江流域	金沙江石鼓以下	雅砻江	4 438	5.09
	合计			14 619	12.62
治多县	长江流域	金沙江石鼓以上	通天河	48 518	11.57
	西北诸河	柴达木盆地	柴达木盆地西部	3 920	1.89
	西北诸河	羌塘高原内陆区	羌塘高原区	28 205	4.75
	合计			80 643	18.21
杂多县	长江流域	金沙江石鼓以上	通天河	17 475	8.73
	西南诸河	澜沧江	沘江口以上	18 045	17.08
	合计			35 520	25.81
曲麻莱县	黄河流域	龙羊峡以上	河源至玛曲	8 304	2.05
	长江流域	金沙江石鼓以上	通天河	30 842	6.43
	西北诸河	柴达木盆地	柴达木盆地西部	7 490	0.75
	合计			46 636	9.23
合计				204 891	110.88

三、水功能区划

玉树州的水功能区划遵循《青海省水功能区划》。

(一)区划的依据

水功能区划编制主要依据《黄河流域水功能区划技术细则》和《长江流域水功能区划技术细则》进行,同时参考《全国水功能区划技术大纲》。在广泛调研、收集各行业、各部门已有资料的基础上,进行综合分析,提取与水功能有关的主要因素,作为水功能区划的依据。

（二）区划的原则

1. 可持续发展原则

水功能区划与区域水资源开发利用规划、社会经济发展规划相结合,根据水资源的可再生能力和自然环境的可承受能力,科学合理地开发利用水资源,保护当代和后代赖以生存的水环境,保障人体健康及生态环境的结构和功能,促使社会经济和生态的协调发展。

2. 统筹兼顾、突出重点的原则

在划定水功能区时,将流域作为一个大系统,充分考虑上下游、左右岸和近期以及未来社会发展需求对水功能区划的要求,综合开发利用与保护并重。在划定水功能区的范围和类型时,以城镇集中饮用水源地为优先保护对象。

3. 前瞻性原则

水功能区划要体现社会发展的超前意识,结合未来社会发展需求,引入相关研究的最新成果,要为未来社会经济发展的需求留有余地。

4. 便于管理、实用可行的原则

水功能的分区界线尽可能与行政区界一致,以便于管理。区划是规划的基础,区划方案实事求是,切实可行。

5. 水质水量并重、水资源保护与生态环境保护相结合的原则

进行水功能区划时,既要考虑开发利用对水量的需求,又要考虑其对水质的要求。对水质、水量要求不明确,或仅对水量有要求的,不予单独划区。同时既要考虑流域工农业用水要求,又要考虑生态环境对水的需求,要注重涵养水源和保护生态环境。

6. 不低于现状功能的原则

划分水功能区,确定其功能和水质保护标准,不得低于现状功能和现状水质。

（三）区划的分级分类

水功能区划采用两级体系,即一级区划和二级区划。一级区划是宏观上解决水资源开发利用与保护的问题,协调地区间用水关系,长远考虑可持续发展的需要。一级功能区划的划分对二级功能区划分具有宏观指导作用。

（四）水功能分区

1. 分区概况

根据《青海省水功能区划(2015—2020 年)》,玉树州共划分为 11 个水功能一级区,其中保护区 4 个、保留区 7 个。同时,有 3 个是全国重要江河湖泊水功能区,分别为黄河玛多源头水保护区、长江三江源自然保护区和雅砻江称多、石渠源头水保护区。详细情况见表 2-1-14。

2. 水功能区水质评价

玉树州 11 个水功能区中,有 8 个进行了常规监测,监测频次基本为每年 2 ~ 3 次,监测覆盖率为 72.7% ,其中重要江河湖泊水功能区监测全覆盖。根据水质常规监测和调查监测成果进行评价,玉树州 11 个水功能区的水质类别均为 Ⅰ ~ Ⅱ类,可以满足各类用水需求,水功能区水质达标率为 100% 。详细情况见表 2-1-15。

表2-1-14　玉树州水功能区划

序号	一级水功能区名称	所在 流域	所在 水系	水资源三级区	河流、湖库	范围 起始断面	范围 终止断面	水质控制断面	长度（公里）	水质现状	水质目标	是否达标
1	黄河玛多源头水保护区	黄河	黄河	河源至玛曲	黄河	源头	黄河沿水文站	玛多	270.0	Ⅱ	Ⅱ	是
2	长江三江源自然保护区	长江	金沙江石鼓以上	通天河	沱沱河、当曲,楚玛尔河、通天河	源头	青川省界	沱沱河沿、楚玛尔、通天河沿	1 125.1		Ⅱ	未监测
3	布曲格尔木保留区	长江	金沙江石鼓以上	通天河	布曲	源头	入通天河口	雁石坪	234.5	Ⅱ	Ⅱ	是
4	北麓河曲麻莱保留区	长江	金沙江石鼓以上	通天河	北麓河	源头	入通天河口	北麓河	205.5	Ⅱ	Ⅱ	是
5	聂恰曲治多保留区	长江	金沙江石鼓以上	通天河	聂恰曲	源头	入通天河口	达科	174.9		Ⅱ	未监测
6	称文细曲称多保留区	长江	金沙江石鼓以上	通天河	称文细曲	源头	入通天河口	刚查村	35.0		Ⅱ	未监测
7	巴塘河玉树保留区	长江	金沙江石鼓以下	直门达至石鼓	巴塘河	源头	入通天河口	新寨镇	92.3	Ⅰ	Ⅱ	是
8	雅砻江三江源头石渠源头水保护区	长江	雅砻江	雅砻江	雅砻江	源头	宜牛乡	宜牛乡	188.0	Ⅰ	Ⅱ	是
9	澜沧江三江源头保护区	西南诸河	澜沧江	沱江口以上	澜沧江	源头	青藏省界	香达	411.0	Ⅰ	Ⅱ	是
10	香曲囊谦保留区	西南诸河	澜沧江	沱江口以上	香曲	源头	入扎曲口	汇扎曲口	34.0		Ⅲ	未监测
11	子曲囊谦保留区	西南诸河	澜沧江	沱江口以上	子曲	源头	青藏省界	下拉秀	276.2	Ⅰ	Ⅱ	是

表 2-1-15　玉树州水功能区水质基础评价

水功能区名称	水质断面名称	2011 年水质现状			水功能区达标评价	资料来源
		汛期水质	非汛期水质	全年水质		
黄河玛多源头水保护区	玛多	Ⅱ	Ⅱ	Ⅱ	达标	常规监测
长江三江源自然保护区	沱沱河沿、楚玛尔河、通天河沿、直门达	Ⅱ	Ⅰ	Ⅰ	达标	常规监测
布曲格尔木保留区	雁石坪	Ⅱ	Ⅱ	Ⅱ	达标	常规监测
北麓河曲麻莱保留区	北麓河	Ⅱ	Ⅱ	Ⅱ	达标	常规监测
聂恰曲治多保留区	加吉博洛镇	Ⅱ	Ⅱ	Ⅱ	达标	调查监测
称文细曲称多保留区	称文镇	Ⅱ	Ⅱ	Ⅱ	达标	调查监测
巴塘河玉树保留区	新寨	Ⅰ	Ⅰ	Ⅰ	达标	常规监测
雅砻江称多、石渠源头水保护区	竹节寺	Ⅰ	Ⅰ	Ⅰ	达标	常规监测
澜沧江三江源保护区	香达	Ⅱ	Ⅱ	Ⅱ	达标	常规监测
香曲囊谦保留区	香曲	Ⅰ	Ⅰ	Ⅰ	达标	调查监测
子曲囊谦保留区	下拉秀	Ⅰ	Ⅰ	Ⅰ	达标	常规监测

四、水资源质量

（一）地表水质量评价

河流天然水化学特征：玉树州 54 个河流断面 pH 值为 6.5～8.4，属于中性水或弱碱性水。主要离子中 Cl^- 为优势阴离子，K^+、Na^+ 为优势阳离子。矿化度为 202～9 263 毫克/升，总硬度为 104～1 074 毫克/升。河流水化学类型为重碳酸类、硫酸类和氯化类。天然劣质水主要分布在治多县、曲麻莱县及杂多县境内部分河流（河段）。

（二）地下水质量评价

地下水天然水化学特征：地下水 pH 值为 7.6～8.2，属弱碱性水。

河流水质：玉树州 28 处河流（断面）达到Ⅰ类水质标准的有 22 处；达到Ⅱ类水质标准的有 5 处；水质为Ⅲ类水质标准的有 1 处，为北麓河。河流基本未受到人类活动影响。

地下水水质：玉树州地下水有大约 42% 的水检测出超Ⅲ类水质标准，如玉树市下拉秀乡泉水（硝酸盐氮）、杂多县萨乎腾镇民井（总硬度）、称多县清水河镇井水（亚硝酸盐氮）、囊谦县城香曲南路民井（总硬度）、曲麻莱县城民井（硝酸盐氮）。

水功能区达标情况：玉树州涉及水功能一级区 11 个，境内未划分水功能二级区。根据 2013 年水质监测资料，玉树州监测的 7 个一级水功能区均达标，达标比例为 100%。

第二节　水资源开发利用

　　玉树州地域广阔,自然地理和气候条件独特,州内各区域水资源与人口、耕地、矿产的分布不相匹配,加之各区域经济社会发展的差异较大等诸多因素的制约,近67年来,虽然全州水利系统竭力开发水资源、提高水资源开发率,但总体现状为水资源开发难度较大,开发程度低,开发潜力较大。

　　为使各级领导及有关部门及时了解和掌握青海省水资源概况及动态,同时也为合理开发利用水资源提供科学依据,青海省水利厅决定从1995年7月起发布上一年度的《青海省水资源公报》,记录自1994年开始的全省水资源状况。

一、供水量

　　根据《青海省水资源公报》,玉树州从1994年以来的供水情况见表2-2-1。

表2-2-1　玉树州供水量　　　　　　　（单位:亿立方米）

行政分区	年份	地表水源供水量	地下水源供水量	其他水源	总供水量
玉树州	1994	0.372 0	0.017 1	0	0.389 1
	1995	0.260 4	0.044 0	0	0.304 4
	1996	0.254 3	0.043 9	0	0.298 2
	1997	0.268 7	0.046 8	0	0.315 5
	1998	0.210 3	0.047 1	0	0.257 4
	1999	0.205 9	0.052 0	0	0.257 9
	2000			0	0.281 5
	2001			0	0.280 2
	2002			0	0.284 0
	2003	0.270 2	0.037 0	0	0.307 2
	2004	0.263 8	0.028 9	0	0.292 7
	2005	0.258 9	0.027 9	0	0.286 8
	2006	0.261 1	0.031 7	0	0.292 8
	2007	0.253 6	0.034 8	0	0.288 4
	2008	0.295 0	0.037 7	0	0.332 7
	2009	0.288 9	0.038 1	0	0.327 0
	2010	0.330 0	0.049 9	0	0.379 9
	2011	0.350 2	0.051 9	0	0.402 1
	2012	0.289 6	0.009 4	0	0.299 0
	2013	0.285 5	0.011 3	0	0.296 8
	2014	0.334 6	0.022 1	0	0.356 7
	2015	0.307 6	0.029 9	0	0.330 5
	2016	0.313 4	0.022 9	0	0.366 3
	2017	0.326 5	0.024 1	0	0.350 6

二、用水量

根据《青海省水资源公报》，玉树州从 1994 年以来的用水情况见表 2-2-2。

表 2-2-2　玉树州用水量　　　　　　　　　　　　（单位：亿立方米）

行政分区	年份	农田灌溉用水量	林牧渔畜用水量	工业用水量	城镇公共用水量	居民生活用水量	生态环境用水量	总用水量
玉树州	1994	0.044 2	0.304 8	0.012 0	0.005 1	0.023 0	0	0.389 1
	1995	0.047 2	0	0.011 4	0.009 8	0.236 0	0	0.304 4
	1996	0.047 0	0	0.010 3	0.011 7	0.229 2	0	0.298 2
	1997	0.047 6	0	0.011 0	0.012 5	0.244 4	0	0.315 5
	1998	0.047 0	0	0.015 9	0.013 1	0.181 4	0	0.257 4
	1999	0.047 4	0.000 6	0.016 5	0.018 0	0.175 4	0	0.257 9
	2000	0.047 4	0.000 8	0.017 3	0.019 3	0.196 7	0	0.281 5
	2001	0.047 4	0.000 8	0.017 9	0.019 5	0.194 6	0	0.280 2
	2002	0.045 8	0.000 8	0.017 3	0.019 6	0.200 5	0	0.284 0
	2003	0.047 6	0.186 9	0.015 7	0.006 0	0.051 0	0	0.307 2
	2004	0.047 6	0.180 2	0.007 3	0.006 1	0.051 5	0	0.292 7
	2005	0.046 4	0.173 3	0.007 9	0.006 1	0.053 1	0	0.286 8
	2006	0.047 6	0.173 2	0.007 4	0.011 0	0.053 6	0	0.292 8
	2007	0.042 8	0.165 4	0.006 9	0.011 4	0.061 5	0.000 4	0.288 4
	2008	0.042 8	0.210 8	0.007 2	0.012 0	0.059 3	0.000 6	0.332 7
	2009	0.042 3	0.205 0	0.007 3	0.012 3	0.059 5	0.000 6	0.327 0
	2010	0.046 2	0.233 5	0.007 9	0.019 9	0.071 8	0.000 6	0.379 9
	2011	0.046 2	0.240 1	0.007 9	0.031 7	0.074 9	0.001 4	0.402 2
	2012	0.022 9	0.214 5	0.001 6	0.010 6	0.047 5	0.001 8	0.299 0
	2013	0.023 8	0.209 8	0.001 6	0.011 4	0.048 3	0.001 9	0.296 8
	2014	0.026 1	0.235 5	0.011 0	0.014 2	0.068 8	0.001 1	0.356 7
	2015	0.024 0	0.206 0	0.005 8	0.024 3	0.069 1	0.001 3	0.330 5
	2016	0.024 0	0.206 0	0.011 7	0.024 3	0.069 0	0.001 3	0.366 3
	2017	0.023 9	0.214 2	0.008 7	0.025 5	0.077 1	0.001 2	0.350 6

三、耗水量

根据《青海省水资源公报》，玉树州从 1995 年以来的耗水情况见表 2-2-3。

表 2-2-3　玉树州耗水量　　　　　　　　　　（单位：亿立方米）

行政分区	年份	农田灌溉耗水量	林牧渔畜耗水量	工业耗水量	城镇公共耗水量	居民生活耗水量	生态环境耗水量	总耗水量
玉树州	1995	0.037 8	0	0.001 5	0.002 3	0.236 0	0	0.277 6
	1996	0.037 6	0	0.001 5	0.002 7	0.229 2	0	0.271 0
	1997	0.038 1	0	0.001 4	0.002 9	0.244 4	0	0.286 8
	1998	0.037 6	0	0.002 1	0.003 0	0.181 4	0	0.224 1
	1999	0.037 9	0.000 4	0.002 1	0.004 1	0.175 4	0	0.219 9
	2000	0.037 9	0.000 6	0.002 2	0.004 2	0.196 7	0	0.241 6
	2001	0.037 9	0.000 6	0.002 3	0.004 5	0.194 6	0	0.239 9
	2002	0.036 6	0.000 6	0.002 2	0.004 5	0.200 5	0	0.244 4
	2003	0.038 1	0.180 0	0.002 4	0.001 4	0.038 0	0	0.259 9
	2004	0.038 1	0.173 3	0.001 1	0.001 5	0.038 3	0	0.252 3
	2005	0.037 1	0.166 6	0.001 1	0.001 5	0.039 9	0	0.246 2
	2006	0.032 3	0.163 8	0.001 1	0.003 5	0.040 3	0	0.241 0
	2007	0.029 1	0.157 2	0.001 0	0.004 5	0.040 7	0.000 3	0.232 8
	2008	0.029 1	0.202 2	0.001 1	0.005 0	0.045 3	0.000 5	0.283 2
	2009	0.028 8	0.196 7	0.001 1	0.005 1	0.045 0	0.000 5	0.277 2
	2010	0.031 4	0.223 6	0.001 3	0.006 9	0.044 5	0.000 5	0.308 2
	2011	0.031 0	0.229 6	0.001 2	0.015 9	0.046 1	0.001 1	0.324 8
	2012	0.015 3	0.214 3	0.000 3	0.004 8	0.030 9	0.001 4	0.267 0
	2013	0.015 9	0.209 5	0.000 2	0.005 4	0.031 2	0.001 5	0.263 7
	2014	0.017 5	0.235 5	0.001 7	0.006 1	0.044 7	0.000 9	0.306 4
	2015	0.016 1	0.206 0	0.000 9	0.014 3	0.045 8	0.001 1	0.284 2
	2016	0.016 1	0.206 0	0.002 0	0.014 3	0.045 8	0.001 1	0.285 3
	2017	0.016 0	0.214 2	0.001 4	0.014 5	0.051 0	0.001 1	0.298 2

第三节　水污染防治

一、水污染

玉树州经济社会以牧业为主，水资源开发利用主要集中在牲畜用水、居民用水和城镇公共用水，牧区排水不入河，污水主要来源于城镇生产生活废污水，入河排污口分布在县城下游污水管网入河处。

城镇居民生活废污水排放系数 0.7，一般工业企业废污水排放系数 0.8，第三产业废污水排放系数 0.78。2011 年全州废污水排放量为 123.48 万吨（包括城镇居民生活、一般工业、第三产业废污水排放量），其中城镇居民生活排放量占 62.73%，一般工业排放量占 8.12%，第三产业排放量占 29.15%，废污水排放主要集中在人口较为集中、工业相对发展的通天河流域、沱江口以上流域和直门达至石鼓流域。详细情况见表 2-3-1。

表 2-3-1　2011 年玉树州废污水排放量 （单位：万吨/年）

行政/流域分区名称		城镇居民生活	一般工业	第三产业	总排水量
行政分区	玉树市	13.76	3.17	15.05	31.97
	称多县	6.19	0.83	6.21	13.23
	囊谦县	24.55	5.12	6.54	36.21
	杂多县	11.08	0.08	4.25	15.41
	治多县	13.15	0.23	2.36	15.74
	曲麻莱县	8.73	0.60	1.58	10.91
	合计	77.46	10.03	35.99	123.48
流域分区	河源至玛曲	0	0	0.03	0.03
	通天河	28.05	1.76	9.01	38.82
	直门达至石鼓	12.28	3.07	15.15	30.50
	雅砻江	0.84	0	0.78	1.62
	沱江口以上	36.29	5.20	11.02	52.51
	柴达木盆地西部	0	0	0	0
	羌塘高原区	0	0	0	0
	合计	77.46	10.03	35.99	123.48

2013 年对于全州地表水水质,采用《地表水环境质量标准》(GB 3838—2002)进行了评价。评价方法采用单因子评价法,确定各个评价因子的水质类别,以最高类别为断面综合水质类别。评价选择《地表水环境质量标准》基本项目标准限值中的 pH、高锰酸盐指数、氨氮、氟化物、铜、锌、铅、镉、锰、铁、砷、汞、硒、六价铬等 14 项作为评价指标。2013 年玉树州河流地表水水质监测评价结果见表 2-3-2。

全州境内水质站点代表河长为 3 624.6 公里,Ⅰ、Ⅱ、Ⅲ类站点所代表的境内河长分别为 2 734.9 公里、818.2 公里和 71.5 公里,分别占总河长的 75.46%、22.57% 和 1.97%。详细情况见表 2-3-3。

对于全州地下水水质,采用《地下水质量标准》(GB 14848—2017)进行了评价。具体内容是以地下水水质调查分析资料或水质监测资料为基础,按单项组分评价、综合评价两种方法进行。将 pH、氯化物、硫酸盐、溶解性总固体、总硬度、氨氮、氟化物、高锰酸盐指数、硝酸盐氮、亚硝酸盐氮、铜、锌、铅、镉、锰、铁、砷、铬(六价)等 18 项指标作为评价指标。

根据《地下水质量标准》(GB 14848—2017),按单项组分评价,共有 5 个水样超Ⅲ类水质标准,分别为玉树市下拉秀乡泉水(硝酸盐氮)、杂多县萨乎腾镇民井(总硬度)、称多县清水河镇井水(亚硝酸盐氮)、囊谦县城香曲南路 309 号民井(总硬度)、曲麻莱县城民井(硝酸盐氮)。采用综合评价法评价得出,玉树市结古镇自来水源地机井、玉树市新寨水文站水质优良;称多县城防疫站家属院水井、称多县直门达井水、治多县城水利局院内民井、囊谦县香达镇泉水、曲麻莱自来水地下水水源地水质良好;玉树市下拉秀乡泉水、杂多县萨乎腾镇民井、称多县清水河镇井水、囊谦县城香曲南路 309 号民井、曲麻莱县城民井水质较差。详细情况见表 2-3-4。

表2-3-2　2013年玉树州河流地表水水质监测评价结果

站次	水资源三级区	河名	站名	测站类别	监测河长（公里）	pH（无量纲）	高锰酸盐指数	氨氮	六价铬	砷	汞	硒	铜	锌	铅	镉	铁	锰	氟化物	水质类别
												毫克/升								
1	通天河	通天河	沿曲大桥	上游站	438.1	8.4	0.8	<DL	<DL	0.001 6	<DL	<DL	<DL	<DL	<DL	<DL	<DL	<DL	0.17	I
2			直门达	代表站	855.7	8.2	1.2	0.045	<DL	0.001 4	<DL	<DL	<DL	<DL	<DL	<DL	<DL	<DL	0.18	I
3		然池曲	二道沟	代表站	179.2	8.3	2.6	0.156	<DL	0.001 4	0.000 03	<DL	<DL	<DL	<DL	<DL	<DL	<DL	0.27	II
4		北麓河	北麓河	代表站	71.5	8.5	4.9	0.139	<DL	0.006 4	0.000 05	<DL	<DL	<DL	<DL	<DL	0.06	<DL	0.21	III
5		楚玛尔河	楚玛尔河	代表站	301.5	8.4	2.5	0.097	<DL	0.001 4	0.000 04	<DL	<DL	<DL	<DL	<DL	0.03	<DL	0.26	II
6	通天河	益曲	隆宝滩	代表站	156.7	8.1	3.9	0.123	<DL	0.000 8	<DL	<DL	<DL	<DL	<DL	<DL	<DL	<DL	0.13	II
7		聂恰河	聂恰河	代表站	147.84	8.2	0.9	<DL	<DL	0.001 6	<DL	<DL	<DL	<DL	<DL	<DL	<DL	<DL	0.11	I
8		登额曲	登额曲	代表站	66.44	8.1	2.1	<DL	<DL	0.003 4	<DL	<DL	<DL	<DL	<DL	<DL	<DL	<DL	0.12	II
9		解吾曲	解吾曲	代表站	120.33	8.3	1.0	<DL	<DL	0.001 7	0.000 01	<DL	<DL	<DL	<DL	<DL	<DL	<DL	0.15	I
10		细曲	细曲	代表站	40.85	8.3	0.9	0.038	<DL	0.000 5	<DL	<DL	<DL	<DL	<DL	<DL	<DL	<DL	0.11	I
11		查拉沟	查拉沟	代表站	16.53	8.1	0.6	0.028	<DL	0.000 3	<DL	<DL	<DL	<DL	<DL	<DL	<DL	<DL	0.13	I
12		歇武系曲	歇武系曲	代表站	23.99	8.4	1.6	0.052	<DL	0.001 3	<DL	<DL	<DL	<DL	<DL	<DL	<DL	<DL	0.10	I
13	直门达至石鼓	巴塘河	格曲	上游站	50.08	8.3	1.2	<DL	<DL	0.001 2	<DL	<DL	<DL	<DL	<DL	<DL	<DL	<DL	0.21	I
14			新寨	代表站	92.3	8.3	1.2	0.033	<DL	0.000 7	<DL	<DL	<DL	<DL	<DL	<DL	<DL	<DL	0.11	I
15		扎西科河	扎西科河	代表站	49.87	8.2	0.8	<DL	<DL	0.001 0	<DL	<DL	<DL	<DL	<DL	<DL	<DL	<DL	0.13	I
16		茶吾扣	茶吾扣	代表站	17.83	8.4	0.6	<DL	<DL	0.001 8	0.000 04	<DL	<DL	<DL	<DL	<DL	<DL	<DL	0.05	I
17	雅砻江	雅砻江	竹节寺	代表站	199	8.3	1	0.067	<DL	0.000 9	<DL	<DL	<DL	<DL	<DL	<DL	<DL	<DL	0.13	I

续表 2-3-2

站次	水资源三级区	河名	站名	测站类别	监测河长(公里)	pH(无量纲)	高锰酸盐指数	氨氮	六价铬	砷	汞	硒	铜	锌	铝	镉	铁	锰	氟化物	水质类别
								毫克/升												
18	沱江口以上	扎曲	杂多县城下游	上游站	231.21	8.3	1	<DL.	<DL.	0.001 4	0.000 02	<DL.	<DL.	<DL.	<DL.	<DL.	<DL.	<DL.	0.19	I
19			香达	代表站	411	8.2	1.1	0.043	<DL.	0.002 0	<DL.	<DL.	<DL.	<DL.	<DL.	<DL.	<DL.	<DL.	0.28	I
20			囊谦县城下游	下游站	423.73	8.3	0.6	<DL.	<DL.	0.002 5	<DL.	<DL.	<DL.	<DL.	<DL.	<DL.	<DL.	<DL.	0.21	I
21		子曲	下拉秀	代表站	276.2	8.2	1.2	0.058	<DL.	0.005 5	<DL.	<DL.	<DL.	<DL.	<DL.	<DL.	<DL.	<DL.	0.15	I
22		清水沟	清水沟	代表站	6.96	8.3	0.7	<DL.	<DL.	0.000 3	<DL.	<DL.	<DL.	<DL.	<DL.	<DL.	<DL.	<DL.	0.12	I
23		那谷浦	那谷浦	代表站	15.82	8.4	0.7	<DL.	<DL.	0.001 4	<DL.	<DL.	<DL.	<DL.	<DL.	<DL.	<DL.	<DL.	0.06	I
24		强曲	强曲	代表站	16.66	8.3	0.9	0.045	<DL.	0.000 9	<DL.	<DL.	<DL.	<DL.	<DL.	<DL.	<DL.	<DL.	0.44	I
25		隆曲	隆曲	代表站	47.94	8.4	1	0.035	<DL.	0.000 8	<DL.	<DL.	<DL.	<DL.	<DL.	<DL.	<DL.	<DL.	0.12	I
26	河源至玛曲	黄河	玛多	代表站	270	8.7	2.3	0.042	<DL.	0.000 7	<DL.	<DL.	<DL.	<DL.	<DL.	<DL.	<DL.	<DL.	0.21	II
27	柴达木盆地西部	雪水河	舒尔干	代表站	316.2	8.5	0.8	0.065	<DL.	0.000 9	0.000 03	<DL.	<DL.	<DL.	<DL.	<DL.	<DL.	<DL.	0.32	I
28		那棱格勒河	那棱格勒	代表站	439.5	8.5	1	0.052	<DL.	0.003 9	0.000 03	<DL.	<DL.	<DL.	<DL.	<DL.	<DL.	<DL.	0.45	I

表2-3-3　玉树州河流地表水水质监测代表河长

（单位：公里）

站次	水资源三级区	河名	代表站站名	监测河长	州境内代表河长							州境外代表河长			水质类别
					玉树	杂多	称多	治多	囊谦	曲麻莱	合计	玛多	格尔木、都兰		
1	通天河	通天河	直门达	855.7	278.7			577.0			855.7			I
2		二道沟	二道沟	179.2				179.2			179.2			II
3		北麓河	北麓河	71.5				71.5			71.5			III
4		楚玛尔河	楚玛尔河	301.5				289.5		12.0	301.5			II
5		益曲	隆宝滩	156.7	156.7						156.7			II
6		聂恰河	聂恰河	147.8				147.8			147.8			I
7		登额曲	登额曲	66.4	36.9			29.5			66.4			II
8		解吾曲	解额曲	120.3						120.3	120.3			I
9		细曲	细曲	40.9			40.9				40.9			I
10		查拉沟	查拉沟	16.53			16.5				16.5			I
11		歇武系曲	歇武系曲	24.0			24.0				24.0			I
12	直门达至石鼓	巴塘河	新寨	92.3	92.3						92.3			I
13		扎西科河	扎西科河	49.9	49.9						49.9			I
14		茶吾扣	茶吾扣	17.8	17.8						17.8			I
15	雅砻江	雅砻江	竹节寺	199			199.0				199.0			I
16	沱江口以上	扎曲	香达	411		315.6			95.4		411.0			I
17		子曲	下拉秀	276.2	207.8	68.4					276.2			I
18		清水沟	清水沟	7.0		7.0					7.0			I

续表 2-3-3

站次	水资源三级区	河名	代表站站名	监测河长	州境内代表河长							州境外代表河长		水质类别
					玉树	杂多	称多	治多	囊谦	曲麻莱	合计	玛多	格尔木、都兰	
19	沱江口以上	那容浦	那容浦	15.8					15.8		15.8			I
20		强曲	强曲	16.7					16.7		16.7			I
21		隆曲	隆曲	47.9	47.9						47.9			I
22	河源至玛曲	黄河	玛多	270						114.4	114.4	155.6		II
23	柴达木盆地西部	雪水河	舒尔干	316.2						161.5	161.5		154.7	I
24		那棱格勒河	那棱格勒	439.5				234.5			234.5		205	I
	合计			4 140	888.1	391	280.4	1 529	127.9	408.2	3 624.6	155.6	359.7	

表2-3-4　玉树州地下水水资源质量评价

序号	站点名称	pH	氯化物	硫酸盐	溶解性总固体	总硬度	氨氮	氟化物	高锰酸盐指数	硝酸盐氮	亚硝酸盐氮	铜	锌	铅	镉	锰	铁	砷	铬(六价)	单项评价 水质类别	综合评价 F	综合评价 水质级别
									毫克/升													
1	玉树市结古镇自来水源地机井	7.6	2.84	67.2	422	272	<DL	0.15	0.5	0.75	0.003	<DL	<DL	<DL	<DL	<DL	<DL	<DL	<DL	Ⅱ	0.72	优良
2	玉树市新寨水文站	8.0	8.86	17.3	264	127	<DL	0.22	0.4	4.49	0.003	<DL	<DL	<DL	<DL	<DL	<DL	<DL	0.004	Ⅱ	0.71	优良
3	玉树市下拉秀乡泉水	7.8	92.2	65.3	956	263	0.07	0.09	2	30.8	0.009	<DL	<DL	<DL	<DL	<DL	<DL	<DL	0.005	Ⅴ	7.12	较差
4	杂多县萨乎腾镇民井	7.8	71.6	130	846	556	0.02	0.14	0.9	14.1	0.001	<DL	<DL	<DL	<DL	<DL	<DL	0.001	<DL	Ⅴ	7.11	较差
5	称多县城防疫站家属院内水井	8.0	6.38	82.6	460	323	0.04	0.09	0.4	2.49	0.001	<DL	<DL	<DL	<DL	<DL	<DL	<DL	<DL	Ⅲ	2.15	良好
6	称多县直门达井水	8.1	85.1	52.8	663	122	<DL	0.2	0.6	0.36	<DL	<DL	<DL	<DL	<DL	<DL	<DL	0.004	<DL	Ⅲ	2.13	良好
7	称多县清水河镇井水	8.2	0.35	17.3	394	92.5	<DL	0.11	2.3	0.73	0.042	<DL	<DL	<DL	<DL	<DL	<DL	<DL	<DL	Ⅳ	4.26	较差
8	治多县城水利局院内民井	8.0	16.0	131	518	331	0.04	0.13	0.9	8.16	0.001	<DL	<DL	<DL	<DL	<DL	<DL	0.001	<DL	Ⅲ	2.18	良好
9	囊谦县城香曲南路309号民井	7.8	141	194	710	530	<DL	0.29	2.5	4.15	0.003	<DL	<DL	<DL	<DL	<DL	<DL	0.001	<DL	Ⅳ	4.30	较差
10	囊谦县城香达镇泉水	7.9	116	80.7	722	252	<DL	0.53	0.6	9.95	0.016	<DL	<DL	<DL	<DL	<DL	<DL	<DL	<DL	Ⅲ	2.17	良好
11	曲麻莱县城民井	8	97.1	119	570	355	<DL	0.22	1	28.3	0.005	<DL	<DL	<DL	<DL	<DL	<DL	0.007	<DL	Ⅳ	4.29	较差
12	曲麻莱自来水地下水源地	8.1	11.3	61.5	488	320	0.02	0.07	1	0.81	0.001	<DL	<DL	<DL	<DL	<DL	<DL	<DL	<DL	Ⅲ	2.13	良好

二、依法治理

青海省水资源保护与治理的全面系统推进始于1988年7月《中华人民共和国水法》（简称《水法》）颁布施行之后。《水法》明确规定,县级以上地方政府水行政主管部门负责本行政区域内水资源的统一管理和监督工作。青海省政府于1988年10月明确省水利厅为省政府的水行政主管部门,西宁市、各自治州、行署水利(电)局(处)分别为本地区水行政主管部门。各级水行政主管部门均设立了水政水资源管理机构,依法行使对水资源的统一管理和监督职能,并协同环境保护部门对水污染防治实行监督管理。

玉树州水利局依据《水法》及相关法律,建立了一支人员精干、运行有力、内外协同、专兼职结合的水政监察支队,开展水行政执法工作。主要工作:①深入宣传水利法规,为开展水利执法创造良好环境;②制定一系列地方规范性文件,为水行政执法提供有力依据;③组建县级水行政执法队伍,上岗到位,依法行政。各级水行政主管部门认真贯彻《水法》《防洪法》等法律法规,以效能建设为重点,以规范化建设为载体,全面推进依法行政、依法治水进程。工作重点有两个方面:一是加大宣传力度,增强全民的水患意识和水法制观念;二是建立健全执法机构,抓好水政监察队伍规范化建设。

2013年1月2日,国务院办公厅以国办发〔2013〕2号公开印发《实行最严格水资源管理制度考核办法》。根据《关于开展青海省2014年度实行最严格水资源管理制度考核工作的预通知》(青水函会议〔2014〕130号)精神,玉树州按照《青海省实行最严格水资源管理制度考核办法》(青政办〔2014〕51号)及2014年12月12日会议的相关要求,开展落实最严格水资源管理制度自查工作。

2017年5月3日,玉树市老师生猪定点场因违反水污染防治管理制度,被罚款2万元;2017年5月11日,玉树藏族自治州人民医院因违反水污染防治管理制度,被罚款2万元。

第四节　水资源配置

一、水资源配置原则

(一)坚持总量控制的原则

对经济社会用水实行总量控制,分区域分行业确定供求关系调控目标,突出节约用水和科学用水,加强供需双向调节,在保障经济社会发展和生态环境保护合理用水需求的前提下,优化用水结构,抑制用水的过快增长,保证用水总量不突破"红线"控制指标。

(二)坚持高效利用的原则

以提高用水效率为核心,加快用水方式转变,把厉行节约、高效节水放在突出位置,运用工程、技术、经济、法律、行政等综合手段,促进农业、工业、生活节水,全面建设节水型社会,实现水资源的可持续利用。

(三)坚持保护生态的原则

有效保障河流生态基流、输沙、污染稀释等生态基本用水,保障河湖和地下水系统的生态功能,维护河湖健康,促进资源环境与经济社会发展相协调。

(四)坚持严格管理的原则

实行最严格的水资源管理制度,落实水资源管理控制"红线",完善水资源管理政策和制度体系,严格控制水资源无序开发和过度开发,强化水资源统一管理,加强水资源科学调度和集约利用,提高水资源综合保障能力。

二、水资源配置方案

玉树州是青海省的欠发达地区,当地的产业结构决定了用水需求相对较少。水资源相对于用水而言相对丰沛,不存在资源性、水质性缺水问题。各县(市)水资源配置方案不同,分述如下:

(一)玉树市水资源配置方案

玉树市水资源配置方案见表2-4-1和表2-4-2。

表 2-4-1　玉树市 2015 年水资源配置　　(单位:万立方米)

行政区	流域分区	配置水量	供水量				需水量						
			地表水	地下水	其他	合计	生活	第一产业		第二产业	第三产业	生态	合计
								灌溉	牲畜				
玉树市	通天河	268	257	11		268	71.5	0	196.5	0	0	0	268
	直门达至石鼓	426	424	2		426	113.2	48.8	138.2	108.4	17	0.2	426
	沘江口以上	459	385	74		459	108.3	0	350.6	0	0	0	459
	合计	1 153	1 066	87		1 153	293	48.8	685.3	108.4	17	0.2	1 153

表 2-4-2　玉树市 2020 年水资源配置　　(单位:万立方米)

行政区	流域分区	配置水量	供水量				需水量						
			地表水	地下水	其他	合计	生活	第一产业		第二产业	第三产业	生态	合计
								灌溉	牲畜				
玉树市	通天河	319	305	14		319	95.5	0	223.9	0	0	0	319
	直门达至石鼓	614	612	2		614	151.3	134.9	156.2	132.6	38.6	0.3	614
	沘江口以上	539	445	94		539	144.4	0	395.0	0	0	0	539
	合计	1 472	1 362	110		1 472	391.2	134.9	775.1	132.6	38.6	0.3	1 473

2015 年,共配置水量 1 153 万立方米,其中地表水配置水量 1 066 万立方米,地下水配置水量呈 87 万立方米。各用水行业中,生活用水配置 293 万立方米,第一产业配置水量 734.1 万立方米,第二产业配置水量 108.4 万立方米,第三产业配置水量 17 万立方米,生态配置水量 0.2 万立方米。

2020 年,共配置水量 1 472 万立方米,其中地表水配置水量 1 362 万立方米。各用水行业中,生活用水配置 391.2 万立方米,第一产业配置水量 910 万立方米,第二产业配置水量 132.6 万立方米,第三产业配置水量 38.6 万立方米,生态配置水量 0.3 万立方米。

（二）囊谦县水资源配置方案

囊谦县水资源配置方案见表 2-4-3 和表 2-4-4。

表 2-4-3　囊谦县 2015 年水资源配置 （单位:万立方米）

行政区	流域分区	配置水量	供水量				需水量						
			地表水	地下水	其他	合计	生活	第一产业		第二产业	第三产业	生态	合计
								灌溉	牲畜				
囊谦县	沘江口以上	929	929	0		929	200.8	218.3	466.8	24.4	16.5	2.1	929

表 2-4-4　囊谦县 2020 年水资源配置 （单位:万立方米）

行政区	流域分区	配置水量	供水量				需水量						
			地表水	地下水	其他	合计	生活	第一产业		第二产业	第三产业	生态	合计
								灌溉	牲畜				
囊谦县	沘江口以上	1 186	1 186	0		1 186	269.7	314.1	532.5	28.8	37.3	3.4	1 186

2015 年,共配置水量 929 万立方米,其中地表水配置水量 929 万立方米,地下水配置量 0 万立方米。各用水行业中,生活用水配置 200.8 万立方米,第一产业配置水量 685.1 万立方米,第二产业配置水量 24.4 万立方米,第三产业配置水量 16.5 万立方米,生态配置水量 2.1 万立方米。

2020 年,共配置水量 1 186 万立方米,其中地表水配置水量 1 186 万立方米,地下水配置水量 0 万立方米。各用水行业中,生活用水配置 269.7 万立方米,第一产业配置水量 846.6 万立方米,第二产业配置水量 28.8 万立方米,第三产业配置水量 37.3 万立方米,生态配置水量 3.4 万立方米。

（三）称多县水资源配置方案

称多县水资源配置方案见表 2-4-5 和表 2-4-6。

表 2-4-5　称多县 2015 年水资源配置 （单位:万立方米）

行政区	流域分区	配置水量	供水量				需水量						
			地表水	地下水	其他	合计	生活	第一产业		第二产业	第三产业	生态	合计
								灌溉	牲畜				
称多县	河源至玛曲	32	26	6		32	6.2	0	25.5	0	0	0	32
	通天河	290	276	14		290	63.4	60.6	75.4	76.8	12.3	1.3	290
	直门达至石鼓	31	30	1		31	12.7	0	18.0	0	0	0	31
	雅砻江	116	102	14		117	32.1	0	84.4	0.0	0.0	0.0	117
	合计	469	434	35		469	114.4	60.6	203.2	76.8	12.3	1.3	469

表2-4-6　称多县2020年水资源配置　　　　　　　　　(单位:万立方米)

行政区	流域分区	配置水量	供水量				需水量						
			地表水	地下水	其他	合计	生活	第一产业		第二产业	第三产业	生态	合计
								灌溉	牲畜				
称多县	河源至玛曲	38	30	8		38	8.1	0	29.5	0	0	0	38
	通天河	373	354	19		373	82.7	83.4	87.9	89.1	27.9	2.0	373
	直门达至石鼓	49	48	1		49	16.6	11.5	20.9	0.0	0.0	0.0	49
	雅砻江	193	174	19		193	42.0	52.8	98.2	0	0	0	193
	合计	653	606	47		653	149.3	147.7	236.4	89.1	27.9	2.0	653

2015年,共配置水量469万立方米,其中地表水配置水量434万立方米,地下水配置水量35万立方米。各用水行业中,生活用水配置114.4万立方米,第一产业配置水量263.8万立方米,第二产业配置水量76.8万立方米,第三产业配置水量12.3万立方米,生态配置水量1.3万立方米。

2020年,共配置水量653万立方米,其中地表水配置水量606万立方米,地下水配置水量47万立方米。各用水行业中,生活用水配置149.3万立方米,第一产业配置水量384.1万立方米,第二产业配置水量89.1万立方米,第三产业配置水量27.9万立方米,生态配置水量2万立方米。

(四)治多县水资源配置方案

治多县水资源配置方案见表2-4-7和表2-4-8。

表2-4-7　治多县2015年水资源配置　　　　　　　　　(单位:万立方米)

行政区	流域分区	配置水量	供水量				需水量						
			地表水	地下水	其他	合计	生活	第一产业		第二产业	第三产业	生态	合计
								灌溉	牲畜				
治多县	通天河	416	387	28	0	416	69.3	0	323.0	13.1	10.4	0.1	416
	柴达木盆地西部	0	0	0	0	0	0	0	0	0	0	0	0
	羌塘高原区	0	0	0	0	0	0	0	0	0	0	0	0
	合计	416	387	28	0	416	69.3	0	323.0	13.1	10.4	0.1	416

2015年,共配置水量416万立方米,其中地表水配置水量387万立方米,地下水配置水量28万立方米。各用水行业中,生活用水配置69.3万立方米,第一产业配置水量323万立方米,第二产业配置水量13.1万立方米,第三产业配置水量10.4万立方米,生态配置水量0.1万立方米。

表 2-4-8 治多县 2020 年水资源配置 　　　　　(单位:万立方米)

行政区	流域分区	配置水量	供水量				需水量						
			地表水	地下水	其他	合计	生活	第一产业		第二产业	第三产业	生态	合计
								灌溉	牲畜				
治多县	通天河	538	501	37	0	538	88.1	36.0	375.1	15.5	23.5	0.1	538
	柴达木盆地西部	0	0	0	0	0	0	0	0	0	0	0	0
	羌塘高原区	0	0	0	0	0	0	0	0	0	0	0	0
	合计	538	501	37	0	538	88.1	36.0	375.1	15.5	23.5	0.1	538

2020 年,共配置水量 538 万立方米,其中地表水配置水量 501 万立方米,地下水配置水量 37 万立方米。各用水行业中,生活用水配置 88.1 万立方米,第一产业配置水量 411.1 万立方米,第二产业配置水量 15.5 万立方米,第三产业配置水量 23.5 万立方米,生态配置水量 0.1 万立方米。

(五)杂多县水资源配置方案

杂多县水资源配置方案见 2-4-9 和表 2-4-10。

表 2-4-9 杂多县 2015 年水资源配置 　　　　　(单位:万立方米)

行政区	流域分区	配置水量	供水量				需水量						
			地表水	地下水	其他	合计	生活	第一产业		第二产业	第三产业	生态	合计
								灌溉	牲畜				
杂多县	通天河	31.2	31.2	0	0	31.2	5.6	0	25.6	0	0	0	31
	沘江口以上	488.8	486.8	2	0	488.8	121	0	338.5	17.8	11.1	0.5	489
	合计	520	518	2	0	520	126.6	0	364.1	17.8	11.1	0.5	520

表 2-4-10 杂多县 2020 年水资源配置 　　　　　(单位:万立方米)

行政区	流域分区	配置水量	供水量				需水量						
			地表水	地下水	其他	合计	生活	第一产业		第二产业	第三产业	生态	合计
								灌溉	牲畜				
治多县	通天河	38	38	0	0	38	7.4	0	30.6	0	0	0	38
	沘江口以上	635	632	3	0	635	158.4	42.0	387.5	21.0	25.1	0.8	635
	合计	673	670	3	0	673	165.8	42.0	418.1	21.0	25.1	0.8	673

2015 年,共配置水量 520 万立方米,其中地表水配置水量 518 万立方米,地下水配置水量 2 万立方米。各用水行业中,生活用水配置 126.6 万立方米,第一产业配置水量 364.1 万立方米,第二产业配置水量 17.8 万立方米,第三产业配置水量 11.1 万立方米,生态配置水量 0.5 万立方米。

2020年,共配置水量673万立方米,其中地表水配置水量670万立方米,地下水配置水量3万立方米。各用水行业中,生活用水配置165.8万立方米,第一产业配置水量460.1万立方米,第二产业配置水量21万立方米,第三产业配置水量25.1万立方米,生态配置水量0.8万立方米。

（六）曲麻莱县水资源配置方案

曲麻莱县水资源配置方案见表见2-4-11和表2-4-12。

表2-4-11　曲麻莱县2015年水资源配置　（单位:万立方米）

行政区	流域分区	配置水量	供水量				需水量						
			地表水	地下水	其他	合计	生活	第一产业		第二产业	第三产业	生态	合计
								灌溉	牲畜				
曲麻莱县	河源至玛曲	72.9	72.75	0.17	0	72.9	9.68	0	62.94	0	0.34	0	73
	柴达木盆地西部	0	0	0	0	0	0	0	0	0	0	0	0
	通天河	245.7	242.75	2.85	0	245.7	55.77	0	153.12	20.7	15.33	0.8	246
	合计	319	316	3	0	319	65.5	0	216.1	20.7	15.7	0.8	319

表2-4-12　曲麻莱县2020年水资源配置　（单位:万立方米）

行政区	流域分区	配置水量	供水量				需水量						
			地表水	地下水	其他	合计	生活	第一产业		第二产业	第三产业	生态	合计
								灌溉	牲畜				
曲麻莱县	河源至玛曲	95.21	94.95	0.26	0	95.21	12.47	4.8	77.17	0	0.769	0	95.21
	柴达木盆地西部	0	0	0	0	0	0	0	0	0	0	0	0
	通天河	365.75	361.01	4.74	0	365.75	70.90	49.2	184.87	24.7	34.681	1.4	365.75
	合计	461	456	5	0	460.96	83.4	54.0	262.0	24.7	35.5	1.4	461

2015年,共配置水量319万立方米,其中地表水配置水量316万立方米,地下水配置水量3万立方米。各用水行业中,生活用水配置65.5万立方米,第一产业配置水量216.1万立方米,第二产业配置水量20.7万立方米,第三产业配置水量15.7万立方米,生态配置水量0.8万立方米。

2020年,共配置水量461万立方米,其中地表水配置水量456万立方米,地下水配置水量5万立方米。各用水行业中,生活用水配置83.4万立方米,第一产业配置水量316万立方米,第二产业配置水量24.7万立方米,第三产业配置水量35.5万立方米,生态配置水量1.4万立方米。

三、水资源配置工程

（一）城镇供水

提高水源的供水能力,增加新的城市水源,保障城镇生活、工业、建筑、三产、环卫用水。根据水源、水质条件,市区和其他城镇水源均以地表水主。

(二)农村人畜饮水

解决不安全人畜饮水问题,以地表水(含泉水、截潜)取水为主,在居住分散的地区,采取打井的形式取用地下水。

玉树市3镇5乡57个村实施人畜安全饮水工程与水资源保护,在"十三五"期间进行"提升、改造、完善",保障全市农牧民群众生活用水安全可靠,特别对仲达乡、安冲乡、隆宝镇等乡镇24个村在灾后重建中集中供水点引水入户,让群众用水方便,提高生活质量。囊谦县新增人畜饮水工程:102座寺院饮水工程,十乡镇机关饮水工程,解决少部分分散农牧民饮水问题。称多县计划"十三五"期间在歇武镇冒坡沟移民点新建人畜饮水管道工程1处,解决76户318人的人畜饮用水问题;在尕朵乡卡龙隆实施人畜饮水管道工程实施入户工程1处,解决619多户1943人的人畜饮用水问题。治多县"十三五"期间新建贡萨社区、加吉镇、岗查村、叶青村及扎西村等5处人畜饮水供水工程。杂多县新增人畜饮水工程:阿多乡2座寺院、苏鲁乡3座寺院、扎青乡2座寺院、查旦乡4座寺院、莫云乡1座寺院、结多乡5座寺院、萨呼腾镇5座寺院、昂赛乡3座寺院、阿多乡四村人饮工程、苏鲁乡四村人饮工程、扎青乡四村人饮工程、莫云乡四村人饮工程和结多乡五村人饮工程共46处人饮工程,新建7乡1镇政府、学校供水工程,扩建城镇集中供水工程。曲麻莱县已规划建设的集中式及分散式供水工程详见表2-4-13和表2-4-14。

表2-4-13　集中式供水工程

序号	工程名称	备注
1	约改镇移民村供水工程	供水点43座,大口井1座,蓄水池1座
2	约改镇游牧民定居饮水安全工程	配建蓄水池1座,阀门井13座,入户井695眼
3	巴干乡寄校、秋智乡寄校和叶格乡寄校等自流管道工程	引水口4座,集中供水点8座,20立方米蓄水池4座
4	约改镇江荣寺	引水口1座,集中供水点6座,排气井1座,排污井1座,20吨蓄水池1座
5	秋智乡河喇嘛寺	泵站1座,20吨蓄水池1座
6	格尔木社区饮水安全工程	入户井712座
7	约改镇仲晴、秋智乡布琴尼姑寺院自流管道工程	引水口2座

表2-4-14　分散式人工井工程

序号	工程所在地	人工井(眼)
1	约改镇三村	166
2	秋智乡三村	153
3	叶格乡三村	166
4	曲麻河乡四村	54
5	麻多乡三村	70
6	县牧场	22
7	曲麻河、麻多寄校	40
8	秋智乡、叶格乡、曲麻河乡政府驻地搬迁户	193
9	10所寺院	50
	合计	914

(三)灌溉工程

灌溉工程是在发挥现有工程供水效益的基础上,以就近引地表水为主,蓄、提为辅,建设相应的水源工程和输水工程,2020 年以前玉树市要建成通天河南岸巴塘乡老叶村1 000 亩、当托村 500 亩小块高原青稞种植基地进行灌溉,实施巴塘 5 000 亩现代草原畜牧养殖基地育草节水灌溉建设项目,提高牛羊繁殖育肥生产效益,提高产草量的用水条件;囊谦县香达镇实施日却灌区干渠维修改造工程,改善灌区面积 3 410 亩,新增灌溉面积 500 亩;在东坝乡吉赛、觉拉乡那索尼、尕羊乡茶滩、吉尼赛乡刀涌、香达镇郭欠等草原条件较好的地方新建节水灌溉试点;称多县建成节水灌溉饲草料地工程,称文镇 500 亩、拉布乡 500 亩、歇武镇 500 亩、尕朵乡 1 500 亩的农业灌溉工程,珍秦镇草原灌溉工程,全部在“十三五”期间完成;治多县“十三五”期间新建饲草料地节水灌溉工程;曲麻莱县建成 13 座引水口、145.8 公里的主干渠输水节水灌溉饲草料地工程。

第五节　水资源保护

一、防治水土流失

20 世纪前后,玉树州科学配置治理措施,逐步构建水土流失防治体系,使重点地区和人为的水土流失得到有效遏制。“十二五”期间完成水土保持项目 5 项,治理面积89.75 平方公里。部分地区推进小流域综合治理,2002 年 12 月国务院颁布《退耕还林条例》后,全州退耕还林(草)工作有条不紊地推进。2001 年始,先后启动了黄河长江源区水土流失预防保护工程和预防保护监督工程。实施五年来,通过宣传《水法》《水土保持法》,省内相关配套法规建设,监督执法体系建设,合理配置各项预防保护措施,开展生态修复试点范围,加强监督管理,有效控制了人类活动对自然环境的过度干扰和侵害,工程项目区的水土流失得到遏制,生态修复取得明显成效,水源涵养能力大有提高。

二、分类保护

2002 年青海省水利厅完成了《青海省水功能区划》的编制,经黄河水利委员会和长江水利委员会审查通过后,2003 年 2 月 11 日省政府批复同意,后期逐步组织实施。玉树州水行政主管部门根据水功能区划中对不同水域的定位功能,实行分类保护与管理,促进了经济社会发展与水资源承载能力相适应。

三、农村饮用水水源保护

2015 年 6 月 4 日,环境保护部办公厅和水利部办公厅印发了《关于加强农村饮用水水源保护工作的指导意见》;2015年8月19日,玉树州环境保护局转发该意见。《关于加强农村饮用水水源保护工作的指导意见》主要内容如下。

（一）分类推进水源保护区或保护范围划定工作

以供水人口多、环境敏感的水源以及农村饮水安全工程规划支持建设的水源为重点,由地方人民政府按规定制订工作计划,明确划定时限,按期完成农村饮用水水源保护区或保护范围划定工作。对供水人口在1 000人以上的集中式饮用水水源,按照《水污染防治法》《水法》等法律法规要求,参照《饮用水水源保护区划分技术规范》,科学编码并划定水源保护区;日供水1 000吨或服务人口10 000人以上的水源,于2016年底前完成保护区划定工作。对供水人口小于1 000人的饮用水水源,参照《分散式饮用水水源地环境保护指南(试行)》,划定保护范围。

（二）加强农村饮用水水源规范化建设

一是设立水源保护区标志。地方各级环保、水利等部门,要按照当地政府要求,参照《饮用水水源保护区标志技术要求》《集中式饮用水水源环境保护指南(试行)》,在饮用水水源保护区的边界设立明确的地理界标和明显的警示标志,加强饮用水水源标志及隔离设施的管理维护。

二是推进农村水源环境监管及综合整治。地方各级环保部门要会同有关部门,参照《分散式饮用水水源地环境保护指南(试行)》《集中式饮用水水源环境保护指南(试行)》等文件,自2015年起,分期分批调查评估农村饮用水水源环境状况。对可能影响农村饮用水水源环境安全的化工、造纸、冶炼、制药等重点行业、重点污染源,要加强执法监管和风险防范,避免突发环境事件影响水源安全。结合农村环境综合整治工作,开展水源规范化建设,加强水源周边生活污水、垃圾及畜禽养殖废弃物的处理处置,综合防治农药、化肥等面源污染。针对因人类活动影响超标的水源,研究制订水质达标方案,因地制宜地开展水源污染防治工作。

三是提升水质监测及检测能力。地方各级水利、环保部门要配合发展改革、卫生计生等部门,按照本级人民政府部署,结合《关于加强农村饮水安全工程水质检测能力建设的指导意见》的落实,提升供水工程水质检测设施装备水平和检测能力,满足农村饮水工程的常规水质检测需求。加强农村饮水工程的水源及水厂水质监测和检测,重点落实日供水1 000吨或服务人口10 000人以上的供水工程水质检测责任。地方各级环保部门要按照《全国农村环境质量试点监测工作方案》要求,开展农村饮用水水源水质监测工作。

四是防范水源环境风险。地方各级环保部门要会同有关部门,排查农村饮用水水源周边环境隐患,建立风险源名录。指导、督促排污单位,按照《突发事件应对法》和《突发环境事件应急预案管理暂行办法》的规定,做好突发水污染事故的风险控制、应急准备、应急处置、事后恢复以及应急预案的编制、评估、发布、备案、演练等工作。参照《集中式地表饮用水水源地环境应急管理工作指南(试行)》,以县或乡镇行政区域为基本单元,编制农村饮用水水源突发环境事件应急预案;一旦发生污染事件,立即启动应急方案,采取有效措施保障群众饮水安全。

(三)健全农村饮水工程及水源保护长效机制

地方各级水利、环保部门要会同有关部门,结合农村饮水工程建设、农村环境综合整治、新农村建设等工作,多渠道筹集水源保护资金;按照《农村饮水安全工程建设管理办法》等的规定,切实加强资金管理;落实用电用地和税收优惠等政策,推进县级农村供水机构、环境监测机构和维修养护基金建设,保障工程长效运行,确保饮水工程安全、稳定、长期发挥效益。严格工程验收,确保工程质量,未按要求验收或验收不合格的要限期整改。明确供水工程及水源管护主体。指导、督促农村饮水工程管理单位,建立健全水源巡查制度,及时发现并制止威胁供水安全的行为;规范开展水源及供水水质监测和检测,发现异常情况及时向主管部门报告,必要时启动应急供水。

截至2017年底,实施完成水源地保护10处,设立网围栏4 000米、警示牌10块。

第六节　水资源管理

青海省水资源管理始自《水法》公布施行的1988年。根据《水法》的规定,青海省政府于1988年10月明确省、州(地、市)、县(市)政府水行政主管部门及其负责各自行政区域内水资源管理和监督的职能。各级水行政主管部门随后相继成立了水政水资源管理的职能机构,配备管理人员,按照规定的权限,开展水资源管理和监督工作。随着水利改革和机构改革的推进,全省水资源管理体制逐步理顺,水资源管理的各项基础工作得到加强并取得成效。2012年1月,国务院发布了《关于实行最严格水资源管理制度的意见》,2012年12月,青海省人民政府办公厅提出了实行最严格水资源管理制度的实施意见。玉树州依据该制度,在水资源管理方面做了相应的工作。

一、最严格水资源管理

(一)组织体系

1. 工作领导小组

按照实行最严格水资源管理制度工作部署,2014年9月经州人民政府批准成立了由州水利局、州发改委、州财政局、州环保局等相关部门组成的玉树州实行最严格水资源管理制度工作领导小组及办公室,确保最严格水资源管理工作高位推动。

2. 指标体系

根据青海省水利厅制定有关水资源管理"三条红线"控制指标的文件精神,依据玉树州水利普查成果资料及各级水利部门的梳理,研究制定了水资源总量控制、水功能区限制纳污红线指标体系等,经州人民政府批准实施并将水资源管理"三条红线"控制指标分解至各县(市)。玉树州2020年最严格水资源管理控制指标分解方案见表2-6-1。

表2-6-1 玉树州2020年最严格水资源管理控制指标分解方案

行政区	用水总量控制指标（亿立方米）	用水效率控制指标			水功能区限制纳污控制指标		黄河流域取水许可总量控制指标
	用水总量	万元GDP用水量下降幅度（%）	万元工业增加值用水量下降幅度（%）	农田灌溉水有效利用系数	重要江河湖泊水功能区水质达标率（%）	一般江河湖泊水功能区水质达标率（%）	地表水耗水总量（亿立方米）
玉树州	0.51				100	100	
玉树市	0.125				100	100	
囊谦县	0.1				100	100	
称多县	0.08				100	100	
治多县	0.05				100	100	
杂多县	0.065				100	100	
曲麻莱县	0.05				100	100	
全州预留	0.04						

3.目标责任

玉树州委、州政府高度重视实行最严格水资源管理制度工作,及时召开工作会议,全面部署落实最严格水资源管理制度有关工作,将最严格水资源管理制度建设纳入年度目标考核,并将"三条红线"管理指标完成以及工作落实情况作为领导干部综合考核评价的重要依据。同时,要求州属各县作为实行最严格水资源管理制度的责任主体,将水资源管理工作纳入重要议事日程,逐级落实责任,确保最严格水资源管理制度建设目标的如期实现。

(二)控制指标

1.用水总量控制目标

玉树州用水总量控制指标分配:全州用水总量0.51亿立方米。2014年全州用水总量约为0.37亿立方米,达到0.51亿立方米的控制目标。

2.水功能区控制指标

《青海省水功能区划(2015—2020年)》区划玉树州水功能一级区11个,2014年只考核了长江三江源自然保护区和澜沧江三江源自然保护区两处水功能区控制指标。根据2014年青海省水环境监测中心水质监测资料,两处水功能区均达标,达标比例为100%。

(三)制度建设与措施落实

1.严格规划管理和水资源论证

严格水资源规划管理,玉树州积极配合省水利厅编制完成了《青海省三江源区水资源综合规划》,省水利厅积极争取水利部审查批复。严格水资源论证,委托省厅有关部门审查通过了《玉树州曲麻莱县城水源地水资源论证报告》等技术报告。

2.严格控制区域取用水总量

根据水资源管理"三条红线"控制指标以及《关于做好实行最严格水资源管理制度

计划的函》等相关文件,及时编制上报用水总量控制目标及工作计划、工作措施,并将用水总量控制指标分配至所辖市(县)。

3. 严格实施取水许可

严格取水总量控制管理,严格取水许可审批,限制审批新增取水。根据青海省政府出台的《青海省取水许可和水资源费征收管理办法》《关于开展青海省取水许可台账建设试行工作的通知》等文件,在省水利厅各业务部门的大力支持下,2014年10月进一步开展了玉树州取水许可证的核对工作,并要求各市(县)根据省水利厅的通报,对取水许可管理存在的问题进一步整改落实。

4. 严格水资源有偿使用

根据《水法》及省委省政府、水利厅出台的相关制度和办法,2008年起州水利局依法开展取水许可及水资源费征收工作。2010年4月玉树地震后,因抗震救灾及灾后重建,取水许可及水资源有偿使用各项工作全部停滞。2014年5月玉树灾后重建收官,各项工作逐渐纳入常规。经州人民政府批准同意,印发了关于在全州范围内开展取水许可及征收水资源费的通知,并于2015年4月完成取水许可的重新核定和销户、新增及征收水资源费工作。

5. 严格地下水管理和保护

根据《青海省地下水利用与保护规划》和《青海省地下水超采区报告》,确定青海省无超采区。玉树州由于灾后重建,新建供水厂供水管网基本满足用水需求。各建设项目自备取水设施,严禁取用地下水,严格控制地下水的开采。

6. 加强饮用水水源保护项目的立项工作

2014年完成的囊谦县尕羊乡乡政府人饮维修改造工程投资100万元,《曲麻莱县水资源保护规划》前期费用80万元,州级申报立项的玉树州结古镇饮水水源地保护工程投资210.57万元,治多县加吉博洛格镇饮水水源地保护工程投资69.5万元。

水源地保护管理工作方面,2014年6月经州人民政府批准,依法完成治多、囊谦两县及州本级水源地保护一、二级区划分工作,其他县编制完成水源地保护区划分方案。针对全州及各县单水源供水的现状,玉树州在安全评估的基础上,认真做好州及县(市)备用水源及水源地保护工程项目的立项工作,并积极按照省政府、省水利厅文件要求精神,开展了各(县)市水源地及乡镇水源地保护工程的制作文本及立项工作。

7. 推进水生态系统保护与修复工作

根据《关于印发生态环境保护大检查的通知》(青政办〔2014〕139号)要求,州政府成立由主管州长为组长的联合执法工作组,赴六县(市)监督检查指导,开展涉河水行政执法工作,通过督察,各地水行政部门高度重视,能够及时联合相关部门,按照要求,清理和关闭了所有的涉河采砂,并开展了水生态修复及验收工作(重点检查囊谦县扎曲河、玉树市、称多县通天河河道秩序、水生态环境混乱,清理整顿、规范管理,恢复水生态环境工作)。工作组通过检查,对发现的一些问题和隐患再次下发了限期整改的通知。如新增采砂点,由各县水行政部门严格审批,并收取生态修复三项保证金,设置了红线,有效地遏制了河道内乱采滥挖等现象。同时要求各县加大执法力度,认真开展每周不少于2日的河道巡查工作,维护河道秩序。

8. 其他制度建设

一是按照省政府《青海省实行最严格水资源管理制度考核办法》要求,州政府再次安排部署2014—2015年最严格水资源管理制度,制订了工作计划和主要措施,逐级落实了县(市)政府为责任主体、主要领导为责任人的责任制度。同时,州委组织部考核办将最严格水资源管理制度考核内容细化,作为县(市)级地方人民政府及相关领导干部综合考核评价依据。二是健全水资源监控体系。认真完成取水许可台账信息录入核对工作,建立健全了全州取水用户档案,完成了玉树市供水厂用水量的监控及监测安装工程。三是完善水资源管理投入体制。省水利厅对玉树州建立了长效、稳定的水资源管理投入机制。四是2014年8月委托青海省水文水资源勘测局编制完成了州本级及五县一市的《水资源调查评价及水资源配置》,为全州水资源利用、节约、管理和保护等工作提供了基础支撑。五是每年利用"世界水日、中国水周"开展水情宣传教育活动,采取群众喜闻乐见的形式和利用现代发达媒体进行宣传,深入学校、基层开展宣传活动,并强化社会舆论监督,设置举报电话。

（四）目标完成情况

截至2016年,全州用水总量控制在0.33亿立方米,重要江河湖泊水功能区及一般水功能区水质达标率为100%。截至2017年,全州用水总量为0.35亿立方米,完成了0.51亿立方米的控制目标,重要水功能区及一般水功能区水质达标率为100%。

二、水资源监控管理

（一）水功能区水质监测

玉树州地域辽阔,海拔高,气候寒冷,交通设施落后,致使水功能区监测率较低。玉树州水功能区的监测频次基本为每年2～3次,重点水功能区监测全覆盖。详细情况见表2-6-2。

表2-6-2　玉树州水功能区监测频次

水功能区	水系	河流湖库	测站名称	监测频次	检测机构	是否自动监测站
黄河玛多源头水保护区	黄河	黄河	玛多	2	青海省水环境监测中心	否
长江三江源自然保护区	金沙江石鼓以上	沱沱河、当曲、楚玛尔河、通天河	沱沱河、直门达、通天河沿、楚玛尔河	3		否
雅砻江称多、石渠源头水保护区	金沙江石鼓以下	雅砻江	称多	2		否
澜沧江三江源保护区	澜沧江	澜沧江	香达	2		否
巴塘河玉树保留区	金沙江	巴塘河	新寨	3		否

(二)水资源管理信息系统建设

玉树州水生态保护、防洪、用水等管理的信息化水平低。全州地广人稀,气候寒冷,借助信息化的管理手段,可以有效提高管理效率,但水利信息化建设步伐迟缓、水平低,信息化建设滞后阻碍水利现代化进程,水利信息化任务艰巨。水资源调控、水利管理和工程运行的信息化水平有待提高,需要构建水务一体化管理体制,以实施最严格的水资源管理制度。

(三)管理体制、运行机制

玉树"4·14"地震水利灾后恢复重建玉树水文分局及新寨水文站、隆宝滩水文巡测站,配置相应的监测设施,投资 1 444 万元。

玉树州的水资源监测体系以及水生态保护管理领导机制并不健全。水行政部门执法能力有所欠缺,法律法规效能不足。此外,资金投入不足,缺乏科学先进的技术支撑,特别是湿地资源重点分布地区和生态建设区大多地处贫困地区,地方财政困难,在水生态保护、监测研究及执法手段与队伍建设等方面都缺乏专门的资金支持,严重制约了水生态保护事业的发展。

三、入河排污口监督管理

为切实加强玉树州入河排污口监督管理,保护水资源,保障防洪和工程设施安全,促进水资源的可持续利用,根据《水法》、《防洪法》、《入河排污口监督管理办法》(水利部22 号令)、《青海省河道管理条例》等法律法规,并结合玉树州实际,2017 年 5 月制定并印发了《玉树州入河排污口监督管理实施办法》。2018 年 1 月,青海省水利厅根据《水利部关于开展入河排污口调查摸底和规范整治专项行动的通知》(水资源函〔2017〕218 号)的要求,全面启动了入河排污口调查摸底和规范整治专项行动。截至 2018 年 6 月,初步完成了入河排污口调查摸底阶段工作任务。调查结果显示,玉树州共有 6 个入河排污口,全部为规模以上排污口,排污口废污水入河量 273.15 万吨,其中 COD 入河量 29.09 吨,氨氮入河量 4.55 吨,详细情况见表 2-6-3。

四、涉水事务统一管理

玉树州水利管理部门成立较晚,玉树州涉水事务如供水、排水、污水处理、饮用水水源地管理、水电等,由玉树藏族自治州水利局、玉树藏族自治州发展和改革委、玉树藏族自治州住房和城乡建设局等多个部门管理,未实现涉水事务统一管理。多数县(市)水行政主管部门仅有防汛职能,少数县(市)如玉树市、称多县、曲麻莱县水行政主管部门还负责供水管理。各县(市)水行政主管部门情况见表 2-6-4。

表 2-6-3　玉树州入河排污口基本信息

行政区划	入河排污口名称	入河排污口编码	排入水体					入河排污口类型	设置时间	污水入河方式	排放方式	所在河段河长信息	
			所在水资源分区	河湖名称	水功能区编码	水功能一级区	水功能二级区					地市级	县级
玉树市	玉树市结古排水有限公司巴塘河排污口	632721A01	长江、金沙江石鼓以上	巴塘河	F010200 0102000	巴塘河玉树河保留区		市政生活入河排污口	2012 年 1 月	管道	连续		蔡成勇
囊谦县	囊谦县萨玛那污水处理有限公司扎曲河排污口	632725A01	西南诸河、澜沧江	扎曲河	J020100 0101000	澜沧江三江源保护区		市政生活入河排污口	2015 年 1 月	管道	间歇		张琨民
称多县	称多县自来水站细曲河排污口	632723A01	长江、金沙江石鼓以上	细曲河	未划分水功能区	未划分水功能区		市政生活入河排污口	2016 年 8 月	管道	间歇		尼玛才仁
治多县	河南省新悦环境科学技术研究发展有限公司聂恰河排污口	632724A01	长江、金沙江石鼓以上	聂恰河	F010100 0402000	聂恰曲治多保留区		市政生活入河排污口	2017 年 3 月	管道	间歇		任宝元
杂多县	青海天普伟业环保科技有限公司扎曲河排污口	632722A01	西南诸河、澜沧江	扎曲河	J020100 0101000	澜沧江三江源保护区		市政生活入河排污口	2017 年 9 月	管道	间歇		才日周
曲麻莱县	成都元泽环境技术有限公司龙价沟河排污口	632726A01	长江、金沙江石鼓以上	龙价沟河	未划分水功能区	未划分水功能区		市政生活入河排污口	2016 年 6 月	管道	连续		董晋林

表 2-6-4　玉树州水行政主管部门管理机构与职能

行政区	单位名称	组建时间	职能范围
玉树市	玉树市水利局	1998 年 3 月 3 日	城市(镇)防汛(洪)
称多县	称多县水务局	2006 年 3 月 24 日	城市(镇)防汛(洪)、供水
囊谦县	囊谦县农牧科技和水利局	2002 年 3 月 3 日	城市(镇)防汛(洪)
杂多县	杂多县水务局	2012 年 10 月 1 日	城市(镇)防汛(洪)
治多县	治多县水务局	2002 年 3 月 6 日	城市(镇)防汛(洪)
曲麻莱县	曲麻莱县环境保护和水利局	2011 年 11 月 16 日	城市(镇)防汛(洪)、供水
玉树州	玉树州水务局	2012 年 7 月 1 日	城市(镇)防汛(洪)、供水

第三章　水利工程建设

水是人类生产和生活必不可少的宝贵资源,但其自然存在的状态并不完全符合人类的需要,通过修建水利工程,能够控制水流,防治洪涝灾害,并进行水量的调节和分配,以满足人类生活和生产对水资源的需要。玉树州自建州以来,先后修建了多项水利工程并发挥了相应的作用。

自1986年青海省贯彻"巩固改造、适当发展、加强管理、注重实效"的水利建设方针以来,玉树州高度重视水利基础设施的建设和改造,针对已建成水利工程中存在的年久失修、设施配套不全、经济效益衰减的实际问题,着力实施低产田改造、水利工程设施维修改造和灌区节水改造等工程。

自1999年开始,根据水利部及省水利厅的安排部署,先后完成了"以工代赈"的项目,截至2017年,国家给予玉树州"以工代赈"的资金共2 958万元。

在国家农业综合开发领导小组的支持下,青海省农业综合开发领导小组组织水利、农业、林业等部门,实施了多项农业综合开发项目,玉树州也不同程度地实施了相应的农业综合开发项目,重点分布在玉树市和囊谦县。

全州的农田实际情况是土层薄、沙性大,灌溉用水占所有地表水的比例远低于全省水平;生活用水占地表水的比例,也同样低于全国和全省水平。因此,水利建设的发展方向主要是解决人畜饮水问题,扩大农田灌溉面积。

中华人民共和国成立前,全州只有玉树市香古村一条可灌溉200亩的农田水渠,草原灌溉更是一片空白,中华人民共和国成立后,各项水利设施(如农田、草原水渠、人畜饮水工程)快速发展,特别是党的十一届三中全会以后,党和政府采取多项措施来完善和促进全州水利工程的发展,相继完成了节水灌溉工程、人畜饮水解困工程等,均取得了一定的成效。

第一节　水利工程基本概况

按照国务院、青海省和玉树州第一次全国水利普查领导小组办公室的部署,玉树州于2010—2011年开展了第一次全国水利普查。普查主要内容包括河流、湖泊基本情况,水利工程基本情况等,水利工程普查主要成果列举如下。

一、水库工程

截至 2011 年,全州可使用水库仅有 3 座,均为小(1)型水库,总库容为 1 793 万立方米。3 座水库分布情况:玉树市 1 座,总库容为 520 万立方米;杂多县 1 座,总库容为 775 万立方米;治多县 1 座,总库容为 498 万立方米,详见表 3-1-1。2017 年 11 月 3 日,以城市供水为主兼顾农业灌溉的Ⅳ等小(1)型工程——国庆水库开工建设,总建设工期为 3 年。

表 3-1-1　全州不同规模水库数量和总库容

水库规模		全州		分县级数据					
				玉树市		杂多县		治多县	
		数量 (座)	总库容 (万立方米)	数量 (座)	总库容 (万立方米)	数量 (座)	总库容 (万立方米)	数量 (座)	总库容 (万立方米)
合计		3	1 793	1	520	1	775	1	498
大型	小计								
	大(1)								
	大(2)								
中型		0		0		0		0	
小型	小计	3	1 793	1	520	1	775	1	498
	小(1)	3	1 793	1	520	1	775	1	498
	小(2)	0		0		0		0	

注:称多县、囊谦县、曲麻莱县三县在第一次水利普查中无水库工程。

二、水闸工程

2011 年,全州共有过闸流量 1 立方米/秒及以上水闸 1 座,是规模以上已建的引(进)水闸,详见表 3-1-2。

表 3-1-2　全州不同规模水闸数量

水闸规模		全州合计 (座)	分县级水闸数量(座)					
			玉树市	囊谦县	称多县	治多县	杂多县	曲麻莱县
合计		1	0	0	0	1	0	0
规模以上 (过闸流量 ≥5 立方米/秒)	小计	1	0	0	0	1	0	0
	大型	0						
	中型	0						
	小型					1		
规模以下(1 立方米/秒 ≤过闸流量<5 立方米/秒		0	0	0	0	0	0	0

三、水电站工程

2011 年,全州(除曲麻莱县)共有水电站 16 座,装机容量 32 010 千瓦,详见表3-1-3。其中在规模以上水电站中,已建成水电站 10 座,装机容量 19 960 千瓦;在建水电站 2 座,装机容量 11 300 千瓦。2017 年,正常运行的水电站有 16 座。

表 3-1-3　全州不同规模水电站数量和装机容量

行政区划	普查指标	水电站规模							规模以下(装机容量<500千瓦)
		合计	规模以上(装机容量≥500千瓦)						
			小计	大(1)	大(2)	中型	大(1)	大(2)	
全州	数量(座)	16	12	0	0	0	1	11	4
	装机容量(千瓦)	32 010	31 260	0	0	0	10 500	20 760	750
玉树市	数量(座)	3	2	0	0	0	1	1	1
	装机容量(千瓦)	15 400	15 300				10 500	4 800	100
囊谦县	数量(座)	3	3	0	0	0		3	0
	装机容量(千瓦)	2 600	2 600					2 600	
称多县	数量(座)	7	4	0	0	0		4	3
	装机容量(千瓦)	9 210	8 560					8 560	650
治多县	数量(座)	2	2	0	0	0		2	0
	装机容量(千瓦)	2 300	2 300					2 300	
杂多县	数量(座)	1	1	0	0	0		1	0
	装机容量(千瓦)	2 500	2 500					2 500	
曲麻莱县	数量(座)								
	装机容量(千瓦)								

四、农村供水工程

2011 年,全州共有农村供水工程 1 677 处,其中集中式供水工程 72 处,分散式供水工程 1 605 处。全州农村供水工程总受益人口 77 342 人。按县级区分的农村供水工程数量和受益人口情况见表3-1-4。截至 2017 年,全州共有供水工程 3 522 处,受益人口 26.64 万人,详见表3-1-5。

表 3-1-4　全州农村供水工程数量及受益人口数量(截至 2011 年)

行政区划	合计		集中式供水		分散式供水	
	工程数量 (处)	受益人口 (人)	工程数量 (处)	受益人口 (人)	工程数量 (处)	受益人口 (人)
全州	1 677	77 342	72	54 260	1 605	23 082
玉树市	179	8 448	12	7 690	167	758
囊谦县	21	16 265	21	16 265	0	0
称多县	651	41 617	35	24 458	616	17 159
治多县	331	2 060	1	306	330	1 754
杂多县	199	6 499	2	5 051	197	1 448
曲麻莱县	296	2 453	1	490	295	1 963

表 3-1-5　全州农村供水工程数量及受益人口数量(截至 2017 年)

行政区划	工程数量 (处)	设计 供水规模 (立方米/天)	日实际 供水量 (立方米/天)	受益人口 (万人)	农村 人口数 (万人)	供水入户 人口 (万人)
玉树州	3 522	44 790	42 846	26.64	26.64	6.52
玉树市	242	14 587	14 587	6.60	6.60	1.84
囊谦县	75	18 214	18 214	7.00	7.00	2.65
称多县	662	7 902	6 322	5.29	5.29	0.59
治多县	334	892	842	1.84	1.84	0.39
杂多县	1 681	2 076	2 076	3.90	3.90	0.67
曲麻莱县	528	1 119	805	2.02	2.02	0.39

五、灌区工程

2011 年,全州共有设计灌溉面积 50 万亩(含)~1 万亩的灌区 11 处,设计灌溉面积约 1.99 万亩,详见表 3-1-6;共有耕地灌溉面积及园林草地等非耕地灌溉面积约 2.01 万亩,其中耕地灌溉面积约 1.96 万亩,园林草地等非耕地灌溉面积 0.05 万亩,详见表 3-1-7。"十二五"期间改善灌溉面积 7 000 多亩。农田灌溉饲草料灌溉工程共列入"十三五"规划 72 项,截至 2017 年,完成 22 项,完成率为 30%。2016 年改善草原灌溉面积 1.31 万亩、农田灌溉面积 1.50 万亩,解决 9 个贫困村;2017 年解决农田及草原节水灌溉面积 1.85 万亩。

表 3-1-6　全州灌区建设

行政区划	合计		2 000 亩到 1 万亩		50 亩到 2 000 亩	
	数量 (处)	总灌溉面积 (万亩)	数量 (处)	总灌溉面积 (万亩)	数量 (处)	总灌溉面积 (万亩)
全州	11	1.986	1	0.3	10	1.686
玉树市	1	0.038	0	0	1	0.038
囊谦县	9	1.798	1	0.3	8	1.498
称多县	1	0.150	0	0	1	0.150
治多县	0	0	0	0	0	0
杂多县	0	0	0	0	0	0
曲麻莱县	0	0	0	0	0	0

表 3-1-7　　全州耕地灌溉面积及园林草地等非耕地灌溉面积

行政区划	合计（万亩）	耕地灌溉面积（万亩）	园林草地等非耕地灌溉面积（万亩）
全州	2.008 1	1.958 1	0.05
玉树市	0.055 1	0.055 1	0
囊谦县	1.803 0	1.803 0	0
称多县	0.150 0	0.1	0.05
治多县	0	0	0
杂多县	0	0	0
曲麻莱县	0	0	0

第二节　水库工程

国庆水库位于玉树市以西扎西科河上游,选址在扎西科果青沟西沟内,距省会西宁市约 800 公里,距玉树市结古镇 15 公里,是一座以城市供水为主,兼顾农业灌溉的Ⅳ等小(1)型工程。水库主要建筑物有水库大坝、溢洪道、导流排沙放空洞、输水管线等。水库正常蓄水位 4 027.10 米,设计洪水位 4 028.50 米,校核洪水位 4 029.40 米。水库总库容为 437.2 万立方米,有效调节库容 348 万立方米。

国庆水库工程由青水建〔2017〕185 号文件批准建设,项目资金根据青发改农经〔2017〕413 号文件下达,2017 年 11 月 3 日正式开工,总建设工期为 3 年,总投资约 3.4 亿元。

一、参建单位

(1)工程建设单位为青海省玉树市水利局。

(2)工程设计单位为中国电建集团西北勘测设计研究院有限公司。

(3)工程施工单位为中国水利水电第四工程局有限公司。

(4)质检单位为青海省水利水电科技发展有限公司(青海省水利水电科学研究院有限公司)。

二、前期工作

2016 年完成了对国庆水库可行性研究报告专家组审查及修改工作,并完成《水土保持方案》《规划同意书》《社会稳定风险评估》等 20 项附件当中的 19 项附件的编制、审查工作,其中《环境影响评价》因项目区涉及巴塘湿地公园等原因,进行了再次修改完善。

根据国家环保总局《环境影响评价公众参与暂行办法》(环发〔2006〕28 号)和《关于

切实加强风险防范严格环境影响评价管理的通知》(环发〔2012〕98 号),对国庆水库环境影响评价工作程序和主要工作内容分为如下三个阶段:

准备阶段:研究工程设计文件,初步识别主要环境保护目标、项目涉及的环境敏感问题,提出工作重点及相关专题的研究、评价工作等级和评级方法,准备环境影响评价大纲。

正式工作阶段:进行环境现状调查与专题研究工作,进一步进行工程分析与识别工程的环境影响,进行环境影响评价。

报告书编制阶段:依据前阶段的工作资料、数据及专题研究成果,进行汇总和分析,编制报告,给出项目的环境影响评价结论。

三、工程建设

国庆水库工程建设实行项目法人制、招标投标制、工程监理制、合同管理制。

（一）招标投标

国庆水库施工采用国内公开招标,招标人为玉树市国庆水库工程建设管理处,招标代理机构为青海省禹龙水利水电工程招标技术咨询中心。

（二）项目概况

1. 大坝

呈南北向布置,坝型为沥青混凝土心墙堆石坝,最大坝高51.9 米,坝顶长度264.4米、宽7 米。大坝上游坡比4 002 米高程以上1:2.25,以下1:3.0;下游坡比1:1.8。在坝体上游4 015 米高程设一级宽3 米的马道;4 002 米高程以下为临时度汛体,采用永临结合方式,前期作为挡水围堰,后期作为坝体的一部分,上游坡比1:3.0,顶宽5.0 米;下游坡比1:1.5。坝体下游4 015 米、4 000 米高程处各设一级马道,马道宽为2.0 米。

2. 溢洪道

布置于大坝右岸,为岸边正槽开敞式溢洪道,由正堰进水口、控制段、渐变段、泄槽段和出口底流消能工构成。设计堰型为驼峰堰,净宽12 米,堰顶高程4 027.1 米,总长度为317.7 米。

3. 导流放空洞

导流放空洞布置于左坝肩山体内,一洞两用,施工期作为导流洞使用;后期运行中,作为水库放空洞使用;由进口段、闸室段、洞身段及出口消能工组成,总长443 米,纵坡比降0.041 7,进口高程3 996.7 米。采用城门洞型无压隧洞,断面尺寸3.0 米×4.0 米(净宽×净高)。

4. 取水口

常规取水口布置在检修门和工作门之间的侧墙3 999 米高程,高出50 年的平均淤积面1.5 米。另外,在拦污栅前胸墙4 010 米、4 020 米高程设2 个备用取水口。灌溉管管径 DN800,供水管管径 DN500。

5. 金属结构及机电设备

主要布置在放空洞进口,包括进口的拦污栅1 孔1 扇、潜孔式平板事故闸门1 孔1

扇和平板工作闸门 1 孔 1 扇,共计 3 孔 3 扇闸门(拦污栅)。启闭设备 3 台(套)。

（三）工程施工

2017 年 11 月 3 日,国庆水库工程正式开工。玉树州委州政府、青海省水利厅、玉树市委市政府、水电四局相关领导以及业主、监理、施工单位约 100 人参加了开工仪式。

四、工程投资

工程总投资为 34 354.21 万元。

五、工程效益

国庆水库工程完成后,将有效地解决玉树市 17.5 万人未来 10～15 年的城市用水问题,并兼顾玉树城区南北山 20 平方公里的绿化灌溉和 0.13 平方公里设施农业的灌溉。

第三节　以工代赈项目

据不完全统计,1999—2017 年,国家给予玉树州"以工代赈"的资金共有 2 958 万元,各年度项目及资金投入情况见表 3-3-1。

表 3-3-1　玉树州 1999—2017 年"以工代赈"项目

序号	年度	项目	资金投入 （万元）	总资金 （万元）
1	1999	称多县一、二级站维修	50	325
		昂欠县白扎渠维修	105	
		曲麻莱县巴干东风 2 乡人饮工程	23	
		玉树县结古镇温灌渠维修	30	
		玉树县巴塘乡相古渠维修	67	
		玉树县安冲乡布朗村人饮工程	40	
		昂欠县尼赛乡拉翁渠	10	
2	2000	称多县赛河阿多村人饮工程	50	50
3	2002	玉树县安冲乡来叶村人饮工程	42	42
4	2004	囊谦县着晓乡优永村人饮工程	70	70

续表 3-3-1

序号	年度	项目	资金投入 （万元）	总资金 （万元）
5	2005	称多县珍秦乡秦巴龙人饮工程	78	306
		玉树县上拉秀日麻措龙人饮工程	55	
		昂欠县吉曲乡外户卡村人饮工程	63	
		治多县治渠乡同卡村人饮工程	50	
		杂多县扎青乡格赛村人饮工程	60	
6	2006	治多县立新乡扎西村人畜饮水工程	60	120
		称多县称文镇者贝村人畜饮水工程	60	
7	2007	玉树县上拉秀乡加村人畜饮水工程	70	310
		曲麻莱县郭阳村人饮工程	35	
		称多县尕多乡桌木其村灌溉工程	110	
		囊谦县觉拉乡卡荣尼村三社人饮工程	75	
		玉树县仲达乡塘龙社人饮工程	20	
8	2008	玉树县小苏莽乡长青社人畜饮水工程	47	400
		玉树县小苏莽乡塔玛社人畜饮水工程	51	
		玉树县小苏莽乡巴拉社人畜饮水工程	37	
		称多县称文镇下庄村人畜饮水工程	73	
		称多县珍秦乡十村二社、 拉布乡拉司通村人畜饮水工程	60	
		囊谦县白扎乡巴尼村人畜饮水工程	62	
		囊谦县香达镇卡宏村人畜安全饮水工程	70	
9	2009	称多县拉布乡达哇村达哇社灌区改造	100	197
		囊谦县娘拉乡下拉村灌溉工程	97	
10	2010	囊谦县娘拉乡蔬菜基地灌溉渠道工程	100	320
		称多县称文镇上下克哇人饮管道维修工程	40	
		称多县拉布乡郭吾村农田灌溉工程	180	

续表 3-3-1

序号	年度	项目	资金投入（万元）	总资金（万元）
11	2011	称多县称文镇宋当村人畜饮水工程	200	418
		称多县拉布乡达哇村达哇社易地扶贫搬迁试点工程配套人畜饮水工程	33	
		称多县拉布乡达哇村巴热社易地扶贫搬迁试点工程配套人畜饮水工程	24	
		称多县称文镇芒查村易地扶贫搬迁试点工程配套工程人畜饮水工程	45	
		囊谦县白扎乡东坝农田灌溉改造	30	
		囊谦县白扎乡吉沙村易地扶贫搬迁试点工程配套人畜饮水工程	25	
		囊谦县吉曲乡巴沙村易地扶贫搬迁试点工程配套人畜饮水工程	28	
		囊谦县吉曲乡瓦堡村易地扶贫搬迁试点工程配套人畜饮水工程	17	
		囊谦县香达镇江卡村易地扶贫搬迁试点工程配套人畜饮水工程	16	
12	2013	称多县称文镇宋当村小型水利工程	200	200
13	2015	囊谦县白扎、东日哇等灌区渠道维修工程	200	200

1999—2017 年（不包括 2001 年），共完成以工代赈水利工程项目 45 项，其中人畜饮水工程 31 项，灌渠（渠道）维修和新建项目 5 项，小型水利工程 1 项，电站维修项目 1 项，灌溉工程 3 项，灌区改造 1 项，蔬菜基地灌溉渠道工程 1 项，人饮管道维修工程 1 项，农田灌溉改造 1 项。此外，还完成了小流域治理、小型水电站和农电线路等项目。

第四节　农业综合开发项目

农业综合开发的主要任务是加强农业基础设施和生态建设，转变农业发展方式，推进农村第一、二、三产业融合发展，提高农业综合生产能力，保障国家粮食安全，带动农民增收，促进农业可持续发展和农业现代化。农业综合开发项目包括土地治理项目和产业化发展项目。土地治理项目包括高标准农田建设、生态综合治理、中型灌区节水配套改造等；产业化发展项目包括经济林及设施农业种植基地、养殖基地建设，农产品加工，农产品流通设施建设，农业社会化服务体系建设等。据不完全统计，玉树州农业综合开发项目主要集中在玉树市和囊谦县，详见表 3-4-1。

表 3-4-1　农业综合开发项目

序号	市(县)	项目名称	立项建设年份	完工日期	建设内容	竣工验收时间	投资(万元)
1	玉树市	巴塘乡上巴塘村草原建设项目	2012	2013年9月	完成天然草地灭鼠20 800亩,畜棚66栋(120平方米/栋),畜圈66个(400平方米/个),科技推广引进藏系种公羊40只,草地施肥11 000亩,牧民科技培训156人(次)	2013年10月1日	375
2		上拉秀乡日玛村草原建设项目	2013	2013年11月	完成畜棚76栋(120平方米/栋),畜圈76个(400平方米/个),引进藏系种公羊76只,草地施肥18 000亩,天然草地灭鼠25 000亩,牧民科技培训158人(次)	2014年11月1日	449.67
3		巴塘乡下巴塘村草原建设项目	2014	2014年10月	完成草地施肥18 000万亩,畜棚60栋,畜圈60个,饲喂槽60套人工种草等	2015年4月1日	360
4		上拉秀乡曲新村草原建设项目	2015	2016年11月	完成一年生人工饲草地种植1 000亩,草原改良中生灭鼠15 000亩,草地施肥5 500亩,建设畜棚92栋,畜圈36 800平方米92处,引进藏系种公羊92只,退化草地补播多年生5 186亩	2017年7月1日	576
5		产业化经营补助隆宝高原牛羊养殖基地建设项目	2015	2016年9月	完成草场围栏2 400亩,牛用暖棚1 440平方米,400平方米畜圈,引进种公牛90头,藏系种公羊30只,施肥草地1 200亩,购置冷藏运输车1辆	2017年8月2日	111.32
6		农业科技推广红伟蔬菜专业合作社蔬菜种植技术推广建设项目	2015	2016年7月	引进蔬菜新品种11个,推广色板,杀虫灯,生物农药防治蔬菜病虫害技术,开展蔬菜新技术培训,组织培训蔬菜种植能手5名,培训种植人员250人(次),生产示范面积500栋,培训带动周边农牧民1 000余人	2018年1月3日	100
7		上拉秀乡玛龙村草原建设项目	2016	2017年9月	完成退化草地补播9 000亩,施肥9 000亩,修建标准畜棚58幢6 960平方米,补播草地围栏封育9 000亩,标准化畜圈58处23 200平方米,购置藏系种公羊58只	2018年1月1日	465
8		隆宝镇措桑村草原建设项目	2017	2017年11月	完成退化草地补播5 000亩,施肥5 000亩,修建标准畜棚69幢8 280平方米,补播草地围栏封育69处27 600平方米,标准化畜圈69个,购置藏系种公羊69只,配置饲喂槽69只		465

续表 3-4-1

序号	市（县）	项目名称	立项建设年份	完工日期	建设内容	竣工验收时间	投资（万元）
1	囊谦县	囊谦县香达农业综合开发项目	1996	1997年9月	修建香达南渠和日却渠10.29公里,渠系建筑物93座;新增灌溉面积4 209亩,营造成片林1 500亩	1998年8月10日	294.19
2		囊谦县吉尼赛拉翁中低产田改造项目	2011	2011年8月	新建拦河坝,村砌渠道5.20公里,埋设管道4.49公里以及渠系建筑物491座	2011年8月3日	399
3		囊谦县吉曲乡瓦江村中低产田改造项目	2011		新建引水口截水廊道1座,新建瓦江沟饮水枢纽1座,设计引水流量0.145立方米/秒,新建400PVC引水干道1条长851米,铺设280PVC直管2条长4.126公里;村砌斗渠14条长6.23公里,采用预制C15混凝土U形结构,厚度8厘米;配套各类阀门井28座,其中分水井14座,放空井2座,排气井7座,减压井1座;配套渠系建筑物484座,其中出水池14座,排水口160座,跌水292座,车桥4座,量水设施14座		
4		囊谦县觉拉乡尕少村中低产田改造项目	2012	2012年9月	新建渠道5.69公里,渠系建筑物194座,管道工程5.85公里,管道工程建筑物67座	2012年10月3日	406
5		囊谦县香达镇多昌村中低产田改造项目	2013	2013年10月	新建引水口截水廊道1座,新建引水干管1条长3 535米,出水管150米,均选用PVC管,修建各类阀门井18座,减压井1座。配套支渠15条长6 456米,配套各类渠系建筑物287座,保证1 880亩耕地的灌溉用水	2013年10月30日	364
6		囊谦县香达镇东才村高标准农田建设项目	2014	2014年11月	新建引水口1座,引水干管1条长4 369米,配套支渠17条,出水管170米,均选用PVC管,修建各类阀门井17座,配套支渠U形结构衬砌C20F200W6混凝土,长4 553米,采用预制C20F200W4混凝土142座,保证1 647亩耕地的灌溉用水	2014年11月	330.4
7		囊谦县香达镇前多灌区一期高标准农田建设项目	2015	2015年9月	新建引水干管1条长2 178.10米,分水出水管100米,均选用PE管,修建各类阀门井10座,配套支渠2条长2 412.69米,斗渠16条,总长5 858.38米,均采用预制C20F200W4混凝土U形结构衬砌。配套各类渠系建筑物371座等	2015年10月	420
8		囊谦区二期前多灌区二期高标准农田建设项目	2016	2016年10月	南干管二期,长2 339米;北干管,长2 458.52米;干斗渠,长5 375.46米,跌水80个,车便桥4座,消力池17座,分水井17座,斗渠农口120米,排气井4座等	2016年10月	308

第五节 水利工程设施维修改造

1986年初,青海省水利厅水利管理局在水利工程"三查三定"成果的基础上,统计出全省需要维修改造的水利工程共有1 117项,影响灌溉面积107.64万亩,其中包括玉树州需要维修改造的水利工程。此后,玉树州在省水利部门的领导下逐年实施。以下按工程分类,记述主要维修改造(含复建)项目的实施情况。

一、渠系维修工程

据不完全统计,自20世纪90年代以来,玉树州实施的主要渠系维修工程有22项,详见表3-5-1。

表3-5-1　玉树州渠系维修工程

序号	项目名称	县(市)	年份	下达资金(万元)						备注
				合计	预算内	中央财政	省级资金	支农资金	自筹	
1	结古镇温灌渠维修工程	玉树县	1999	30						
2	巴塘乡相古渠维修	玉树县	1999	67						
3	仲达乡电达村排洪渠工程	玉树县	2004	10						
4	结古镇萨群沟渠维修工程	玉树县	2008	20						州本级
5	昂塞乡排洪渠水毁修复工程	杂多县	2008	23						
6	新建路排洪渠水毁修复	玉树县	2008	20						州本级
7	香达镇排洪渠水毁修复工程	囊谦县	2008	23						
8	结古镇萨群沟渠维修	玉树县	2008	20						州本级
9	称文镇上下克哇人饮管道维修工程	称多县	2010	40						
10	县城防洪渠水毁应急修复	杂多县	2011	25		25				
11	相古渠道泵站改造工程	玉树县	2012	300				300		
12	防汛抢险及排洪渠水毁修复	玉树县	2012	30		30				
13	周筠排洪渠应急工程	称多县	2012	15		15				

续表 3-5-1

序号	项目名称	县（市）	年份	下达资金（万元）						备注
				合计	预算内	中央财政	省级资金	支农资金	自筹	
14	加吉博格镇排水渠应急修复工程	治多县	2012	15		15				
15	城镇防洪渠水毁修复工程	治多县	2012	20		20				
16	萨呼腾镇然子1号排洪渠水毁应急修复工程	杂多县	2012	15		15				
17	县城防洪渠水毁修复工程	杂多县	2012	30		30				
18	巴干乡排洪渠应急工程	曲麻莱县	2012	20		20				
19	县城防洪渠水毁修复工程	曲麻莱县	2012	25		25				
20	县城排洪渠修复工程	称多县	2013	25		25				
21	排洪渠疏浚应急工程	玉树市	2014	20		20				
22	萨呼腾镇排洪渠毁应急修复工程	杂多县	2016	40		40				

二、灌区维修改造工程

据不完全统计，自 2009 年以来，玉树州实施的主要灌区、灌溉工程有 5 项，详见表 3-5-2。

表 3-5-2 玉树州灌区维修改造工程

序号	项目名称	县（市）	年份	下达资金（万元）					备注
				合计	预算内	中央财政	省级资金	自筹	
1	拉布乡达哇村达哇社灌区改造	称多县	2009	100					
2	娘拉乡蔬菜基地灌溉渠道工程	囊谦县	2010	100					
3	白扎乡东坝农田灌溉改造	囊谦县	2011	30			30		
4	北山绿化灌溉建设项目（一期）	玉树市	2015	500			500		1
5	囊谦县白扎、东日哇等灌区渠道维修工程	囊谦县	2015	200				15	以工代赈资金185万元

（一）囊谦县娘拉乡蔬菜基地灌溉渠道工程

该工程由玉树州发改委以玉发改〔2010〕68 号文批准建设,建设地点在玉树州囊谦县,建设规模为新建引水枢纽 1 座;衬砌渠道 5.75 公里,其中主干渠 2.0 公里、引水渠1.5 公里;渠系建筑物 620 座。资金来源为国家专项资金,工程总投资 100 万元。

（二）囊谦县白扎、东日哇等灌区渠道维修工程

该工程由玉树州发改委以玉发改〔2015〕534 号文批准实施,建设地点在囊谦县白扎乡东日哇村,主要建设内容是维修渠道 15 公里及各类建筑物,建成后改善灌溉面积 2.51万亩。建设资金来源为以工代赈和县自筹,工程总投资 200 万元。

三、农田水利设施维修养护项目

据不完全统计,近 4 年来,玉树州实施的主要农田水利设施维修养(管)护项目有 12项,详见表3-5-3。

表 3-5-3　玉树州农田水利设施维修养护

序号	项目名称	县(市)	年份	下达资金(万元)					备注
				合计	预算内	中央财政	省级资金	自筹	
1	农田水利设施运行管护	玉树市	2014	10		10			1
2	玉树市农田水利设施维修养护	玉树市	2015	53		53			1
			2016	40		40			
3	农田水利设施运行管护	囊谦县	2014	10		10			1
4	囊谦县农田水利设施维修养护	囊谦县	2015	50		50			1
			2016	100		100			
5	农田水利设施运行管护	称多县	2014	10		10			
6	称多县农田水利设施维修养护	称多县	2015	30		30			
			2016	30		30			1
7	农田水利设施运行管护	治多县	2014	10		10			
8	治多县农田水利设施维修养护	治多县	2015	30		30			
9	农田水利设施运行管护	杂多县	2014	10		10			1
10	杂多县农田水利设施维修养护	杂多县	2015	30		30			
11	农田水利设施运行管护	曲麻莱县	2014	10		10			
12	曲麻莱县农田水利设施维修养护	曲麻莱县	2015	30		30			

第六节　水源工程

水源工程按工程特点可分为引水工程、扬水工程、地下水工程、调水工程等,玉树州第一次水利普查公报显示,全州境内无提水、扬水和调水工程。

一、引水工程

根据玉树州第一次水利普查公报,玉树州境内有引水供水工程139处,其中玉树市47处、囊谦县36处、称多县37处、治多县5处、杂多县2处和曲麻莱县12处,128处为城乡集中供水工程,11处为农业灌溉和城乡集中供水工程,详见表3-6-1。

引水供水工程2011年供水量1 053.75万立方米,供水人口14.78万人。通天河流域集中供水工程60项,2011年供水量208.72万立方米,供水人口4.82万人;沘江口以上流域集中供水工程57项,2011年供水量635.95万立方米,供水人口7.27万人;直门达至石鼓流域集中供水工程19项,2011年供水量206.09万立方米,供水人口2.59万人;雅砻江流域集中供水工程1项,2011年供水量2.2万立方米,供水人口0.06万人;黄河流域河源至玛曲集中供水工程2项,2011年供水量0.79万立方米,供水人口0.04万人。

2016年实施了引水工程,有效解决了玉树市区近5 000户2万余人的生活用水问题。

二、地下水供水工程

玉树州境内地下水供水主要是分散式人力井,截至2011年,全州有人力井2 632眼,供水量为121.648 5万立方米,供水人口6.335 9万人。按县(市)分,玉树市有人力井961眼,2011年供水量为77.544 3万立方米,供水人口3.212 5万人;称多县616眼,供水量为18.205 8万立方米,供水人口1.715 9万人;杂多县330眼,供水量为1.567 1万立方米,供水人口0.218 8万人;治多县430眼,供水量为22.043 8万立方米,供水人口0.992 4万人;曲麻莱县295眼,供水量为2.287 5万立方米,供水人口0.196 3万人。按流域分区,河源至玛曲流域有分散地下水人力井129眼,供水量为3.278 8万立方米,供水人口0.335 0万人;通天河流域1 181眼,供水量为41.777 8万立方米,供水人口2.845 9万人;直门达至石鼓流域106眼,供水量为1.596 0万立方米,供水人口0.135 9万人;雅砻江流域195眼,供水量为7.393 5万立方米,供水人口0.681 3万人;沘江口以上1 021眼,供水量为67.602 4万立方米,供水人口2.337 8万人;柴达木盆地西部和羌塘高原区无地下水取水井。详见表3-6-2。

表 3-6-1　玉树州流域分区引水工程供水量(2011 年)

水资源三级区	工程名称	取水口位置	取用河流	取水用途	供水量(万立方米)	供水人口(万人)	灌溉面积(万亩)
通天河流域	隆宝镇代青村	代青村	益曲	城乡供水	0.832 2	0.088 7	
	隆宝镇 257 规划区灾后重建安置点人畜饮水	隆宝镇	益曲	城乡供水	1.259 3	0.115 0	
	隆宝镇德吉岭人畜饮水工程(措多,措桑,措美,哈秀)	隆宝镇	益曲	城乡供水	0.273 8	0.025 0	
	隆宝镇哈秀岗日村玛然布青人畜饮水工程	哈秀乡	益曲	城乡供水	0.273 8	0.025 0	
	隆宝镇哈秀甘宁灾后重建人畜饮水工程	哈秀乡	登额曲	城乡供水	27.375 0	0.120 0	
	隆宝镇哈秀岗日村灾后重建人畜饮水安全工程	哈秀乡	益曲	城乡供水	21.900 0	0.221 1	
	隆宝镇哈秀哇陇村人畜饮水工程	哈秀乡	益曲	城乡供水	0.821 3	0.075 0	
	隆宝镇哈秀云塔村人畜饮水工程	哈秀乡	益曲	城乡供水	0.821 3	0.075 0	
	安冲乡乡政府所在地人畜饮水工程	安冲乡	益曲	城乡供水	0.383 3	0.035 0	
	安冲乡达吉寺,叶青社,安冲直社人畜饮水工程	安冲乡	益曲	城乡供水	0.383 3	0.035 0	
	安冲乡莱叶村人畜饮水工程	安冲乡	益曲	城乡供水	0.200 4	0.018 3	
	安冲乡吉拉村人畜饮水工程	安冲乡	益曲	城乡供水	1.040 3	0.095 0	
	安冲乡布郎村人畜饮水工程	安冲乡	益曲	城乡供水	0.797 2	0.072 8	
	仲达乡政府及劳拉村人畜饮水工程	仲达乡	通天河干流支流	城乡供水	0.897 9	0.082 0	
	仲达乡电达村人畜饮水工程	仲达乡	电协陇巴	城乡供水	3.320	0.095 0	
	仲达乡塘达村人畜饮水工程	仲达乡	塔普	城乡供水	3.264	0.056 0	
	仲达乡秋金达社人畜饮水工程	仲达乡	通天河干流支流	城乡供水	2.011	0.010 0	
	仲达乡歇格村人畜饮水工程	仲达乡	通天河干流支流	城乡供水	1.552	0.049 0	
	称文镇下庄村叉拉沟县城自来水水源地供水工程	称文县肉联厂北 1 500 米泵措拉漪	称文细曲	城乡供水	8.59	0.446 4	

续表 3-6-1

水资源三级区	工程名称	取水口位置	取用河流	取水用途	供水量（万立方米）	供水人口（万人）	灌溉面积（万亩）
	称文镇下庄村叉拉沟县城自来水水源地供水工程	称文县肉联厂北1 500米措拉翁	称文细曲	城乡供水	8.59	0.446 4	
	称文镇阿多村人饮供水工程	称文镇阿多村东800米山口	乌龙陇巴	城乡供水	2.21	0.064	
	称文镇赛河阿多人饮供水工程	阿多村	乌龙陇巴	城乡供水	2.39	0.044	
	称文镇白龙村人饮供水工程	白龙村	称文细曲	城乡供水	3.55	0.057 6	
	称文镇肖日巴、日日社人饮供水工程	日日社	乌龙陇巴	城乡供水	2.28	0.020 1	
	称文镇者贝村人饮供水工程	者贝村	乌龙陇巴	城乡供水	2.5	0.133 8	
	称文镇岗茸村人饮工程	岗茸村	乌龙陇巴	城乡供水	0.627 8	0.04	
	称文镇拉贡村人饮工程	拉贡村	长江支流	城乡供水	0.38	0.119 7	
	称文镇卡恩村人饮工程	卡恩村	乌龙陇巴	城乡供水	1.207 4	0.097 3	
	称文镇智君村人饮工程	智君村	乌龙陇巴	城乡供水	0.7	0.054 7	
	称文镇松当村人饮工程	松当村	称文细曲	城乡供水	0.469 1	0.098 2	
	称文镇雪吾村人饮工程	雪吾村	称文细曲	城乡供水	0.47	0.025 8	
通天河流域	孕朵乡吉新村人饮供水工程	吉新村	卡龙陇	城乡供水	3.52	0.123 5	
	孕朵乡卓木夫村人饮供水工程	邦下寺院南300米后山沟	木苏陇	城乡供水	2.7	0.064 1	
	孕朵乡卡龙、夏河人饮供水工程	卡龙村	卡龙陇	城乡供水	4.09	0.084 3	
	拉布乡拉曲农灌供水工程	拉布乡郭吾村东600米卓娘沟口	拉涌	农业	25.5	0.157 7	0.1
	拉布乡郭吾村人饮供水工程	拉布乡郭吾村东700米山沟	拉涌	城乡供水	2.6	0.067 0	
	拉布乡兰达村人饮供水工程	拉布乡兰达村东1 500米山沟	拉涌	城乡供水	4.93	0.090 3	
	拉布乡拉涌北人饮供水工程	拉布乡郭吾村登科社东300米山口	拉涌	城乡供水	6.00	0.117 8	
	拉布乡拉司通村人饮工程	拉司通村	拉涌	城乡供水	0.86	0.138 8	

续表 3-6-1

水资源三级区	工程名称	取水口位置	取用河流	取水用途	供水量(万立方米)	供水人口(万人)	灌溉面积(万亩)
通天河流域	拉布乡达哇村人饮工程	达哇村	通天河支流	城乡供水	0.95	0.100 9	
	拉布乡德达村人饮工程	德达村	通天河支流	城乡供水	0.94	0.080 1	
	拉布乡帮布村农灌工程	帮布村	通天河支流	城乡供水	0.90	0.050 8	
	扎朵镇扎朵社区人饮工程	扎朵社区	夏蒿	城乡供水	1.332 8	0.107 4	
	扎朵镇生态移民供水管道工程	扎朵镇	夏蒿	城乡供水	0.523 8	0.028 7	
	约改镇龙那沟取水工程	龙那沟	龙那加日苟曲	城乡供水	7.300 0	0.320 0	
	约改镇长江村人饮工程	长江村	通天河	城乡供水	1.642 5	0.020 3	
	曲麻河乡昂拉村人饮工程	昂拉村	那曲	城乡供水	0.841 0	0.075 3	
	曲麻河乡勒池村人饮工程	勒池村	勒池曲	城乡供水	0.526 1	0.047 1	
	秋智乡布甫村人饮工程	布甫村	登恩涌	城乡供水	1.642 5	0.017 8	
	秋智乡布甫村人饮工程	布甫村	登恩涌	城乡供水	0.279 2	0.025 0	
	秋智乡加巧村人饮工程	加巧村	登恩涌	城乡供水	2.847 0	0.051 9	
	秋智乡格麻村人饮工程	格麻村	昂日曲	城乡供水	1.460 0	0.009 2	
	巴干乡曲日考取水工程	代曲村	曲日赛改	城乡供水	1.220 0	0.049 0	
	巴干乡巴亏乡人饮工程	代曲村	德曲	城乡供水	2.082 5	0.009 1	
	巴干乡麻秀村人饮工程	麻秀村	德曲	城乡供水	2.007 5	0.017 2	
	多格叶泽取水工程	多格叶泽	区柔曲	城乡供水	0.286 3	0.030 6	
	贡萨社区供水工程	贡萨社区	聂恰曲	城乡供水	18.25	0.079 5	
	岗查村人畜饮水工程	岗查村	聂恰曲	城乡供水	7.3	0.05	
	同卡村人畜饮水工程	同卡村	聂恰曲	城乡供水	4.9	0.017	
	江庆村人畜饮水工程	江庆村	白加曲	城乡供水	7.3	0.034	
小计					208.719	4.821	0.1

续表 3-6-1

水资源三级区	工程名称	取水口位置	取用河流	取水用途	供水量（万立方米）	供水人口（万人）	灌溉面积（万亩）
	下拉秀镇镇政府所在地及孕麻村灾后重建人畜饮水工程	下拉秀镇	隆曲	城乡供水	7.30	0.025 0	
	下拉秀镇塔玛村灾后重建居民人畜饮水工程	下拉秀镇	子曲	城乡供水	21.17	0.123 0	
	下拉秀镇高强村人畜饮水工程	下拉秀镇	觉曲	城乡供水	17.70	0.104 0	
	下拉秀镇塔玛村五社人畜饮水工程	下拉秀镇	子曲	城乡供水	4.38	0.021 0	
	玉树县农村人畜饮水工程（包括叶吉尼玛二社、钻多村恩那一社、当卡一社然乃达、当卡三社、白玛村一社等）	下拉秀镇	子曲	城乡供水	44.01	0.110 1	
沱江口以上	上拉秀乡日玛村大队部人畜饮水工程	上拉秀乡	子曲支流贡曲	城乡供水	7.52	0.070 3	
	上拉秀乡加巧村（达普兄）人畜饮水工程	上拉秀乡	子曲支流日青曲	城乡供水	0.94	0.011 3	
	上拉秀乡多拉村大队部人畜饮水工程	上拉秀乡	子曲支流日青曲	城乡供水	2.13	0.075 6	
	上拉秀乡玻荣村大队部人畜饮水工程	上拉秀乡	隆曲	城乡供水	2.46	0.069 0	
	上拉秀乡政府所在地（加巧达）人畜饮水工程	上拉秀乡	子曲支流日青曲	城乡供水	10.20	0.265 0	
	上拉秀乡沙宁村人畜饮水工程	上拉秀乡	子曲支流日青曲	城乡供水	1.368 8	0.125 0	
	小苏莽乡政府及长青社人畜饮水工程	小苏莽乡	草曲上游细曲	城乡供水	12.78	0.066 0	
	小苏莽乡协新村灾后重建人畜饮水工程	小苏莽乡	子曲支流	城乡供水	8.40	0.045 0	
	小苏莽乡西扎村东从寺及尼多社灾后重建居民人畜饮水工程	小苏莽乡	草曲上游细曲	城乡供水	19.71	0.105 0	
	小苏莽乡本江村灾后重建居民人畜饮水工程	小苏莽乡	草曲上游江曲	城乡供水	22.63	0.111 0	
	小苏莽乡扎秋村灾后重建人畜饮水工程	小苏莽乡	子曲支流赞曲	城乡供水	13.14	0.069 0	
	小苏莽乡让通村人畜饮水工程	小苏莽乡	子曲支流赞曲	城乡供水	0.635 1	0.058 0	

续表 3-6-1

水资源三级区	工程名称	取水口位置	取用河流	取水用途	供水量（万立方米）	供水人口（万人）	灌溉面积（万亩）
	小苏莽乡巴拉社人畜饮水工程	小苏莽乡	子曲支流赞曲	城乡供水	0.306 6	0.028 0	
	小苏莽乡江西村人畜饮水工程	小苏莽乡	子曲支流江西沟	城乡供水	0.219 0	0.020 0	
	杂多县旦荣乡达谷村人畜饮水工程	县城清水沟1.5公里处	澜沧江	城乡供水	0.70	0.037 1	
	杂多县萨呼腾镇塔那滩供水工程	达谷村	然者涌曲	城乡供水	10.00	0.468 0	
	白扎灌区农灌供水工程	白扎乡吉沙村	强曲	农业	33.6		0.30
	日却灌区农灌供水工程	香达镇前麦村	牙不曲	农业	20.4		0.17
	得来科灌区农灌供水工程	香达镇前麦村	牙不曲	农业	19.2		0.16
	南山灌区农灌供水工程	香达镇巴米村	香曲	农业	18		0.15
	吉沙灌区农灌供水工程	白扎乡吉沙村	强曲	农业	21.6		0.18
沧江口以上	大桥灌区农灌供水工程	香达镇大桥村	澜沧江	农业	20.4		0.17
	砍达灌区农灌供水工程	香达镇砍达村	卡曲	农业	19.2		0.16
	娘买灌区农灌供水工程	娘拉乡娘买村	娘涌	农业	19.8		0.18
	外户卡灌区农灌供水工程	吉曲乡外户卡村	智曲	农业	19.8		0.16
	襄谦县自来水水源地供水工程	香达镇那容村	香曲	城乡供水	113.96	3.146 5	
	吉曲乡外户卡人畜饮水工程	吉曲乡外户卡村	—	城乡供水	6.13	0.138 4	
	吉曲乡山荣人饮安全工程	吉曲乡山荣村	—	城乡供水	11.06	0.121 7	
	吉尼赛乡拉翁村人畜饮水工程	吉尼赛乡拉翁村	—	城乡供水	3.10	0.051 5	
	香达镇巴米贡人畜饮水工程	香达镇巴米贡村	—	城乡供水	2.04	0.045 0	
	毛庄乡赛吾村人畜饮水工程	毛庄乡赛吾村	—	城乡供水	6.23	0.134 6	
	尕羊乡茶滩村工程	尕羊乡茶滩村	—	城乡供水	2.22	0.045 3	

续表 3-6-1

水资源三级区	工程名称	取水口位置	取用河流	取水用途	供水量（万立方米）	供水人口（万人）	灌溉面积（万亩）
沱江口以上	日却村格日村（东日村）工程	香达镇	—	城乡供水	3.25	0.067 6	
	觉拉乡卡荣尼肖格、强腾达、龙马卡三社工程	觉拉乡	—	城乡供水	4.72	0.100 2	
	吉尼赛乡瓦作村人畜饮水工程	吉尼赛乡瓦作村	—	城乡供水	16.10	0.190 3	
	东坝乡过永游牧民定居居人饮工程	东坝乡过永村	—	城乡供水	10.03	0.104 7	
	东坝乡吉赛人饮安全工程	东坝乡吉赛人村	—	城乡供水	7.14	0.073 5	
	娘拉乡下拉人饮安全工程	娘拉乡下拉村	—	城乡供水	4.19	0.065 7	
	香达镇拉宗工程	香达镇拉宗村	—	城乡供水	1.10	0.030 6	
	东坝乡过永 3 社工程	东坝乡过永村	—	城乡供水	4.09	0.066 0	
	娘拉乡娘多 2 社工程	娘拉乡娘多村	—	城乡供水	0.72	0.017 0	
	香达镇前多社工程	香达镇前多村	—	城乡供水	0.94	0.029 6	
	觉拉乡那索尼 2 社工程	觉拉乡那索尼村	—	城乡供水	1.81	0.050 1	
	东坝乡吉赛 3 社工程	东坝乡吉赛村	—	城乡供水	3.42	0.060 1	
	着晓乡班多 2 社工程	着晓乡班多村	—	城乡供水	2.76	0.045 2	
	香达镇青土工程	香达镇青土村	—	城乡供水	2.50	0.060 5	
	白扎乡潘洪也巴工程	白扎乡潘洪村	—	城乡供水	3.72	0.105 6	
	白扎乡白扎村饮水安全工程	白扎乡白扎村	—	城乡供水	2.39	0.071 0	
	觉拉乡那索尼饮水安全工程	觉拉乡那索尼村	—	城乡供水	9.27	0.128 0	
	白扎乡卡那村饮水安全工程	白扎乡卡那村	—	城乡供水	5.32	0.140 2	
	香达镇前麦村饮水安全工程	香达镇前麦村	—	城乡供水	5.61	0.102 0	
小计					635.95	7.265 8	1.63
直门达至石鼓	相古渠灌溉供水工程	巴塘乡相古村南	亚弄科	农业灌溉	10.656		0.038
	结古镇东风村代格人畜饮水工程	结古镇	扎曲	城乡供水	24.64	0.065 0	
	王树县农村人畜饮水工程（包括禅古寺、东风村四社，前进五社，卡孜村四社，布庆达）	结古镇	扎曲	城乡供水	37.16	0.405 5	
	结古镇东尼格取水口	结古镇藏娘沟	扎曲	城乡供水	7.3	0.352 0	

续表 3-6-1

水资源三级区	工程名称	取水口位置	取用河流	取水用途	供水量（万立方米）	供水人口（万人）	灌溉面积（万亩）
直门达至石鼓	结古镇新寨村	新寨村	巴塘河	城乡供水	1.606 0	0.110 0	
	巴塘乡铁力角村灾后重建居民人畜饮水工程	巴塘乡	巴塘河	城乡供水	38.33	0.185 5	
	巴塘乡上巴塘村人畜饮水工程	巴塘乡	巴塘河	城乡供水	18.25	0.068 0	
	巴塘乡当托村灾后重建居民人畜饮水工程	巴塘乡	亚弄科	城乡供水	13.43	0.031 4	
	巴塘乡下巴塘村灾后重建居民人畜饮水工程	巴塘乡	巴塘河	城乡供水	31.03	0.138 1	
	歇武镇人饮供水工程	歇武镇歇武村北1 200米冒坡沟沟中段	歇武系曲	城乡供水	5.81	0.322 7	
	歇武镇阿卓革巴人饮供水工程	歇武镇阿卓革巴村南500米山沟	歇琼陇	城乡供水	3.01	0.173 9	
	歇武镇牧业村人饮水水源地供水工程	歇武镇牧业村东800米歇武远扣河	歇武远扣	城乡供水	2.58	0.201 2	
	歇武镇当巴村人饮供水工程	当巴村	歇武系曲	城乡供水	2.25	0.036 8	
	歇武镇直门达人饮供水工程	塞巴沟	歇武系曲	城乡供水	2.3	0.126 4	
	歇武镇塞巴人饮供水工程	塞巴沟	歇武系曲	城乡供水	2.89	0.036 4	
	歇武镇歇武社区	歇武社区	歇武系曲	城乡供水	0.394 7	0.028 7	
	歇武镇下塞巴村	下塞巴村	歇武系曲	城乡供水	0.758 8	0.056 4	
	歇武镇阿卓革巴村人饮工程	阿卓革巴村	歇琼陇	城乡供水	0.053 7	0.004 6	
	小计				206.091 2	2.592 6	0.038
雅砻江河源至玛曲	珍秦镇十一村人饮供水工程	雪马马寺院北	东木陇巴	城乡供水	2.2	0.057 5	0
	清水河镇移民定居点供水管道工程	清水河镇	扎曲	城乡供水	0.766 5	0.042 0	
	麻多乡巴颜村人饮工程	巴颜村	卡日曲	城乡供水	0.024 6	0.002 2	
	小计				0.791 1	0.044 2	0
	合计				1 053.751 3	14.781 1	1.768

表 3-6-2　　玉树州地下水取水井工程供水量统计(2011 年)

行政/流域分区名称		地下人力井数量(眼)	灌溉面积(亩)	供水人口(人)	供水量(万立方米)
行政分区	玉树市	961	0	32 125	77.544 3
	称多县	616	0	17 159	18.205 8
	囊谦县	0	0	0	0
	杂多县	330	0	2 188	1.567 1
	治多县	430	0	9 924	22.043 8
	曲麻莱县	295	0	1 963	2.287 5
	合计	2 632	0	63 359	121.648 5
流域分区	河源至玛曲	129	0	3 350	3.278 8
	通天河	1 181	0	28 459	41.777 8
	直门达至石鼓	106	0	1 359	1.596 0
	雅砻江	195	0	6 813	7.393 5
	沘江口以上	1 021	0	23 378	67.602 4
	柴达木盆地西部	0	0	0	0
	羌塘高原区	0	0	0	0
	合计	2 632	0	63 359	121.648 5

第七节　灌溉工程

　　玉树州以牧业为主,兼有小块农业区,由于受到空间地域和自然条件的限制,玉树州水利基础设施总体较为落后。优先在设施农业区、低丘缓坡和经济园区等地区建设农牧区水资源安全与高效利用体系,一方面积极推进设施农业和人工草场的规模化,不断加强水利配套的建设;另一方面加大建设农牧区的水利基础设施及灌区续建配套与节水改造,在有条件的地区实施新建灌区工程,并开展农牧区高效节水灌溉。

一、农田灌溉工程

　　据不完全统计,到 2005 年,玉树州共有农灌渠道 163 条,总长 466.5 公里;到 2006 年,有农田水渠(包括自流水)174 条,长 496 公里,灌溉面积 3.2 万亩,实际灌溉面积 1.5 万亩。2009 年以后的主要农田灌溉建设工程如下。

　　(一)囊谦县娘拉乡下拉村农田灌溉建设工程

　　该工程由青海省水利厅批准建设(青水建〔2009〕712 号),建设资金来源为以工代赈资金及县自筹。建设规模为:新建等级为小(2)型灌溉工程 5 级,灌溉面积为 1 350 亩;新建引水枢纽 1 座,引水干管长 2.5 公里(其中总干管长 0.12 公里,一号干管长 1.58 公里,二号干管长 0.8 公里);干管分水井 1 座;干管分水口 8 座;支渠 8 条;分水口 90 座。

　　(二)称多县拉布乡郭吾村农田灌溉工程

　　2010 年 6 月,国家发展改革委员会下达称多县拉布乡郭吾村农田灌溉工程中央预算内以工代赈补助资金 180 万元,完成衬砌水渠 5 公里,建设渠系建筑物 51 座,新增灌溉面积 500 亩。

（三）囊谦县娘拉乡蔬菜基地灌溉渠道工程

2010 年,玉树州发展和改革委员会批准建设囊谦县娘拉乡蔬菜基地灌溉渠道工程,项目投资 100 万元。建设规模:新建引水枢纽 1 座;衬砌渠道 5.75 公里,其中主干渠 2.0 公里、引水渠 1.5 公里;建设渠系建筑物 620 座;改善灌溉面积 414 亩。

（四）称多县半自动化农田喷灌工程

2016 年 6 月 22 日,称多县半自动化农田喷灌工程在拉布乡郭吾村正式竣工,县农牧科技局、拉布乡党委政府主要负责人、郭吾村村两委干部对该项目进行了实地检查和验收工作。称多县农牧区基层工作服务队在农田喷灌区种植了"夏卓麻琼、西藏黑青稞、藏茶、中藏药材"等特色作物以及互助洋芋、绿叶蔬菜等,种植面积 80 亩。

（五）农田水利灌溉及草原灌溉试点项目

2017 年,实施农田水利灌溉及草原灌溉试点项目,总投资 3 900 万元,其中玉树市和称多县草原灌溉试点项目各 1 000 万元,囊谦县农田水利灌溉项目 1 900 万元。玉树市农田水利设施维修养护补助资金 40 万元;称多县农田水利设施维修养护补助资金 30 万元;囊谦县农田水利设施维修养护补助资金 100 万元。工程实施可改善草原灌溉面积约 1.31 万亩、农田灌溉面积 1.5 万亩,使项目区牧草的产量和品质得以提高,草原生态得以有效保护。水利部排灌中心专家组 8 月下旬到玉树州调研指导农田灌溉及人才支援等工作,针对存在的问题提供技术援助,并协助编制全州农牧区水利灌溉总体规划。

二、饲草地灌溉工程

截至 2006 年,玉树州共有草灌渠道 174 条,总长 137 公里;草原水渠基本为自流渠,控制草原灌溉面积 3 万亩,饲草基地 2.1 万亩,除解决 0.84 万人的用水问题,还可供 3.373 头(只)牲畜饮水。"十二五"以来,玉树州加强人工饲草料基地水利配套设施建设,扩大有效灌溉面积,增加农牧民收入,改善其生产生活条件。主要的饲草料基地灌溉工程如下。

（一）玉树市饲草料基地灌溉工程

该工程位于玉树市东南部巴塘乡铁力角村,项目区平均海拔 3 847.17 米,涉及巴塘乡上铁力角村,隆宝镇措多、措美、措桑村,下拉秀乡钻多村。工程共修建管道 60 712 米、各类井 299 座、有坝引水口 1 座、500 吨蓄水池 1 座、配套给水栓 1 055 套、水表 17 套等。工程控制饲草料基地灌溉面积 4 142 亩,总投资 2 004.75 万元。

（二）囊谦县饲草料基地灌溉工程

该工程涉及囊谦县毛庄乡、着晓乡、吉曲乡、香达镇、白扎乡、东坝乡、娘拉乡等 48 个牧草基地灌溉工程。建设内容:引水口 43 座、干管 607.28 公里、支管 1 320.56 公里、出水池 35 205 座、排水井 18 100 座、给水栓 35 205 座、阀门井 9 300 个。

（三）称多县饲草料基地灌溉工程

该工程涉及珍秦镇嘉唐、扎多镇雪吾滩(革新村)清水河镇当达村的饲草料基地。建设内容:管道508公里、引水口18座、蓄水池18座、减压井48座、沉沙池34座、分水井1 608座、量水设施1 178座。

（四）治多县饲草料基地灌溉工程

该工程涉及治曲乡同卡村、加吉镇军永滩、多彩乡岗切拉滩、索加乡查若滩、治渠乡青机贡、立新乡扎西村、永科滩、扎河乡夏末滩等饲草料基地灌溉建设工程。建设内容:管道338公里、引水口15座、蓄水池15座、沉沙池23座、分水井551座、量水设施617座。

（五）杂多县饲草料基地灌溉工程

杂多县开展全县蔬菜大棚建设,开展吉曲左岸和布当曲右岸饲草料建设。建设内容:引水口17座、首部设施8套、泵站8座、干管360公里、支管744公里、出水池20 328座、排水井10 451座、给水栓10 356座、阀门井5 370个、喷头12 500个。

（六）曲麻莱县饲草料基地灌溉工程

该工程涉及曲麻莱县约改镇、巴干乡、叶格乡、秋智乡、曲麻河乡等饲草料基地灌溉工程。建设内容:管道899公里、引水口45座、蓄水池45座、减压井104座、沉沙池45座、分水井1 498座、量水设施1 592座。

三、小型农田水利项目

"十三五"以来,青海省加强对小型农田水利工程的建设,加大农田水利建设投资。2016—2017年,投入玉树州小型农田水利设施建设的资金共有8 028.89万元,涉及县(市)有玉树市、囊谦县和称多县。项目详细情况如下。

（一）玉树市2016年农田水利设施建设项目

该项目2016年总投资1 000万元。建设地点:巴塘乡铁力角、老叶、香古村棉古社、当头村和公社等(铁力角灌区)。建设内容:管道82.03公里,其中干管24.252公里,支管15.573公里,斗管41.325公里,农管0.88公里;渠道12.117公里,全部为支渠;建筑物2 235座。项目效益:改善灌溉面积7 142亩,其中高效节水灌溉3 000亩,草灌4 142亩。2017年的水利发展资金中又整合1 000万元,完成批复建设内容。

（二）囊谦县2016年农田水利设施建设项目

该项目总投资2 006万元,整合资金为620万元。建设地点:香达镇砍达、阿则、大桥村,吉曲乡外互卡、巴沙村,娘拉乡娘登、娘买、上拉村(项目涉及砍达、阿则、大桥、吉曲、巴沙南、巴沙北、娘登、娘买、上拉、下达等10个灌区)。建设内容:管道22.757公里,其中干管17.367公里,支管5.39公里;渠道121.797公里,其中干渠12.262公里,支渠31.294公里,斗渠78.241公里;量水设施2 023座;建筑物2 705座。项目效益:改善灌溉面积14 056亩,全部为渠道灌溉。

（三）称多县2016年农田水利设施建设项目

该项目总投资1 860万元(2016年安排1 000万元,2017年安排的1 000万元中整合860万元用于完成该项目的建设内容)。建设地点:尕多乡卓木其灌区、拉布乡帮布灌区、拉布乡莫洛灌区、赛河乡直格灌区、珍秦镇嘉唐饲草料地灌区。建设内容:管道39.942公里,其中干管14.007公里,支管25.935公里;渠道38.594公里,其中干渠4.669公里,支渠

8.894 公里,斗渠 25.031 公里;建筑物 938 座。项目效益:2016 年改善灌溉面积 10 530 亩,其中渠道灌溉 3 530 亩,草灌 7 000 亩;2017 年改善灌溉面积 3 000 亩,全部为草灌。

第八节　农牧区水利工程及配套工程

随着社会的进步和发展,农牧区水利建设在玉树州具有不可替代、十分重要的作用和地位。农牧区的发展方向是实行定居,而定居的先决条件是农牧区水利建设。近年来,玉树州对发展农牧区水利工程高度重视。2014—2015 年人畜饮水及藏区特殊原因饮水工程投资 2.5 亿元,解决 11.9 万人、68 万头(只)牲畜饮水困难问题;2016—2018 年人饮安全提升项目总投资 1.8 亿元,解决 120 个村、6.2 万人的饮水问题。"十二五"期间共完成 292 项,解决 26.6 万人饮水问题。农牧区饮水安全巩固工程共列入"十三五"规划 174 项,已完成 72 项,完成率为 41%。2014 年以前实施的主要农牧区水利工程及水利工程配套工程列举如下。

一、农牧区水利工程

(一)玉树市农牧区水利工程

该工程涉及玉树市巴塘乡岔来村、相古村、老叶村,仲达乡歇格村、尕拉村、电达村、塘达村和安冲乡布朗村。建设内容:新增灌溉面积 0.585 万亩,建设干渠 54.7 公里、支渠 85.8 公里、斗渠 49.9 公里、水源 8 座,渡槽 56 座,沉沙池 51 座,分水闸 80 座,斗门 289 座,农桥 111 座,过羊桥 158 座,排洪涵 91 座,退水闸 171 座,温棚 20 个,量水设施 369 座。

(二)囊谦县农牧区水利工程

该工程涉及囊谦县香达镇、着晓乡、吉尼塞乡、吉曲乡、娘拉乡、毛庄乡等 21 个灌区农田灌溉工程。建设内容:改善灌溉面积 4.98 万亩,建设干渠 88.38 公里、支渠 345.68 公里、斗渠 70.83 公里,渡槽 1 010 座,沉沙池 1 817 座,分水闸 565 座,斗门 3 座,农桥 4 座,过羊桥 225 座,排洪涵 485 座,退水闸 314 座,量水设施 3 座。

(三)称多县农牧区水利工程

该工程涉及称多县称文镇白龙村灌区、者北村灌区,拉布乡帮布村灌区、莫洛灌区、兰达村灌区、拉司通村灌区、达哇村灌区,歇武镇下赛巴村灌区、阿卓茸巴村灌区,尕多乡卓木其村灌区。建设内容:新增灌溉面积 0.803 万亩,建设干渠 41.3 公里、支渠 70.3 公里、斗渠 99.64 公里、水源 10 座,渡槽 48 座,沉沙池 37 座,分水闸 70 座,斗门 2 220 座,农桥 172 座,过羊桥 231 座,排洪涵 52 座,退水闸 70 座,量水设施 2 290 座。

二、农牧区水利工程配套工程

(一)玉树市农业基础配套工程

该工程涉及结古镇代格村、卡孜村及巴塘河乡老叶村、相古村。建设内容:管道

10.55 公里,引水口 12 座,减压井 20 座,沉沙池 9 座,分水井 141 座,量水设施 141 座。

（二）囊谦县设施农业基础配套工程

该工程涉及前多、娘买、外户卡。建设内容:干管 7.4 公里,支管 37.1 公里,引水口 3 座,阀门井 59 个,喷头 11 250 个。

（三）称多县设施农业基础配套工程

该工程涉及称文镇白龙村、雪吾村、者贝村、宋当村、上庄村,拉布乡帮布村、兰达村、郭吾村、郭吾村车所社。建设内容:管道 181.6 公里,引水口 24 座,减压井 54 座,沉沙池 60 座,分水井 1 025 座,温棚 4 400 个,量水设施 1 145 座。

第九节　人畜饮水工程

玉树州人畜饮水工程建设始于 20 世纪 50 年代。自 1950—1987 年的 37 年间,国家和地方财政为玉树州水利建设事业共投资 650 万元,其中地方自筹 100 万元、国家投资 550 万元,分年度看:1950—1976 年的 26 年间国家投资 175 万元,占 31.82%;1977—1987 年的 10 年间,国家共投资 375 万元,占 68.18%。水利投资年均 21.75 万元。1988 年以后,玉树州加大了人畜饮水工程建设力度,90 年代后,在国家和政府的大力支持下,资金、技术、管理到位,严格按规划进行设计、施工,人畜饮水工程得到稳步发展。

2000 年开始,国家启动人畜饮水解困工程并逐年加大投资力度,玉树州继续加大人畜饮水工程建设力度,积极兴修供水管道、机电井、人工井、蓄水池等多种形式的人畜饮水工程。

一、概况

据不完全统计,截至"十五"末,玉树州累计解决 6.70 万人、98.20 万头（只）牲畜的饮水困难。其中:由供水管道解决的有 2.86 万人、41.35 万头（只）牲畜;由机电井解决的有 0.25 万人、0.26 万头（只）牲畜;由人工井解决的有 2.70 万人、45.40 万头（只）牲畜;由蓄水池解决的有 0.28 万人、4.50 万头（只）牲畜;由其他设施解决的有 0.61 万人、6.69 万头（只）牲畜,详见表 3-9-1。

"十五"期间,全州共实施人畜饮水工程 49 项,总投资约 2 883 万元,其中中央投资 1 692 万元,地方投资 1 191 万元,共解决约 5.55 万人、50.72 万头（只）牲畜饮水问题,详见表 3-9-2。"十一五"期间,共实施人畜饮水工程 70 项,总投资约 6 614 万元,共解决约 5.81 万人的饮水问题,详见表 3-9-3。"十二五"期间,共实施人畜饮水工程 125 项,总投资约 52 705.41 万元,共解决约 21.06 万人、138.52 万头（只）牲畜饮水问题,详见表 3-9-4。"十三五"开始,青海省实施人畜饮水工程巩固提升工程,各县编制了实施方案。2016 年全州人畜饮水安全巩固提升工程总投资 3 448 万元,共解决了约 2.76 万人、24.56 万头（只）牲畜饮水问题。2017 年全州人畜饮水安全巩固提升工程总投资

6 596.71万元,共解决了约4.40万人、23.90万头(只)牲畜的饮水问题。2016—2017年玉树州各县(市)人畜饮水安全巩固提升工程解决人口和牲畜饮水情况见表3-9-5。

表3-9-1　截至"十五"末解决玉树州人畜饮水情况

解决数量	万人	6.70
	万头(只)	98.20
由供水管道解决	万人	2.86
	万头(只)	41.35
由机电井解决	万人	0.25
	万头(只)	0.26
由人工井解决	万人	2.70
	万头(只)	45.40
由蓄水池解决	万人	0.28
	万头(只)	4.50
由其他设施解决	万人	0.61
	万头(只)	6.69

表3-9-2　"十五"期间玉树州人畜饮水工程

年份	项目名称	解决人数(人)	牲畜数(只、头)	投资(万元)
2001	玉树县下拉秀乡尕玛村人饮	496	21 000	30
	玉树县孟宗沟人饮	863	4 184	58
	玉树县结古镇扎美沟人饮	1 970	5 340	32
	玉树县哈秀乡岗日村玛然布青人饮	742	5 509	20
	昂欠县香达乡牛日哇及德来村人饮	769	3 174	47
	昂欠县觉拉乡卡荣尼村人饮	400	2 000	34
	昂欠县香达乡大桥村人饮	344	2 096	12
	称多县歇武乡阿着茸巴村人饮	1 123	4 400	22
	称多县称文乡根着村人饮	235	2 418	26
	称多县歇武镇歇武乡人饮	1 123	4 400	26
	治多县立新乡叶青村人饮	1 000	35 000	25
	治多县当江乡改查人饮	576	7 865	35
	治多县扎河乡人饮	3 208	13 142	42
	杂多县扎青乡战斗村人饮	694	8 674	47
	杂多县阿多乡吉奶村人饮	430	7 865	18
	曲麻莱县巴干乡人饮	1 600	18 000	47
	曲麻莱县秋智乡人饮	430	7 868	41
合计	17项	16 003	152 935	562

续表 3-9-2

年份	项目名称	解决人数（人）	牲畜数（只、头）	投资（万元）
2002	玉树县结古镇东风村人饮工程	172	700	26
	称多县赛河乡赛河村人饮工程	332	2 423	40
	治多县治渠乡治加村人饮工程	899	13 580	90
	杂多县结扎乡扎荣村人饮工程	980	6 980	50
合计	4 项	2 383	23 683	206
2003	玉树县结古镇代莫路村人饮工程	429	1 500	59
	玉树县巴塘乡铁力角村人饮工程	419	6 843	57
	昂欠县东坝乡吉赛人饮	896	6 861	50
	昂欠县白扎乡也巴村、东日村、潘红 3 村人饮	1 500	2 000	58
	昂欠县香达镇南山新村人饮	3 900	19 000	56
	称多县称文乡色宝滩人饮	2 621	18 241	98
	称多县拉布乡拉曲北人饮	800	12 000	90
	治多县索加乡人饮工程	1 324	7 260	50
	治多县索加乡君曲、莫曲、当曲 3 村人饮工程	2 026	41 313	63
	杂多县扎青乡地青等 3 村人饮	2 728	40 680	95
	杂多县旦云乡达谷村人饮	371	8 830	115
	曲麻莱县叶格乡龙麻村人饮工程	320	15 553	24
合计	12 项	17 334	180 081	815
2004	移民定居点人饮工程	2 200	9 540	230
	玉树县巴塘乡上巴塘人饮工程	1 462	6 329	71
	昂欠县白扎乡也巴村人饮工程	509	2 450	40
	昂欠县香达镇青土寸人饮工程	1 200	25 000	46
	称多县歇武镇歇武沟人饮工程	3 512	29 800	63
	治多县加吉博洛镇日青村人饮工程	1 620	4 000	60
	曲麻莱县约改滩人饮工程	5 716	73 408	154
合计	7 项	16 219	150 527	664
2005	玉树县上拉秀日麻措龙人饮	146		55
	襄谦县吉曲乡外户卡村人饮工程	1 384		63
	称多县珍秦乡十一村人饮工程	376		55
	称多县珍秦乡秦巴龙人饮工程	530		78
	治多县治渠乡同卡村人饮工程	170		50
	杂多县扎青乡格赛村人饮工程	479		60
	曲麻莱县约改滩人畜饮水工程	0		158
	曲麻莱县秋智乡布普人饮工程	483		47
	英德尔柯棵沟及河师瓦马沟人饮工程	0		70
合计	9 项	3 568		636
总计	49 项	55 507	507 226	2 883

表 3-9-3　"十一五"期间玉树州人畜饮水工程统计

年份	项目名称	解决人数（人）	牲畜数（只、头）	投资（万元）
2006	玉树县仲达乡尕拉村人饮工程	715		55
	玉树县隆宝镇代青村人饮工程	877		37
	昂欠县吉尼赛乡拉翁村人饮工程	515		75
	昂欠县香达镇巴米贡村人饮工程	450		60
	囊谦县白扎乡八钢地区人饮工程			30
	称多县珍秦乡一村人饮工程	650		64
	称多县歇武镇人畜饮水工程（二期）	0		90
	称多县称文镇者贝村人饮工程			60
	治多县扎河乡治赛村人饮工程	685		68
	治多县立新乡岗察村一队人饮工程	500		60
	治多县立新乡扎西村人饮工程			60
	杂多县阿多乡多加村人饮工程	986		45
	杂多县苏鲁乡多晓村人饮工程	542		35
	曲麻莱县麻多乡扎加村人饮工程	408		55
	曲麻莱县曲麻河乡昂拉村人饮工程	1 242		68
合计	15 项	7 570	0	862
2007	玉树县上拉秀乡日玛村人饮工程	480		45
	玉树县巴塘乡上巴塘村人饮工程	650		51
	玉树县结古镇民主村热吾沟人饮安全工程	423		78
	玉树县土拉秀乡加村人饮工程	985		70
	玉树县仲达乡塘龙社人饮工程	486		20
	囊谦县毛庄乡赛吾村人饮工程	1 346		71
	囊谦县尕羊乡茶滩村人饮工程	453		53
	囊谦县觉拉乡卡荣尼村三社人饮工程	1 002		75
	称多县扎多镇生态移民社区供水工程	215		24
	称多县拉布乡帮布村人饮工程	487		56
	称多县歇武镇人畜饮水二期工程	0		32
	称多县称文沟人畜饮水工程	4 728		90
	治多县加吉博洛格镇贡萨社区供水工程	795		66
	治多县治渠乡江庆村人饮工程	340		58
	治多多彩乡达生村人饮工程			20
	治多县加吉博洛岗察村人饮工程			30
	杂多县扎青乡战斗一社人饮工程	870		56
	杂多县新秀乡扎瓦村人饮工程			30
	曲麻莱县巴干乡代曲村人饮工程	1 234		90
	曲麻莱县曲麻河乡人饮工程	4 981		88
	曲麻莱县麻多乡郭阳村人饮工程	1 194		35
合计	21 项	20 669		1 138

续表 3-9-3

年份	项目名称	解决人数（人）	牲畜数（只、头）	投资（万元）
2008	玉树县结古镇东尼格移民社区供水工程	4 907		186
	玉树县小苏莽乡长青社人饮工程			47
	玉树县小苏莽乡塔玛社人饮工程			51
	玉树县小苏莽乡巴拉社人饮工程			37
	囊谦县香达镇日却村、格日哇村人饮工程	676		84
	囊谦县白扎乡巴尼村人饮工程			62
	囊谦县香达镇卡宏村人饮安全工程			70
	称多县尕朵乡着木其村人饮工程	857		78
	称多县称文镇下庄村人饮工程			73
	称多县珍秦乡十村二社、拉布乡拉司通村人饮工程			60
	称多县珍秦九村人饮工程			30
	称多县称文镇芒察村芒察社人饮工程			30
	治多县扎河乡马塞村人饮工程	896		71
	杂多县撒呼腾镇塔那滩移民社区供水工程	4 686		122
	曲麻莱县麻多乡哈秀乡哈秀村人畜饮水工程			30
合计	15 项	12 022		1 031
2009	玉树县结古镇新寨村及当卡尼姑寺人饮安全工程	1 292		241
	玉树县结古镇民主村热吾沟人饮安全工程			2
	囊谦县吉尼赛乡瓦作村人饮安全工程	1 903		422
	囊谦县香达镇日却村、格日哇村人饮工程			3
	称多县歇武村牧业村管道饮水安全工程	947		189
	治多县治渠乡江庆村人饮工程			2
	治多县扎河乡马塞村人饮工程			2
	曲麻莱县曲麻河乡人饮工程			3
合计	8 项	4 142		864
2010	囊谦县吉曲乡山荣（桑涌）人饮安全工程	1 217		280
	囊谦县娘拉乡下拉村人饮工程	657		170
	囊谦县东坝乡吉赛村人饮工程	735		190
	囊谦县东坝乡过永村牧民定居点人饮工程	1 047		224
	称多县拉布乡兰达村人饮安全工程	903		229
	称多县扎多镇革新村人饮工程	905		115
	称多县清水河镇中卡、尕青村人饮工程	1 342		362
	治多县索加当曲、牙曲 2 村人饮工程	1 972		216
	杂多县阿多乡扑克村人畜饮水工程	254		50
	杂多县查旦乡达谷、跃尼人饮工程	1 613		203
	曲麻莱约改镇长江、岗当、格欠人饮工程	3 072		680
合计	11 项	13 717	0	2 719
总计	70 项	58 120	0	6 614

表3-9-4 "十二五"期间玉树州人畜饮水工程

年份	项目名称	解决人数（人）	牲畜数（只、头）	投资（万元）
2011	玉树县小苏莽乡巴拉社人畜饮水工程			85.83
	玉树县小苏莽乡江西村人畜饮水工程			149.2
	玉树县小苏莽乡草格、莫地两村分散式供水工程			274.28
	玉树县小苏莽乡协新村人畜饮水工程			94.41
	玉树县小苏莽乡让多村人畜饮水工程			119.33
	玉树县小苏莽乡多隆村人畜饮水工程			118.51
	玉树县小苏莽乡本江村人畜饮水工程			229.92
	玉树县小苏莽乡西扎村东从寺及尼多社人畜饮水工程			141.33
	玉树县小苏莽乡政府及长青社人畜饮水工程			147.19
	玉树县下拉秀镇苏鲁村分散式供水工程			111.25
	玉树县下拉秀镇塔玛村人畜饮水工程			184.46
	玉树县下拉秀镇政府所在地及高强村人畜饮水工程			184.46
	玉树县下拉秀镇政府所在地及尕麻村人畜饮水工程			83.85
	玉树县下拉秀镇塔玛村五社人畜饮水工程			104.32
	玉树县下拉秀镇政府所在地及高强村一社分散式供水工程			532.07
	囊谦县觉拉乡那索尼村游牧民定居点饮水安全工程	1 280	10 189	273
	囊谦县香达镇钱麦村人畜饮水安全工程	1 020	5 674	257
	囊谦县白扎乡白扎村人畜饮水安全工程	710	1 873	179
	囊谦县白扎乡卡那村(含甘达寺)安全饮水工程	1 402	4 529	332
	囊谦县尕羊乡麦多村游牧民定居点饮水安全工程			198
	囊谦县东坝乡热拉村饮水安全工程			176
	囊谦县觉拉乡交江尼村饮水安全工程			212
	囊谦县着晓乡巴尕村饮水安全工程			137
	称多县珍秦镇四村、七村安全饮水工程	1 332	15 600	382
	称多县扎朵镇上红旗村、向阳村安全饮水工程	1 127	16 882	299
	称多县拉布乡司通饮水安全工程	2 076	12 456	200
	治多县多彩乡拉日、当江荣等四村饮水安全工程	2 552	33 176	263
	杂多县萨呼腾镇农村人畜饮水工程			674
	杂多县供水工程			2 725
	杂多县查旦乡齐云、巴青安全饮水工程	1 817	12 740	191
	曲麻莱秋智乡布甫等三村人饮安全工程	2 679	51 384	535
	曲麻莱县藏区特殊原因麻多乡、曲麻河乡饮水安全工程	3 150	21 719	
合计	31 项	19 145	186 222	9 593.41

续表 3-9-4

年份	项目名称	解决人数（人）	牲畜数（只、头）	投资（万元）
2012	玉树县结古寺饮水安全工程	1 150		457
	囊谦县吉曲乡江麻村饮水安全工程（三江源）	796	8 030	218
	囊谦县香达镇大桥村农村饮水安全工程	516		119
	囊谦县香达镇多昌村农村饮水安全工程	950	8 090	205
	囊谦县尕羊乡麦多村游牧民定居点饮水安全工程（三江源）	960	10 861	198
	囊谦县东坝乡热拉村饮水安全工程（三江源）	682	7 529	176
	囊谦县觉拉乡交江尼村饮水安全工程	808	8 515	212
	囊谦县着晓乡巴尕村饮水安全工程（三江源）	489	4 638	137
	称多县珍秦乡康纳寺及周边饮水安全工程	1 020	670	201
	称多县扎朵镇治多、直美、东方红村饮水安全工程	1 972	33 000	553
	称多县清水河镇红旗、扎哈、普桑、文措、扎麻村饮水安全工程	3 631	57 000	603
	称多县清水河镇红旗、扎哈、普桑、文措、扎麻村饮水安全工程	0		201
	治多县索加乡莫曲、君曲两村饮水安全工程（三江源）	2 117	22 022	314
	治多县智渠乡同卡、江庆、治加三村饮水安全工程	1 847	26 978	304
	曲麻莱县叶格乡莱阳、龙麻、红旗村饮水安全工程（三江源）	3 322	64 717	672
	曲麻莱县约改镇、巴干乡、叶格乡、秋智乡四所寄校饮水安全工程	791		166
	曲麻莱县藏区特殊原因约改镇、秋智乡、叶格乡饮水安全工程	2 200		1 458
合计	17 项	23 251	252 050	6 194
2013	囊谦县香达镇东才西村农村饮水安全工程	899	4 091	223
	囊谦县白扎乡查秀村农村饮水安全工程	675	3 321	168
	囊谦县白扎乡、吉尼赛乡、娘拉乡、毛庄乡四乡四村及游牧民定居饮水安全工程（151 个游牧民）	3 591	21 955	897
	囊谦县吉尼赛乡麦曲村饮水安全工程	1 023	5 840	243
	囊谦县尕羊乡色青、麦买两村饮水安全工程	1 676	14 374	614
	囊谦县香达镇冷日、江卡、砍达三村饮水安全工程	2 873	23 337	923
	囊谦县白扎乡东日尕、生达、潘红三村及中心寄小饮水安全工程	2 582	12 882	860
	称多县珍秦镇八村饮水安全工程	4 452	62 300	1 010
	治多县扎河乡智赛、大旺、口前三村饮水安全工程	1 368	17 300	252
	杂多县结多乡巴麻、达阿、藏尕、优多、优美五村饮水安全工程	6 177	31 700	1 179
	杂多县莫云乡巴祥、达英、格云、结绕四村饮水安全工程	3 854	62 163	827
	杂多县阿多乡多加、吉乃、瓦河、朴克四村饮水安全工程	3 783	59 174	745
	曲麻莱县麻多乡巴颜等三村、曲麻河乡多秀等四村饮水安全工程	1 442	95 782	297
	曲麻莱县约改镇移民村饮水安全工程	3 856		785
合计	14 项	38 251	414 219	9 023

续表 3-9-4

年份	项目名称	解决人数（人）	牲畜数（只、头）	投资（万元）
2014	囊谦县白扎乡吉沙、巴麦两村农村牧区饮水安全工程	2 841	11 924	631
	囊谦县东坝乡尤达、尕买两村农村牧区饮水安全工程	1 566	13 919	369
	囊谦县觉拉乡卡永尼村、布位村四红村和中心寄小农村牧区人畜饮水安全工程	2 422	19 131	533
	囊谦县娘拉乡娘麦村、多伦多村及上拉村农村牧区饮水安全工程	2 365	18 739	520
	囊谦县吉曲乡巴沙村等八村农村牧区饮水安全工程	5 430	36 474	1 195
	囊谦县着晓乡班多、交西、尖作、茶哈四村及中心寄小农村牧区饮水安全工程	3 501	16 094	770
	囊谦县才角寺、公雅寺、拉恰寺、达那寺及觉拉寺饮水安全工程	2 709	4 146	604
	囊谦县吉尼赛乡吉来村人畜饮水安全工程	759	5 622	167
	囊谦县着晓乡优永村农村牧区饮水安全工程	980	6 425	216
	囊谦县香达镇水源改扩建工程			
	称多县扎多镇解吾滩农村牧区饮水安全工程	1 850	2 140	411
	称多县清水河镇机关单位人畜饮水安全工程	1 649		236
	称多县扎多镇卓玛香曲玲尼姑寺人畜饮水安全工程	550		120
	称多县扎多镇年渣滩饮水安全工程	550	483	122
	称多县扎多镇多伙滩人畜饮水安全工程	560	640	123
	称多县清水河镇咚琼滩人畜饮水安全工程	1 250	1 212	271
	称多县清水河镇社区人畜饮水安全工程	2 600		584
	称多县清水河镇雪吾寺、永向寺、卡西卡卓群阔岭尼姑寺人畜饮水安全工程	185		40
	清水河镇买涌扎西伊素滩人畜饮水安全工程	750	862	164
	称多县扎朵镇东村、西村及寄宿学校人畜饮水安全工程	5 329	24 397	770
	称多县清水河镇河南村、河北村饮水安全工程	4 742	5 550	999
	称多县珍秦镇移民南区、珍秦镇社区、珍秦镇移民北区人畜饮水安全工程			
	治多县毕果寺、尼姑寺、生态牧业专业合作社饮水安全工程	2 956	23 474	445
	治多县牧民新村、东迁户安全饮水工程	16 200	36 400	3 940
	杂多县扎青乡地青、格赛、达青三村和寄宿小学人畜饮水安全工程	3 162	19 010	497
	杂多县萨呼腾镇沙青村人畜饮水安全工程	430	5 000	89
	杂多县苏鲁乡新云、多晓、山荣三村人畜饮水安全工程	4 061	17 002	669
	杂多县查旦、结多、苏鲁等六乡寺院及周边牧民饮水安全工程	5 944	18 438	780
	曲麻莱县牧场人畜饮水安全工程	247	1 373	50
	杂多县萨呼腾镇闹丛村人畜饮水工程	420	765	90
	曲麻莱县麻多乡、曲麻河乡寄校饮水安全工程	435		87
	曲麻莱县驻格尔木社区饮水安全工程	2 139		461
	曲麻莱县县城自由搬迁户饮水安全工程	1 899		404
	曲麻河乡、秋智乡、叶格乡三乡乡政府及集中搬迁户饮水安全工程	2 356		504
合计	34 项	82 837	289 220	16 861

续表 3-9-4

年份	项目名称	解决人数（人）	牲畜数（只、头）	投资（万元）
2015	玉树市隆宝镇搓多、搓桑、搓美等六村饮水工程	510	2 942	135
	玉树市帮群寺、仁青林寺饮水安全工程	93		85
	玉树市下拉秀镇尕麻村、苏鲁村分散式供水工程	391	2 346	82
	襄谦县一镇七乡二十八处宗教活动点饮水安全工程	0		912
	襄谦县香达镇前麦村等五村十四社人畜饮水安全工程	4 031	37 340	895
	襄谦县白扎乡卡那村、也巴村、吉沙村等六村人畜饮水安全工程	3 983	40 649	721
	襄谦县香达镇巴麦寺、达沙寺等十六寺饮水安全工程	1 230		708
	襄谦县吉曲乡白玛俄楞寺、赤西寺等十一座寺院饮水安全工程	967		597
	娘拉乡娘多村、上拉村和下拉村三村六社人畜饮水安全工程	1 480	21 733	514
	襄谦县东坝乡东南拉青寺、代青令尼姑寺等九座寺院饮水安全工程	833		466
	襄谦县吉尼赛拉翁村、麦曲村人畜饮水安全工程	1 895	22 731	461
	襄谦县觉拉乡肖尚村人畜饮水安全工程	1 013	10 266	333
	襄谦县尕羊乡色青村和东坝乡过永村人畜饮水安全工程	1 670	8 078	319
	襄谦县吉尼赛乡格迦尼姑寺、代毛寺等五寺饮水安全工程	639		261
	襄谦县觉拉乡昂荣尼姑寺等五座寺院饮水安全工程	365		191
	襄谦县着晓乡拉群寺、桑丁尼姑寺、达杰尼姑寺和然久寺饮水安全工程	333		180
	襄谦县尕羊乡尕扎西寺、海日寺、哇龙寺及娘拉乡智所寺饮水安全工程	175		161
	襄谦县白扎乡麦叶寺、乃多寺及乃南德庆查尼姑寺饮水安全工程	252		135
	称多县清水河镇红旗、普桑、文措、扎哈、扎麻村人畜饮水工程	3 498	13 100	440
	称多县扎多镇治多、直美、东方红村人畜饮水工程	4 351	31 200	327
	称多县尕朵乡赛康寺殊原因新增饮水安全工程	735		100
	治多县改查村、治加村、同卡村等十三村人畜饮水安全工程	1 913		314
	治多县索加宗教活动点及啊西嘎卡宗教活动点人畜饮水安全工程	600		36
	杂多县莫云、查旦两乡八村分散式供水工程	5 513	24 876	767
	杂多县阿多乡、扎青乡、结多乡三乡人畜饮水安全工程	2 100	6 500	350

续表3-9-4

年份	项目名称	解决人数 （人）	牲畜数 （只、头）	投资 （万元）
2015	杂多县日历寺、佐青寺及苏鲁乡 龙仁考宗教活动点饮水安全工程	2 100		86
	曲麻莱县藏区特殊原因曲麻河乡、麻多乡饮水安全工程	3 150	21 719	666
	曲麻莱县约改镇、秋智乡、 叶格乡藏区特殊原因饮水安全工程	2 200		500
	曲麻莱县仲晴寺、布琴尼姑寺人畜饮水安全工程	1 057		292
合计	29 项	47 077	243 480	11 034
总计	125 项	210 561	1 385 191	52 705.41

表 3-9-5　　2016—2017 年玉树州人畜饮水工程

年份	项目名称	解决人数 （人）	牲畜数 （只/头）	投资 （万元）
2016	玉树市	5 229	41 832	731
	囊谦县	5 833	26 029	712
	称多县	8 233	65 864	750
	治多县	3 768	56 520	480
	杂多县	2 304	26 336	454
	曲麻莱县	2 238	29 004	321
	玉树州	27 605	245 585	3 448
2017	玉树市	23 869	86 988	1 932.10
	囊谦县	5 958	36 689	1 293.90
	称多县	3 295	92 456	1 442.90
	治多县	1 577	22 800	632.49
	杂多县	7 478	0	506.44
	曲麻莱县	1 739	0	788.88
	玉树州	43 916	238 933	6 596.71

二、重点人畜饮水工程及建设情况

"十二五"期间,玉树州进一步加强人畜饮水工程建设。"十二五"期间实施的重要人畜饮水工程,详见表3-9-6。

表3-9-6　"十二五"期间重要的人畜饮水工程

序号	市（县）	工程名称	建设地点	开工时间	工程主要内容及效益	竣工时间	投资（万元）	其他
1	玉树市（县）	小苏莽乡巴拉社人畜饮水工程	小苏莽乡巴拉社	2011年7月	修建水源工程1处，供水管道4.9公里	2011年10月	85.83	施工单位为青海汇成水利水电有限公司，监理单位为西宁联友建设监理公司
2	玉树市（县）	小苏莽乡江西村人畜饮水工程	小苏莽乡江西村	2011年7月	修建水源地工程1处，供水管道4.2公里	2011年10月	149.2	施工单位为大通县水利水电综合开发有限公司，监理单位为西宁联友建设监理公司
3	玉树市（县）	小苏莽乡草格、莫地两村分散式供水工程	小苏莽乡草格、莫地	2011年7月	保温土井201座及配套设施	2011年10月	274.28	施工单位为青海汇成水利水电有限公司，监理单位为西宁联友建设监理公司
4	玉树市（县）	小苏莽乡协新村人畜饮水工程	小苏莽乡协新村	2011年7月	修建水源地工程1处，供水管道6.8公里，蓄水池1座	2011年10月	94.41	施工单位为青海汇成水利水电有限公司，监理单位为西宁联友建设监理公司
5	玉树市（县）	小苏莽乡让多村人畜饮水工程	小苏莽乡让多村	2011年7月	修建水源地工程1处，供水管道8.6公里，蓄水池1座	2011年10月	119.33	施工单位为青海汇成水利水电有限公司，监理单位为西宁联友建设监理公司
6	玉树市（县）	小苏莽乡多隆村人畜饮水工程	小苏莽乡多隆村	2011年7月	修建水源地工程1处，供水管道6.4公里，蓄水池2座	2011年10月	118.51	施工单位为青海汇成水利水电有限公司，监理单位为西宁联友建设监理公司
7	玉树市（县）	小苏莽乡本江村人畜饮水工程	小苏莽乡本江村	2011年7月	修建水源地工程1处，供水管道9.5公里，蓄水池1座	2011年10月	229.92	施工单位为大通县水利水电综合开发有限公司，监理单位为西宁联友建设监理公司
8	玉树市（县）	小苏莽乡西扎寺及尼多社东从寺村人畜饮水工程	小苏莽乡西扎村村及尼多社	2011年7月	修建水源地工程1处，供水管道10.8公里，蓄水池1座	2011年10月	141.33	施工单位为青海汇成水利水电有限公司，监理单位为西宁联友建设监理公司

续表 3-9-6

序号	市(县)	工程名称	建设地点	开工时间	工程主要内容及效益	竣工时间	投资(万元)	其他
9	玉树市(县)	小苏莽乡政府及长青社人畜饮水工程	小苏莽乡政府及长青社	2011年7月	修建水源地工程1处,供水管道7.6公里,蓄水池1座	2011年10月	147.19	施工单位为青海汇成水利水电有限公司,监理单位为西宁联友建设监理公司
10	玉树市(县)	玉树县下拉秀镇苏鲁村分散式供水工程	下拉秀镇苏鲁村	2011年7月	修建保温土井49座及配套设施	2011年10月	111.25	施工单位为青海宏星工程建设有限公司,监理单位为西宁联友建设监理公司
11	玉树市(县)	玉树县下拉秀镇塔玛村人畜饮水工程	下拉秀镇塔玛村	2011年7月	修建水源地工程1处,供水管道15.1公里,蓄水池1座	2011年10月	184.46	施工单位为湟中县水利水电开发总公司,监理单位为西宁联友建设监理公司
12	玉树市(县)	玉树县下拉秀镇政府所在地及高强村人畜饮水工程	镇政府及高强村	2011年7月	修建水源地工程3处,供水管道12.4公里,蓄水池3座	2011年10月	184.46	施工单位为青海宏星工程建设有限公司,监理单位为西宁联友建设监理公司
13	玉树市(县)	玉树县下拉秀镇政府所在地及孙麻村人畜饮水工程	镇政府及孙麻村	2011年7月	修建水源地工程1处,供水管道14.3公里,蓄水池1座	2011年10月	83.85	施工单位为青海宏星工程建设有限公司,监理单位为西宁联友建设监理公司
14	玉树市(县)	玉树县下拉秀镇塔玛村五社人畜饮水工程	塔玛村五社	2011年7月	修建水源地工程1处,供水管道3.5公里,蓄水池1座	2011年10月	104.32	施工单位为湟中县水利水电开发总公司,监理单位为西宁联友建设监理公司
15	玉树市(县)	玉树县下拉秀镇政府所在地及高强村一社分散式供水工程	镇政府及高强一社	2011年7月	保温土井241座及配套设施	2011年10月	532.07	施工单位为湟中县水利水电开发总公司,监理单位为西宁联友建设监理公司
16	囊谦县	囊谦觉拉乡那索尼村游牧民定居点饮水安全工程	觉拉乡	2011年8月	输水主干管6.43公里,支管4.8公里,蓄水池3座,检查井24座,减压井4座	2011年11月10日	273	预算内资金142万元+省级资金103万元+自筹资金28万元

续表 3-9-6

序号	市（县）	工程名称	建设地点	开工时间	工程主要内容效益	竣工时间	投资（万元）	其他
17	襄谦县	襄谦县香达镇钱麦村人畜饮水工程	香达镇钱麦村	2011 年 9 月 15 日	新建引水口 4 座，供水干支管 18.25 公里，蓄水池 4 座，总容积 140 立方米，各类阀门井 32 座，减压井 3 座，供水点 10 座	2011 年 11 月 10 日	257	施工单位为青海宏星工程建设有限公司；预算内资金 117 万元＋省级资金 85 万元＋自筹资金 55 万元
18	襄谦县	襄谦白扎乡白扎村人畜饮水安全工程	白扎乡白扎村	2011 年 9 月 15 日	新建引水口 2 座，供水干支管 13.3 公里，蓄水池 2 座，总容积 60 立方米，各类阀门井 22 座，减压井 3 座，供水点 7 座	2011 年 11 月 10 日	179	施工单位为湟中县水利水电开发总公司
19	襄谦县	襄谦县尕羊乡麦多村游牧民定居点饮水安全工程	尕羊乡麦多村	2011 年 9 月	修建输水主干管 6.138 公里，支管 3.3 公里，蓄水池 1 座，检查井 14 座，供水房 5 座	2011 年 11 月	198	中央预算内资金 122 万元＋省级专项资金 36 万元＋省级配套资金 10 万元＋地方统筹资金＋自筹资金 20 万元
20	襄谦县	襄谦县东坝乡热拉村饮水安全工程	东坝乡热拉村	2011 年 9 月	修建输水主干管 10 公里，支管 4.5 公里，蓄水池 3 座，检查井 27 座，供水房 5 座，减压井 1 座	2011 年 11 月	176	中央预算内资金 92 万元＋省级专项资金 28 万元＋省级配套资金 8 万元＋地方统筹资金 8 万元＋自筹资金 40 万元
21	襄谦县	襄谦县觉拉乡交江尼村饮水安全工程	觉拉乡交江尼村	2011 年	修建输水主干管 15 公里，支管 9.18 公里，蓄水池 3 座，检查井 29 座，供水房 8 座，减压井 9 座	2011 年 11 月	212	中央预算内资金 109 万元＋省级专项资金 33 万元＋省级配套资金 9 万元＋地方统筹资金 9 万元＋自筹资金 52 万元
22	襄谦县	襄谦县着晓乡巴尕村饮水安全工程	着晓乡巴尕村	2011 年	修建输水主干管 7.85 公里，支管 4.06 公里，蓄水池 1 座，检查井 18 座，供水房 5 座	2011 年 11 月	137	中央预算内资金 66 万元＋省级专项资金 20 万元＋省级配套资金 5 万元＋地方统筹资金 5 万元＋自筹资金 41 万元

续表 3-9-6

序号	市(县)	工程名称	建设地点	开工时间	工程主要内容及效益	竣工时间	投资(万元)	其他
23	襄谦县	襄谦县香达镇水源改扩建工程	香达镇	2014年	新建引水枢纽1座,集水廊道30米,溢渠40米,集水井1座,阀门井2座,改造集水池1处,铺设供水管50米	2014年		
24	襄谦县	襄谦县2014年农村牧区饮水安全工程	着晓乡、娘拉乡、东坝乡、吉曲乡等	2014年	新建泵房69座,蓄水池86座,主干管约206公里,分支管约57公里及配套附属设施	2014年	5 005	
25	襄谦县	襄谦县2015年农村饮水安全工程	吉尼赛乡拉翁村、麦曲村,代代毛寺等五座寺院,吉曲乡白玛俄楞寺、赤西寺等十一座寺院	2015年7月25日	新建引水口(泉室)6座,蓄水池6座,供水干管30.37公里,支管7.94公里,各类闸阀井54座,减压池5座,放空井1座,集中供水井56座;新建引水口5座,蓄水池5座,供水干管24.15公里,支管4.34公里,各类阀门井37座,减压井4座,集中供水井30座;泉室8座,新建截水廊道3座,蓄水池11座,供水干管77.84公里,支管2.14公里,减压池6座,集中门井125座,供水井72座等	2015年10月30日		
26	称多县	称多县扎朵镇上红旗、向阳村人畜饮水工程	扎朵镇	2011年	新建土井97眼	2011年9月	299	施工单位为陕西汉中路桥有限公司
27	称多县	称多县珍秦镇四、七村人畜饮水工程	珍秦镇	2011年	新建土井97眼	2011年9月	382	施工单位为滨河县水利建筑有限公司

续表 3-9-6

序号	市（县）	工程名称	建设地点	开工时间	工程主要内容及效益	竣工时间	投资（万元）	其他
28	称多县	称多县珍秦乡康纳寺及周边饮水安全工程	珍秦乡康纳寺	2012年6月	引水口2座，蓄水池1座，各类管道总长15.835公里，各类阀门井45座	2012年9月20日	201	
29	称多县	称多县扎朵镇治多、直美、东方红村饮水安全工程	扎朵镇	2012年6月	新建保温式土井164眼	2012年10月20日	553	中央预算内资金271万元＋省级专项资金81万元＋省级配套资金22万元＋地方统筹资金22万元＋自筹资金157万元
30	称多县	称多县清水河镇红旗、扎哈、普桑、文措、扎麻村饮水安全工程	清水河镇	2012年6月	新建保温式土井240眼	2012年10月20日	603	2013年对该项目又投入资金201万元
31	称多县	称多县扎多镇解吾滩、多伙滩人畜饮水安全工程	扎多镇	2014年12月1日	扎多镇解吾滩新建158座土井，多伙滩新建51座土井	2015年7月30日	534	扎多镇解吾滩人畜饮水安全工程总投资411万元，多伙滩人畜饮水安全工程总投资123万元
32	称多县	称多县清水河镇买涌扎西伊素滩、机关单位、清水河镇河南村及河北村人畜饮水安全工程	清水河镇	2014年12月1日	清水河镇买涌扎西伊素滩新建65座土井，机关单位新建12座土井，清水河镇南村新建39座土井及北村新建35座土井	2015年7月30日	1 399	清水河镇买涌扎西伊素滩人畜饮水安全工程总投资164万元，机关单位人畜饮水安全工程总投资236万元，清水河镇河南村、河北村人畜饮水安全工程总投资999万元
33	称多县	称多县珍秦镇移民南区、珍秦镇移民社区北区人畜饮水安全工程	珍秦镇	2014年12月1日	称多县珍秦镇移民南区新建650座土井，珍秦镇移民社区新建10座土井，珍秦镇移民北区新建150座土井	2015年7月30日		

续表 3-9-6

序号	市(县)	工程名称	建设地点	开工时间	工程主要内容及效益	竣工时间	投资(万元)	其他
34	称多县	称多县扎多镇卓玛香曲香玲姑尼姑寺、清水河镇雪吾寺、永向寺及卡西卡某群阔岭尼姑寺人畜饮水安全工程	扎多镇	2014年12月1日	扎多镇卓玛香曲香玲姑尼姑寺新建37座土井,清水河镇雪吾寺新建4座土井,永向寺新建6座土井及卡西卡某群阔岭尼姑寺新建5座土井	2015年7月	160	扎多镇卓玛香曲香玲姑尼姑寺人畜饮水安全工程总投资120万元,卡西卡卓饮水河镇雪吾寺、永向寺、卡西卡某群阔岭尼姑寺人畜饮水安全工程总投资40万元
35	称多县	称多县扎多镇年渣滩人畜饮水安全工程	扎多镇	2014年12月1日	新建土井52座	2015年7月	122	
36	称多县	称多县清水河镇咚琼滩人畜饮水安全工程	清水河镇	2014年12月1日	分散式新建土井108座	2015年7月30日	271	
37	称多县	称多县清水河镇社区人畜饮水安全工程	清水河镇	2014年12月1日	新建土井43座	2015年7月30日	584	
38	称多县	称多县扎朵镇东村、西村及寄宿学校人畜饮水安全工程	扎朵镇	2014年12月1日	扎朵镇东村新建土井173座,扎朵镇西村新建土井139座及寄宿学校新建土井8座	2015年7月30日	770	
39	治多县	治多县多彩乡拉日、当江荣等四村人饮工程	多彩乡	2011年6月	土井110眼、配套设施110件	2011年10月	263	施工单位为青海省荟星建设工程有限公司
40	治多县	治多县索加乡莫曲、君曲两村饮水安全工程	索加乡	2012年6月	新建保温土井141眼及相关配套设施	2012年9月30日	314	
41	治多县	治多县智渠乡同卡、江庆、治加三村饮水安全工程	智渠乡	2012年6月	新建保温土井136眼及相关配套设施	2012年9月30日	304	

续表 3-9-6

序号	市（县）	工程名称	建设地点	开工时间	工程主要内容及效益	竣工时间	投资（万元）	其他
42	治多县	治多县扎河乡智囊、大旺、口前三村饮水安全工程	扎河乡	2013年3月10日	新建土井105眼	2013年6月10日	252	
43	治多县	治多县牧民新村、东迁户安全饮水工程	牧民新村等		牧民新村等15个集中供水片区供水管道及配套水井		3 940	中央预算内资金1 950万元＋省级配套资金323万元＋地方统筹资金134万元＋自筹资金1 533万元
44	治多县	治多县毕果寺、尼姑寺、生态牧业专业合作社饮水安全工程	毕果寺、尼姑寺、生态牧业合作社等	2014年10月15日	毕果寺及周边牧户修建土井31座,其中土井7座,20米土井24座;扎河乡政府驻地牧户搬迁户建设土井99座,其中土井10米9座,15米土井17座,20米土井73座;江青尼姑站村及周边牧户新建土井20座,其中土井15米土井6座,20米土井14座;多彩乡政府驻地牧户搬迁户修建土井33座,其中土井15米土井12座,20米土井21座;同卡、多彩、治多牧业合作社新建土井57座,其中同卡牧业合作社新建土井13座,多彩牧业15米土井7座,20米土井20座、多彩牧业合作社新建20米土井17座、治多县牧业合作社新建20米土井20座	2015年8月31日	445	中央预算内资金356万元＋省级配套资金22万元＋地方统筹资金22万元＋自筹资金45万元

续表 3-9-6

序号	市（县）	工程名称	建设地点	开工时间	工程主要内容及效益	竣工时间	投资（万元）	其他
45	杂多县	杂多县萨呼腾镇农村人畜饮水工程	沙查、多那、扎沟、阖丛村	2011年9月	修建水源地4座，供水管道29.8公里，蓄水池4座	2012年8月	674	施工单位为西宁市兴农水利建设有限公司
46	杂多县	杂多县供水工程	萨呼腾镇及加索卡	2011年6月	取水构筑物、水厂及供水管网	2012年9月	2 725	施工单位为西宁市兴农水利建设有限公司
47	杂多县	杂多县查日乡齐云、巴青安全饮水工程	查日乡齐云、巴青	2011年9月	新建土井78眼及相关配套设施	2012年8月	191	
48	杂多县	杂多县扎青乡地青、格赛、达青三村和寄宿小学人畜饮水安全工程	扎青乡地青、格赛、达青三村和寄宿小学	2014年	新建土井321座，井深10～20米，采取土井供水，是分散式供水工程	2014年	497	中央预算内资金370万元＋省级配套资金52万元＋地方统筹资金25万元＋自筹资金50万元
49	杂多县	杂多县苏鲁乡新云、多晓、山荣三村饮水安全工程	苏鲁乡新云、多晓、山荣三村	2014年	建设土井416眼，井深10～20米，采取土井供水，是分散式供水工程	2014年	669	中央预算内资金476万元＋省级配套资金92万元＋地方统筹资金68万元
50	杂多县	杂多县查日、结多、苏鲁等六乡寺院及周边牧民饮水安全工程	查日、结多、苏鲁等六乡寺院等	2014年	新建泵室3座，主干管8.78公里，支管3.308公里，分支管2.0公里，蓄水池3座，检查井13座，减压井1座，分散井10座，放空井1座，集中供水点30座	2014年	780	中央预算内资金696万元＋省级配套资金3万元＋地方统筹资金3万元＋自筹资金78万元
51	杂多县	杂多县萨呼腾镇阖丛村人畜饮水工程	萨呼腾镇阖丛村	2014年9月	新建土井42眼，解决分散户84户420人，大牲畜765头（只）的生活及饮水问题	2014年	90	

续表 3-9-6

序号	市（县）	工程名称	建设地点	开工时间	工程主要内容及效益	竣工时间	投资（万元）	其他
52	曲麻莱县	曲麻莱秋智乡布甫等三村人饮安全工程	秋智乡布甫等三村	2011年7月	新建土井135眼及相关配套设施	2011年10月	535	施工单位为陕西汉中路桥有限责任公司
53	曲麻莱县	曲麻莱叶格乡莱阳、龙麻、红旗村人饮工程	叶格乡龙麻等三村	2012年	新建土井166眼	2012年3月	672	施工单位为陕西汉中路桥有限责任公司
54	曲麻莱县	曲麻莱县藏区约改镇、秋智乡、叶格乡饮水安全工程	曲麻莱县	2012年	共建169眼井,其中土井96眼,机井73眼。解决约改镇、秋智乡、叶格乡三乡571户2200人饮水问题	2015年10月	1 458	中央预算内资金734万元＋地方债券724万元
55	曲麻莱县	曲麻莱县藏区特殊原因麻多乡、曲麻河乡饮水安全工程	曲麻莱县	2011年7月	共建分散式机井165眼。解决麻多乡、曲麻河乡3 150人(只)牲畜的饮水问题	2015年1月		
56	曲麻莱县	曲麻莱县约改镇、巴干乡、叶格乡、秋智乡四所寄校饮水安全工程	约改镇、巴干乡、叶格乡、秋智乡	2012年	引水廊道4座,20立方米蓄水池4座,各类阀门井23座,防洪供水点8座,主干管4条,管路12 100米,支管及配水管3 350米		166	中央预算内资金110万元＋省级配套资金30万元＋地方统筹资金8万元＋自筹资金18万元
57	曲麻莱县	曲麻莱县牧场人畜饮水安全工程	曲麻莱县牧场	2014年7月8日	打井22眼	2014年12月31日	50	
58	曲麻莱县	曲麻河乡麻多乡、曲麻河乡寄校饮水安全工程	曲麻河乡、麻多乡	2014年7月8日	打保温式土井40眼	2014年12月31日	87	中央预算内资金47万元＋省级配套资金27万元＋地方统筹资金4万元＋自筹资金9万元

续表 3-9-6

序号	市(县)	工程名称	建设地点	开工时间	工程主要内容及效益	竣工时间	投资(万元)	其他
59	曲麻莱县	曲麻莱县县城自由搬迁户饮水安全工程	曲麻莱县县城	2014年9月20日	各类阀门井88座,主管1条,管路总长1238米;支管6条3160米;分支管17条4360米,配水管网长11580.80米	2014年12月31日	404	中央预算内资金221万元+省级配套资金18万元+地方统筹资金14万元+自筹资金15万元
60	曲麻莱县	曲麻莱县曲麻河乡、叶格乡、秋智乡三乡乡政府及集中搬迁户饮水安全工程	曲麻河乡、秋智乡、叶格乡	2014年9月20	打土井193眼	2014年12月31日	504	中央预算内资金274万元+省级配套资金154万元+地方统筹资金25万元+自筹资金51万元
61	玉树市	隆宝镇措多、措桑、措美等六村饮水工程	隆宝镇	2015年	10吨的泉室1座,主干管5.10公里,检查井5座,土井57眼	2015年	135	
62	囊谦县	囊谦县尕羊乡色青村和东坝乡过羊村人畜饮水安全工程	尕羊乡	2015年	新建引水口1座,10立方米泉室4座,30立方米蓄水池4座,50立方米蓄水池1座,干管14.04公里,支管27.83公里,各类阀门井30座,集中供水井40座,解决1670人、8078头(只)牲畜的饮水问题	2015年	319	
63	称多县	称多县扎多镇冶多、直美、东方红村人畜饮水工程	曲麻河乡、麻多乡、叶格乡	2015年	新建土井共114眼(其中冶多村新建土井38眼,直美村新建土井44眼,东方红村新建土井32眼),并配提水设备及饮羊槽。解决4351人、31200头(只)牲畜的饮水问题	2015年	327	

续表 3-9-6

序号	市（县）	工程名称	建设地点	开工时间	工程主要内容及效益	竣工时间	投资（万元）	其他
64	治多县	治多县改查村、洽加村、同卡村等十三村人畜饮水安全工程	改查村、洽加村、同卡村等	2015 年	新建分散式井 201 眼，解决 1 913 人的饮水问题	2015 年	314	
65	杂多县	杂多县莫云、查旦两乡八村分散式供水工程	莫云、查旦两乡	2015 年	新建土井 473 眼，采用钢筋混凝土井圈，井径为 0.8 米，均采用人工辘轳提水。解决 5 513 人、24 876 头（只）牲畜的饮水问题	2015 年	767	
66	曲麻莱县	曲麻莱县藏区曲麻河乡、麻多乡饮水安全工程	曲麻河乡、麻多乡	2015 年	打机井 165 座。解决 3 150 人、21 719 头（只）牲畜的饮水问题	2015 年	666	

第四章　水电工程建设

玉树州境内河流纵横、湖泊众多，既有广阔的流域面积，又有充足的水资源供给库——冰川，水资源极为丰富。尤其是长江、澜沧江水量丰沛，落差大，具有坡陡流急的特点，而且水质清澈，含沙量少，具备发展水电的良好条件，但由于地域高寒、交通闭塞，开发利用难度较大。

20世纪60年代以来，全州水电站建设在国家和青海省出台的优惠政策鼓励与自身优势条件下，逐步形成了快速发展的态势。截至2004年底，全州共有水电站25座，总装机容量17 417千瓦，但由于种种原因，部分水电站被合并或停运。截至2011年，全州共有水电站16座，装机容量32 010千瓦，其中：已建成规模以上水电站10座，装机容量19 960千瓦；在建水电站2座，装机容量11 300千瓦。全年发电量为15 145.13万千瓦时。截至2017年，全州正常运行的水电站有16座，装机容量45 660千瓦。

1996年开始，国家将玉树州玉树县列入第三批农村水电初级电气化县，玉树县小水电事业开始了新的发展阶段。进入21世纪，全州遵照国家的统一部署，实施了"十五"水电农村电气化县建设，使玉树县达到水电农村电气化县标准。

水电事业的发展促进了全州农牧业生产的快速增长，同时对提高当地人民群众的物质生活和文化生活水平发挥了重要作用。

第一节　水能资源

一、全州水能资源

玉树州有"三江源"之称，境内河流密布，湖泊众多，长江、黄河和澜沧江在玉树州境内的总流域面积为23.80万平方公里，占全州总面积（26.7万平方公里）的89.14%。2000年以前，全州理论水力蕴藏量542.67万千瓦，其中长江流域为326.7万千瓦，占总蕴藏量的60.20%；黄河流域12.42万千瓦，占总蕴藏量的2.29%；澜沧江流域202.4万千瓦，占总蕴藏量的37.30%；内陆水系（湖泊）为1.15万千瓦，占总蕴藏量的0.21%。地下水资源量为114.92亿立方米，冰川贮量1 899.9亿立方米。可装机容量0.4万千瓦的水电站15座，0.386万千瓦的水电站26座。2006年时，理论蕴藏量为612万千瓦，梯级开发具有得天独厚的优势,具有十分广阔的开发前景。

二、县级水能资源

玉树县大小河流网密布,河床落差大,全县(包括过境界河)水能理论蕴藏量为308.2万千瓦,其中通天河为203.26万千瓦,巴塘河为30.16万千瓦,益曲河为21.79万千瓦,子曲河为45.84万千瓦,草曲河为7.15万千瓦。

囊谦县(包括过境界河)水能理论蕴藏量为142.59万千瓦,其中扎曲河为46.96万千瓦,子曲河为22.19万千瓦,吉曲河为49.24万千瓦,巴曲河为18.93万千瓦,热曲河为5.27万千瓦。

称多县水能理论蕴藏量总共为152.14万千瓦,其中多曲河为3.3万千瓦,拉浪清曲为0.27万千瓦,扎曲河为10.9万千瓦,洋涌为3万千瓦,通天河为124.3万千瓦,德曲河为2.87万千瓦,细曲河为7.5万千瓦。水能理论蕴藏量在1万千瓦以上的河流有6条。

杂多县水能理论蕴藏量105.98万千瓦,其中扎曲为34.65万千瓦,解曲为12.78万千瓦,子曲为12.82万千瓦,孕沙河为28.28万千瓦,布当曲为17.45万千瓦。

曲麻莱县水能理论蕴藏量总共为142.77万千瓦,其中通天河为122.62万千瓦,德曲为6.96万千瓦,色吾曲为2.49万千瓦,勒玛曲(北麓河)为1.63万千瓦,曲麻河(楚玛尔河)为4.90万千瓦,黄河为0.35万千瓦,卡日曲为1.21万千瓦,约古宗列曲为2.96万千瓦。水能理论蕴藏量在1万千瓦以上的河流有7条。各县水能资源统计见表4-1-1。

表4-1-1 各县水能资源统计

县名	河名	序号	河流长度(公里)	高差(米)	年径流深(毫米)	集水面积(平方公里)	多年平均流量(立方米/秒)	理论出力(万千瓦)
玉树县(市)	通天河	1	307.9	560	300	8 657.220	370	203.26
	益曲河	2	150.1	1 005	272.5	2 556.665	22.1	21.79
	巴塘河	3	89.0	1 160	369.1	2 490.387	26.5	30.16
	子曲河	4	168.7	750	300	4 830.042	62.3	45.84
	草曲河	5	75.3	496	350	1 326.809	14.7	7.15
	合计							308.2
囊谦县	扎曲河	1	162.6	352	241.4	4 717.38	136.0	46.96
	吉曲河	2	187.4	351	262.5	4 305.10	143.0	49.24
	子曲河	3	87.2	290	300.0	1 049.00	78.0	22.19
	巴曲河	4	126.9	850	368.2	1 941.43	22.7	18.93
	热曲河	5	34.4	690	313.9	795.65	7.9	5.27
	合计							142.59

续表 4-1-1

县名	河名	序号	河流长度（公里）	高差（米）	年径流深（毫米）	集水面积（平方公里）	多年平均流量（立方米/秒）	理论出力（万千瓦）
称多县	多曲河	1	106	440	70	3 475.69	7.7	3.3
	拉浪清曲	2	39.5	252	50	701.7	1.1	0.27
	扎曲河	3	179	778	157.1	2 861.16	14.3	10.9
	洋涌	4	84	495	175	1 121.78	6.2	3
	通天河	5	178.3	329	300	5 666.67	385	124.3
	德曲河	6	75	637	100	1 449.95	4.6	2.87
	细曲河	7	71	883	163	1 691.73	8.74	7.5
	合计							152.14
杂多县	扎曲	1	270	897	241.4	6 485.3	70.73	34.65
	解曲	2	107.5	450	262.5	2 881.8	65.23	12.78
	子曲	3	1 675	715	300.0	1 009.2	37.40	12.82
	尕沙河	4	59	885	285.2	906.8	14.43	28.28
	布当曲	5	1 085	1 151	243.6	1 980.4	34.90	17.45
	合计							105.98
曲麻莱县	通天河	1	526	580	195	34 889	215.73	122.62
	德曲	2	138	646	134.5	2 581.9	11.00	6.96
	色吾曲	3	164	225	50	7 125	11.30	2.49
	勒玛曲（北麓河）	4	137	168	50	230.2	9.88	1.63
	曲麻河（楚玛尔河）	5	230	284	50	11 108.3	17.61	4.90
	黄河	6	29	27	50	8259	13.10	0.35
	卡日曲	7	129	324	50	2 400.3	3.81	1.21
	约古宗列曲	8	120.5	432	50	4 224	7.00	2.96
	合计							142.77

注:1. 通天河集水面积中包括德曲、细曲两条支流的流域面积；
　　2. 计算数据均取于 1:100 000 的地形图。

第二节　重点水电站工程

一、禅古水电站

禅古水电站位于玉树州巴曲河上游禅古村境内,距州府结古镇 7 公里,北邻玉树县结古镇,西邻 214 国道,东面靠山,南与巴塘滩毗邻,距省会西宁市 830 公里。电站为混合式,主体工程由水库枢纽、引水系统、厂房枢纽和 35 千伏输电线路四大部分组成。总装机容量为 4 800 千瓦(3 × 1 600 千瓦),设计净水头 40.4 米,引用流量 4.76 立方米/秒,设计保证出力 1 440 千瓦,年发电量(平均)2 400 万千瓦时,系巴曲河梯级电站之一。引水低压输水管道总长 38 00 米。泄洪闸尺寸 4.3 米 × 1.86 米。

工程于 1997 年开工,1998 年竣工。

二、龙青峡水电站

龙青峡水电站位于澜沧江上游杂多县萨呼腾镇境内,距县城 7 公里,距州府结古镇 223 公里,距省会西宁 1 043 公里。电站于 2004 年 4 月开工建设,总装机容量 2 500 千瓦 (2 × 1 250 千瓦),引水流量 18 立方米/秒,2006 年 11 月 7 日建成试运行发电。电站为坝后式,主体工程由水库枢纽、引水系统、厂房大坝和 10 千伏输电线路四部分组成。该工程的主要任务是发电,工程规模属 Ⅳ 等小(1)型工程。

(一)建设缘由

杂多县境内河流密布,水力理论蕴藏量 105.98 万千瓦,可开发利用的水能为 2.1 万千瓦,太阳辐射强烈,太阳能资源丰富,年总辐射量为 676.6 千焦/平方厘米,年日照时数为 2 446 小时。自然资源丰富,但电力严重缺乏,是玉树州的两个无电县之一,因此建设龙青峡水电站可解决杂多县用电困难,从而提高农牧民生活质量。

(二)前期工作

1.可研阶段

据杂多县人民政府文件杂政〔1992〕40 号《关于杂多县龙青峡水电站前期工作可研报告的审批报告》,受杂多县人民政府委托,青海省水利水电勘测设计研究院于 1992 年 6 月上旬开始对龙青峡水电站进行可行性研究设计工作;1998 年,在 1992 年可行性研究报告的基础上,结合材料价格、预算编制规程和可行性研究报告编制规程调整和变动,对可行性研究报告又进行修改并通过了青海省水利厅的审查;2003 年,根据青海省发展计划委员会关于玉树州无电地区电源、电网建设的文件精神,该工程被提到议事日程上并报国家计委;2004 年 6 月 2 日,青海省水利厅审查通过了《龙青峡水电站可行性研究报告》。

2.初设阶段

初步设计阶段根据审查意见进一步做了初设阶段地质勘查报告,建设单位与西安理工大学做了水工模型实验,以此为依据,于 2005 年 3 月 10 日编制了初步设计报告。4 月 15 日,根据专家组意见修改后的初步设计报告完成。

(三)工程任务和规模

1.工程任务

该工程的主要任务是发电。建成后可解决杂多县城及附近地区长期无电的局面,改善当地农牧民群众的生产和生活条件,保护该区生态环境。

2.工程规模

电站总装机容量为 2 × 1 250 千瓦,设计水头 9.0 米,发电流量为 37.2 立方米/秒,保证出力($P = 90\%$)为 1 164 千瓦,年发电量 1 778.3 万千瓦时,年利用小时数 7 113 小时,电站为河床式水电站。

龙青峡水电站工程规模属 Ⅳ 等小(1)型工程,主要建筑物按 4 级设计,次要及临时建筑物按 5 级设计,枢纽设计洪水标准为 30 年一遇,校核洪水标准为 300 年一遇,相应洪峰流量分别为 849 立方米/秒和 1 168.8 立方米/秒。

（四）工程管理

龙青峡水电站建成投产后,按照社会主义市场经济体制的要求,玉树州水电集团公司按照《公司法》及其有关法律、法规进行管理,运用市场经济的管理体制和运营机制,通过股份制、招商引资等办法对各县的电站进行股份制改造,对全部资产进行评估确认,通过出售部分净资产,吸收法人、自然人和企业职工为国家股,改组为股份制企业。水电站工作人员共有 24 人。

三、聂恰二级水电站

聂恰二级水电站位于治多县县城以下 14 公里处的聂恰河下游流段上,水电站站址距玉树州州政府结古镇 209 公里,距曲麻莱县城约改滩镇 28 公里,距省会西宁 1 034 公里。电站于 2006 年 3 月开工建设,总装机容量为 1 500 千瓦,2007 年 10 月建成试运行发电。

（一）建设缘由

聂恰河上未进行过水力阶梯开发规划,仅在 20 世纪 70 年代和 80 年代建设有聂恰河一级（当江荣水电站）和三级水电站（曲麻莱水电站）,一级水电站位于县城上游 7 公里处,装机容量 250 千瓦;三级水电站位于河口处,装机容量 640 千瓦。两站均为引水式,前者为治多县服务,后者为曲麻莱县提供电力。由于受冬天结冰的影响,不能正常发电,因此两县县城处于无电状态,靠小容量的柴油发电机局部提供电力。为解决这一困难,聂恰河二级水电站（同卡电站）于 90 年代中期开始修建。

（二）工程概况

该电站总库容 498 万立方米,最大坝高 21.9 米。电站为调节混合式结构,主体工程由水库枢纽、引水系统、厂房机组和 10 千伏输电线路四大部分组成。总装机容量 1 500 千瓦（3×500 千瓦）,设计发电流量 19.8 立方米/秒,设计水头 9.3 米,电站设计保证率 80%,在天然来水情况下,保证出力 478 千瓦,保证流量 6.51 立方米/秒,多年平均发电量 795 万千瓦时,年利用小时数 5 300 小时。

（三）工程任务和规模

1. 工程任务

该工程的主要任务是发电。

2. 工程规模

该工程规模属Ⅳ等小（1）型工程。

（四）工程管理

聂恰二级水电站工程由青海省水利水电集团公司负责建设和管理。

四、查隆通水电站

查隆通水电站位于澜沧江干流（扎曲）的一级支流子曲河上,坐落于玉树州玉树县下拉秀镇尕麻村,距玉树县城结古镇 120 公里,距省会西宁 915 公里。电站于 2010 年 5 月开工建设,装机容量为 10 500 千瓦,设计年发电量 4 200 万千瓦时,系玉树地震灾后电力重建重点项目,2012 年 5 月试运行发电。

（一）建设缘由

随着玉树县工农业生产的蓬勃发展,人民生活水平不断提高,电能供需矛盾日趋尖锐。玉树"4·14"地震使部分电站受损,供电能力大大降低。为尽快给当地提供更多的生产生活用电,满足工农业生产不断发展和人民生活水平日益增长的需要,进一步促进本地区的经济繁荣,开发新的电源点成当务之急。同时该电站坝址在地形、地质、天然建筑材料及施工条件等方面均有很大的天然优越性。因此,建设查隆通水电站。

（二）勘测设计

2008 年 9 月,青海玉树电源电网工程建设项目部委托青海省水利水电勘测设计研究院编制《查隆通水电站可行性研究报告》。

2009 年 4 月,青海省水利水电勘测设计研究院完成《查隆通水电站可行性研究报告》的编制工作,2009 年 7 月 24 日,青海省发改委在西宁主持召开了《青海省玉树州子曲河查隆通水电站可行性研究报告》咨询会。

2010 年 1 月,青海省水利水电勘测设计研究院根据咨询会意见修改完成《查隆通水电站可行性研究报告（修改稿）》。

2010 年 6 月,青海省水利水电勘测设计研究院勘察分院组织技术人员对查隆通水电站进行了初步设计阶段的工程地质勘查工作,2010 年 7 月开始进行查隆通水电站的初步设计,并于 11 月完成该工程的初步设计工作;2010 年 8 月 19 日,查隆通水电站可行性研究报告经青海省发改委审查批准（青发改能源〔2010〕1201 号）,2010 年 5 月 17 日查隆通水电站正式开工建设,2012 年 1 月 15 日机组安装完成并试运行发电。

（三）工程任务和规模

1. 工程任务

该工程建设的任务是发电。

2. 工程规模

该电站工程等级为Ⅳ等小（1）型工程,装机容量 10 500 千瓦（3×3 500 千瓦）。设计保证率为 80%,保证流量 15.1 立方米/秒,保证出力 2 105.5 千瓦,年利用小时数 4 251.67 小时,多年平均发电量 4 464.25 万千瓦时。

3. 工程等别和标准

查隆通水电站为河床式电站。工程等别为小（1）型。枢纽主要建筑物级别为 4 级,次要建筑物级别为 5 级,临时建筑物（围堰等）级别为 5 级。大坝、厂房、导流泄洪冲砂洞级别为 4 级,次级建筑物（尾水渠等）级别为 5 级。该工程地震基本烈度为 7 度。

水库枢纽设计洪水标准选定为 50 年一遇,校核洪水标准为 200 年一遇,相应洪峰流量分别为 505 立方米/秒和 615 立方米/秒。临时性建筑物洪水标准 10 年一遇设计,相应的洪峰流量 373 立方米/秒。

（四）工程管理

查隆通水电站工程的业主单位为青海省水利水电集团公司。青海玉树电源电网项目部负责工程建设期的管理,工程建成后负责该工程的运营管理。工程管理人员有 25

人,管理单位的任务有确保工程安全,充分发挥工程效益,开展综合经营,不断提高管理水平,尤其是每年汛期做好水库的冲沙和泄洪运行管理。

第三节　农村小水电

玉树州水能资源丰富,但受区域偏远、人口稀少的影响,在20世纪60年代以前,水电建设几乎一片空白。改革开放以来,全州小水电建设和农村电气化事业进入较快发展阶段。1958年修建了第一座1×40千瓦水电站,结束了玉树州无水力发电的历史。1969年以来,玉树县相继建成了东方红、西杭、上拉秀、下拉秀、安冲、仲达、小苏莽、相古等8座水电站,装机容量5 050千瓦,年发电量1 487万千瓦时,有力地促进了地方经济的发展,改善了生活条件,结束了无电县的历史。除此之外,其余各县也不同程度地建成水电站数座。但截至2017年,玉树州仍无大(1)、大(2)型和中型水电站,只有小(1)、小(2)型和其他水电站,即农村小水电。

一、发展与分布

(一)政策措施

根据国家相继出台的一系列鼓励小水电发展的方针、政策和措施,青海省出台地方水电企业执行6%增值税率、小水电每千瓦时2厘让利扶持等政策规定。进入"九五"时期,青海省又出台了提高小水电上网电价的鼓励政策,州县政府部门也相继制定出了符合当地实际的鼓励政策,给予小水电发展大力支持。这些优惠政策使得社会投资纷纷向上网电价较高、经济效益好的小水电发展,促进了州县小水电的快速发展。

玉树州小水电的建设对解决电力供应紧张,改善农牧区人民生产生活条件,促进少数民族地区社会稳定、民族团结和当地经济发展起到了积极作用。

(二)工程建设

1967年,东方红电站(现当代电站)开工建设,1969年竣工。

20世纪70年代相继建成玉树县仲达、称多县一级电站、治多县当江荣、囊谦县香达电站等4座水电站。

20世纪80年代,先后建成称多县歇武,囊谦县白扎、尕沙河、安冲、西杭、拉布、小苏莽、上拉秀、下拉秀、相古,称多县二级电站、尕朵、下赛巴、扎曲、聂恰河、周木等16座水电站。

20年代90年代,先后兴建相古、科玛、同卡、当托、禅古等5座水电站;截至2004年,全州共有水电站25座,总装机容量17 417千瓦,高低压线路811.83公里,年发电量3 250万千瓦时。全州共有6个县(市),全部建有水电站,县级通电率83.3%;48个乡有13个乡通电,乡级通电率27%;285个村有34个村通电,通电率12%;500千瓦以上水电站6座,100千瓦以下水电站9座,100~500千瓦的10座。按县统计的电站见表4-3-1。

表 4-3-1　2004 年以前玉树州电站

县名	序号	电站名称	建设地点	河流名称	装机容量（千瓦）	开工时间	竣工时间	投资（万元）	单机流量（立方米/秒）	水头（米）	渠长（公里）	备注
	1	东方红（现当代）	结古当代村	巴塘河	2×500	1967 年	1969 年	280	3	23	2.7	
	2	仲达	仲达乡仲达村	电达曲	1×75	1978 年	1978 年	201	0.71	19	1.06	2003 年扩容，增加一个机组，容量为1×100千瓦
	3	安冲	安冲乡	益曲	1×75	1982 年	1984 年	65	6	10	13	
	4	下拉秀	下拉秀乡曲龙沟	龙细曲	1×40	1986 年	1986 年	30	4.5	8	0.9	
玉树县	5	西杭	结古西杭村	巴塘河	3×1 250	1984 年	1987 年	1 400	4.6	33	3.8	
	6	小苏莽	小苏莽乡	细曲	1×40	1987 年	1987 年	19.5	4.5	8		
	7	上拉秀	上拉秀乡曲龙沟角	布罗曲	1×40	1987 年	1988 年	20	4.5	8	0.3	
	8	相古	巴塘乡相古村	卡沙曲	1×40	1986 年	1986 年	30	4.5	8	0.6	1997 年改造扩容
	9	当托	巴塘乡当托村	亚莽科	1×100	1996 年	1997 年	150	1.432	10.6	0.165	
	10	禅古	结古禅古村	巴塘河	3×1 600	1997 年	2000 年	7 931.2	4.76	40	3.8	
囊谦县	11	香达	香达乡	香曲	2×75	1968 年	1970 年	47	1.4	18	5	
	12	白扎	白扎乡	前曲	1×75	1978 年	1980 年	38	0.8	23	2	
	13	扎曲	香达乡	扎曲	2×650	1987 年	1990 年	1 040	8.3	11	4	

续表 4-3-1

县名	序号	电站名称	建设地点	河流名称	装机容量（千瓦）	开工时间	竣工时间	投资（万元）	单机流量（立方米/秒）	水头（米）	渠长（公里）	备注
	14	县一级	称文乡	细曲	1×200	1971年	1971年	60	1.7	19	1.3	
	15	歇武	直门达	云曲	1×250	1978年	1980年	75	1.4	19	2.0	1996年机组扩容
	16	拉布	土登寺	拉布	1×200	1984年	1984年	127.5	5.3	28.5	1.9	2002年机组扩容
称多县	17	县二级	称文乡	细曲	2×320	1986年	1986年	365	2.7	26	1.3	
	18	下寨巴	下寨巴乡	寨巴曲	1×12	1987年	1987年	8	0.5	5.0	0.1	
	19	尕朵	相卡村	细曲	2×75	1987年	1988年	65	5.3	7.5	2.0	
	20	科玛	科玛村	细曲	2×630	1992年	1994年	1 480	4.0	21.5	3.0	
治多县	21	当江荣	多彩乡	聂恰河	2×125	1974年	1977年	162	1.3	15.5	5.9	
	22	同卡	同卡村	聂恰河	3×500	1993年	1997年	3 350	6.8	9.3		
杂多县	23	尕沙河	结扎乡	尕沙河	2×250	1979年	1980年	348			6	
曲麻莱县	24	聂恰河（曲）	治多同卡	聂恰河	1×320 1×400	1980年	1982年	32.9	6.74	12	5.98	2002年机组扩容
	25	周木	县城西南	周木尕卡	2×55	1985年	1986年	103	1.0	32	1.6	

2004 年 4 月,龙青峡水电站开始建设,装机容量 2 500 千瓦(2×1 250 千瓦),2006 年 11 月 7 日建成试运行发电。

2004 年 4 月 19 日,拉贡水电站开工建设,2006 年竣工,装机容量 8 000 千瓦。

2006 年 3 月,聂恰二级水电站正式开工建设,2007 年 10 月建成试运行发电,装机容量为 1 500 千瓦。

2006 年 9 月 20 日,香达水电站正式开工建设,2007 年 6 月 12 日完成了二期导流。装机容量为 2×400 千瓦。

截至 2017 年,有 16 座电站正常运行,见表 4-3-2。

表 4-3-2　2017 年玉树州已建农村水电站情况

行政区	电站名称	装机容量 (千瓦)	年发电量 (万千瓦时)	电站投产 年份	备注
玉树市	禅古水电站	4 800	2 025	2000	
	相古水电站	200	137.3	2014	
	当托水电站	100	43.68	2014	
	查隆通水电站	10 500	2 577	2014	
	当卡水电站	12 000	2 707	2015	
囊谦县	扎曲河水电站	1 300	839.2	1990	
	香达水电站	800	200	2007	
	白扎水电站	500	39.63	2010	
	觉拉水电站	500	12	2016	
	苏莽水电站	400	2 495	2016	
称多县	科玛水电站	1 260	332	1999	
	拉贡水电站	8 000	4 000	2006	
	孕多水电站	500	128	2010	
治多县	聂恰二级水电站	1 500	878	2007	
杂多县	龙青峡水电站	2 500	1 006	2004	
曲麻莱县	聂恰曲水电站	800	206	2014	

截至 2017 年玉树州运行的 16 座水电站分布简图见图 4-3-1。

二、重点小水电工程

小水电工程对玉树州发展至关重要,发展较为迅速,重点小水电工程如下。

(一)当代电站

当代电站于 1967 年开工,1969 年竣工发电,系原东方红电站。装机容量 2×500 千瓦,设计水头 23 米,设计流量 6 立方米/秒,引水渠长 2.7 公里,是一座有坝引水式电站。安装两台 HLl23－WJ－71 水轮机组,保证出力 850 千瓦,发电出力电压 6.3 千伏,升压站

图 4-3-1　截至 2017 年玉树州运行的 16 座水电站分布简图

安装 10/6.3 千伏,1 250 千伏的主变 1 台,以 10 千伏线路送电,可以全年连续运行,年可利用时数 6 000 小时,曾创下 6 380 小时的最好成绩。服务于结古地区。

（二）西杭电站

西杭电站于 1984 年开工,1987 年 7 月竣工发电。装机容量 3×1 250 千瓦,是一座有坝引水式电站,引巴塘河水发电,设计水头 33 米,单机流量 4.6 立方米/秒,引水渠长 3.8 公里,保证出力 3 100 千瓦。设计年发电量 1 923 万千瓦时,升压站安装 10/6.3 千伏、2 500 千伏安变压器 2 台,冬季需打冰、排冰,可全年连续运行,服务于结古地区。

（三）聂恰河水电站

聂恰河水电站于 1982 年 10 月建成投产,总投资 32.9 万元。装机容量 2×320 千瓦,每年 4—10 月运行发电。设计拦河坝 1 座,长 62.5 米,动力渠长 5.98 公里,设计水头 12 米,流量 6.74 立方米/秒,水轮机型号为 ZD560-LH-80,发电机型号为 TSN99/37-10P-320,升压站安装 10/6.3 千伏,容量 1 000 千伏安,年平均发电量 130 万千瓦时。服务于曲麻莱县城及附近居民。2002 年扩容后,装机容量为 1×320 千瓦、1×400 千瓦。

（四）扎曲电站

扎曲电站位于玉树州囊谦县,距玉树州结古镇 170 公里。于 1987 年开工,1990 年 10 月建成投产,总投资 1 040 万元。电站为混合式结构,主体工程由拦河大坝、引水渠道、厂房和输电线路组成。装机容量 2×650 千瓦,发电引水流量 16.6 立方米/秒,发电水头 11 米,动力渠长 4 公里,水轮机型号 ZD560-LH-120,发电机型号 SH650-16-2150。两台机组不能并网发电,只能单机运行。多年平均出力为 900 千瓦,为囊谦县主要的电力能源,服务于囊谦县城及附近居民。

（五）同卡电站

同卡电站于 1993 年 9 月开工,1997 年 10 月建成投产,是玉树州第一座坝后式水电站,库容330万立方米,最大坝高21.2米,坝长233.5米,引用聂恰河水,单机流量6.8立方米/秒,水头9.3米。装机容量3×500千瓦,总投资3 350万元。服务于治多县城及附近居民。1999年2月11日,同卡电站失事,2002年4月17日相关责任人被查处。

（六）科玛水电站

科玛水电站位于玉树州称多县尕多乡境内的科玛村,距省会西宁750公里,距称多县城153公里,离尕多乡政府10公里。于1992年开工,1994年竣工发电,总投资1 480万元。装机容量2×630千瓦,设计发电引水流量4立方米/秒,发电水头21.5米,动力渠长3.0公里,水轮机型号HL240-WJ-84,发电机型号SFW630-16/1730。经10千伏线路送电,可全年发电。服务于称多县扎多金矿。

（七）拉贡水电站

拉贡水电站位于玉树州称多县长江上游通天河中段,在三江源自然保护区内,距省会西宁市756公里,距玉树州结古镇153公里,距称多县县城17公里。于2004年4月动工建设,2006年竣工,2007年2月2日1#机和2#机并网试运行发电,2007年9月10日3#机并网发电,2008年12月20日4#机并网发电。电站为有坝引水式电站,主要由引水枢纽、低压输水隧洞、厂房等组成。引水枢纽由电站进水闸、泄洪冲沙闸、溢流坝和土工膜斜墙砂砾石坝组成。总装机容量8 000千瓦（4×2 000千瓦）,发电水头12.34米,发电流量80立方米/秒,年发电量4 000万千瓦时。电站电力主要送往玉树和称多两县（市）。

（八）香达水电站

香达水电站位于玉树州囊谦县境内的澜沧江上游扎曲河一级支流扎曲河上。电站发电厂房厂址距囊谦县县城约26公里,引水枢纽处控制流域面积170平方公里,多年平均流量1.4立方米/秒,装机容量为800千瓦（2×400千瓦）,设计净水头50.66米,引用流量0.44立方米/秒。

（九）白扎水电站

白扎水电站位于囊谦县香达镇境内扎曲河的二级支流苟曲河上,是一座径流引水式电站。建设内容:闸坝式引水枢纽,设1孔2米宽的进水闸、2孔2×3米的冲沙闸、5米长溢流坝;动力渠总长820米,采用C20钢筋混凝土现浇矩形暗渠;开敞式压力前池;压力钢管长225米,采用单管双机供水;地面式厂房,建筑面积193.6平方米;副厂房、尾水渠、升压站等。

（十）苏莽水电站

苏莽水电站位于囊谦县毛庄乡,是囊谦县农村电气化项目电源工程,拟建工程位于囊谦县毛庄乡子曲支流游涌河上,为无调节无压引水式小型水电站,主要解决毛庄乡等大电网未覆盖地区生产生活用电。装机容量2×200千瓦,设计水头20.3米,保证出力174千瓦,多年平均发电量2 495千瓦时,年利用小时数6 237小时,该工程属V等小（2）型工程,主次要建筑物级别均为5级。电站由引水枢纽、动力渠、发电枢纽三部分组成。

三、灾后重建水电站

(一)查隆通水电站

查隆通水电站为玉树地震灾后恢复重建项目,电站位于玉树市下拉秀乡尕麻村子曲河段,距省会西宁915公里。坝址距玉树市120公里,省道214线贯穿工区右岸。

查隆通水电站厂房布置采用河床式,装机容量3×3 500千瓦,多年平均发电量4 460万千瓦时,保证出力2 105千瓦,年利用小时数4 251.67小时。工程的主要任务是发电。

查隆通水电站工程等别为Ⅳ等小(Ⅰ)型,正常蓄水位3 881米,水库总库容833万立方米,最大坝高28.14米,电站设计发电流量74.42立方米/秒。主要建筑物有左右岸重力坝、主厂房及尾水、泄洪冲沙洞等。全部建成后于2012年5月18日进行大坝安全鉴定,结论为合格。2012年5月22日三台机组试运行发电,电站一直安全运行。工程总投资约1.75亿元。

(二)当卡水电站

当卡水电站为玉树地震灾后恢复重建项目,前身为玉树西杭当代水电站。位于玉树州玉树市下拉秀镇当卡村附近的子曲河段,为子曲河流域规划中的第5座梯级水电站,上游距查隆通水电站约9公里,距下拉秀镇20公里,距玉树州结古镇102公里,距省会西宁约840公里,交通较为便利。

当卡水电站工程属Ⅲ等中型工程,主要开发任务是发电。枢纽从右至左主要由右岸混凝土副坝、河床式电站厂房、溢流坝、泄洪闸及左岸复合砂砾石坝等建筑物组成。最大坝高29.30米,水库正常蓄水位3 848米,总库容1 109万立方米。电站总装机容量12兆瓦,3台混流式水轮发电机组,单机容量4兆瓦,额定水头18米;多年平均发电量5 003万千瓦时。

工程于2012年9月开工建设,总投资约2.8亿元,计划工期为3年。于2014年12月25日进行大坝安全鉴定,结论为合格。2015年1月15日大坝蓄水,2月5日第一台机组试运行发电,2月6日第二台机组试运行发电,5月27日16时,当卡水电站工程实现1#发电机组并网发电,全面建成并投产发电。

四、其他小型水电站

(一)称多二级水电站

称多二级水电站位于称多县西南部,通天河支流岗查沟下游近汇口处,距称多县城13公里。电站为引水式,工程主要由引水渠道、动力渠、前池、压力钢管、厂房、尾水、升压站等组成。电站装机容量为2×320千瓦,设计水头21.15米,引水流量4.08立方米/秒,保证出力382千瓦,年发电量为348万千瓦时。

1.建设缘由

随着农牧业生产和地方工业的发展,1971年建成的称多一级水电站(2×75千瓦)容量已不能满足用电需要,经常采取限电的办法来补救电力之不足,尤以秋收季节最为紧张。一级水电站输电线路附近还有七个生产队、一个畜牧场和一座400吨冷库未由水电站供电。电力生产的短缺直接影响到农牧业生产和地方工业的正常发展。为了满足称多县工农牧业生产和城乡人民生活用电的需要,县政府要求建设称多二级水电站。

2.工程建设

工程的勘测设计由青海省水利水电勘测设计研究院承担,设计文件经青海省水利厅总工会批准。施工任务由青海省水电工程局和县水电队分别承担。

工程于1985年9月12日正式动工兴建,由于气候影响,至11月中旬停止施工。开工当年主要进行土石方开挖,其中引水枢纽、动力渠、压力前池、泄水道等部位的开挖基本完成,厂房仅剩水下部分。1986年4月中旬以来,各个建筑物施工紧张进行,到10月中旬各水工建筑物和厂房的砌筑及混凝土浇筑全部完成,10月13日至12月10日进行机电安装,12月10日工程全部建成。青海省水利厅于1987年10月22—26日主持竣工验收。完成的主要工程量有土石方10.983万立方米、混凝土及钢筋混凝土1 114.7立方米。主要耗用材料有木材278.5立方米、水泥1 158吨、钢材110.1吨。竣工决算投资296.5万元。

3.工程管理

电站建成后,经过6个月的运行考验,发电47万千瓦时,运行正常。1987年10月26日,正式移交给管理单位使用。2003年发电量332万千瓦时,年利用小时数5 188小时。

(二)下拉秀水电站

下拉秀水电站扩建位于玉树县下拉秀乡境内,距西宁819公里,海拔在3 800～4 800米,为引水式电站,主要由引水枢纽、动力渠道、压力前池、压力管道、厂房、尾水、生活区、机电及输电线八个部分组成。引水渠长0.98公里,装机容量为50千瓦。

1.建设缘由

下拉秀水电站始建于1986年,为无坝引水式电站,装机容量为40千瓦。电站设备是20世纪70年代制造的,技术落后,出力只有70%左右,动力渠是干砌石衬砌,渗漏非常严重。由于电站原设计标准低,建设标准低,设备选型不适应高寒地区环境,发电运行年限不长就停运了,发供电以0.4千伏直供用户,电能很不稳定。同时,下拉秀水电站是下拉秀乡政府、寺院及附近居住群众的唯一照明电源,随着下拉秀小城镇的不断完善和人民群众生活水平的提高,原电站容量已经远不能满足用电需要。因此,下拉秀乡政府要求利用光明工程建设一座50千瓦的光伏电站,但是光伏电站只能照明、看电视,不能满足生产经营加工的需要,根据存在的用电矛盾,县、乡人民政府通过青海省国土资源厅的帮扶项目,决定改扩建下拉秀水电站。

2.工程建设

1)前期工作

下拉秀水电站扩建工程于2005年9月由玉树县人民政府委托给青海省海东地区水电勘测设计院进行初步设计。青海省海东地区勘测设计院于2005年9月中旬组织有关技术人员对电站实地进行了测量和地质踏勘工作,通过认真分析研究,依据国家现行规范和标准,并与玉树县水务局等有关部门协商,于2005年10月完成扩建工程初步设计工作。

2)工程施工

工期自 2006 年 4 月底起到 2007 年 4 月底结束,总工期 1 年。2006 年的 5 月和 7 月两个月,主要进行引水枢纽和动力渠道的施工,7 月底完成两项的全部工程量。2006 年 8 月起重点进行发电枢纽的前池、压力管道、厂房的施工,10 月底完成发电枢纽的全部工程量,11 月进行机组的安装调试。2017 年 4 月进行试水试发电,月底组织电站的竣工验收,5 月 1 日正式投产发电。

3)施工导流

该工程导流建筑物级别为 5 级,使用年限小于 15 年,堰高小于 15 米,导流标准按 5~10 年设计,施工导流的洪水标准为 $P = 10\%$,洪水流量为 36.7 立方米/秒。引水枢纽地形平坦,地层均为砂砾石地基,施工导流应安排在洪水流量较小的枯水期进行。采用分导流的方法,一期导流围堰内主要先施工冲沙闸和进水闸、溢流坝,堰闸下游的消能防冲段及堰、堤分水墙等,一期工程施工结束后进行二期导流,河道来水由冲沙闸宣泄。二期围堰内,主要施工土堤及坝前的壤土铺盖。一期围堰长 90 米,二期围堰长也为 90 米,其中利用段 50 米。围堰用砂砾石填筑,迎水面厚 50 厘米用草袋装土护砌。围堰堰高 4.0 米,顶宽 1.0 米,边坡为 1∶1。在进行二期导流前,一期围堰全部拆除,渠首施工全部结束后,二期围堰进行部分拆除。

3. 工程规模

下拉秀水电站向下拉秀乡人民政府机关、1 座寺院、20 家个体经营户、1 所学校、2 家旅店及 250 户 2 400 余农牧民的照明及生活供电,为节省工程投资,不再扩大电力覆盖面。据统计,总负荷 40 千瓦。考虑到负荷的季节性及其需要系数和同时率,最大负荷 50 千瓦,根据负荷、资金条件,结合地形、地质以及水文情势,确定电站总装机容量为 50 千瓦,用一台 ZD560 - LH - 60 立式水力发电机组发电,发电机型号为 SF50 - 8,用电手动操作器操作。单机发电流量 1.40 立方米/秒,发电水头 6.0 米,电站年发电量 80.4 万千瓦时,年利用时数 7 365 小时,由于枯水期流量大于发电流量,电站保证出力和设计出力相同。电力由 SL7 - 100 升压变压器输出后,用 10 千伏输电线送至各用电区。

根据《工程建设强制性条文标准》《水利水电工程登记划分及洪水标准》(SL 252—2000),电站属于Ⅴ等小(2)型工程,主次建筑物和临时建筑均按 5 级设计。设计洪水重现期 25 年。校核洪水重现期 100 年,施工洪水重现期 10 年。

4. 工程管理

工程建设开始,由县水务局牵头成立下拉秀水电站扩建工程指挥部,负责电站建设工程的资金筹集和一切其他事宜。自电站投产之日起,正式成立下拉秀电厂,自动转为管理机构,负责供电和收取电费等事宜。水电站扩建管理任务有确保工程安全,充分发挥工程效益,开展综合经营,不断提高管理水平,保证供电。主要工作内容有:①贯彻执行有关方针政策和上级主管部门的指示。②掌握并熟悉本工程的设计、施工和管理运用等资料,了解与电站运行有关的其他情况。③做好水文预报,掌握雨情、水情、泥沙、气象情报,做好工程运行调度和工程防汛工作。④定期对工程运行情况做出评价,发现问题及时处理维修,大问题上报上级有关部门并提出处理意见。⑤建立健全各项规章制度,建立各项技术档案。⑥总结经验,科学管理,不断改进工作。专职的管理运行等人员有4人。

第四节 以电代燃料项目

2003年,按照中央三号文件的要求,全国5个省26个县启动了以水电代燃料试点工程。为完善小水电代燃料建设、管理制度和办法,水利部下发了《关于加强小水电代燃料建设管理的通知》;为有针对性地指导全国小水电代燃料试点工作,规范全国小水电代燃料试点项目建设和管理,水利部下发了《小水电代燃料项目管理指南》,颁布了《小水电代燃料项目验收规程》等。省水利厅和省发改委高度重视小水电代燃料试点建设,结合本省实际出台了一系列规章制度和管理办法,重点指导和督促代燃料试点工作。玉树州以电代燃料项目主要有浦口水电站、尕多水电站、觉拉水电站。

一、浦口水电站

(一)工程概况

浦口水电站位于称多县尕多乡境内,细曲河下游7公里处,距省会西宁749公里,距称多县县城99公里,距扎多镇30公里,距尕多乡政府7公里。上游是科玛水电站,下游是尕多水电站,科玛水电站尾水渠距浦口水电站引水口1公里,浦口水电站厂房距尕多水电站引水口2公里。

(二)工程任务和规模

1.工程任务

进入21世纪,青海省南部地区是国家以电代燃料、退耕还林生态建设的重点地区,浦口水电站的主要任务就是利用当地丰富的水能资源增加地方电力,电站引水枢纽挡水坝较低,且下游无重要防护对象,无防洪要求及其他综合利用任务,故该水电站建设的唯一目的就是发电。该工程受益范围是扎朵镇、尕多乡、清水河镇周边的9个行政村共879户4 922人。

2.工程规模

该水电站是一座径流引水式水电站,装机容量2×400千瓦,水轮机型号为赫拉Hla551c-WJ-78水轮机组,配套SFW400-14发电机组。水头17米,引水流量6立方米/秒,保证出力525千瓦,电站多年平均年发电量514.48万千瓦时,年利用小时数6 431小时。属Ⅴ等小(2)型工程,主次要建筑物级别均为5级。

3.综合利用及技术经济指标

该水电站基本没有综合利用功能,主要以发电为目标,电站多年平均发电量514.48万千瓦时,建设期12个月,工程总投资2 617万元,单位千瓦投资3.271 0万元,单位电能投资4.98元/千瓦时。工程特性见表4-4-1。

表 4-4-1 浦口水电站工程特性

序号	项目名称	单位	数量及规格	备注
一	水文水能			
1	坝址集雨面积	平方公里	1 520	
2	多年平均降雨量	毫米	495	
3	多年平均流量	立方米/秒	7.944	
4	设计水头	米	17	
5	电站引用流量	立方米/秒	6	
6	电站装机容量	千瓦	800	
7	设计保证出力	千瓦	525	
8	多年平均发电量	万千瓦时	514.48	
9	年利用小时	小时	6 431	
二	主要机电设备和技术参数			
1	水轮机台数	台	2	
2	水轮机型号		Hla551c – WJ – 78	
(1)	水头	米	17.00	
(2)	出力	千瓦	800	
(3)	转速	转/分钟	1 000	
(4)	调速器	Twt – 600	2 台	
(5)	进水阀门直径		球阀 φ1 000	
3	发电机			
(1)	发电机型号	2 台	SFW400 – 14	
(2)	额定容量	千瓦	800	
(3)	额定电压	伏	400	
(4)	转动方式		直联	
(5)	输电电压	千伏	35	
(6)	联机方式		T 联	
(7)	输电线路	米	300	
4	变压器型号	2	S10 – 1000 – 35gy	
三	坝			
1	溢流坝		重力坝	
2	坝高	米	5.5	
3	坝轴长	米	16.5	

续表 4-4-1

序号	项目名称	单位	数量及规格	备注
4	消能形式		底流耗能	
四	动力渠			
1	渠长	米	1 938.4	
2	开挖剖面	米	2.2×2.95	
五	前池			
1	长×高×宽		20.95×5.7×6.6	
2	正常水位	米	3 796.27	
六	压力钢管			
1	管道全长	米	40.58	
2	管道直径	毫米	1 600	
3	管壁厚	毫米	20	
七	发电厂房			
1	结构形式		钢筋混凝土框架结构	
2	尺寸(长×高×宽)	米	24.4×10.8×9	
八	主要经济指标			
1	静态总投资	万元	2 375	
2	投资收益率	%	18.18	
3	投资回收年限	年	7.92	
4	单位千瓦投资	元	32 710	
5	单位电能投资	元/千瓦时	4.98	

(三)工程主要建筑物

浦口水电站由引水枢纽、动力渠、发电枢纽三部分组成。

1. 引水枢纽

引水枢纽位于扎曲河上游,通天河一级支流细曲河下游段,由溢流坝段、非溢流坝段、冲沙闸、进水闸、上下游防洪墙组成,枢纽为正向冲沙泄洪、侧向进水布置。正向布置冲砂闸 2 孔,单孔口尺寸为 4.5 米×4.5 米,最大设计泄流量为 76.16 立方米/秒;溢流坝长度为 16.5 米,最大坝高 4.6 米,设计最大堰顶过流量为 9.94 立方米/秒;进水闸 1 孔,宽 3.5 米,闸孔尺寸为 3.00 米×2.35 米,设计流量为 6.00 立方米/秒。

2. 动力渠

动力渠道长 1 938.4 米,沿扎曲河右岸布置,比降 $i=1/1\,500$,为钢筋混凝土矩形渠,断面尺寸 2.2 米×2.95 米,衬砌厚度为 0.2 米。

3. 发电枢纽

发电枢纽由前池、压力管道、厂房、尾水渠、升压站和管理区等建筑物组成。水电站安装 2 台机组,单机容量为 400 千瓦,机组采用单管两级的供水方式。压力管道为钢管,管内径 1.6 米,单管设计流量 6 立方米/秒,流速 3.0 米/秒。岔管内径为 1.0 米,流速 3.0 米/秒。主厂房内布置 2 台水轮发电机组,机组间距 9.00 米。发电机层底板高程 3 777.54 米。主厂房上游侧各立柱之间设机旁盘,每台发电机右侧设有 1 台调速器和 1 组油压装置。安装间底板高程 3 777.54 米,与主厂房底板高程相同。进厂大门开设于 -X 端墙,门宽 3.0 米,门高 3.5 米,与进厂公路相通。

(四)工程管理

1. 建设管理

浦口水电站严格实行项目法人制、招标投标制、建设监理制和合同制,确保工程质量和工期。2011 年 9 月完工并网发电。

2. 工程管理

根据电站采用微机监控系统的实际情况和建设单位的管理情况,工程管理定员 8 人,其中运行人员 4 人,检修调试人员 2 人,服务管理人员 2 人。管理范围包括枢纽区及生产区的征地范围,管理人员有责任搞好工程范围内的绿化,保持其生态环境。

3. 运行管理

工程运行管理主要包括两大部分内容:水工和机电。该水电站水工方面的重点在引水枢纽,机电方面的重点在厂区主副厂房及升压站。

二、尕多水电站

(一)工程概况

尕多水电站位于称多县尕多乡境内,距省会西宁 750 公里,距称多县城 158 公里,距尕多乡政府 5 公里,除水电站至扎多镇的 33 公里公路为简易公路(乡村公路)外,其余均为国家正式公路。该电站引水枢纽位于通天河一级支流细曲河上,在该水电站建设之前,细曲河上进行过的水利水电工作甚少。1987 年建成了香卡电站(2×75 千瓦),该电站到 1999 年年久失修,不能正常运行。1994 年在香卡电站上游 7 公里处修建了科玛电站(2×630 千瓦),主要是在 4—11 月运行,给扎多赛柴金矿提供电力服务,并兼顾金矿附近扎多和尕多两乡的工农业及生活用电。2004 年扎多赛柴金矿停产,科玛电站改为向玉树称多县城供电,电站开始冬季运行。香卡和科玛水电站均为明渠梯形断面,动力渠沿程多处损坏失修,加之冬季渠道及前池结冰严重,流量较小,无多余排水,每年 12 月至次年 2 月电站运行困难。鉴于此,修建了尕多水电站。

(二)工程任务与规模

1. 工程任务

以发电为目的,以电代燃料。

2. 工程规模

尕多水电站为径流无调节的电站,装机容量 2×250 千瓦,发电机出现电压为 0.4 千伏,发电流量 4.2 立方米/秒,总库容 4.4 万立方米,年平均发电量 364 万千瓦时,从河床算起最大坝高 1.4 米。工程规模为 V 等小(2)型,其主要建筑物(溢流坝、泄洪闸、厂房、进水坝)级别为 5 级,次要建筑物(尾水渠等)级别为 5 级,临时建筑物(围堰等)级别为 5

级。工程主要特性见表4-4-2。

表4-4-2　尕多水电站工程特性

序号	项目名称	单位	数量
一	水文及气象		
1	细曲河流域面积		
(1)	全流域	平方公里	1 692
(2)	尕多坝址以上	平方公里	1 540
2	多年平均径流量	亿立方米	2.51
3	代表性流量		
(1)	多年平均流量	立方米/秒	8
(2)	实测最小流量	立方米/秒	2
(3)	设计洪水标准及流量($P=10\%$)	立方米/秒	107.4
(4)	校核洪水标准及流量($P=10\%$)	立方米/秒	127
(5)	施工疏导标准及流量($P=20\%$)	立方米/秒	98
4	多年平均输沙量	万吨	21.37
二	水库		
1	水库水位		
(1)	校核洪水位	米	3 784.07
(2)	设计洪水位	米	3 783.96
(3)	正常蓄水位	米	3 783.6
2	调节特性	无调节	
三	下泄流量及相应下游水位		
1	设计洪水时最大泄量	立方米/秒	107.4
2	校核洪水位最大泄量	立方米/秒	127
3	调节流量($P=80\%$)	立方米/秒	3.5
4	最小流量	立方米/秒	2
四	工程效益指标		
1	发电效益		
2	装机容量	千瓦	500
3	保证出力($P=80\%$)	千瓦	442
4	多年平均发电量	万千瓦时	364

续表 4-4-2

序号	项目名称	单位	数量
5	年利用小时数	小时	8 262
五	淹没损失及工程永久占地		无
1	淹没区公路长度和改线长度	公里	0.15
2	工程永久占地	亩	144
六	主要建筑物及设备		
1	挡水建筑物(坝、闸、堤)型式地基特性		砂砾石
(1)	地震基本烈度/设防烈度		7 度
(2)	顶部高程(坝、闸、堤)	米	3 783.6
(3)	最大坝高(闸、堤)	米	2.4
(4)	顶部长度(坝、闸、堤)	米	262
2	泄洪建筑物		
(1)	地基特性		砂砾石
(2)	冲砂闸底板设计高程	米	3 781.6
(3)	冲砂闸闸孔尺寸及孔数	米	2.5 × 2.5
(4)	冲砂闸单宽流量	立方米/(秒·米)	8
(5)	消能方式		底流消能
(6)	闸门型式、尺寸、数量	平门、2.5 米×2.5 米	2
(7)	启闭机型式、容量、数量	平门卷扬机 2 台	LQ − 2 × 100 千瓦
(8)	设计泄洪流量	立方米/秒	37.1
(9)	校核泄洪流量	立方米/秒	39.6
3	引水建筑物		
(1)	设计引水流量	立方米/秒	4.2
(2)	断面尺寸	高 1.7 米、边坡 1:1	
(3)	衬砌型式		现浇混凝土
(4)	设计水头	米	15.5
(5)	前池型式		开敞式
(6)	首端水深	米	1.96
(7)	末端水深	米	3.4
(8)	长度	米	39
(9)	宽度	米	5
(10)	压力管道型式	米	沟埋外包钢筋混凝土管

续表 4-4-2

序号	项目名称	单位	数量
(11)	条数		2
(12)	管长度	米	67
(13)	内径		1
(14)	最大水头		15.5
4	厂房		
(1)	型式		地面式
(2)	地基特性		砂砾石
(3)	主厂房尺寸(长×宽×高)	米	24×9.5×6
(4)	水轮机安装高程	米	3 768.34
5	开关站(换流站、变电站)		
(1)	型式		半高型
(2)	地基特性		砂砾石
(3)	面积(长×宽)	米	26×13
6	主要电机设备		
(1)	水轮机台数	台	2
(2)	型号		HL-820-WJ-65
(3)	额定出力	千瓦	278
(4)	额定转速	转/分钟	500
(5)	吸出高度	米	2.5
(6)	最大工作水头	米	15.5
(7)	最小工作水头	米	14.7
(8)	额定水头(扬程)	米	15.5
(9)	额定流量	立方米/秒	2.1
(10)	发电机台数	台	2
(11)	单机容量	千瓦	250
(12)	发电厂功率因数		0.8
(13)	额定变压	千伏	0.4
(14)	主变压器、进水闸和厂房内起重机等 主要设备、数量及规格	台	S9-315/35(GY) S9-200/36(GY)

续表 4-4-2

序号	项目名称	单位	数量
7	输电线		
(1)	电压	千伏	35.10
(2)	回路数	回路	2
(3)	输电目的地	35 千伏科称线	科玛升压站
七	施工		
1	主体工程数量		
(1)	明挖砂砾石方	立方米	81 000.0
(2)	填筑土方	立方米	10 000.0
(3)	浆砌石方	立方米	1 396.0
(4)	混凝土和钢筋混凝土	立方米	3 161.0
2	主要建筑材料		
(1)	木材	立方米	22.8
(2)	水泥	吨	1 012
(3)	钢筋	吨	154
3	所需劳动力(总工时)		
4	施工临时房屋	平方米	600
5	施工动力及来源		
(1)	供电	公里	0.2
(2)	其他动力设备	千瓦	40 千瓦柴油发电机 2 台
6	对外交通(距离西宁)		
(1)	距离	公里	750
(2)	运量	吨	1 273

(三)主要建筑物

尕多水电站由引水枢纽、引水渠、发电枢纽三部分组成。

1. 引水枢纽

引水枢纽由泄洪冲沙闸、溢流坝和进水闸几部分组成。

泄洪冲沙闸布置在主河床,闸底板高程同主河床平均高程为 3 781.6 米,冲沙闸共 2 孔,由闸室段、消力池、海漫及防冲槽组成,孔口尺寸 2.5 米×2.5 米。闸室段长 6.5 米,底板厚 1.0 米。设计洪水位 3 783.96 米($P=10\%$)时,最大下泄洪峰流量 $Q=37.1$ 立方米/秒;校核洪水位 3 784.07 米($P=5\%$)时,最大下泄洪峰流量 $Q=39.6$ 立方米/秒。

溢流坝布置在细曲河主河床左侧,右侧紧靠泄洪冲沙闸。溢流坝坝体材料为 75# 浆砌石,坝顶高程与正常水位相同,为 3 783.6 米。基础以上最大坝高 1.4 米,坝长 262 米。溢流坝单宽流量较小,只在上下游坝脚采取抛石防护。校核洪水位时最大下泄流量 87.3

立方米/秒,单宽流量 0.33 立方米/秒。

进水闸布置在河流右岸,轴线与坝轴线夹角为 43°,为岸边开敞式进水口。进水闸底板高程考虑 1.0 米的拦砂坎高程后定为 3 782.6 米,进水闸设为 1 孔,孔口尺寸宽×高 = 3 米×1 米,闸前设计引水流量 $Q = 4.2$ 立方米/秒。闸室段长 4.5 米,底板厚 0.8 米,闸室后经 10 米长的渐变段,接引水渠道。

2. 引水渠

水电站引水渠道长 1.6 公里,采用投资较省的混凝土衬砌梯形断面结构,为 C20 钢筋混凝土现浇,纵坡为 $i = 1/1\,000$,渠道底宽 1.0 米,边坡 1:1,设计水深 1.2 米,设计流速 1.5 米/秒,最小水深 0.85 米,最小流速 1.2 米/秒,渠道高度 1.7 米,衬砌厚度为 10 厘米。进口渠底高程 3 782.2 米,出口渠底高程 3 780.6 米。

3. 发电枢纽

发电枢纽由压力前池、压力钢管、厂房及尾水组成。

1)压力前池

前池采用正向进水,侧向溢流,由前室和进水室两部分组成。前室由溢流堰、侧槽、排冰闸、冲砂孔组成。平面布置宽度由 1.0 米底宽渐变为 5 米,纵坡为 1:5.0,首端池深 1.96 米,末端池深 3.4 米,长度 39 米,闸门控制进水口,布置有二孔进水闸,其中二孔孔径尺寸为 1.0 米×1.0 米(宽×高),进水闸前设拦污栅。进水室长度 6.4 米,宽度 5 米,后接压力钢管。

2)压力钢管

压力前池进水室渐变段后接压力钢管,采用两根圆形钢管对称敷设,单机单管供水方式,根据经济流速确定两根钢管管径 $D_1 = 1.0$ 米,单管设计流量 $Q_1 = 2.1$ 立方米/秒,每根钢管长 67 米。压力钢管出口平段后进入厂房。管坡开挖断面为梯形,边坡 1:1,压力钢管顶采用 2 米的砂砾石回填保温。

溢流堰设在前池左侧,堰顶高程 3 782 米,比前池正常水位高 20 厘米,溢流堰长度为 14 米,堰上最大水深 0.26 米,最大下泄流量 4 立方米/秒。泄水槽陡坡段底宽 0.5～1.0 米,泄水槽深 1.2 米,末端直接进入河床。

3)厂房

孕多水电站厂房布置在山前斜坡的边缘,下游侧临河。设计的厂房由主厂房、副厂房两部分组成,厂房基础为砂砾卵石层。主厂房位于下游侧,建筑面积为 251.32 平方米,净宽 9.5 米,净长 24 米,净高 6.7 米,发电机层地坪高程 3 767.8 米。主厂房内装有两台 HL820-WJ-65 卧式金属蜗壳水轮发电机组,容量 2×250 千瓦,机组安装高程 3 767.70 米,吸出高程 2.5 米,主厂房分为水上和水下两层,水轮机、发电机、机旁盘、调速设备等均布置在发电机层。进场大门布置在安装间一侧。副厂房位于上游侧,由高压开关室、中控室、载波室设备间等组成,建筑面积为 107.36 平方米,长、宽、高分别为 24 米、4 米、5 米,副厂房地坪高程 3 767.8 米。

(四)工程管理

孕多水电站由 20 人管理,其中运行人员 12 人、检修人员 3 人、服务管理人员 5 人,管理范围为枢纽区及生产区的征地范围。工程的主要管理设施有三部分,分别为管理所

(永久生活区)、引水枢纽管理房、厂区公路及其他建筑物。

三、觉拉水电站

(一)工程概况

觉拉水电站位于囊谦县觉拉乡内,距县城 75 公里,距乡政府 2 公里,地区海拔在 3 800 ~ 4 000 米。电站主体工程布置在宁曲河山前河床及左岸阶地上,坝址位于宁曲河上。

(二)工程任务和规模

1. 工程任务

给觉拉乡村(居)民及周边行政村供电。

2. 工程规模

该电站是一座引水式电站,装机容量为 2 × 250 千瓦,水轮机型号 ZD709 – LH – 100 轴流定桨式发电机组,发电正常净水头为 7.5 米,设计引水流量 8.5 立方米/秒,电站设计保证率 80%,保证出力 165.7 千瓦,多年平均年发电量 314 万千瓦时,设计年利用时数 6 285 小时。电站属 V 等小(2)型规模。

(三)工程主要建筑物

觉拉水电站主要由引水枢纽、动力渠和发电枢纽三部分组成。

1. 引水枢纽

引水枢纽位于宁曲河上游,枢纽为正向冲砂汇洪、侧向进水布置。正身布置冲砂闸 1 孔,孔尺寸为 4.0 米 × 4.65 米,设计泄洪量为 27.72 立方米/秒,校核洪水流量为 38.08 立方米/秒;溢流坝长度为 35.2 米,最大坝高 4.6 米,设计泄洪流量 41.58 立方米/秒,校核洪水流量 57.12 立方米/秒;进水闸 1 孔,宽 3.5 米,闸孔尺寸为 3.5 米 × 2.05 米,设计流量为 8.5 立方米/秒。

2. 动力渠

动力渠布置在宁曲河左岸山前坡积层上,渠道长 0.65 公里,断面尺寸 2.5 米 × 2.7 米,比降 i = 1/1 000,衬砌厚度为 0.2 米,为钢筋混凝土矩形渠。

3. 发电枢纽

发电枢纽主要包括压力前池、压力管、厂房和尾水渠。压力前池布置在动力渠末端的二级阶地前缘,按正向冲砂、排水、进水的形式布置,侧向溢流。压力管道与前池相接,采用 Y 形的布置形式,全长 45 米,岔管长 8 米。压力钢管直径 2.5 米,壁厚 12 毫米,设计流量 8.5 立方米/秒,管内平均流速 1.73 米/秒。管底铺设 0.2 米 C10 混凝土垫层,采用二布一油防腐后管顶用 1.5 米厚覆土掩埋。主厂房平面尺寸为 12.4 米 × 7.9 米,建筑面积为 97.76 平方米框架结构。场内布置 2 台 ZD709 – LH – 100 型水轮机和 2 台 SF250 – 14/990 发电机,装机容量为 2 × 250 千瓦,机组间距 5.07 米。

第五节　农村水电初级电气化县建设

一、第三批电气化县

1996 年 3 月 28 日,《国务院办公厅关于建设第三批农村水电初级电气化县有关问题的通知》(国办通〔1996〕2 号)将包括玉树县在内的 6 个县列入全国第三批农村水电初级电气化县的建设计划,建设期为 5 年。通过 1996—2000 年 5 年的建设,玉树县完成了禅古电站等建设任务,2000 年 10 月验收,各项指标均达到了农村水电初级电气化县标准。

(一)工程建设规划

1.主要项目

新建宗达、莫地、电达、当托 4 座小水电站,总装机 400 千瓦;改造当代水电站;改建相古、下拉秀 2 座乡(村)小水电站;对于部分游牧户,利用小型风力、太阳能光电板等解决其生活用电问题。

2.电网工程

新建 10 千伏输电线路 77 公里,改建 10 千伏输电线路 5 公里。

3.项目投资

项目总投资控制在 2 100 万元以内。

(二)项目变更

1998 年经省计委、省水利厅、省财政厅等部门同意对部分建设项目做了变更。考虑到玉树州游牧户居住分散、游动频繁的生活特点,增加新建 4 座总容量 18.5 千瓦的太阳能电站,增加维修上拉秀、小苏莽、仲达 3 座电站;减少新建小水电站 3 座,装机容量 300 千瓦;减少新建 10 千伏线路 47.94 公里;减少改造 10 千伏线路 5 公里;取消建设玉树县电力调度中心的计划。

(三)项目完成及资金投资

1.项目完成

1)电源

新建当托电站(100 千瓦),扩容改造相古电站(40 千瓦);新建结隆乡太阳能电站(4.5 千瓦);新建哈秀乡太阳能电站(3 千瓦);新建安冲乡太阳能电站(6 千瓦)和小苏莽乡太阳能电站(5 千瓦);普及太阳能电源 6 733 台(套);维修仲达、上拉秀和小苏莽 3 座电站。

2)线路部分

完成当托 10 千伏输电线路 7.83 公里;新建巴塘乡 10 千伏输电线路 16.23 公里;完成相古村 10 千伏输电线路改造 5 公里。总计完成电网建设 29.06 公里。

2.资金情况

1)资金到位

截至 2000 年 6 月,5 年间电气化建设资金到位 1 526.09 元,其中国家承诺资金到位

280 万元,省配资金到位 350 万元,地方群众自筹 806.09 万元。

2）资金使用

通过电气化项目建设,累计投入资金达 1 758.55 万元,其中国家投资 280 万元,省级配套投资 350 万元,地方群众自筹 896.09 万元,借款 150.44 万元,欠款 82.02 万元。

3.电气化指标

通电率:乡通电率 100%,村通电率 95.2%,户通电率 90.6%。综合网损 10.3%。年总用电量 2 425.2 万千瓦时,年人均用电量 326 千瓦时,年总生活用电量 604.6 万千瓦时,年户均生活用电量 368 千瓦时。

4.达标验收

2000 年 10 月 18—25 日由省电气化领导小组组织、省水利厅主持召开第三批农村水电初级电气化验收鉴定会。会上由有关部门领导和专业技术人员组成验收委员会,由验收委员会分别就工程项目、资料、财务等进行了审核。经过审核,验收委员会认为,玉树县电气化县项目基本完成,施工质量达到合格标准,各项电气化指标均满足验收要求,同意验收。

（四）建设成果

（1）玉树县供电企业的收入明显增长。

（2）玉树县国民生产总值有较大提高。

（3）基本解决了边远地区农牧民的用电问题。

（4）电气化县的建设促进了生态环境的改善。

（5）电气化县的建设使大力开发水电资源成为可能。

（6）电气化县的建设带动了乡镇企业的发展。

（五）实施电气化县建设的措施

1.组建电气化县建设领导机构

1996 年 5 月,国家计委和水利部召开了农村水电初级电气化县建设工作会议,按照会议要求,省计委、省财政厅、省经贸委、省政府办公厅、省水利厅、省农行、省建行等有关部门的领导组成青海省电气化建设领导小组,主管副省长任领导小组组长。领导小组办公室设在水利厅,其主要职责是:落实有关电气化县建设的各项方针政策;监督检查各县建设项目的完成情况;下达建设计划,召开工作会议,组织经验交流。玉树州玉树县也成立了电气化建设领导小组及其办公室。有 1 名行政领导担任电气化建设小组负责人。玉树县电气化建设领导小组办公室设在水利部门,负责制订规划和项目计划,组织项目实施,保质保量按期完成达标任务。

2.实行行政州长负责制

为推进电气化建设的顺利实施,玉树县实行行政州长负责制,并签订《电气化县达标责任书》,做到计划、组织、措施三落实,在机构改革中,保持农村水电电气化县建设领导班子和管理机构的相对稳定,有人员变动及时进行补充。

3.制定电气化实施原则

1997 年 3 月,青海省召开了第三批农村水电初级电气化县建设工作会议,确定了"量力而行,注重实效"的电气化建设基本原则,故此玉树县在电气化建设过程中一直秉持该原则不变。

4.多渠道筹集资金

玉树县为国家和省级贫困县,资金筹措难度大。因此,青海省政府召开了两次资金协调会,多方位筹集到了一部分资金。除此之外,玉树县也多渠道筹集资金,发动企业、农牧民积极投劳投资。

5.抓紧项目实施进度

第三批电气化县批复较晚,资金到位较慢,项目真正开始于1997年。玉树县按照国务院的通知要求和水利部限定的达标时间,按倒计时拟定项目建设进度,对不影响电气化县达标的项目进行了调整,在较短的施工期保质保量完成电气化县建设任务,确保电气化县如期达标。

6.严把工程质量关

在玉树县的电气化县建设中,骨干电气化县项目。实行了项目法人责任制、招标投标制和建设监理制,严格按照基本建设程序办事,严把工程质量关,为工程顺利达标奠定了基础。

7.加强人员培训

玉树县属玉树州,技术力量薄弱。为此,省电气化建设领导小组办公室先后聘请设计、施工、财务等方面的专家,对包括玉树县在内的6个电气化县的相关人员进行了集中培训,并选派技术专家深入电气化县进行现场指导。玉树县也选派骨干人员到相关学校、企业进行了培训,大大提高了职工队伍的技术水平。

8.理顺管理体制

根据水利部的要求和省内小水电供电地区供电企业的实际,在电气化县技术启动时,玉树县成立了玉树县水电公司,对县属发、供电企业实行统一管理。又根据国家实行"厂网分开"的电力体制改革意见,玉树县电厂和供电企业实行了"独立核算、自负盈亏"的管理体制,逐步按现代企业制度进行改制,使之成为走向市场的规范化企业。

二、第四批电气化县

2000年8月,在省水利厅农电局的指导下,玉树县人民政府委托省水利水电勘测设计研究院、玉树州水务局有关专家和技术人员,在依据玉树县第三批农村初级电气化建设达标验收的基础上,经实地勘测选点论证后,完成了《青海省玉树藏族自治州玉树县"十五"水电农村电气化规划报告》,并以青水函字〔2000〕120号文件上报水利部农电局。水利部水电〔2000〕102号文件批复,正式批准玉树县列入"十五"期间"400"个水电农村电气化县中,建设期5年。

(一)工程建设规划

1.主要项目

(1)电源工程。新建拉秀、英群2座电站,其中拉秀电站装机2×250千瓦,英群电站装机2×150千瓦;改建仲达、东方红2座电站,增加装机2台,扩容300千瓦;新建岔来等3座太阳能电站,装机5×3千瓦;新建小流域微型水电站,装机400千瓦;新建边远散居户户用太阳能电源1 000套,装机200千瓦。电源工程详见表4-5-1和表4-5-2。

表 4-5-1　小型水电站电源工程及电网项目

序号	项目名称	建设地点	引用河流	建设性质	建设年限	建设规模(千瓦)	河道比降	水头(米)	流量(立方米/秒)	动力渠长(公里)	10千伏线路(公里)	0.4千伏线路(公里)	配电变电器(台)	容量(千伏安)	年发电量(万千瓦时)	投资(万元)
1	拉秀水电站	野吉尼玛	陇曲河	新建	2002—2003年	2×250	1/65	33.3	2	1.5	21.3	4.7	8	925	260	1 176.34
2	英群水电站	英群村	益曲河	新建	2004—2005年	2×150	1/100	15	2.7	1.8	15	1.8	7	600	156	725.46
3	仲达水电站	仲达村	仲达河	扩容	2002—2003年	2×150	1/75	18	2.2	1.6	17.7	2.5	5	560	156	736.25
4	微型水电站	八乡镇		新建	2001—2004年	400									208	400
合计						1 100				4.9	54	9	20	2 085	780	3 038.05

表 4-5-2　光伏电站及户用太阳能电源项目工程

序号	项目名称	建设地点	建设性质	建设年限	建设规模(千瓦)	建设资金(万元)	备注
1	岔来等太阳能光伏电站	岔来等	新建	2001—2003年	5×3	195	
2	边远散居户用太阳能电源	八乡一镇	新建	2001—2005年	1 000×0.2	1 200	
合计					215	1 395	

（2）输电、变电站工程。

新建巴塘变电所 1 座,容量 3×1 000 千伏安;新建拉秀、英群和扩建仲达共 3 座小型电站配套 10 千伏线路 54 公里,0.4 千伏低压线路 9 公里,禅古电站至巴塘变电所 35 千伏线路 22 公里,变压器 20 台,容量 2 085 千伏安。

（3）电力调度培训中心楼 1 座,建筑面积 1 000 平方米。

（4）通信设备 10 套。

（5）办公设备及交通工具。

（6）科技人才培训。

2.投资估算

（1）电源工程。新建拉秀、英群 2 座电站,投资 1 539 万元;改建仲达、东方红 2 座电站,投资 651 万元;太阳能光伏电站 3 座,投资 195 万元;新建小流域微型水电站 400 千瓦,投资 400 万元;新建边远散居户户用太阳能电源 1 000 套,投资 1 200 万元。

（2）输变电工程。新建巴塘变电所 1 座,投资 375 万元;新建拉秀、英群、仲达 3 座小水电配套线路、变压器及禅古至巴塘 35 千瓦输电线等,投资 859.05 万元。

（3）电力调度培训中心楼投资 120 万元。

（4）通信设备投资 12 万元。

（5）办公设备及交通工具投资 42 万元。

（6）科技人才培训投资 41 万元。

共计 5 434.05 万元。

3.目标和效益

农牧户通电率不低于 98%,人均用电量达 400 千瓦时,户均年生活用电量达 500 千瓦时,人均纯收入达 1 800 元以上。

（二）项目变更

2003 年,在省水利厅农电局的指示下,根据县财力的实际情况对"十五"水电农村电气化建设项目进行了变更。变更内容包括:取消对拉秀电站(2×250 千瓦)和英群电站(2×150 千瓦)的建设;扩建仲达电站规模减小为 1×175 千瓦(包括原 75 千瓦机组,增加一台 1×100 千瓦机组);取消维修东方红电站;增加上拉秀光伏电站 20 千瓦、下拉秀光伏电站 50 千瓦、小苏莽光伏电站 20 千瓦;新建光伏电站歇格村 30 千瓦、岔来村 20 千瓦,装机 140 千瓦;老叶村利用结古电网解决用电问题;取消巴塘千伏变电所 1 座,容量 3×1 000 千伏安;减去 10 千伏线路 31 公里,35 千伏线路 22 公里,安装配电变压器 28 台,容量 1 375 千伏安;取消新建电力调度中心。

（三）项目完成及资金投资

1.项目完成

电源:扩建仲达电站(175 千瓦),新建光伏电站 5 座(140 千瓦),普及太阳能(风能)光电项目 1 374 台,总容量 16.57 千瓦,完成上拉秀光伏电站 20 千瓦,下拉秀光伏电站 50 千瓦,小苏莽光伏电站 20 千瓦,歇格村光伏电站 20 千瓦,岔来村光伏电站 20 千瓦。

线路部分:完成仲达电站配套线路 13.295 公里;新建当卡至尕拉村 10 千伏线路 6.184 公里;完成国营牧场 10 千伏线路 3 公里;安装变压器 10 台,容量为 710 千伏安。

2.资金投入

计划资金:截至 2005 年 10 月,5 年电气化建设计划资金为 2 056.802 万元,其中国家资金 222 万元、省级配套资金 212 万元、地方群众自筹资金 1 622.802 万元。

实际资金:"十·五"电气化项目建设,累计投入资金达 2 060.51 万元,其中国家投资 222 万元、省级配套投资 212 万元、地方群众自筹 1 622.80 万元、地方借款 3.71 万元。

3.电气化指标

通电率:乡通电率 100%,村通电率 100%,户通电率 98.6%。综合网损率 10%。年总用电量 3 709.9 万千瓦时,年人均用电量 438 千瓦时,年总生活用电量 1 063.6 万千瓦时,年户均生活用电量 526 千瓦时。

4.达标验收

2005 年 12 月 12—13 日,第四批电气化县建设项目通过省电气化领导小组组织的达标验收,玉树县和称多县的各项指标经考核后均达到验收指标。

(四)建设成果

电气化县的建设起到了以下作用:

(1)增加了农牧民收入,改善了生产生活条件。

(2)促进了小城镇建设和文化教育事业的发展。

(3)促进了生态环境的改善。

(4)推动了小水电事业的发展。

(5)促进了区域经济的快速增长。

(6)促进了玉树藏区社会稳定和民族团结。

(五)多措并举推动电气化县建设

在第四批电气化县建设中,吸取了第三批电气化县建设的经验,实行多措并举。

1.层层设立领导机构

2001 年 11 月,全国农村水电及"十五"水电农村电气化县建设工作会议后,青海省政府成立了"十五"水电农村电气化县建设领导小组,玉树县和称多县及其他被列入第四批电气化县建设的县相继成立了电气化县建设领导小组及其办公室,主管县长为主要负责人,隶属水利部门管理的玉树县水利公司和称多县水利公司为项目法人主体,具体组织实施电气化县项目的实施和管理。

2.签订《电气化县达标责任书》

为了保障电气化县的顺利进行,在省电气化县建设领导小组的要求下,玉树县和称多县签订了《电气化县达标责任书》,督促按期完成电气化县建设任务。

三、"十一五"水电农村电气化建设项目

曲麻莱县"十一五"水电农村电气化项目巴干乡 10 千伏配电线路于 2009 年 5 月经水利厅批准正式开工建设,10 月 24 日工程顺利通过初步验收并投入运行。线路起始于称多县扎朵镇变电所至赛柴沟金矿,新建 10 千伏输电线路 37.61 公里,改造 10 千伏线路 20 公里,0.4 千伏以下低压线路 16.93 公里,安装调压变压器 1 台,新建变电台区 13 个、变电容量 425 千伏安。

第六节 其他电力工程

一、玉树无电地区通电工程

（一）玉树第一批代建无电项目

2014年及2015年玉树第一批代建无电项目总投资为135 570.04万元。2014年玉树州无电地区建设项目共计41项（110千伏建设项目4项，投资57 235万元；35千伏建设项目5项，投资10 688.62万元；10千伏建设项目32项，投资23 318.42万元）；2015年第一批无电项目10千伏项目共计52项，投资44 328万元。这些项目的实施，解决了玉树州无电人口的通电问题，在此过程中，国家电网公司有效发挥了集团优势，加强了工作谋划协调，科学调配了人、财、物资源，集中力量推进了玉树州无电区域电力建设。项目主要成果如下：

一是新建治多、曲麻莱、杂多3座110千伏变电站，均于2015年4月2日进场施工，已分别于11月20日、22日、25日竣工，12月进入试运行阶段。下拉秀110千伏开关站扩建工程计划于12月5日竣工投运。

二是新建小苏莽、觉拉、措多35千伏变电站，扩建赛河、扎朵35千伏变电站增容工程，除措多变电站于2015年12月28日竣工投运外，其余4站均于12月20日完成竣工投运。

三是新建玉树2014年及2015年第一批无电地区通电工程及10千伏以下项目（共计84项），于4月2日进场施工，2015年12月25日竣工投运。

（二）西宁公司代建项目

共23 658基杆塔，其中铁塔（含钢管杆）组立完成31基，水泥电杆立杆完成22 950基；10千伏线路总长988.534公里，完成架线948.11公里；配电变压器349台，低压线路总长629.944公里，已完成架线469.94公里；下户线10 995户，12月底已接入1 838户。

（三）黄化公司代建项目

共11 072基杆塔，其中铁塔（含钢管杆）组立完成2基，水泥电杆立杆完成11 072基；10千伏线路已完成架线总长428.61公里；配电变压器187台，已安装147台；低压线路总长201.21公里，12月底已完成架线90公里；下户线2 570户，已接入1 698户。

（四）筹建处代建项目

其中第一批共计3个项目（治多、曲麻莱、杂多变电站10千伏配出工程）9月5日进场施工，分别于11月20日、22日、25日竣工投运。共817基杆塔，其中铁塔（含钢管杆）组立完成19基，水泥电杆立杆完成798基；10千伏线路已完成架线总长44.397公里；配电变压器13台，已安装8台；低压线路已完成总长架线9.78公里；下户线964户，已接入663户。

二、玉树第一批光伏发电系统

黄河上游水电开发有限责任公司履行央企社会责任,承担着玉树州玉树市、囊谦县、称多县、杂多县、治多县一市四县无电地区电力建设任务。2014 年 8 月以来,黄河上游水电开发有限责任公司为玉树州牧民发放户用光伏电源系统 37 263 套,容量 11 924 千瓦,设计建设独立光伏电站 282 座,容量 10 780 千瓦,解决了 13.3 万人口的基本用电问题。截至 2015 年 8 月,开工建设独立光伏电站数量为 177 座,占总数的 63%,现场有 1 500 多名管理、监理、施工人员参与光伏电站建设。

第五章　水土保持

　　水土保持是国土整治、江河治理的根本,是国民经济和人民生活的基础,是必须长期坚持的一项基本国策。玉树州西部是江河发源地,地势平坦,水流通畅。随着全球气候的变暖,冰川湖泊呈退缩状态,雪线逐渐上升,地下水位下降。在 2000 年以前,全州没有正规的水土保持工作部门,水土保持工作几乎是空白的,全州境内乱砍滥伐、乱挖滥采现象司空见惯,致使全州各处一片狼藉。一遇降水,沟道和草原上的泥沙随水流入河流,造成水土流失和洪涝灾害。1988—1996 年的 9 年间,黄河源头的水量比正常年景减少 25%,水土流失使通天河、黄河、澜沧江的含沙量越来越高,导致下游河道泥沙淤积越来越严重。

　　随着"三江源"自然保护区的成立,水土保持工作也逐渐得到重视。玉树州于 2001 年成立了玉树州水土保持预防监督站、玉树州水土保持工作站作为全州的水土保持工作管理部门,各县(市)也相继成立了"两站"。截至 2012 年底,全州采取各类水土保持措施保存的治理面积为 888.62 平方公里,其中工程措施 23.27 平方公里,植物措施 619.32 平方公里,其他措施 246.03 平方公里。

第一节　水土流失

　　水土流失是指由于自然或人为因素的影响,雨水不能就地消纳、顺势下流、冲刷土壤,造成水分和土壤同时流失的现象。水土流失的危害性很大,而且还具有长期效应,严重影响经济社会的发展。

一、区划情况

（一）水土保持区划

　　根据《全国水土保持区划》,玉树州 6 县(市)属三江黄河源山地生态维护水源涵养区三级区。依据《青海省水土保持区划》,三江黄河源山地生态维护水源涵养区分为 3 个区,详见表 5-1-1。

（二）水土流失重点防治区划分

　　根据水利部印发的《全国水土保持规划国家级水土流失重点预防区和重点治理区复合划分成果》,玉树市、囊谦县、称多县、治多县、杂多县、曲麻莱县属于"三江源国家级水土流失重点预防区"。

表 5-1-1 玉树州水土保持区划

行政区	国家三级区名称	青海省水土保持区划名称	县(市)	县域总面积 (平方公里)
玉树州	三江黄河源山地生态维护水源涵养区 (Ⅷ-2-2wh)	黄河源山原河谷水蚀风蚀水源涵养区	称多县	4 601.77
			曲麻莱县	15 858.28
			小计	20 460.05
		长江-澜沧江源高山河谷水蚀风蚀水源涵养区	玉树市	15 411.54
			杂多县	35 519.14
			称多县	10 016.51
			治多县	31 438.43
			囊谦县	12 060.66
			曲麻莱县	30 777.28
			小计	135 223.56
		可可西里丘状高原冻蚀风蚀生态维护区	治多县	49 203.52

二、水土流失成因

(一)自然因素

1.风力侵蚀

风是引起风沙和土壤风蚀的直接动力。西部牧业区冷季长,大风日数多。大风刮起,飞扬的沙土不仅能淹没低洼草场,而且在鼠害严重的地方,大风刮起的草场表土使牧草根系裸露,草场连片剥蚀,加剧了草场退化和沙化。由全国第二次水土流失遥感调查结果可知,青海省是我国受风力侵蚀最严重的地区之一,玉树州受风力侵蚀程度同样严重。

2.水力侵蚀

降水是造成土壤侵蚀的一个主要气候因素,它的形成主要有降雨和降雪。降雨一方面以雨滴的作用直接破坏土壤,另一方面与融雪水一起形成地表径流和下渗,对水土流失的发生有着直接的影响。降水以冰雹的形式发生是玉树州降水的一大特点,其不仅危害农作物生长发育,而且是引起山洪暴发、泥石流的主要原因。冰雹也可造成水土流失,主要体现在两个方面:一是冰雹直接降落到地面,对地面上的植被破坏力极强;二是雹中夹雨,更加剧了地表径流的形成。

3.冻融侵蚀

冻融侵蚀主要发生在玉树州海拔 4 500 米以上的高寒区,冰冻时间长,融解时间短,日温差大,昼夜间也存在冻融现象,形成冻融侵蚀。

4.鼠害

鼠害对玉树州草原的破坏较为严重,主要表现在两个方面:一是啃食牧草;二是掘洞引起土壤性质改变,造成土壤退化。高寒地区恶劣的自然条件,使牧场土壤结构破坏后难以恢复,生态环境处于恶性循环状态。

特殊的自然条件和原始生态环境的脆弱造就了水土流失的水力侵蚀和冻融侵蚀两大侵蚀类型并存交错,局部地区还存在着大面积的沟蚀、面蚀、溅蚀等。其中水力侵蚀主要分布在玉树市东部地区的南部和海拔4 000米以下的山地河谷地带,冻融侵蚀主要分布在东部地区的高日阿山及高原的寒缓坡草原漫岗区、高寒丘陵荒漠草原区、高寒中低山荒漠区和高山冰川侵蚀荒漠区。

近年来,由于受全球气温升高、气候变化异常的影响,玉树州气温升高,降雨和径流减少,草场退化,土地沙化,使本来就十分脆弱的生态环境更加恶化,生物多样性减少,水土流失日益加剧。

（二）人为因素

1.过度樵柴

长期以来,玉树州山区农牧民通过挖灌草、刨树根来解决其燃料问题,造成林地、草地的破坏,部分地方变为荒山秃岭,加剧了水土流失;同时,公路两旁的一些机关、厂矿、农场、居民点多年来为获取燃料,大量挖掘沙生植物,使周围30～60公里范围内的植被破坏殆尽,加剧了水土流失。

2.过度放牧、乱采滥挖

全州草场大部分都存在超载放牧的现象,尤其是实行承包责任制以后,牲畜数量不断增加,对草场的管理和使用比较混乱,使原有的天然牧场植被覆盖度降低,加剧了草场的沙化和水土流失。同时,在林区、草原区挖沙金、药材,破坏林草植被,加剧水土流失的现象也相当严重。

3.开发建设造成新的水土流失

在开矿、建厂、修路及水利水电工程建设过程中,存在乱开滥挖、随意倾倒废弃沙石和建筑垃圾等现象,使大量的植被和原生地表遭到破坏,加剧了水土流失。

总体而言,玉树州人为因素造成水土流失的主要原因可概括为以下三点:一是耕作粗放,不合理开垦,加速了水土流失;二是超载放牧,不合理滥牧,加速草场退化,引起草场植被破坏,草山连片滑动;三是众多人员进入自治州部分地区采金,同时滥砍灌木当柴烧,使草场植被受到了严重破坏,也为泥石流的发生提供了条件。

三、水土流失现状

近年来,由于气候变化、鼠虫害及乱采滥挖、过度开采和放牧等原因,玉树州草场严重退化,森林面积不断萎缩,水土流失加剧。

（一）河流输沙量

1996年前直门达水文站资料显示,通天河平均输沙量为431千克/秒。每年输入黄河的泥沙量约325万吨,输入长江的泥沙量为950万吨,输入澜沧江的泥沙量约175万吨。

玉树州水资源调查评价及水资源配置成果显示,直门达站最大月输沙量出现在7月,占全年输沙量的39.7%;最小月输沙量出现在2月,仅占全年输沙量的0.03%;连续最大3

个月输沙量集中在 6—8 月,占全年输沙量的 82.2%。新寨站最大输沙量出现在 6 月,占全年输沙量的 34.8%;最小月输沙量出现在 2 月,仅占全年输沙量的 0.49%;连续最大 3 个月输沙量集中在 6—8 月,占全年输沙量的 69.2%。香达(四)站最大输沙量出现在 7 月,占全年输沙量的 42.4%;最小月输沙量出现在 2 月,仅占全年输沙量的 0.04%;连续最大 3 个月输沙量集中在 6—8 月,占全年输沙量的 84.5%。纳赤台站最大月输沙量出现在 7 月,占全年输沙量的 40.0%;最小月输沙量出现在 1 月,仅占全年输沙量的 0.41%;连续最大 3 个月输沙量集中在 6—8 月,占全年输沙量的 83.3%。黄河沿站最大月输沙量出现在 7 月,占全年输沙量的 27.0%;最小月输沙量出现在 2 月,仅占全年输沙量的 1.10%;连续最大 3 个月输沙量集中在 7—9 月,占全年输沙量的 60.5%。详见表 5-1-2。

输沙量年际变化跟径流年际变化一致,径流年际变化大的河流,输沙量年际变化也大;反之,径流年际变化小的河流,年输沙量变化也小;同时,输沙量的年际变化远大于径流量的年际变化,详见表 5-1-3。各站输沙量的年际变化较大。直门达站 1959—2012 年年输沙量过程线变化趋势不明显,但在短时间系列内表现出不同趋势:1963—1979 年表现出下降趋势,1980—1994 年变化趋势不显著,1995—2012 年呈上升趋势。新寨站 1985—2012 年系列总体呈下降趋势,2007 年以后呈上升趋势。香达站 1963—1982 年系列变化趋势不显著。纳赤台站 1958—2012 年输沙量变化趋势不显著,2003—2012 年呈上升趋势。黄河沿站 1956—2012 年输沙量变化趋势不显著,在短时间系列内表现出不同趋势:1956—1983 年呈上升趋势,1989—2004 年呈下降趋势,2005—2012 年呈上升趋势。

不同年代输沙量表现为直门达站 1960—1969 年、1980—1989 年、2000—2012 年输沙量比多年平均值偏大,1970—1979 年、1990—1999 年比多年平均值偏小。新寨站 1980—1989 年、1990—1999 年输沙量比多年平均值偏大,2000—2012 年比多年平均值偏少。香达站 1980—1989 年输沙量比多年平均值偏大,1960—1969 年、1970—1979 年比多年平均值偏小。纳赤台站 1970—1979 年、1980—1989 年、2000—2012 年输沙量比多年平均值偏大,1960—1969 年、1990—1999 年比多年平均值偏小。黄河沿站 1970—1979 年、1980—1989 年输沙量比多年平均值偏大,1960—1969 年、1990—1999 年、2000—2012 年比多年平均值偏少。详见表 5-1-4。

(二)水土流失

1996 年前的统计资料显示,玉树州水土流失面积 9.32 万平方公里,占该地区总面积 26.7 万平方公里(含格尔木市代管辖区)的 34.91%。其中,黄河流域水土流失面积 2.12 万平方公里,长江流域水土流失面积 2.89 万平方公里,澜沧江流域水土流失面积 3.51 万平方公里,内流河等水土流失面积 0.80 万平方公里。

根据青海省第一次水利普查成果,玉树州土壤侵蚀普查面积为 90 922 平方公里,占全州总面积的 44.38%,其中轻度侵蚀 47 684 平方公里,中度侵蚀 19 966 平方公里,强烈侵蚀 18 465 平方公里,极强烈侵蚀 4 125 平方公里,剧烈侵蚀 681 平方公里。在全州 6 县(市)中,土壤侵蚀比例最大的地区为囊谦县和曲麻莱县,平均土壤侵蚀比例分别达 56% 和 53%。玉树市土壤侵蚀相对较弱,平均土壤侵蚀比例为 29%。各县(市)土壤侵蚀面积强度分级详见表 5-1-5。

表 5-1-2　玉树州主要河流各站多年平均输沙量月分配

（单位：万吨）

河流	测站名称	1月	2月	3月	4月	5月	6月	7月	8月	9月	10月	11月	12月	全年	连续最大3个月输沙量占总输沙量百分比（%）
通天河	直门达	0.460	0.282	0.553	6.21	19.9	138	388	278	129	15.5	1.41	0.432	979	82.2
	年内分配（%）	0.047	0.029	0.057	0.634	2.03	14.1	39.7	28.4	13.2	1.58	0.144	0.044	100	
巴塘河	新寨	0.051	0.037	0.057	0.277	1.08	2.64	1.48	1.14	0.555	0.183	0.086	0.039	7.60	69.2
	年内分配（%）	0.68	0.49	0.75	3.65	14.2	34.8	19.5	14.9	7.30	2.40	1.13	0.51	100.3	
扎曲	香达	0.181	0.156	0.364	3.54	11.1	78.1	149.1	71.4	35.6	2.85	0.576	0.180	353	84.5
	年内分配（%）	0.05	0.04	0.10	1.00	3.15	22.1	42.2	20.2	10.1	0.81	0.16	0.05	100	
奈金河	纳赤台	0.417	0.487	1.55	2.49	3.14	10.6	40.4	33.1	6.80	1.28	0.656	0.486	101	83.3
	年内分配（%）	0.41	0.48	1.53	2.47	3.11	10.5	40.0	32.8	6.73	1.27	0.65	0.48	100.4	
黄河	黄河沿	0.102	0.078	0.084	0.275	0.383	0.699	1.91	1.15	1.23	0.555	0.402	0.203	7.07	60.5
	年内分配（%）	1.44	1.10	1.18	3.89	5.42	9.89	27.0	16.2	17.3	7.85	5.69	2.87	100	

表 5-1-3　玉树州各泥沙站实测年输沙量与年径流量极值比

站点	年输沙量（万吨）			年径流量（亿立方米）		
	最大值	最小值	极值比	最大值	最小值	极值比
直门达	2 980	129	23.1	246	70.3	3.50
新寨	22.1	1.98	11.2	9.97	5.04	1.98
香达（四）	719	95.4	7.54	58.8	28.7	2.05
纳赤台（三）	406	18.0	22.6	7.67	3.10	2.47
黄河沿	38.4	0.084	457	25.3	0.196	129

表 5-1-4　玉树州各站不同年代年平均输沙量　　　　(单位:万吨)

河流	测站名称	1960—1969 年	1970—1979 年	1980—1989 年	1990—1999 年	2000—2012 年	系列均值
通天河	直门达	1 070	806	1 252	774	1 042	979
巴塘河	新寨			8.0	9.3	5.74	7.6
扎曲	香达	227	335	592			353
奈金河	纳赤台	62.1	119	103	71.9	140	101
黄河	黄河沿	6.92	8.26	13.7	5.48	3.31	7.07

表 5-1-5　玉树州土壤侵蚀面积强度分级　　　　(单位:平方公里)

市(州)	行政面积	普查面积	占行政面积的比例(%)	轻度	中度	强烈	极强烈	剧烈
玉树州	204 891	90 922	44.38	47 684	19 966	18 465	4 125	681
玉树市	15 412	4 444	29	1 917	1 629	747	140	11
囊谦县	12 061	6 746	56	2 881	2 150	1 616	82	17
称多县	14 619	5 126	35	3 211	1 536	352	27	0
治多县	80 643	35 609	44	16 534	5 184	11 191	2 344	357
杂多县	35 520	14 445	41	6 937	3 937	2 864	700	6
曲麻莱县	46 636	24 552	53	16 204	5 529	1 696	833	290

玉树州水蚀普查面积为 5 294 平方公里,占全州总面积的 3%,其中轻度侵蚀 3 868 平方公里,中度侵蚀 819 平方公里,强烈侵蚀 181 平方公里,极强烈侵蚀 384 平方公里,剧烈侵蚀 43 平方公里。在全州 6 县(市)中,水蚀率最大的地区为囊谦县、玉树市和称多县,水蚀比例分别达 8%、7% 和 7%。治多县水蚀相对较弱,平均水蚀比例为 1%。各县(市)水蚀面积强度分级详见表 5-1-6。

表 5-1-6　玉树州水蚀面积强度分级　　　　(单位:平方公里)

市(州)	行政面积	普查面积	占行政面积的比例(%)	轻度	中度	强烈	极强烈	剧烈
玉树州	204 891	5 294	3	3 868	819	181	384	43
玉树市	15 412	1 028	7	671	218	15	113	11
囊谦县	12 061	1 014	8	674	226	17	80	17
称多县	14 619	960	7	763	124	58	15	0
治多县	80 643	966	1	757	98	34	71	7
杂多县	35 520	557	2	434	57	19	41	6
曲麻莱县	46 636	768	2	569	95	38	64	2

玉树州风蚀普查面积为 22 512 平方公里,占全州总面积的 11%,其中轻度侵蚀 7 175 平方公里,中度侵蚀 2 404 平方公里,强烈侵蚀 8 578 平方公里,极强烈侵蚀 3 717 平方公里,剧烈侵蚀 638 平方公里。在全州 6 县(市)中,风蚀率最大的地区为曲麻莱县和治多县,风蚀比例分别达 24% 和 13%。各县(市)风蚀面积强度分级详见表 5-1-7。

表 5-1-7　玉树州风蚀面积强度分级　　（单位:平方公里）

市(州)	行政面积	普查面积	占行政面积的比例(%)	轻度	中度	强烈	极强烈	剧烈
玉树州	204 891	22 512	11	7 175	2 404	8 578	3 717	638
玉树市	15 412	18	0	0	0	0	18	0
囊谦县	12 061	0	0	0	0	0	0	0
称多县	14 619	10	0	0	0	0	10	0
治多县	80 643	10 624	13	0	1	8 001	2 271	351
杂多县	35 520	649	2	0	0	0	649	0
曲麻莱县	46 636	11 210	24	7 174	2 403	577	769	288

　　玉树州冻融侵蚀普查面积为 63 116 平方公里,占全州总面积的 31%,其中轻度侵蚀 36 641 平方公里,中度侵蚀 16 743 平方公里,强烈侵蚀 9 706 平方公里,极强烈侵蚀 25 平方公里,无剧烈侵蚀。在全州 6 县(市)中,冻融侵蚀率最大的地区为囊谦县和杂多县,冻融侵蚀比例分别达 48% 和 37%。玉树市冻融侵蚀相对较弱,平均冻融侵蚀比例为 22%。各县(市)冻融侵蚀面积强度分级详见表 5-1-8。

表 5-1-8　玉树州冻融侵蚀面积强度分级　　（单位:平方公里）

市(州)	行政面积	普查面积	占行政面积的比例(%)	轻度	中度	强烈	极强烈	剧烈
玉树州	204 891	63 116	31	36 641	16 743	9 706	25	0
玉树市	15 412	3 398	22	1 246	1 411	732	8	0
囊谦县	12 061	5 732	48	2 207	1 924	1 599	3	0
称多县	14 619	4 156	28	2 449	1 412	294	1	0
治多县	80 643	24 019	30	15 776	5 085	3 155	2	0
杂多县	35 520	13 238	37	6 503	3 880	2 845	10	0
曲麻莱县	46 636	12 573	27	8 461	3 031	1 080	0	0

四、水土流失危害

（一）加剧自然灾害

　　严重的水土流失加剧了干旱、山洪、泥石流等自然灾害的发生。因水土流失严重,浅山坡耕地肥力下降,农作物减产,人地矛盾突出。生态环境的不断恶化,严重制约着区域经济社会的可持续发展。

（二）大量泥沙淤塞河、湖、库、渠

　　水土流失致使水库、渠道泥沙淤积严重,工程效率降低。据 2005 年《青海省水土保持公报》,长江上游沱沱河水文站以上区段,河流输沙量有不断增加的趋势。大量泥沙输往下游,抬高河床,降低防洪能力,严重威胁下游广大地区农牧民生产、生活及生命安全。

（三）影响水资源合理有效利用

　　水土流失导致大部分地区水资源涵养功能下降,造成河川径流逐年减少,湖泊水位下降,众多小湖泊干涸、淤沙增加。缺水直接影响已建水电站的正常运行,影响水资源合理有效利用。

第二节　重点水土保持工作

　　玉树州水土流失治理工作始于 20 世纪 50 年代,前期水土保持继续呈波浪式发展,年平均治理面积较小。20 世纪 90 年代至 21 世纪初,随着国家各个地方性水土保持法规的相继出台,水土保持生态建设进入依法防治的新阶段,从单纯的治理型向以预防保护为主、治理开发相结合的方向发展,水土保持工作呈稳定发展。国家和地方投入专项资金,相继开展中小流域综合治理项目、中小流域预防保护工作等,每年治理面积有所增加,并且建立健全各级水土保持机构,水土保持规划、科研等基础性工作取得较大进展。多年来,通天河区重点实施了以小流域为单元的水土保持综合治理工程、黄河水土保持生态工程(包括水土保持重点小流域治理工程、水土保持生态修复试点工程)、中央预算内水土保持综合治理工程以及退耕还林还草、三江源生态保护工程等。各项水土保持工程的相继实施,有效治理了玉树州的水土流失,改善了其自然生态环境,为促进当地经济社会发展奠定了基础。玉树州及其下辖县(市)设立了水保机构和水保监督执法机构,重点开展了黄河源区、长江源区预防保护工程以及以小流域为单元的水土保持综合治理,并取得了一定成效。通过坡耕地整治、侵蚀沟道治理、小流域综合治理和预防保护措施以及对已建淤地坝进行除险加固,构建科学的水土流失综合防御体系。重点区域水土流失综合治理以小流域为单元,以坡耕地治理、水土保持林营造为主,沟坡兼治,生态与经济并重。

　　2011 年开展的青海省水利普查工作对玉树州各县(市)水土流失治理情况进行了统计,详细情况见表 5-2-1。"十二五"期间,玉树州完成杂多县布当曲、称多县拉曲、囊谦县香曲等中小河流治理。玉树市、囊谦县山洪灾害防治县级非工程项目治理水土流失面积97.87 平方公里。但玉树州防洪体系尚未建立健全,洪水泛滥、水土流失等问题尚未全面解决。

一、中小流域综合治理工程

　　中小流域综合治理工程,治理面积 289.51 平方公里。其中:结古镇藏娘沟、仲达乡布庆达日沟流域治理工程,治理面积 148 平方公里;称多县歇武系曲、拉曲河流域治理工程,治理面积 5.2 平方公里;囊谦县强区河、娘区河流域综合治理工程,治理面积 11.9 平方公里;曲麻莱县代曲、布曲、勒池曲、色母达泽、色吾曲、加核曲小流域综合治理工程,治理面积 116 平方公里;杂多县子曲河小流域综合治理工程,治理面积 2.57 平方公里;治多县聂恰河、扎河乡、渠乡江庆村、治渠乡同卡滩、叶秀沟、立新乡扎西村等小流域治理工程,治理面积 5.84 平方公里。

表 5-2-1 玉树州各县(市)水土流失治理情况

县(市)	治理面积(万亩)									小型蓄水保土工程	
	小计	基本农田		水土保持林		种草	封禁治理	其他	点状工程(个)	线状工程(公里)
		梯田	其他基本农田	乔木林	灌木林					
全州	95.57	0.38	1.06	0.80	1.34	57.05	34.93	0.01	96	1.3
玉树市	33.67	0	0.28	0	0.08	18.86	14.44	0.01	13	
囊谦县										
称多县	20.68	0.38	0.78	0.80	1.26	9.6	7.86	0	83	1.3
治多县	37.51					28.36	9.15			
杂多县										
曲麻莱县	3.71					0.23	3.48			

(一)孟宗沟流域综合治理

1.概况

孟宗沟小流域地处长江源头玉树市结古镇境内,流域面积为 20 平方公里,是结古镇巴塘河支流沟道,沟内山洪、泥石流等水土流失地质灾害暴发频繁。孟宗沟沟口直对人口比较集中的结古镇先锋村。历史上孟宗沟暴发的山洪、泥石流曾多次给当地群众造成了严重的生命财产损失。鉴于此,长江水利委员会、青海省水保局于 1990—1994 年实施了孟宗沟流域综合治理工程,投资 25 万元,完成治理面积 8.5 平方公里。当时按照"预防为主、综合防治"的方针,本着"防滑塌、固沟岸、控制沟底下切、提高侵蚀基准,疏而不蓄、层层拦沙、分散径流,延长汇流历时、减缓洪峰强度"的治沟原则制定实施了综合治理工程。结合坡面工程,沟道采用浆砌石谷防、铅丝石笼拦沙坝、铅丝石笼防洪墙等固、排、淤、拦工程。工程实施后,经受住了历次较大山洪灾害的考验,比起历史上的惨痛经历,流域沟口农牧民群众及耕地无一受损。1991 年起沟内从未发生大的泥石流,因此当地群众陆续在沟口冲积扇上建起了舍饲等。玉树"4·14"地震后,当年实施的一些工程受到损害。在玉树州灾后恢复重建中,实施了投资规模达 800 万元的结古镇孟宗沟水土保持综合治理工程。该工程由玉树州发改委批复,工程计划治理水土流失面积 784.42 平方公里,钢筋石笼拦沙坝 1 座,防洪渠 700 米,排水管 245 米,水保林 161.54 平方公里,封育454.35 平方公里。

2.孟宗沟小流域草地综合治理效果

孟宗沟小流域位于结古镇西南 0.5 公里处,是长江上游通天河的一个小支流。该区由于植被长期超载放牧和不合理樵采,草场退化,载畜量锐减。与此同时,水土流失加剧,生态环境恶化,草场资源面临日趋衰退的境地。1992 年对该流域实施治理后,天然牧场实行区划轮牧、人工种草、围栏封育等措施,经过 5 年治理,草场植被发生了较大变化,草地生产力有了较大幅度的提高。

对于高寒草甸,经综合治理后,围栏内外植被种群和数量变化很大。栏内有 26 种,其中优等牧草 11 种,占总种数的 42.3%;可食性杂草 10 种,占总种数的 38.5%;不可食性杂草 5 种,占总种数的 19.2%。与栏外比较,优等牧草成分提高了 27.3%,可食性牧草占 40.0%,不可食性牧草降低了 38.0%。群草高度,栏内平均为 14~30 厘米,栏外 6~10 厘米,栏内比栏外增加 1 倍。产草量(干重)栏内 104.1 千克/亩,栏外 44.1 千克/亩,栏内比栏外增加 60 千克/亩。草群覆盖度栏内为 90%,栏外为 75%。

对于高山草原,通过治理,围栏内优等牧草 14 种,占总种数的 37.8%;可食性杂草 14 种,占总种树的 37.8%;不可食性杂草 9 种,占总种树的 24.3%。与栏外相比,优等牧草增加了 55%,可食性牧草增加了 50%。草群高度栏内 24.0~25.5 厘米,栏外 3.4~9.8 厘米,高度增加了 15.7~20.6 厘米,干草产量栏内 72.1 千克/亩,栏外 47.5 千克/亩,产草量(干重)提高了 51.7%。覆盖率栏内比栏外提高 20%。

3. 其他效益

通过 5 年的治理,孟宗沟小流域取得了良好的经济、蓄水保土、社会效益和生态效益。具体如下:

(1)经济效益:通过 5 年的治理,孟宗沟小流域年均增长木材蓄积量达到 190.81 立方米,新增产薪材 79 500 千克;人工种草产量平均可达 165.3 千克/亩,亩增产 77.23 千克,网围栏划区轮牧比对照亩均净增干草 50.6 千克,单位面积草场载畜量由治理前的 13.5 亩/只羊下降到治理后的 6.4 亩/只羊。其治理效益费用比为 1.54,净效益为 22.96 万元,投资回收年限为 3.62 年。

(2)蓄水保土效益:在水土保持生物、工程措施实施后,每年多蓄水 13.43 万吨,每年的保土量 9 723.01 吨,治理后该小流域年土壤侵蚀模数由原来的 1 500 吨/平方公里减少到 500 吨/平方公里,保土率为 75.97%。

(3)社会效益:土地利用率由治理前的 85.73% 提高到治理后的 98.75%;农牧民收入由治理前的 467.1 元/(人·年)提高到 596.6 元/(人·年);牲畜头数比治理前增加 1 506 只(1 个大牲畜合 5 只羊单位)。

(4)生态效益:林木覆盖率由治理前的 4.99% 提高到治理后的 8.39%;草覆盖率由治理前的 36% 提高到治理后的 78%;抗灾能力增强,如 1991 年 8 月,流域内发生大暴雨,防洪工程有效拦蓄约 5 000 吨沙石,下游群众未受到任何损失;全流域生态环境状况得到进一步改善。

4. 孟宗沟水蚀小区

孟宗沟水蚀小区于 2007 年建成,是三江源生态监测项目的综合站点之一,承担着三江源区水土保持监测任务,其主体包括简易气象站 1 处、径流小区 8 个、卡口站 1 座、50 平方米管理房 1 处,配置气象及试验设备 1 套。根据三江源生态监测项目年度实施方案,2009 年度和 2010 年度分别对孟宗沟水蚀小区进行了监测能力完善,包括管理房维修,卡口站工作桥、施工便道整修,坡面整修,排水沟、输电线及厕所等建设。

(二)称多县细曲河流域综合治理工程

该工程治理水土流失面积 23.8 平方公里,其中造林 10 020 亩、种草 4 800 亩、封禁 20 400 亩、坡改梯 7 200 亩,完成石谷坊 72 座。

(三)囊谦县坡耕地综合整治工程

该工程于 2011 年 4 月开工,2011 年 10 月竣工。由青海省发展和改革委员会以青发改农经〔2010〕1304 号批准建设,建设资金来源于中央财政资金及囊谦县自筹资金,建设地点在香达镇。整治面积总共为 1 万亩,具体为:强曲河谷片,坡耕地整治面积 5 200 亩,农灌渠道维修 113 米(混凝土现浇衬砌 109 立方米);香曲河谷片,坡耕地整治面积 3 459 亩;扎曲河谷片,坡耕地整治面积 1 341 亩等。工程投资为 1 000 万元。

（四）国债小流域治理工程

青海省发改委、省水利厅将 2006 年国债资金 90 万元(其中补助资金 60 万元,自筹资金 30 万元)分解安排到玉树州称多县孔雀沟小流域治理中,开展以小流域为单元的水土保持综合治理,探索三江源地区水土保持综合治理的有效途径。为了使该项目实施的小流域达到综合治理、规模治理,称多县在项目实施中,将工程管理、工程质量、资金管理纳入各级目标考核,层层签订责任书,将任务、责任与政绩考核,并制定工程资金报账制度,规范档案资料收集、施工记录等。为提高工程质量,两县对工程措施实行招标投标,实行项目法人责任制,并委托有资质的监理公司对各小流域治理工程的实施进行全面监理。

项目实施前项目区一遇暴雨极易形成洪灾,每年发生 2~3 次洪灾,威胁道路和村镇,给国民经济建设和人民生命财产安全带来危害,当地政府和有关部门人力用沙袋筑防洪坝进行防洪。该项目的实施产生了良好的水土保持生态效益、社会效益和经济效益,称多县新增治理水土流失面积 9 平方公里,水土保持措施可保水 17.83 万立方米、保土 2.79 万吨,治理程度达到 80%。使流域生态环境得到有效保护,村镇防洪能力进一步提高,基本遏制了洪灾的发生,当地群众生产条件、生活水平和人居环境得到了一定改善。

二、玉树州中小流域预防保护工程

玉树州小流域预防保护工程主要涉及囊谦县、治多县、杂多县和曲麻莱县,主要内容如下:

（1）囊谦县白扎乡、吉曲乡、娘拉乡坡耕地综合治理工程,治理面积 1.02 平方公里。游曲河、叶曲河、过曲河、大欧绒和达曲水源区水源涵养工程,治理面积 332 平方公里。

（2）治多县索加乡君曲村、扎河乡达旺村、治渠乡江庆村、多彩乡当江荣村、立新乡岗察村、加吉镇改查村等水土保持预防工程,治理面积 365.1 平方公里。

（3）杂多县佐清沟、解曲河、日历沟、阿曲河等河源区水源涵养工程,治理面积 430 平方公里。

（4）曲麻莱县麻多乡黄河源区、秋智乡色吾曲、勒马曲(北麓河)、约古宗列曲、曲麻河(楚玛尔河)等河源区水源涵养工程,治理面积 435 平方公里。

三、预防保护工程建设取得的成效

玉树州在水土保持方面采取了工程措施、植物措施和其他措施。截至 2012 年,全州采取各类水土保持措施保存的治理面积为 888.62 平方公里。其中工程措施 23.27 平方公里,植物措施 619.32 平方公里,其他措施 246.03 平方公里,详见表 5-2-2。

表 5-2-2　玉树州水土保持措施保存治理面积

行政区划	合计 （平方公里）	工程措施 （平方公里）	植物措施 （平方公里）	其他措施 （平方公里）
全州	888.62	23.27	619.32	246.03
玉树市	224.45	1.87	126.28	96.31
囊谦县	49.02	13.68	35.33	0
称多县	137.96	7.72	77.74	52.5
治多县	250.09	0	189.09	61
杂多县	202.35	0	189.35	13
曲麻莱县	24.75	0	1.53	23.22

第三节　水土保持预防监督与监测

一、水土保持预防监督

为贯彻落实《中华人民共和国水土保持法》,有效防治人为水土流失,近年来,玉树州的水土保持预防监督工作牢固树立和认真落实科学发展观,工作突出"预防为主,保护优先"的理念,在水土保持工作监督检查、水土保持预防监督、水土保持宣传等方面取得了新的进展,为改善玉树州生态环境和生产条件,实现玉树州水土资源的可持续利用和生态环境的可持续维护发挥了重要作用。玉树州的水土保持预防监督工作主要内容及成效如下。

（一）积极进行水土保持工作监督检查

2016 年 3 月,玉树州水利局等水行政主管部门在青海省水土保持局的组织下,组成联合督察组,对 G214 线共和至结古公路工程、S308 线玉树结古镇至不冻泉段工程、玉树州杂多县至囊谦县公路等 7 个省批公路项目进行了水土保持工作监督检查。督察采取了现场查勘、听取汇报和工作座谈等方式,重点对各项目表土剥离、保存和利用情况,取、弃土场选址及防护情况,水土保持措施落实情况,水土保持补偿费缴纳情况,水土保持监测监理情况,历次检查整改落实情况,水土保持方案变更、水土保持措施重大变更审批情况,水土保持后续设计情况等进行了监督检查。同时,督察组还针对每个项目建设中存在的问题提出了整改要求。

（二）地方性水土保持配套法规和规章制度初步建立

玉树州出台了《玉树州实施〈青海省开发建设项目水土保持方案管理暂行办法〉细则》《玉树州人民政府关于划分水土流失重点防治区的通告》和《玉树州实施〈青海省水土流失防治费、补偿费征收和使用管理办法〉细则》等水土保持规范性文件。县（市）完成了水土流失重点防治区的划定工作,并由政府予以了"三区"公告;制定了《水土保持方案登记、审批、管理办法》等一系列监督执法管理制度。

（三）广泛开展宣传,三江源头区水土保持法制意识提高

2014—2016年,累计投入宣传经费50多万元,印发藏汉水土保持宣传材料1万份,发放宣传单4.2万份,张贴宣传标语300条,出动宣传车20辆(次),在玉树州设立了水土保持宣传一条街,设立大型宣传门1座、宣传碑28座、宣传牌40块。州水利局和州委宣传部将藏汉文《水土保持法律法规汇编》作为乡村干部的基本普法材料,做到乡村干部人手一册,在召开的州人大、政协两会上广泛发放。

（四）监督执法工作取得成果

2003年,青海省水土保持局和玉树州、治多县、曲麻莱县、格尔木市水土保持预防监督站联合对青藏公路、青藏铁路的水土保持方案进行了5次专项检查,征收水土保持设施补偿费56余万元。与青藏公路建设指挥部达成协议,布设了4个监测小区,对重点取土挖砂、弃土弃渣进行监测。称多县扎多金矿把水土保持纳入了企业管理的重要议事日程,对过采区的草场恢复制订了治理方案,采取了分层剥离、修复河道、复垦平整、注水灌溉、回填复土、围栏种草的措施,完成了4100余亩过采区的恢复治理,投入资金达2182万元,有效防治了水土流失。

二、三江源水土保持监测

2015年,三江源生态保护综合试验区,行政区总面积为390 007.84平方公里。监测结果显示,土壤侵蚀总面积为130 707.66平方公里,其中水力侵蚀面积为31 567.13平方公里,占土壤侵蚀总面积的24.15%;风力侵蚀面积为16 141.34平方公里,占土壤侵蚀总面积的12.35%;冻融侵蚀面积为82 949.77平方公里,占土壤侵蚀总面积的63.46%;工程面积为49.42平方公里,占土壤侵蚀总面积的0.04%。

2015年三江源区的水土流失面积比2014年增加了439.42平方公里,占水土流失总面积的0.34%,占三江源总面积的0.114%。

第四节　水土保持成果项目

玉树州水土保持工作在"十二五"期间表现突出,累计完成退牧还草围栏建设1 745万亩,治理黑土滩259.01万亩,防治鼠害5 252.65万亩,防治草原毛虫390万亩,兑现草原生态保护补助奖励资金23亿元,完成草原禁牧9 376.95万亩,草畜平衡4 978.05万亩,牧草良种补贴30.8万亩,生产资料补贴牧户56 451户,水土保持项目5项,治理面积89.75平方公里,详见表5-4-1。

表 5-4-1　玉树州"十二五"期间完成的水土保持项目

项目名称	治理水土流失面积(平方公里)	投资(万元)	工程内容
称多县细曲河流域综合治理工程	14.88	625	封禁 188 公顷,种草 1 300 公顷,护岸墙 3 968 米
囊谦县香曲河流域综合治理工程(2011 年)	12.84	625	水保乔木造林 41 公顷,封禁治理 1 243 公顷,谷坊 800 座
囊谦县香曲河流域综合治理工程(2012 年)	10.03	489	坡改梯 57.55 公顷,水保乔木造林 73.97 公顷,水保灌木造林 203.03 公顷,种草 313.18 公顷,封禁治理 355.97 公顷
长江、澜沧江源区水土保持生态修复及预防保护三期工程	32	500	2011 年:围栏封禁 32 平方公里,设置标志牌及警示牌 19 个,开展水土保持宣传,完成宣传碑 8 块,开展执法体系建设及监督能力建设,配备执法设备等
			2012 年:围栏封禁 10 平方公里,封育管护 300 平方公里,完成标志碑宣传牌(警示牌 12 个),开展水土保持宣传,完成宣传牌(碑)5 块,开展执法体系建设及监督能力建设,配备执法设备等
黄河源水土保持生态三期工程	10	187.5	完成围栏封育 10 平方公里,封育管护 300 平方公里,完成标志碑宣传牌(警示牌 12 个),开展水土保持宣传,完成宣传牌(碑)5 块,开展执法体系建设及监督能力建设,配备执法设备等

第六章　防汛抗旱

20 世纪 80 年代以来,玉树州洪旱灾害渐趋严重。在历届省委、省政府、州政府领导的重视下,玉树州建立健全了全州防汛抗旱机构和工作制度,各级领导深入防汛抗旱第一线,组织、带领全州人民群众开展防汛抢险和抗旱斗争。与此同时,玉树州水利局重视和加强基础设施建设和抗旱服务技术,在河道治理、防洪工程等方面取得了较大进展。

第一节　防汛抗旱机构

一、州级机构及人员构成

玉树州政府成立了州防汛抗旱指挥部,由州政府分管副州长任总指挥,玉树州军分区副司令员、州政府副州长和州公安局局长任副总指挥,州政府办公室、州发改委、州民政局、州财政局、州国土局、州建设局、州水利局、州交通局、州农牧局、州环保局、州卫生局、州文体广播局、州气象局、州林业局、玉树水文分局、州武警支队、州消防支队为指挥部成员,指挥部办公室设在玉树州水利局。

2016 年,根据《青海省实施〈中华人民共和国抗旱条例〉办法》和全省防汛抗旱电视电话会议精神,防汛抗旱工作实行各级人民政府行政首长负责制。对此,玉树州结合自身实际情况,明确并通报了全州的防汛抗旱行政责任人名单、全州重点防洪城市(镇)防汛行政责任人名单和全州重点小型水库防汛行政责任人名单,详见表 6-1-1～表 6-1-3。

表 6-1-1　玉树州防汛抗旱行政责任人名单

市(县)名称	责任人单位	责任人	职务
全州	州人民政府	尕桑	州委常委、副州长
玉树市	市人民政府	扎西才让	市委副书记、市长
称多县(称文镇)	县人民政府	艾尼阿更	县委副书记、县长
囊谦县(香达镇)	县人民政府	欧格	县委副书记、县长
杂多县(萨呼腾镇)	县人民政府	才旦周	县委书记
治多县(加吉博洛格镇)	县人民政府	南阳	县委副书记、县长
曲麻莱县(约改镇)	县人民政府	尼玛扎西	县委副书记、县长

注:全州重点防洪行政责任人是以县(市)为单位的防汛责任人。

表 6-1-2　　玉树州重点防洪城市(镇)防汛行政责任人名单

城市(镇)名称	责任人单位	责任人	职务
玉树市	市人民政府	马成德	副市长
杂多县(萨呼腾镇)	县人民政府	昂文格来	副县长

表 6-1-3　　玉树州重点小型水库防汛行政责任人名单

水库名称	所在市(县)	责任人	职务
禅古水电站	玉树市	马成德	副市长
查隆通水电站	玉树市	马成德	副市长
当卡水电站	玉树市	马成德	副市长
拉贡水电站	称多县	达哇措毛	副县长
扎曲水电站	囊谦县	普措格来	副县长
聂恰水电站	治多县	尼玛松保	副县长
龙青峡水电站	杂多县	昂文格来	副县长

　　2017 年 5 月 10 日,州政府对州人民政府防汛抗旱指挥部成员进行调整,由州政府副州长尕桑任总指挥长,州政府副州长、州公安局局长熊嘉泓和州军分区副司令员方勇任副指挥长。指挥部下设办公室,办公室设在州水利局,才多杰兼任办公室主任,负责办公室日常工作,详见表 6-1-4。同时,确定了全州一市五县的防汛抗旱工作责任单位和责任人,详见表 6-1-5,其中玉树市、囊谦县及称多县防汛抗旱业务联系人见表 6-1-6。

表 6-1-4　　玉树州防汛抗旱指挥部构成

玉树州防汛抗旱指挥部	姓名	职务
指挥长	尕桑	玉树州政府副州长
副指挥长	熊嘉泓	玉树州政府副州长、州公安局局长
	方勇	玉树州军分区副司令员
成员	多杰	玉树州政府副秘书长
	才多杰	玉树州水利局局长
	赫广春	玉树州发改委主任
	才仁扎西	玉树州农牧科技局局长
	洛松江才	玉树州民政局局长
	塔巴扎西	玉树州气象局局长
	索昂旺毛	玉树州卫计委主任
成员	多加	玉树州环保局局长
	昂江多杰	玉树州林业局局长
	仁青	玉树州住房和城乡建设局局长
	马剑龙	玉树州交通局局长
	活泼	玉树州广电局局长
	吕增录	玉树州国土局局长
	李光录	玉树州水文分局局长
	李海燕	玉树州财政局副局长
	代洪	玉树州公安局副局长
	张胜刚	玉树州武警支队支队长
	杨宁川	玉树州消防支队支队长
	白玛然丁	玉树青海玉树电力公司总经理

表 6-1-5 玉树州及下辖一市五县防汛值班负责人

单位	座机号码	负责人
玉树州水利局	0976-8821193	扎西端智
玉树市水利局	0976-7800065	张济忠
囊谦县水利局	0976-8872722	陈林然丁
称多县水利局	0976-8863677	丹增尼玛
治多县水利局	0976-8892518	索南文才
杂多县水利局	0976-8881897	阿夏色杰
曲麻莱县水利局	0976-8851511	索南才加

表 6-1-6 玉树州一市两县防汛抗旱业务联系人

单位					
地区（所属州地名）	单位名称（州地所辖各县名）	部门	姓名	职务	联系方式
玉树州（0976）	玉树市	总指挥	桑光辉	副市长	18909766682
		防办主任	张济中	局长	13997362372
		防汛常务主任	才保	副局长	13099706600
		局办主任	格莱	防汛负责人	18097256667
		防汛值班室			0976-8826145
		传真			
	称多县	总指挥	达哇措毛	县长	15352986666
		防办主任	旦增尼玛	局长	18697865000
		防汛常务主任	江永边巴	副局长	13997463222
		局办主任			
		防汛值班室			0976-8863677
		传真			0976-8861260
	囊谦县	总指挥	永加	县长	13997368341
		防办主任	成林然丁	局长	15909769666
		局办主任	索才	副局长	18109767878
		防汛值班室			18909767031
		传真			0976-8871349

二、玉树州防汛抗旱指挥部成员单位职责

玉树州防汛抗旱指挥部各成员单位在责任区域内实行汛前、汛期、汛后全过程的检查指导，发现问题及时督促处理，并将检查落实情况向指挥部做出书面汇报。对各自责任区域内的河（沟）道、水库、城市（镇）、险工险段、水利工程、山洪灾害易发区等做好防汛安全措施。并根据青海省人民政府防汛抗旱指挥部有关规定和工作精神，随时抽查各地的工作和贯彻落实州人民政府防汛抗旱指挥部的工作部署情况。玉树州防汛抗旱指

挥部具体职责如下。

玉树军分区　负责组织驻地部队参加抗洪抢险救灾。根据州防汛抗旱指挥部的要求和军分区的命令、指示,组织部队参加重大抢险救灾行动,协助地方人民政府转移危险地区的群众。

武警消防支队　负责组织武警部队实施抗洪抢险和抗旱救灾,参加重要工程和重大险情的抢险工作。协助当地公安部门维护抢险救灾秩序和灾区社会治安,协助当地政府转移危险地区的群众。

玉树州财政局　组织实施全州防汛抗旱和救灾经费预算,及时下拨并监督使用。

玉树州发展和改革委员会　指导防汛抗旱规划和建设工作,负责防汛抗旱设施、重点工程除险加固建设、计划的协调安排和监督管理。

玉树州公安局　维护社会治安秩序,依法打击造谣惑众和盗窃、哄抢防汛抗旱物资以及破坏防洪抗旱设施的违法犯罪活动,协助有关部门妥善处置因防汛抗旱引发的群体性治安事件,协助组织群众从危险地区安全撤离或转移。

玉树州民政局　组织、协调全州水旱灾害的救灾工作。组织核查灾情,统一发布灾情及救灾工作情况,及时向州防汛抗旱指挥部提供灾情信息。负责组织、协调水旱灾区救灾和受灾群众的生活救助。管理、分配救灾款物并监督检查其使用情况。组织、指导和开展救灾捐赠等工作。

玉树州环保局　负责对汛期水质进行全面监测,及时发布监测结果,在水源被污染情况下提出应急措施,负责汛期前后的环境污染隐患排查工作,及时督促各排污单位落实整改措施,消除环境污染隐患。

玉树州国土资源局　组织监测、预防地质灾害。组织对山体滑坡、崩塌、地面塌陷、泥石流等地质灾害勘察、监测、防治等工作。

玉树州住房和城乡建设局　协助指导全州城市防洪抗旱规划制订工作,配合有关部门组织、指导城市市政设施和民用设施的防洪保安工作。

玉树州交通局　协调组织地方交通主管部门做好公路、交通设施的防洪安全工作;做好公路(桥梁)在建工程安全度汛防汛工作,在紧急情况下责成项目业主(建设单位)强行清除碍洪设施。配合水利部门做好跨河道建筑周边堤岸保护。协调地方交通主管部门组织运力,做好防汛抗旱和防疫人员、物资及设备运输工作。

玉树州水利局　归口管理全州防汛抗旱工程。负责组织、指导全州防洪排涝和抗旱工程的建设与管理,督促地方政府完成水毁水利工程的修复。负责全州旱情的监测、管理。负责防洪抗旱工程安全的监督管理。

玉树州农牧科技局　及时收集、整理和反映农牧业遭受洪、旱等灾情信息。指导农牧业防汛抗旱和灾后农牧业救灾、生产恢复工作。指导灾区调整农业结构、推广应用旱地农业节水技术和动植物疫病防治工作。提出农业生产救灾资金的分配意见,参与资金管理工作,负责种子、饲草、兽药等救灾物资的储备、调剂和管理工作。

玉树州卫生局　负责水旱灾区疾病预防控制和医疗救护工作。灾害发生后,及时向州防汛抗旱指挥部提供水旱灾区疫情与防治信息,组织卫生部门和医疗卫生人员赶赴灾区,开展防病治病,预防和控制疫病的发生和流行。

玉树州文体广电局 负责组织指导各级电台、电视台开展防汛抗旱宣传工作。正确把握全州防汛抗旱宣传工作导向,及时协调、指导新闻宣传单位做好防汛抗旱新闻宣传报道工作。及时准确报道经州防汛抗旱指挥部审定的汛情、旱情、灾情和各地防汛抗旱动态。

玉树州气象局 负责气象监测和预报工作。从气象角度对影响汛情、旱情的天气形势做出监测、分析和预测。及时对汛期天气情况做出预测报告,并向州防汛抗旱指挥部及有关成员单位提供气象信息。

玉树州林业局 负责林业项目灾害的监测、预测、预警和防御工作。

玉树电力公司 负责组织灾区电力设施的指挥,保证灾区电力供应。

玉树水文分局 负责水文监测和预报工作,对重大致灾性降水和洪水要实行滚动预报,为防汛指挥决策提供技术支持。

三、玉树州防汛抗旱指挥部办公室职责和主要工作

玉树州防汛抗旱指挥部办公室职责:承办州防汛抗旱指挥部的日常工作,组织全州的防汛抗旱工作;组织拟定州内有关防汛抗旱工作的方针政策、发展战略并贯彻实施;按省防汛抗旱指挥部要求组织制订河流、流域防御洪水方案和州级防洪预案、重点水库调度方案、州级抗旱预案,并监督实施;指导、推动、督促全州有防汛抗旱任务的县级以上人民政府制订和实施防御洪水方案和抗旱预案;指导、检查、督促地方和有关部门制订山洪灾害的防御预案并组织实施;督促指导有关防汛抗旱指挥机构清除河道、湖泊、行洪区范围内阻碍行洪的障碍物;负责防洪工程水毁项目计划的上报及物资的储备;统一调控和调度全州重点蓄水工程的水量;组织、指导防汛机动抢险队和抗旱服务组织的建设和管理;组织拟定全州防汛抗旱指挥系统的申报建设与管理等。为省防汛抗旱指挥部做好有关协调、服务工作。

主要工作内容如下:

(1)贯彻执行国家有关防汛抗旱工作的方针、政策、法律、法规及规范性文件。在州人民政府和防汛抗旱指挥部的领导下,执行上级防汛抗旱指挥部的决定和命令。

(2)按照分级管理的原则,组织编制、实施全州、县(市)的防汛工作发展规划、中小城市(含重要建制镇)防御洪水方案。

(3)掌握全县(市)防洪工程的运行情况,组织实施汛前、汛期和汛后工程检查。向防汛抗旱指挥部领导提出决策意见;向上级防汛抗旱指挥部报告重大问题;组织做好应急度汛工程建设和水毁工程修复工作。

(4)掌握雨情、水情、灾情,及时、准确地向有关单位和领导通报情况,必要时发布洪水、台风、泥石流预报、警报和汛情公报。

(5)负责自储、自筹防汛物资的储备、管理和使用情况。

(6)负责有防汛任务的部门联系,督促做好防汛工作。

（7）负责水毁工程修复进度、洪涝灾害的统计上报工作。

（8）负责江河清障工作,编制年度清障计划,督促清障工作的开展,上报清障进度。

（9）负责组织防汛抢险队伍,开展军民联防工作。

（10）组织防汛通信和预报、预警系统的建设。

（11）组织防汛宣传,总结推广防汛抢险经验,培训抢险技术人员、开展政策研究、建立配套法规。

（12）了解和掌握旱情,协调和指导抗旱工作。

四、县(市)级机构设置及其职责

(一)县(市)级机构设置

有防汛抗旱任务的县级以上地方人民政府设立防汛抗旱指挥机构,在上级防汛抗旱指挥机构和本级人民政府的领导下,组织和指挥本地区的防汛抗旱工作,防汛抗旱指挥机构由本级政府和有关部门、当地驻军、人民武装部负责人组成,其办事机构设在同级水务行政主管部门。

(二)各级机构的职责

各级防汛抗旱指挥机构负责各自辖区水情、雨情、旱情、汛情、工情、险情、灾情等信息的收集、整理和传递,分析研究防汛抗旱形势,提出应急行动决策,落实防汛抗旱措施,储备、调运和管理防汛抗旱应急抢险物料,制订重点城镇、险工险段、水库等防汛抗旱应急预案,实施防汛抗旱调度,协调开展防汛抗旱应急抢险及抗震救灾活动,核查和统计洪旱灾情,争取资金,组织实施水毁工程的修复等工作。

五、其他防汛抗旱指挥机构

玉树州水利部门所属的水利工程管理单位、施工单位以及水文部门等,汛期成立相应的专业防汛抗灾组织,负责本单位、本部门的防汛抗灾工作;有防洪任务的重大水利水电工程、大中型企业根据需要成立防汛指挥机构,针对重大突发事件,组建临时指挥机构,具体负责应急处理工作。

第二节　防汛抗旱专用物资配备

一、专用器材配置

2002 年,玉树州防汛办配备传真机、短波电台、智能控制器、计算机、打印机 5 种设备各 1 台(部)。

二、防汛专用抢险救灾物资储备

1999年，通过青财农〔1999〕496号文件下达防汛资金43万元，用于治多县同卡电站的抢险。

2004年，通过青财字〔2004〕707号文件下达支农防汛资金10万元，主要用于抗洪抢险物资的储备，此项目由玉树州水利局实施。

截至2009年，玉树州各级政府在无偿划拨建设用地的基础上，配套了库房值班室、地坪、大门等附属设施，建设资金达130万元。建设1所州级救灾物资储备库、5所县级救灾物资储备库和4所边远乡级救灾物资储备库，并通过了省民政厅和省建筑设计院联合验收，总投入达520万元。

2010年，用于防汛抗旱的资金有70万元，玉树州、玉树县、囊谦县、称多县、治多县、杂多县、曲麻莱县分别分配到10万元，用于防汛应急通信及办公设备的购置；另外下达30万元用于储备防汛物资，其中20万元用于储备州级防汛物资，10万元用于储备玉树市防汛物资。

2012年，中央财政下达防汛抗旱资金60万元，其中20万元当作防汛抢险费用，40万元当作防汛及物资准备基金。

2012年，玉树县防汛办公室向县政府及上级部门申请筹集物资储备的经费协调统一调度。物资包括麻袋、草袋、编织袋、铅丝、水泥、劳动工具、照明设备、燃料等。

2013年，中央财政下达防汛抗旱资金20万元，用于储备防汛应急抢险物资。

2014年，玉树州通过省级防汛抗旱资金购买挖掘机、推土机各1台、货车1辆，增加了10 000条编织袋、麻袋。

2017年，加大物资储备力度，全州六县（市）在原有库存的基础上继续采购储备了各类防汛抗旱物资。通过政府采购，购置了麻袋、纤丝、雨衣、发电机、水泵等部分物资，同时加强库房物资管理，由专人看管，随取随用。

第三节　洪水雪灾

一、洪水及雪灾的特点

玉树州发生的洪灾有以下几个特点：第一，季节性强。一般洪水出现在6—9月，洪水灾害大多数发生在7—8月，一次致灾性洪水损失很大，往往形成同一个地方数种灾害并发。第二，突发性强。洪水灾害大部分由局部降雨形成，也有大面积降雨形成大面积洪水灾害的情况，洪水起落周期短、流速快、破坏力强，灾后恢复难。第三，致灾程度渐趋严重。随着人口的变化，城镇规模逐渐扩大，生活环境在不断改变，在降雨量相同的情况下,致灾损失呈上升趋势。

玉树州发生雪灾的特点主要有降雪早、来势猛、次数多、延续时间长、受灾面积广等。

二、历年灾情

(一)洪水灾害

1957年7月,巴塘河流域连续降雨7日,降雨量达92.4毫米,导致结古镇巴塘河和扎西科河沿河两岸45处民房进水,损失牲畜410多头(只),冲毁桥梁2座,淹没道路3公里,经济损失达180万元。城区各沟道洪水泛滥成灾,交通中断达10日之久,断面处洪峰流量为264立方米/秒。根据当地县志的记述,该洪水为在此之前60年的最大洪水,洪水重现期为60年。

1963年8月,巴塘河流域连续降雨,3日降雨量达46.3毫米,导致结古镇区沿河两岸40多处民房进水,淹没牲畜400多头(只),各沟道洪水泛滥成灾,经济损失达70万元。根据新寨水文站的实测资料,该次洪水洪峰流量为166立方米/秒。

1979年7月28日23时左右,称多县普降大雨,持续8小时,引发洪水,玛柯河河水猛涨,致使沿河几个公社遭受水灾(据当地资料记载,该次降水是截至此次记载,60多年未遇过的水灾)。该次洪水使沿河0.41万亩庄稼被毁,1 050米拦河坝被冲垮,直接经济损失达200余万元。同时,造成4个公社20个大队间的道路中断,沿河18座吊桥冲断,20吨肥料被冲走,其他价值3万元左右的物资亦遭受损失。

1981年7月,巴塘河流域连续降雨,3日降雨量达48.6毫米,导致结古镇城区巴塘河和扎西科河沿岸56处民房进水,损失牲畜430多头(只),冲毁桥梁1座,淹没公路4公里,经济损失达120万元。根据新寨水文站的实测资料,该次洪水洪峰流量为177立方米/秒。

1983年8月17日15时至17时10分,约改镇境内连降暴雨,曲麻莱站24小时最大降雨量达108.1毫米,洪峰流量437立方米/秒(计入漫滩流量),县城沿河一带约1.8平方公里的地区被洪水淹没,造成3人受重伤,死亡牲畜18头(只),冲倒桥梁2座,冲毁清(清水河)曲(曲麻莱)公路县城段880米,房屋倒塌38间、损坏29间。洪灾造成县城停电10小时,共造成直接经济损失达1 294万元。

1984年7月9—14日,称多县县城连降大暴雨,各支沟水位暴涨,房屋损坏30余间,耕地被冲坏0.4万余亩,粮食减产50%,损失粮食20多万千克,减少群众收入20余万元。冲毁各种桥梁10座,冲坏路面8公里,公路塌方,交通中断。

1989年8月,巴塘河流域连续降雨,3日降雨量达45.9毫米,导致结古镇城区巴塘河沿河两岸46处民房进水,损失牲畜450多头(只),淹没公路5公里,经济损失达230万元。根据新寨水文站的实测资料,该次洪水洪峰流量为166立方米/秒。

1998年7月,巴塘河流域发生连续降雨,3日降雨量达73.2毫米,导致结古镇区巴塘河沿河两岸60多处民房进水,损失牲畜430多头(只),冲毁通信基站1处,经济损失达280万元。根据新寨水文站的实测资料,该次洪水洪峰流量为182立方米/秒。

2003年29日傍晚7时,结古镇地区突降大雨,在短短40分钟内,降雨量达到10.8

毫米。大雨引起山洪暴发，导致 1 人失踪，2 人受重伤，30 多户民居被冲毁。

2006 年 7 月 15 日 13 时 20 分至 16 日 7 时 40 分，曲麻莱县城周木尕卡河流域普降暴雨，河水暴涨，洪水最大流量 509 立方米/秒（计入漫滩流量），山洪挟带泥沙直冲县城，涌入机关、工厂、学校、商店、宾馆、饭店、旅社，暴雨导致房屋倒塌 64 间，围墙坍塌 1 270 米，冲毁公路 6 处 613 米。受灾人口 0.5 万人，被洪水围困 1 200 人，造成 31 头（只）牲畜死亡，3 人失踪。城南的主要街道过水深 0.4～0.6 米，城区道路、输电和通信线路以及城市基础设施多处遭遇水毁，城区供电中断 22 小时，约改镇自来水工程的 1 号引水口被泥石流淹埋，供水中断 15 天，县城 3 所学校停课达 12 天。共造成直接经济损失达 2 789 万元。

2007 年 7 月 8 日，结古镇北山突降暴雨，引发北山区日吾沟、寨龙沟的山洪和泥石流，周边单位及居民房屋受到洪水威胁，冲毁巷道 500 余米，两座拦沙坝积满淤泥约 360 立方米，经济损失达 40 余万元。

2007 年 8 月 27 日伊始，治多县境内连续 3 天持续降雨，降水量累计在 200 毫升以上，县城部分地区出现不同程度的灾情：部分行政事业单位院内严重积水，单位的牛粪房倒塌；聂恰河沿岸部分防洪工程被严重冲毁，造成多处小面积渗漏等，造成直接经济损失数十万元。

2010 年 7 月 12 日 19 时 20 分，囊谦县香达镇出现强降雨过程，据气象部门监测，暴雨持续时间长达 4 小时 27 分，降雨量为 10.5 毫米，暴雨导致 51 户居民房屋进水，院墙倒塌，香曲河下游长 60 米河坝的基础下沉，沟囊沟、拉宗茶达沟、帕雄沟山洪暴发，简易防洪渠道受到不同程度损毁，部分河道被冲毁，县城道路严重积水，造成经济损失约 170 万元。

（二）雪灾

1956 年 10 月下旬，全州西部、西北部连降大雪，杂多县、治多县和曲麻莱县雪深达 30～70 厘米，温度在零下 33 摄氏度左右，其中治多、杂多受灾面积占县总面积的 60% 以上，曲麻莱县雪深可达 1 米左右，受灾面积占全县总面积的 90% 左右。受灾区主要有：治多县的扎河肖格苏部落，共 156 户 4 473 人受灾；杂多县的巴马、吉尼、扎赛部落，共 248 户 4 919 人受灾；曲麻莱县几乎全县受灾，共 348 户 6 312 人。死亡牲畜 92.69 万头（只），死亡率为 30.13%，经济损失达 13 903.50 万元。

1971 年 10 月至 1972 年 2 月，连降大雪，特别是 1972 年 2 月 3 日、14 日、18 日 3 天降雪合计值大于历年值，积雪深度大于 30 厘米，有些地方达到了 50～100 厘米，长期不融化，全州普遍受灾，玉树、囊谦、称多、治多、杂多 5 县的 24 个公社 83 个大队 220 多万头（只）牲畜受灾，草山全被大雪覆盖，牲畜冻饿交加，大量死亡。重灾区有玉树县—上拉秀乡、巴塘乡、下拉秀乡、结隆乡，囊谦县—东坝乡、尕羊乡、着晓乡、吉尼塞乡，称多县—清水河乡、珍秦乡、尕多乡，治多县—立新乡、当江乡、多彩乡、治渠乡，杂多县—除莫云乡以外的 7 个公社，曲麻莱县—麻多乡、秋智乡。冻死牲畜 72.40 万头（只），死亡率为 16.34%，经济损失达 10 860.00 万元。

1974 年 10 月下旬至 1975 年 2 月，全州降大雪 10 多次，积雪深度一般在 20～40 厘米，阴坡和重灾区积雪深度在 60～100 厘米以上。该次雪灾使 3 个县 24 个公社 112 个大队受灾，其中有 19 个公社 62 个大队受灾严重。据不完全统计，重灾区共有 49 人死亡，其中称多县珍秦公社28人、清水河6人,杂多县阿多、扎青公社15人。该次雪灾主要分布在玉树县—结隆、哈秀、上拉秀公社,称多县-清水河、珍秦、扎朵公社,杂多县—扎青、阿多等几个公社。冻死牲畜78.70万头(只),死亡率为15.57%,经济损失达11 805.00万元。

1981年入冬以米,降大、中雪次数较多,小雪连绵不断,积雪深度均在60厘米以上,草场大面积被雪覆盖,积雪表面结冰,长期不融化,风寒交替出现,使全州不同程度遭受灾害,特别是玉树县—小苏莽公社,囊谦县—东坝、着晓、觉拉、吉曲、羊尕公社,称多县—珍秦、清水河、扎朵公社,治多县—治渠、多采、当江、扎河索加公社,杂多县—阿多、结多、扎青公社,曲麻莱县—巴干、麻多、叶格、秋智受灾严重,共涉及6个县21个公社85个大队275个生产队。冻死牲畜132万头(只),死亡率为24.35%,经济损失达19 800.00万元。

1984年10月17—22日,降雪6天6夜,有的地区降雪时数达到66个小时,全州西部、西北部草原完全被积雪覆盖,积雪深度在50厘米以上,重灾区积雪深度在70~100厘米,分布在4个县14个乡,分别为称多县—清水河、扎朵乡,治多县—索加、扎河、多采、治渠乡,杂多县—旦荣、莫云、阿多、扎青乡,曲麻莱县—麻多、曲麻河、叶格、秋智乡。冻死牲畜99万头(只),死亡率为22.78%,经济损失达14 850.00万元。

1989年冬至1990年春,全州部分地区出现3次降雪,使全州玉树、称多、治多、杂多和曲麻莱5县18个牧业乡,遭受中度雪灾,受灾较为严重的有:玉树县—哈秀、巴塘乡,称多县—清水河、珍秦、扎朵、尕多乡,治多县—治渠、多采、当江、扎河、索加乡,杂多县—阿多、扎青、结多乡,曲麻莱县—麻多、秋智、叶格、巴干乡。冻死牲畜58.20万头(只),死亡率为14.70%,经济损失达8 730.00万元。

1993年1月2日至2月12日,持续降大雪一个多月,称多、治多、杂多和曲麻莱县遭受不同程度的雪灾,杂多县雪深达1米以上。受灾最严重的地区有:称多县—清水河、珍秦、扎多、尕朵乡,治多县—立新、当江、多彩乡,杂多县—莫云、旦荣、阿多、扎青、吉多乡,曲麻莱县—巴干、东风乡。冻死牲畜84.67万头(只),死亡率为20.96%,直接经济损失达12 700.50万元。

1995年10月17日至1996年1月17日,全州降雪次数达43次,降雪区累计平均积雪深度达60余厘米,雪灾严重地区,雪深可达50~100厘米,覆盖全州83%的草场。受灾最严重的有:玉树县—上拉秀、结隆、哈秀,囊谦县—东坝、尕羊、着晓乡,称多县—清水河、珍秦乡,治多县—索加、扎沙、多采、治渠乡,杂多县—阿多、昂赛、扎青、莫云乡,曲麻莱县—曲麻河、麻多、叶格、秋智、东风、巴干乡。死亡牲畜129万头(只),减损率高达34.72%,雪灾造成绝畜户2 198户,少畜户13 178户,冻伤14 642人,患雪盲症者13 032人,患流感和其他疾病者15 481人。

第四节　河道防洪与治理

玉树州管理的河流有通天河、巴塘河、扎西科河、聂恰河等。河道治理和管理按照青海省政府1991年10月28日发布的《青海省河道管理实施办法》和水利部1999年2月

14日印发的《堤防工程建设管理暂行办法》执行。

一、河道工程管理机构

玉树州各县没有专职的河道管理机构,河道管理工作由州(县)防汛办公室、水政水资源办公室以及水政监察大队等部门兼职管理。

二、全州河道防洪与治理概况

玉树州第一次水利普查结果:截至2011年,全州共有堤防总长度为28.94公里,详见表6-4-1。5级及以上堤防长度为28.94公里,均为已建堤防。2016—2017年底,新建堤防63.38公里。实施防洪工程11项,完成投资13 720.53万元,治理河道长56.78公里。

表 6-4-1 玉树州不同级别堤防长度 （单位:公里）

行政区划	合计	不同级别堤防长度					
		1级	2级	3级	4级	5级	5级以下
全州	28.94	0	0	10.40	0	18.54	0
玉树市	6.08			0		6.08	0
囊谦县	5.00			5		0	0
称多县	11.10			0	0	11.10	0
治多县	5.40			5.40		0	0
杂多县	1.36					1.36	0
曲麻莱县	0			0		0	0

三、河道防洪与治理

(一)玉树州通天河防洪工程

1.工程范围、任务和规模

通天河防洪治理工程包含巴塘河、聂恰曲和德曲防洪工程。

1)工程范围

该工程治理范围共涉及1州3县5镇7乡,分别为玉树市、称多县、治多县和曲麻莱县。规划治理范围见表6-4-2。

2)工程任务

该工程的任务是通过修建防洪堤、护岸,采取治沟治理等工程手段,完善玉树、治多、称多和曲麻莱4个县(市)主要河道和居民安置点的防洪体系,保障人民生命财产安全。

3)工程规模

工程共布置防护段29处,治理河道长38.37公里,其中布置堤防40.65公里、护岸14.26公里,修建排洪渠9.89公里。各县(市)的情况为:玉树市布置防护段13处,共治理河道10.97公里,布置堤防17.19公里;称多县布置防护段7处,共治理河道8.77公里,布置堤防7.38公里、护岸1.39公里;治多县布置防护段6处,共治理河道8.76公里,布置堤防6.74公里、护岸2.57公里、排洪渠0.81公里;曲麻莱县布置防护段3处,共治理河道

9.86公里,布置堤防9.33公里、护岸10.3公里、排洪渠9.08公里。

2.工程类别和防洪标准

该工程等别为4级,工程规模为小(1)型。防洪标准县城段为30年一遇,乡镇段为20年一遇,农村段为10年一遇。堤防的工程级别按不同保护对象防洪标准确定:30年一遇的县城段为3级,20年一遇的乡镇段为4级,10年一遇的农村段为5级。

表6-4-2　玉树州通天河防洪工程规划治理范围

所在县	项目名称	河流名称	所在水系	工程位置	备注
玉树市	巴塘河防洪工程	巴塘河	通天河	结古镇	
	居民安置点防洪工程	云塔沟	通卡涌—通天河	哈秀乡云塔村三社	
		巴琼河	通天河	仲达乡孖拉村1、2、3社	
		金布河	通天河	仲达乡孖拉村金布社	
		塘龙河	通天河	仲达乡塘达村塘龙社	
		电协陇巴	通天河	仲达乡电达村电达社、元根达社、格日社	
		增涌	通天河	仲达乡塘达村增富社	
		茶吾扣	通天河	巴塘乡卡沙村、龙日村	
		格曲	通卡涌—通天河	巴塘乡政府	
称多县	称多县防洪工程	细曲河	通天河	称文镇	
		夏曲河	通天河	歇武镇上赛巴村	
		赛曲河	通天河	赛河乡	
治多县	聂恰曲防洪工程	聂恰曲	通天河	加吉博洛镇	
	扎河乡防洪工程	崩涌	通天河	扎河乡	
	索加乡防洪工程	莫曲	通天河	索加乡	
曲麻莱县	德曲防洪工程	德曲河	通天河	巴干乡	
	约改镇防洪工程	周木孖卡	通天河	约改镇	
		它莫孖卡	通天河		坡面洪水治理

3.可行性研究

2012年6月,受玉树州水利局委托,青海省水利水电勘测设计研究院对玉树州通天河流域开展了项目前期踏勘以及测量工作,于当年8月中旬开展项目业内工作;2013年10月完成《玉树州通天河防洪工程可行性研究》报告初稿;2014年8月,青海省水利厅对班玛县防洪工程进行了调整,将班玛县内容加入该工程范围内,调整后《玉树州通天河防洪治理工程可行性研究》设计成果于2014年8月底完成;2014年底国家发改委下发了《全国流域面积3 000平方公里以上中小河流治理实施方案》(发改农经〔2014〕2880

号);2015年6月,《玉树州通天河防洪治理工程可行性研究》通过青海省水利厅初审,增加称多县治理内容;2015年12月全面完成该工程可行性研究报告。

4.施工总布置

根据各防护段长度、工期以及相邻防护段间距等施工特点,共计布置施工营地12处,其中玉树市4处、称多县3处、治多县3处、曲麻莱2处,新建临时施工道路64.39公里,其中玉树市22.15公里、称多县8.77公里、治多县4.76公里、曲麻莱县28.71公里。

5.工程建设征地

工程建设区涉及玉树市的结古镇、巴塘乡、哈秀乡及仲达乡,称多县称文镇、歇武镇和赛河乡,曲麻莱县的约改镇、巴干乡,治多县的加吉博洛镇、扎河乡、索加乡,涉及4个县(市)12个乡(镇)14个行政村,征占地主要包含牧草地和河滩地。

通天河防洪工程建设征地区不涉及搬迁人口,主要实物指标为占地。征占地总面积为1 330.60亩,其中永久占地911.85亩,包含牧草地217.40亩,河滩地694.45亩;临时占地418.75亩,包含旱耕地8.03亩,草地26.29亩,河滩地384.43亩;砍伐零星树木12 673株;建设征地范围内没有文物古迹、矿产及工程设施。

通天河防洪工程征地移民补偿总投资为211.22万元,其中农村移民补偿费为143.27万元,其他费用为38.82万元,预备费为29.13万元。

6.工程管理

1)管理机构

该工程为防洪工程,属于公益性水利工程,为甲类项目,其管理单位性质为事业单位。该工程建设由各县水利局负责实施,成立防洪工程建设指挥部,项目法人完成防洪建设任务,负责工程建设从前期工作到验收工程的全过程。工程建成后由各县(市)水利局管理,县(市)水利局成立河道管理办公室,专职负责本级行政区域内的河道管理工作。负责运行期的管理,制定工程管理制度,负责技术指导、堤防护岸巡视检查等,确保工程安全,充分发挥工程效益。现有河道管理人员编制不足的,从各县水利局现有人员中调剂。

2)管理实施

管理实施主要由下列各部分组成:

(1)管理用车。各县(市)设专门的防汛管理用车1辆。

(2)交通设施。工程的交通主要为维持正常的管理、维护、防汛需要服务,包括对内和对外交通。对内交通指的是防洪堤沿线的交通道路,利用已有公路,以便将防汛物资运抵各处;对外交通指的是防洪堤与主要交通干线之间的联系,尽量利用已有的交通道路拓宽修整,保证汛期交通通畅。

(3)其他管理设施。管理用房、通信路线、专用电话、观测设施等。

3)管理经费

该工程是以防洪为主的甲类水利工程,属于社会公益项目,没有财务收入,因此工程投入运行后,每年需要的运行管理费分别由各地地方财政拨付。

4)投资

该工程总投资 24 046.57 万元,静态总投资 22 162.32 万元,移民安置补偿费211.22万元,环境保护费 177.30 万元,水土保持费 1 495.73 万元。

(二)结古镇巴塘河防洪治理工程

该工程于 2001 年 6 月 24 日开工,同年 10 月 15 日完工,修建巴塘河西杭电站尾水至结古桥段西岸防洪堤 2 103 米,防洪标准为 30 年一遇。工程投资 300 万元。2001 年 11月 18 日通过竣工验收。

(三)结古镇扎西科河防洪续建工程

该工程位于扎西科河下游段,2003 年 8 月 26 日开工,同年 10 月 30 日完工,投资 120万元,修建左右岸堤防分别为 200 米和 300 米。2005 年 7 月 22 日通过竣工验收。

(四)玉树县下拉秀镇区防洪工程

该工程批复文号为玉发改〔2011〕152 号,建设地点在下拉秀镇。建设规模:修建防洪堤 5.65 公里,排洪渠 1.1 公里,亲水台阶 10 处。工程总投资 2 349.43 万元。项目法人是玉树州水务局。由西宁市兴农水利有限公司、海南州水利水电工程建筑安装总公司、平安县水利水电工程队、大通县水利水电综合开发总公司共同承担施工,监理单位是青海江海工程咨询监理有限公司。

(五)囊谦县毛庄乡防洪工程

该工程批复文号为玉发改〔2011〕153 号,建设地点在毛庄乡。建设规模:修建防洪堤 3.84 公里(其中涌曲河 2.99 公里、毛庄河 0.85 公里)。工程总投资 1 897.27 万元。项目法人是玉树州水务局。由青海宏星建设工程有限公司、青海水利水电工程局有限责任公司、西宁市兴农水利有限公司、青海乐都水利水电机械化工程总公司共同承担施工,监理单位是青海科兴水利工程监理咨询有限公司。

(六)结古镇城区沟道排洪工程

该工程包括北山的德念沟、沙松沟、热吾沟、折龙沟、琼龙沟、新寨沟等 6 条排洪沟,南山的孟宗沟、代莫沟、当代沟等 3 条排洪沟,共计长 10 公里。2011 年 9 月 13 日,结古镇城区沟道排洪应急除险加固工程中最后一条排洪渠——沙松沟排洪渠工程开工建设,整体工程于 2011 年 10 月中旬全面完工。防洪标准为 30 年一遇,该工程为结古镇的防洪度汛和灾后重建工作提供了强有力的保障。

(七)藏娘沟十条沟道防洪工程

该工程批复文号为玉发改字〔2011〕282 号,建设地点在结古镇。建设规模:修建防洪堤 1.96 公里,排洪渠 6.3 公里,截洪渠 1.18 公里,拦沙坝 6 座,亲水台阶 4 处,车桥 2座。工程总投资 1 839.6 万元。2011 年开工建设,当年竣工。项目法人是玉树州水利局。由玉树宇通水利水电工程公司、青海汇成水利水电有限公司、湟源水利水电建筑工程公司、青海宏星建设工程有限公司、四川华海水利电力工程公司、青海水利水电工程局有限责任公司、青海宏星水利建设工程公司共同承担施工,监理单位是青海科兴水利工程监理咨询有限公司。

（八）称多县细曲河防洪工程

该工程于 2011 年 7 月开工,同年 11 月竣工,建设地点在称多县县城,修建防洪堤 16.69 公里,排洪渠 3.89 公里。工程投资 2 942 万元。由青海欣路、湟源水利水电、平安建青路桥工程公司共同承担施工。

（九）曲麻莱县约改镇生态移民防洪工程

该工程由青海省发改委批准建设,建设资金来源为专项资金,主要建设内容有防洪渠、拦洪坪、泄洪区、车便桥等,工期 70 多天。

（十）德卓滩防洪工程

该工程由玉树州水利局委托青海省水利水电勘测设计研究院完成可行性研究及初步设计报告的编制工作,于 2011 年 6 月正式开工建设,2011 年 10 月 20 日前完工。

（十一）扎西科河、巴塘河河道治理工程

扎西科河、巴塘河河道治理工程为玉树州灾后重建项目十大标志性工程之一。工程批复文号为青发改〔2011〕76 号、玉发改重字〔2012〕138 号,建设地点在巴塘河及扎西科河。建设规模:修建防洪堤 24.84 公里(其中巴塘河 17.13 公里、扎西科河 7.71 公里)。工程总投资 21 985.87 万元。项目法人是玉树州三江源投资建设有限公司。由中国水电四局承担施工,监理单位是青海江海工程咨询监理有限公司。

该工程包括东尼格、色青龙大沟、增乐沟、普措达赞沟四条沟道治理,工程分两期实施。一期工程为结古镇镇内河道治理和四条沟道治理。巴塘河治理范围自禅古桥至新寨水文站处,单面长度为 6.28 公里;扎西科河治理范围自玉树市第三完全小学至两河汇合处,单面长度为 3.9 公里,总长 10.18 公里,总投资约 1.6 亿元。二期工程主要为巴塘河河道治理项目,共两段,第一段自玉树机场至禅古桥,长 16 公里;第二段自新寨水文站至德卓滩安置点,长 5 公里,预计总投资 7 700 万元。2016 年,完成巴塘河二期续建工程,投资 2 201 万元;完成扎西科河公园段防洪工程建设任务,总投资 676 万元。

（十二）玉树县结古镇巴塘河(一期)防洪工程

该工程于 2014 年 8 月 20 日开工,2015 年 8 月 10 日完工,治理巴塘河东风村河道 10.296 公里,其中左岸 3.08 公里,右岸 6.947 公里,新建主体踏步 8 座,排污口 10 处,排洪涵洞 2 座。工程投资 2 570.69 万元。

（十三）玉树市扎西科街道办德念格(二高)防洪渠工程

该工程于 2016 年 12 月 20 日开工,2017 年 6 月 30 日完工。该工程任务是沟道排洪,通过修建防洪渠,提高德念沟的防洪能力,使沟道防洪标准达到国家标准,减轻洪水对玉树市结古镇的威胁,为达举路周边居民共 152 户 766 人以及道路等提高防洪安全保障。修建内容:治理玉树市德念沟长度 490 米;新建排洪涵管 490 米、检查井 11 座。

（十四）玉树市市区危险区域防洪及环境、小市政设施综合整治项目(卡孜村 1、2、3 社山洪沟道治理)

该工程于 2016 年 12 月 20 日开工,2017 年 6 月 30 日完工。该工程的任务是沟道治理,通过修建拦沙坝、排洪渠等工程措施,确保治理沟道段达到 10 年一遇的设计洪水标准,保护卡孜村 1、3 社居民的生命和财产安全。工程内容:梯形排洪渠 855 米、排洪渠渠首进水口 3 座、谷坊 4 座、车便桥 8 座、踏步 5 座。

（十五）玉树市下拉秀镇镇政府、学校、寺院后山排洪工程

该工程于 2016 年 7 月 25 日开工，2017 年 7 月 25 日完工。修建内容：后山坡导洪渠、龙西寺沟排洪渠、寺院沟道排洪渠、排洪渠连接段 4 座、八字墙渐变段 4 座、谷坊 1 座。

第五节　抗涝(洪)救灾抢险纪实

一、2007 年抗洪救灾

2007 年 6 月 1—20 日期间，玉树州称多县持续出现降雨天气，特别是自 6 月 17 日以来，连续出现较大强度的降水，部分房屋倒塌损坏，灾区群众出现住房困难和口粮短缺等问题。

灾情发生后，省财政厅会同省民政厅及时下拨救灾面粉 50 吨、帐篷 100 顶、棉被褥 100 套。同时动用省级救灾预备金 80 万元，用于灾民住房重建、损坏房屋修缮和解决灾民口粮，使得玉树灾民的基本生活问题基本得到解决。

二、2010 年抗涝抢险

2010 年 8 月 13 日 18 时许，玉树州玉树县结古镇突遭特大暴雨袭击。顷刻间，河水猛涨、群众被困、交通面临瘫痪……洪水涝灾时刻威胁着灾区人民群众的生命安全。玉树消防支队全勤指挥中心第一时间出动人力和物力赶赴灾区现场。此次抗洪救灾过程中，玉树消防支队共出动人员 70 人（次）、车辆 18 台（次），成功救助和疏散群众 24 人，处置受灾帐篷 485 顶、板房 70 间，抢救财产价值 91.2 万元。

（一）支队长康自福指挥消防官兵在扎西南路 266 号居民大院抢险救援

康自福支队长在认真了解受灾情况及当地地形后，下达了"铲除路面障碍，疏通水道"的命令，参战官兵在瓢泼大雨中通过采用沙袋堵水、人工排水的办法，成功保护了 228 顶帐篷、40 间板房，经过 1 个小时的紧急救援，居民生活恢复正常。随后，官兵们蹚着齐膝深的冰冷积水，肩并肩，手挽手，在帐篷、板房区穿行，搜救被困群众，经过近 30 分钟的紧急搜救，消防官兵采用引导人员，背（抱）老人、幼儿等方式，成功救出 15 名被困群众。

（二）副支队长范育星指挥官兵抢险救援

第一时间将被困病人转移到安全区，然后人拉肩扛转运药品物资。官兵挽起裤腿，浸着高原冰冷刺骨的凉水，搜索着每一处可能的角落……在一阵紧张的救援后，成功解救被困病人 2 名，帮助卫生院拆迁转移帐篷 8 顶，转移药品、医疗设施价值 70 余万元，同

时协助水利部门挖通排水渠,成功排除险情。

此次抢险救援工作充分展示了青海消防官兵英勇顽强、不怕困难、敢打必胜、能征善战的铁军风采。

第六节　抗　旱

一、旱灾与成灾特点

旱灾是由土壤水分在较长时间内不能满足农作物生长的需要造成的。在农作物播种和生长前期,若耕层土壤含水量不足15%或出苗后4—5月的降雨量小于40~79毫米,就会出现春旱。玉树州位于西北地区,干旱是本区自然环境的主要特征。随着种养殖业经济成分的改变和产值的提高,干旱致灾的经济损失越来越大。

二、历年旱灾与成灾情况

由于历史资料稀缺,难以统计,本次仅收集到2017年旱灾成灾情况,具体如下:

2017年7月以来,受持续干热天气影响,称多县11 400亩(称文镇4 000亩、拉布乡7 000亩、尕朵乡400亩)青稞减产,减产幅度达40%,高温天气还给玉树市和囊谦县的农作物带来了不同程度的影响。

三、旱灾防御

(一)组织领导

为切实提高玉树州气象灾害防御、应急处理能力,保障抢险救灾工作高效有序开展,最大限度地减少或避免气象灾害所造成的损失,维护人民群众的生命财产安全,根据《中华人民共和国气象法》《气象灾害防御条例》等有关法律法规的规定,气象灾害防御工作成立抗旱领导小组,其主要职能如下:

(1)研究全州重大气象灾害防御工作,组织编制、实施气象灾害防御规划。

(2)推进农村气象灾害防御组织体系建设,建立健全"政府主导、部门联动、社会参与"的气象灾害防御机制。

(3)组织指挥气象灾害应急事件,统一领导并协调各乡村有关部门开展气象灾害应急工作。

(4)在气象灾害防御领导小组统一组织指挥下,负责本州气象灾害防御的具体工作。负责气象灾害监测预警信息的发布,气象灾害应急响应和组织协调,气象灾害应急预案管理和演练,气象灾情收集、统计、核实和报送,气象灾害风险隐患排查,气象灾害防御科普宣传和培训,气象灾害应急准备认证。负责气象信息服务站和气象信息员的管理、技术支撑和培训交流。负责气象灾害应急指挥,预警信息发布平台的建设和维护。负责制订气象灾害防御长期规划和年度计划、总结等。

(二)抗旱措施

根据青海省防汛抗旱指挥部要求,各地防汛抗旱部门居安思危、未雨绸缪,立足于放大汛、抗大旱、抢大险、救大灾,强化责任落实,加强应急管理,从六个方面采取措施,牢牢把握主动权,全力夺取防汛抗旱工作的新胜利。

一是着力落实防汛抗旱责任制。全面落实以行政首长负责制为核心的各项防汛抗旱责任制,层层签订责任书,逐级公布责任人名单,接受社会监督。各级防汛抗旱责任人要深入一线,靠前指挥,提高指挥决策水平,全面履行职责,确保各项工作措施落到实处,取得实效。

二是超前做好防汛抗旱准备工作。根据水利工程和社会经济发展状况,修订完善各类防汛抗旱应急预案和防洪调度方案,确保科学合理、实用高效。开展多种形式的防汛演练,加大投入,充实防汛抗旱物资储备。认真组织开展汛前大检查,对发现的问题要及时整改、及早消除隐患。

三是突出抓好水库堤防安全度汛。严格执行汛期调度运用计划,存在病险或正在施工的水库,降低水位甚至空库运行,决不能垮坝失事。统筹防洪调蓄和抗旱供水需求,加强水库科学调度,充分发挥调蓄作用和防洪减灾效益。

四是有效防范山洪和城市内涝。强化统一指挥,搞好协调配合,合力防灾减灾。山洪灾害易发区细化避险方案,落实责任措施,充分利用山洪灾害监测预警系统建设成果,加强预警,及时组织转移避险,确保人员安全。加强城市防洪排涝应急能力建设,搞好设施的管理和养护,及时疏浚河道,疏通排水管网,落实应急措施,确保安全度汛。

五是全面加强监督预报预警工作。高度重视气象预报和汛情、旱情监测,密切监视天气变化,及时通报异常天气和重大汛情征兆,为防汛抢险争取时间。加强沟通协作,完善预报方案,强化会商分析研判,搞好信息交流,实现资源共享。因地制宜、科学合理地利用多种手段,及时发布预警信息,提前做好防灾避险准备。畅通信息渠道,及时准确地发布灾害信息,快速反应、主动引导,营造良好的舆论环境和社会氛围。

六是切实做好抗旱工作。统筹安排,坚持防洪抗旱两手抓,在确保防洪安全的前提下,根据旱情特点和水资源供应变化,合理配置水资源,备水防旱。对现有水源工程清淤扩容、整修配套、更新改造、挖掘抗旱潜力,确保抗旱用水。广泛开展节水宣传教育活动,落实节约用水措施,增强全民节水意识。

第七章　水生态文明建设

　　十八大报告提出要把生态文明建设融入经济建设、政治建设、文化建设、社会建设各方面和全过程,落成"五位一体"总体布局。水生态系统是水资源形成、转化的主要载体。因此,保护好水生态系统,建设水生态文明,是实现经济社会可持续发展的重要保障。

　　2013年,为贯彻落实党的十八大精神,水利部发布了《关于加快推进水生态文明建设工作的意见》,全国各省(自治区、直辖市)不同程度地开展了水生态文明试点城市建设工作。2015年12月,习近平总书记主持召开中央全面深化改革领导小组第十九次会议,会议通过《中国三江源国家公园体制试点方案》。水利部高度重视"三江源"生态保护工作,2015年10月,陈雷部长到玉树州调研水生态文明建设工作,2016年11月在水利部机关主持下召开玉树州水利工作座谈会,采取各项实际措施,高度重视和积极支持"三江源"水生态文明建设工作。

第一节　生态系统和水生态

一、生态系统

（一）动植物资源

　　玉树州已查明的药用植物超过800种,这些药用植物用途广,大多为重要特产。主要药用植物有羌活、大黄、川贝母、柴胡、水母雪莲、藏茵陈、沙棘、杜鹃、黄芪、冬虫夏草等。

　　食用或加工后食用的植物80余种,其中淀粉、糖类植物比重较大;观赏植物在400种以上,主要有乔木、灌木、藤木、多年生草本、一年生草本;工艺植物包括鞣料植物、纤维植物、芬芳植物和油料植物,其中可以提取补血草、云杉、蔷薇等。

　　全州境内属国家一级保护动物的有7种,属国家二级保护动物的有14种。鸟类最为优势的是集中分布在隆宝国家自然保护区及分布于西部大片沼泽中的珍禽—黑颈鹤。部分水域中还有多种游禽和涉禽分布。山地分布着多种猛禽和白马鸡、血雉、雉鹑、雪鸡等。

（二）草场资源

　　玉树州草场类型有随纬度变化和垂直分布的规律。随着纬度的北移,气候趋向干旱。草场类型由南向北被更为耐寒的类型所取代。从垂直高度看,在海拔3 600~4 200米的扎曲、结曲和通天河的峡谷阴坡部位分布着川西云杉,阳坡为西藏圆柏;在海拔3 800~4 400米的陡峭阴坡生长着以杜鹃为主的高寒灌丛,阳坡是以高山蒿草为优势种的草场;在海拔4 800~5 200米的高山顶部仅见虎耳草、风毛菊等高山流石坡植被。

草场类型主要有高寒草甸草场类、高寒草原草场类、高寒沼泽草场类、山地灌木草场类、山地疏林草场类等。

截至2015年,全州可利用草地面积11 634万亩,其中高寒草甸面积10 284万亩,植被覆盖度76.6%;高寒草甸草原面积409.5万亩,植被覆盖度62%;高寒草原面积940.5万亩,植被覆盖度61.5%。各草场类型总产草鲜重209.00亿千克,风干重71.10亿千克;可食草量鲜重为280.65亿亩,风干重63.52亿千克。

(三)森林资源

全州的森林多分布在东部和东南部高山峡谷地带的玉树和囊谦两个县(市)的毛庄、小苏莽、娘拉、吉曲、巴塘和觉拉等乡境内,位于通天河、扎曲河及其支流结曲、巴曲、子曲和草曲的沿岸,形成了江西、东仲、白扎、吉曲等四大天然林区,均属寒温性针叶林带的横断山脉北端云杉林区,带有明显的高寒性质。森林分布主要受海拔高度的制约,乔木最高分布上限海拔4 500米。受冷季长、风大干燥等因素的影响,许多树种难以生存,从而形成树种稀少、林分结构简单等特点,一般呈块状分布。全州乔灌木仅150余种,其中乔木不超过25种。

玉树州六县(市)土地林用情况详见表7-1-1。

表7-1-1　玉树州六县(市)土地林用面积　　　　　　　　(单位:万亩)

县(市)	总计	林地	疏林地	灌木林地	未成林造林地	苗圃地	宜林地
玉树市	831.04	44.82	11.84	287.74	6.25	0.05	480.34
囊谦县	771.35	76.05	9.89	231.64	4.13	0.01	449.63
称多县	477.30	0.56	0.92	126.69	8.65	0.03	340.45
治多县	252.64	2.43	3.23	82.66			164.32
杂多县	351.00	10.11	3.90	73.13			263.86
曲麻莱县	210.24	10.63	7.95	77.38	0.19		114.09
合计	2 893.57	144.60	37.73	879.24	19.22	0.09	1 812.69

二、水生态概况

全州自然资源相对比较丰富,环境质量较好,污染程度较低。生物丰度指数、植被覆盖指数和环境质量指数均高于青海省和全国平均水平,水网密度指数低于青海省和全国平均水平,土地退化比较严重,土地退化指数高于青海省和全国平均水平,详见表7-1-2。

表 7-1-2　玉树州各指数综合评价

行政区	生物丰度指数	植被覆盖指数	水网密度指数	土地退化指数	环境质量指数
玉树州	85.32	90.08	43.52	86.25	99.70
全省	68.85	70.45	43.60	85.52	97.57
全国	73.62	68.45	70.98	70.71	59.92

（一）湿地

全州湿地总面积 22 938 平方公里,占全州总面积(26.7 万平方公里)的 85.9%,占全省湿地总面积的 28.17%,湿地总面积居青海省第二位。其中河流湿地 3 829 平方公里,湖泊湿地 3 550 平方公里,沼泽湿地 15 559 平方公里,不涉及人工湿地。各县(市)湿地面积详见表 7-1-3。

表 7-1-3　玉树州各县(市)湿地面积　　　　（单位:平方公里）

行政区	总计	河流湿地	湖泊湿地	沼泽湿地
玉树市	559	103	48	408
囊谦县	274	134	0	140
称多县	2 581	166	27	2 388
治多县	10 912	2 040	3 191	5 681
杂多县	2 048	393	11	1 644
曲麻莱县	6 564	993	273	5 298
合计	22 938	3 829	3 550	15 559

全州湿地全部为自然湿地,以沼泽湿地为主,沼泽湿地>河流湿地>湖泊湿地。被列入重点保护的湿地面积 1.77 万平方公里,湿地保护率 77.16%,高于全国和青海省的平均水平。

各县(市)湿地面积大小顺序:治多县>曲麻莱县>称多县>杂多县>玉树市>囊谦县,分别占全州湿地面积的 47.57%、28.62%、11.25%、8.93%、2.44%、1.19%。

（二）主要河流生态系统

1.控制断面生态流量

《澜沧江流域综合规划》提出了澜沧江主要支流扎曲香达断面的生态环境需水量,香达断面的下泄水量可以满足生态环境需水量,详见表 7-1-4。

表 7-1-4　澜沧江香达断面生态流量

河流	控制节点	生态环境需水量(亿立方米)			生态环境下泄水量(亿立方米)		
		全年	汛期	非汛期	全年	汛期	非汛期
扎曲	香达	10.8	7.7	3.1	11.8	8.4	3.4

2.水生态状况

根据玉树州水生态状况评价成果,全州河流水资源开发利用程度较低,河流基本保持天然状态,没有遭到破坏,保持天然径流过程;水功能区水质及纵向连通性良好,不存在流量变异情况,河流重要湿地保留率、河流水生生物重要生境状况、河流生态基流及敏感生态需水满足程度均为优,详见表 7-1-5。

表 7-1-5 玉树州水生态状况综合评价(水生态评价指标)

| 评价河段及湖库 | 评价范围起止断面 | 水生态功能类型 | 主要生态保护对象 | 满足程度评价(%) | | 水资源开发利用程度(%) | 流量变异程度(%) | 水生态评价指标 | | | | |
				生态基流	敏感生态需水			水功能区水质达标率	纵向连通性	重要湿地保留率	重要水生生境状况	景观保护程度
黄河源头至扎陵湖干支流	源头至扎陵湖	水源涵养、物种多样性保护	三江源自然保护区、扎陵湖鄂陵湖花斑裸鲤极边扁咽齿鱼国家级水产种质资源保护区,扎陵湖湿地	优	优	优	0	优	优	优	良	良
通天河金沙江源头干支流区	源头至直门达	水源涵养、物种多样性保护	三江源自然保护区、隆宝滩自然保护区	优	优	优(0.05)	0	优	优	优	良	良
通天河干支流	直门达至石鼓	水源涵养	三江源自然保护区	优	优	优(0.75)	0	优	优	优	良	良
澜沧江源头干流区段	源头至香达	物种多样性保护	三江源自然保护区	优	优	优(0.58)	0	优	优	优	良	良

第二节　水文景观及水文化

一、涉水保护区、景区、景观

玉树州六县(市)有省级及以上的自然保护区 3 个、湿地 4 个、水产种质资源保护区 3 个、湿地公园 1 个,有国家级水利风景区 2 个、省级水利风景区 1 个、勒巴沟景区 1 个,无省级以上风景名胜区及地质公园、森林公园,详见表 7-2-1。

表 7-2-1　玉树州自然保护区和湿地

类型	生态敏感区	级别	主要保护对象	行政区划
国家级自然保护区	青海三江源国家级自然保护区	国家级	珍稀动物及湿地、森林、高寒草甸	玉树州
	青海隆宝湖国家级自然保护区	国家级	黑颈鹤、天鹅等水禽及草甸生态系统	玉树市
	青海可可西里国家级自然保护区	国家级	藏羚羊、藏野驴、野牦牛及生态系统	治多县
重要湿地	隆宝湖自然保护区湿地	国家级	黑颈鹤、天鹅等水禽	玉树市
	依然措湿地	国家级	沼泽、湖泊	杂多县
	多尔改措湿地	国家级	水禽鸟类	治多县
	扎陵湖湿地	国家级	高原鱼类和鸟类	曲麻莱县

(一)自然保护区

1.三江源国家级自然保护区

2000 年 8 月 19 日,由国务院批准,三江源自然保护区正式设立;2003 年 1 月 24 日,国务院批准三江源省级自然保护区晋升为国家级自然保护区。保护区面积约 14.83 万平方公里,其中核心区、缓冲区、实验区面积分别为 31 412 平方公里、38 239 平方公里、78 601平方公里,分别占自然保护区总面积的 21.19%、25.79%、53.02%。主要保护对象:高原湿地生态系统,典型的高寒草甸与高山草原植被,国家与青海省重点保护珍稀、濒危和有经济价值的野生动植物物种及栖息地。

全州境内的自然保护区面积为 19.79 万亩。三江源国家级自然保护区共有 18 个保护分区。玉树州涉及其中 10 个,涵盖三种保护分区主体功能。玉树州涉及的湿地生态系统保护分区有当曲、果宗木查、约古宗列、扎陵湖—鄂陵湖保护分区;野生动物保护分区有索加—曲麻河、白扎、江西保护分区;森林与灌丛植被保护分区有通天河沿岸、东仲、昂赛保护分区。

2.可可西里国家级自然保护区

可可西里国家级自然保护区位于玉树州境内。它是横跨青海、新疆、西藏三省(区)之间的一块高山台地。保护区西与西藏相接,南同格尔木唐古拉镇毗邻,北与新疆维吾尔自治区相连,东至青藏公路,总面积 4.5 万平方公里。

可可西里国家级自然保护区主要水系有羌塘高原内流湖区和长江北源水系。保护区内湖泊众多,据统计面积大于1平方公里的湖泊有107个,总面积3 825平方公里,湖泊面积在200平方公里以上的有6个,1平方公里以下的有7 000多个,有"千湖之地"的美称。可可西里湖泊大部分为咸水湖或半咸水湖,矿化度较高。区内现代冰川广布,冰川总面积2 000平方公里。可可西里地区矿产资源丰富,珍稀野生动物较多。

3.隆宝湖国家级自然保护区

隆宝湖自然保护区成立于1984年,1986年晋升为国家级自然保护区,位于玉树州玉树市隆宝镇境内,保护对象为黑颈鹤。总面积100平方公里,其中核心区面积75.73平方公里,缓冲区16平方公里,实验区8.27平方公里。保护区内植被以高原苔草沼泽和沼泽草甸为主,共有高等植物30多种,其中水生植物有10多种,以轮藻、杉叶藻等为主;其余大部分为湿生草本植物,以蒿草、圆囊苔草、矮金莲花、水麦冬、长花野青茅、驴蹄草等为优势种群。此外,还有冬虫夏草等菌类16种。保护区内共有脊椎动物37种,以鸟类为主,有12目20科30种,其中留鸟9种,夏候鸟17种,冬候鸟1种,旅鸟2种,有1种居留型尚未确定,以斑头雁、黑颈鹤、角百灵、长嘴百灵为优势种群。兽类资源种类较少,仅有4目5科7种,其中国家一级重点保护动物有6种,包括黑颈鹤、黑鹳、胡兀鹫、白尾海雕、玉带海雕、雪豹;国家二级重点保护动物有10种,包括大天鹅、高山兀鹫、短耳鸮、纵纹腹小鸮、斑头雁、藏雪鸡、秃鹫、猎隼、藏原羚、黄羊。此外,区内还有昆虫类20种。

(二)湿地

隆宝湖湿地,位于玉树市隆宝镇,属于典型的高原湿地景观,湿地为国家一级保护珍禽黑颈鹤的栖息地。以隆宝湖为中心,包括周围的沼泽地、水洼地、小河流等的总面积为10平方公里。地势呈南北走向的峡谷形状,滩地长30公里,宽1.5~4公里,被高山环抱,呈凹字形,海拔4 050~4 200米,是世界上海拔最高的保护区之一。有河流、湖泊、雪山、冰川等多种湿地类型。

(三)水产种质资源保护区

玉树州河湖珍稀水生生物种类较多,有国家级水产种质资源保护区3处(其中长江流域2处、黄河流域1处),其中楚玛尔河特有鱼类国家级水产种质资源保护区全部位于玉树州境内,其他2处仅一小部分区域位于玉树州境内,详见表7-2-2。

表7-2-2　玉树州国家级水产种质资源保护区名录

流域	保护区名称（批准年份）	保护区面积（平方公里）			特别保护期	主要保护对象
		总面积	核心区	实验区		
黄河	扎陵湖鄂陵湖花斑裸鲤极边扁咽齿鱼国家级水产种质资源保护区(2008)	1 142	1 136	6	5月1日至8月31日	花斑裸鲤、极边扁咽齿鱼,其他保护物种包括骨唇黄河鱼、黄河裸裂尻鱼、厚唇裸重唇鱼、拟鲶高原鳅、硬刺高原鳅和背斑高原鳅
长江	沱沱河特有鱼类国家级水产种质资源保护区(2011)	40.30	29	11.30	5月1日至9月30日	长江源区沱沱河特有鱼类长丝裂腹鱼、裸腹叶须鱼、前腹裸裂尻鱼、软刺裸裂尻鱼
长江	楚玛尔河特有鱼类国家级水产种质资源保护区(2011)	26.488	13.98	12.508	5月1日至9月30日	长丝裂腹鱼和裸腹叶须鱼

（四）国家湿地公园

玉树巴塘河国家湿地公园（试点）位于玉树州玉树市东南部，以结古镇为中心，以巴塘河、扎曲河及其支流为主线，西起菌日亚己，东至巴塘河与通天河交汇处，与三江源国家级自然保护区通天河保护分区相依，北邻陇松达，与隆宝湖国家级自然保护区相偎，南达巴塘草场，与三江源国家级自然保护区东仲—巴塘保护分区相接，总面积123.46平方公里。于2015年正式列入国家湿地公园试点，目前正在建设阶段，规划建设期为7年，分三个阶段完成。起步阶段为2015—2017年，计3年；发展阶段为2018—2019年，计2年；完善阶段为2020—2021年，计2年。规划建设项目总投资为11 803.76万元。

（五）水利风景区

1.囊谦县澜沧江国家级水利风景区

该风景区主要由香达景区、达那河谷景区、尕尔寺峡谷景区三大景区组成，总面积380平方公里，其中水域面积80平方公里，占总面积的21%。2013年，囊谦县水务局组织编制的《青海省囊谦澜沧江水利风景区总体规划》通过专家评审，同年囊谦澜沧江水利风景区被水利部正式评为国家级水利风景区。

2.玉树州通天河国家级水利风景区

该风景区地处三江源国家自然保护区，依托通天河干流及巴曲河、巴塘河、扎西科河、登额曲、勒巴沟、聂恰曲等主要支流而建，属于自然河湖型水利风景区。2016年被水利部评为国家级水利风景区，是玉树州第二个国家级水利风景区。景区建设涉及玉树、称多、治多、曲麻莱1市3县，景区总面积1 561.5平方公里，其中水域面积109.9平方公里。2016年4月5日，玉树州通天河水利风景区范围得以批复，景区范围东至拉布民俗村，南至通天河下游相古村，西至贡萨寺，北至聂恰河大桥北扩2公里。景区范围内水文景观包含河流、湖泊、湿地等多种类型，河流涉及通天河干流和聂恰曲、益曲、扎西科河、巴塘河、勒巴沟、拉曲河等主要支流，湖泊和湿地涉及念经湖（年吉湖）、赛永措湖和隆宝湖湿地等。

1）通天河

景区内上起治多县通天河大桥，下至相古村，景区内河道全长约361公里，河道比较顺直，河槽逐渐稳定，水流比降增大，水势汹涌，两岸山势陡峭，谷底海拔由上游的4 000多米下降到3 000多米，属典型的峡谷河流，两岸风光壮美。

2）聂恰曲

景区内上至贡萨寺附近，下至与通天河汇流处，景区内河道长约47公里。

3）扎西科河

位于结古镇西部，景区内西至红土山隧道，东至结古镇彩虹桥，河道长33.4公里。扎西科河为常年性河流，河水由基岩山区大气降水形成的地表径流及冰雪消融水汇集而成，由西向东径流，于结古镇汇入巴塘河。河流纵坡降5‰~18‰，多年平均径流量为1~3立方米/秒。河床较宽，两岸山势延绵，景观视线开阔，在河谷内可观远处雪山。

4）巴塘河

景区内巴塘河南起玉树机场附近，北至结古镇，向东流至通天河，景区内河道全长

45.9公里。

　　5)勒巴沟

　　位于结古镇东南部,以海拔4 431米的浪陇达为分界线,分东、西两段分别汇入通天河和巴塘河,长度约23公里。由于独特的小气候条件,形成沟内河流潺潺、林木苍翠的景象。相传当年文成公主进藏之前在此停留半年之久,沟内布满嘛呢石,两岸崖壁上随处可见山嘛呢,清澈的河水中则散落着不计其数的水嘛呢,还有唐代摩岩石刻,反映当时文成公主在此停留的场景。

　　6)年吉措

　　位于玉树市上拉秀乡日麻村境内,距结古镇60多公里。年吉措(又称念经湖)属地质构造型高原湖泊,湖面海拔4 565米,水面面积90多平方公里,最深处有30米左右。湖水矿化度较高,湖中盛产高原裸鲤鱼。每年逢春季节,斑头雁、鱼鸥、赤麻鸭、大天鹅、黑颈鹤等候鸟在此繁衍生息,成为鸟类理想的栖息地。

　　7)赛永措

　　位于隆宝镇以西约40公里处,为自然湖泊,湖面面积6.3平方公里,水源补给主要来源于周围雪山融水,湖面呈圆形,像一颗蓝色的珍珠镶嵌在草原上,湖泊周边生态环境优良,景观秀美,湖四周草盛水美,夏季百花盛开,牛羊成群,帐篷林立,湖内盛产高原裸鲤鱼,各种鸟鸭成群。

　　2016年4月,玉树州政府成立了以州委常委、副州长尕桑为组长,州政府副秘书长多杰和州水利局局长才多杰为副组长,州发改委副主任巴桑旦周、州国土资源局副局长姜惠林、州环保局副局长何钦、州林业局副局长曲周才仁、州财政局副局长任立新、州文体局副局长索南扎巴、州广电局副局长王秀梅、州旅游局副局长拉毛措、州水土保持工作站站长扎西端智为成员的玉树州水利风景区建设与管理领导小组。领导小组办公室设在玉树州水利局,才多杰兼任办公室主任,办公室所需人员从州水利局内部自行调配。办公室工作职责:负责景点的运行和管理,包括绿化、保洁、管护、维修、安全生产以及景区内的招商引资和建设开发工作。

　　3.杂多县澜沧江源省级水利风景区

　　杂多县澜沧江源水利风景区位于杂多县境内,杂多是澜沧江的发源地,也是三江源水系众多支流的发源地。

　　2016年8月10日,根据《水利风景区建设管理办法》、杂多县畜牧科技和水利局指示,经杂多县政府研究,成立杂多县澜沧江源水利风景区管委会。杂多县委常委、副县长昂格来任主任,杂多县畜牧科技和县水利局局长色结任副主任,成员由县畜牧科技和水利局副局长尼玛才仁、县水土保持站站长才培多杰和县水土保持站干部才仁文南组成。杂多县澜沧江源水利风景区管委会办公室设在杂多县畜牧科技和水利局,色结兼任办公室主任。杂多县澜沧江源水利风景区管委会主要职责:①负责景区的运营管理、景区招商引资和建设开发工作。②建立健全景区管理与保护制度,负责景区范围内的日常事务工作,保障水利风景区健康、可持续发展。③按要求及时有效处理景区垃圾、污水等。

　　2017年2月23日,杂多县澜沧江源水利风景区在青海省水利风景区建设与管理领导小组会议上被确定为第二批省级水利风景区。

（六）三江源国家公园

三江源国家公园包括长江源、黄河源、澜沧江源三个园区，园内的山、水、林、草、湖孕育了珍贵的高原精灵，创造了人与自然相谐的生态文化。

2015年12月，中央全面深化改革领导小组会议审议通过《三江源国家公园体制试点方案》，2016年3月中共中央办公厅、国务院办公厅正式印发。2016年6月，三江源国家公园管理局正式成立，我国第一个国家公园体制试点全面启动，三江源保护进入新的阶段。

三江源国家公园整合了可可西里国家级自然保护区，三江源国家级自然保护区的扎陵湖—鄂陵湖、星星海、索加—曲麻河、果宗木查和昂赛5个保护分区，优化重组为长江源（可可西里）、黄河源、澜沧江源3个园区。3个园区按照生态系统功能、保护目标和利用价值，分别划分为核心保育区、生态保育修复区、传统利用区及居住游憩服务区，分别承担严格保护、生态治理、有机农牧、居住旅游等功能。园区涉及玉树和果洛2个州的4个县12个乡（镇），总面积达12.31万平方公里，占三江源地区面积的31.16%。其中，85%的国家公园园区在玉树州境内，包括长江源（可可西里）园区和澜沧江源园区，涉及玉树州治多、杂多、曲麻莱3个县9个乡（镇）。

三江源国家公园为国家所有，青海省政府代管，初期从青海省林业厅、发改委、环保厅等划转有关职能、人员、资产，成立正厅级单位三江源国家公园管理局，由青海省政府直接管理。通过人员划转和职能整合，管理局下设了长江源（可可西里）、黄河源、澜沧江源园区3个管理委员会，其中长江源（可可西里）、澜沧江源园区管委会在玉树州，受国家公园管理局和玉树州政府双重领导，以国家公园管理局管理为主。其中，长江源（可可西里）园区管委会又向园区所在的治多、曲麻莱、可可西里派出3个管理处，管理处由管委会和所在县县政府双重管理，以管委会管理为主。在乡（镇）一级，长江源（可可西里）、澜沧江源园区所在的9个乡（镇）政府挂保护站牌子，增加国家公园有关职能。在村一级设立管护队，按社划分管护分队，按牧群组划分管护小组，网格化覆盖整个辖区。体制试点工作的第一责任人是各级党政主要负责人。

二、水文化宣传活动

全州以三江源山水文化为基底，丰富山水、民俗文化内涵，构建玉树特色文化。"十二五"以来，在尊重历史和传统的基础上，逐步确立了弘扬民族文化的水文化发展核心，以水文化为名片，策划了系列活动。随着旅游业的发展，每年有多个涉水的重要文化活动，如黄河万里行生态人文交流活动、三江源水文化节、长江源生态文化节、漂流世界杯等。

2016年7月19日，由青海省曲麻莱县和中新社青海分社联合举办的"同饮黄河水共筑中华梦"——2016黄河万里行大型生态人文交流活动在青海省玉树藏族自治州曲麻莱县正式启动，此次黄河万里行大型生态人文交流活动以青海曲麻莱为起点，经四川若尔盖、甘肃兰州、宁夏吴忠、内蒙古托克托、山西临县、陕西宜川以及河南巩义,至山东垦利结束行程。

2016 年 7 月 26 日,在玉树州治多县嘎嘉洛草原举行了以"同饮一江水,共护母亲河"为主题的三江源国家公园长江源水文化节,治多、上海大联谊盛会,展开了一场不分地区、不分文化、不断扩大两地的交流与合作的联谊盛会,共谋长江的青山绿水,共同强化生态保护责任意识。活动当日,两地区还以生态文明建设与水文化为主题,在相关决策、保护重难点、示范推介以及投入力度等方面进行了深入座谈。

2016 年 8 月 3 日,三江源水文化节在玉树正式启动。水利部水资源司、有关流域机构、三江入海口城市、省州有关领导出席启动仪式。同时,在三江源区启动了"关爱山川河流,保护源头行动"志愿者倡议活动,呼吁全社会为保护"三江源"良好生态,丰富和提升"三江之源、圣洁玉树",建设美丽中国贡献力量。

2016 年 8 月 17 日,玉树州启动了 2016 年度"丝路水脉因水而美——黄河流域水生态文明建设"大型公益宣传报道活动。

2017 年 6 月 5 日,由玉树州州委宣传部带队,玉树州水利局及治多、杂多、曲麻莱等县县委宣传部组成的工作组与黄河水利委员会、长江水利委员会相关部门对接三江源水文化建设事宜和水资源保护工作,7 月 25 日举办了第二届三江源水文化节系列活动。

第三节　政策文件与纪实

一、重要政策与文件

（一）十八大以来生态文明建设及水生态文明建设的发展历程

2012 年 11 月,在党的十八大报告里,生态文明建设被提升到与经济建设、政治建设、文化建设、社会建设相同的高度,列入中国特色社会主义"五位一体"总体布局,并将其写入党章。

2013 年 1 月,水利部印发《关于加快推进水生态文明建设工作的意见》,贯彻落实党的十八大关于加强生态文明建设重要思想,全面推进水生态文明建设的具体部署。

2013 年 2 月,联合国环境规划署第 27 次理事会通过了推广中国生态文明理念的决定草案。

2013 年 5 月,《2012 年中国人权事业的进展》白皮书发表,首次将生态文明建设写入人权保障,提出坚持树立尊重、顺应和保护自然的生态文明理念。

2013 年 11 月,十八届三中全会从加强生态文明建设的高度,将水资源管理、水环境保护、水生态修复、水价改革、水权交易等纳入生态文明制度建设的重要内容,并做出了具体部署。

2014年3月,习近平总书记对保障国家水安全做了重要讲话,提出"节水优先、空间均衡、系统治理、两手发力"的重大水利项目建设基本要求。

2015年5月,《中共中央 国务院关于加快推进生态文明建设的意见》发布。

(二)政策和文件

(1)《国务院关于支持青海等省藏区经济社会发展的若干意见》(国发〔2008〕34号)。

(2)《中共中央 国务院关于加快水利改革发展的决定》(中发〔2011〕1号)。

(3)中共青海省委、青海省人民政府《关于加快水利改革发展的若干意见》(青发〔2011〕23号)。

(4)《国务院关于实行最严格水资源管理制度的意见》(国发〔2012〕3号)。

(5)《关于加快推进水生态文明建设工作的意见》(水资源〔2013〕1号)等。

(三)玉树州水生态文明建设相关的规划方案

1.《全国主体功能区规划》

《全国主体功能区规划》明确了国家级重点开发区、限制开发、禁止开发区的区域,玉树州位于国家级限制开发区和国家级禁止开发区。

2.《全国生态功能区划》

《全国生态功能区划》根据区域生态系统格局、生态环境敏感性与生态系统服务功能空间分异规律,确定不同地域单元的主导生态功能,玉树州属于三江源水源涵养生态功能区。

3.《青海三江源生态保护和建设一期工程规划》(2005)

该规划确定以生态保护与建设、农牧区生产生活基础设施建设和生态保护支撑项目为主要建设内容。规划投资75亿元,截至2013年已全部实施退牧还草、重点湿地保护、草地综合治理、黑土滩治理、生态移民、鼠害综合治理等十大工程。

4.《青海三江源国家生态保护综合试验区总体方案》(2011)

该方案对三江源地区开展水生态文明建设进行了定位,并且提供了开展水生态文明建设的实施内容框架和规划目标,是玉树州开展水生态文明建设的重要依据之一。

5.《长江流域综合规划》

该规划要求做好水资源和水生态保护,开展巴塘河、扎西科河治理及结古沟、孟宗沟沟道治理工程,修建北山防洪渠道,建设称多、治多、曲麻莱3县县城及重要城镇防洪工程。

6.《青海三江源生态保护和建设一期工程规划》

规划范围包含玉树州的面积为19.8万平方公里,占全州面积(204 891平方公里)的96.64%,工程实施范围覆盖玉树州六县(市)45个乡(镇)。

7.《青海三江源生态保护和建设二期工程规划》

规划范围为青海三江源国家生态保护综合试验区,包括玉树州、果洛州、海南州、黄南州全部行政区域的21个县和格尔木市的唐古拉山镇,共158个乡(镇)1 214个行政村(含社区)。总面积为39.5万平方公里,占青海省总面积的54.6%。地理位置为东经

89°24′~102°27′、北纬31°39′~37°10′。

二、水生态文明建设纪实

（一）水生态文明试点

2003年1月,国务院批准在三江源建立自然保护区——三江源保护上升为国家战略,保护区约90%在玉树州境内。2006年,青海省委、省政府取消了对三江源地区的GDP考核;2010年,玉树地震重建后,玉树州党委和政府确立了生态立州战略,水资源和水生态成为三江源生态功能的重要组成部分;2005年和2013年,国务院先后批准通过了总投资为235.6亿元的青海省三江源自然保护区生态保护和建设一期、二期工程;2016年,我国首个国家公园体制试点在三江源地区正式启动。

自2016年被列为省级水生态文明试点区后,玉树州按照"一心两线三源六点,建设中华水塔,美丽高原六城水系"(一心:以三江源水源涵养能力为核心;两线:澜沧江和通天河水利风景区,打造两条河流的生态廊道;三源:长江、黄河、澜沧江源头水源地保护;六点:州辖六县(市)城镇的水生态综合治理,美化宜居环境)的路线图,建成青海省水生态文明建设的先行区、示范区。实行最严格的水资源管理制度,为水资源管理工作顺利开展提供了组织保证;研究制定了水资源开发利用控制、用水效率和水功能区限制纳污三条红线指标体系;建立网格化监管体系,实行水环境质量改善年度目标责任考核;建立了水污染防治州县联动协作机制、联合环境监督执法机制,从强化流域治理、生活污染源治理、控制农业面源污染、严格执法监管等11个方面明确了水污染防治的总体要求。打造水生态文明,建设"青海样本"。

（二）河道河长制管理推进水生态文明建设

玉树州在打造水生态文明建设"青海样本"的基础上,进一步推进生态立州战略、推进水生态文明建设。以生态文明理念统领改革发展,通过优化水资源配置、加强水资源节约保护、实施水生态综合治理等措施,实现水土资源可持续利用,提高生态文明水平。同时认真贯彻落实《关于全面推进河长制的意见》,河长制工作运行机制在逐步建立健全。

（三）水生态文明建设高层研讨会

2017年4月21日,玉树州州长才让太组织治多县政府、曲麻莱县政府、州水利局、可可西里国家级自然保护区管理局主要负责人,赴北京参加三江源水生态文明建设高层研讨会。研讨会由《中国水利》杂志专家委员会主办,水利部水资源司指导,青海省玉树州人民政府、青海省水利厅协办,中国水利报社、水利部水资源管理中心承办,旨在针对三江源生态保护及水生态文明建设中的重大问题,交流实践经验,吸纳专家智慧,促进"中华水塔"坚固而丰沛,维护河湖健康生命,保障国家水安全。水利部时任总规划师张志彤出席会议并致辞;中国科学院院士孙鸿烈、中国工程院院士王浩作主题发言;青海省水利厅、玉树州政府负责人分别介绍了三江源水生态文明建设情况和玉树的历史地理情况及改革发展现状。水利部有关司局和环保部生态司代表,中国科学院、清华大学、中国水利水电科学研究院、长江科学院、黄河水资源保护科学研究院、北京水木维景城乡规划设计研究院等科研院所、高校和规划设计单位的专家学者参加了研讨。同时,于《中国水利》杂志2017年(17期)出版了"三江源水生态文明建设特刊"。

（四）三江源水生态文明建设

1.三江源生态保护规划实施

一期规划建设内容共三大类22项:一是生态保护与建设项目,包括退牧还草、已开垦草原还草、退耕还林、生态恶化土地治理、森林草原防火、草地鼠害治理、水土保持和保护管理设施与能力建设等内容;二是农牧民生产生活基础设施建设项目,包括生态搬迁工程、小城镇建设、草地保护配套工程和人畜饮水工程等建设内容;三是生态保护支撑项目,包括人工增雨工程、生态监测与科技支撑等建设内容。

与一期规划相比,二期规划实施面积从1 523平方公里增加至3 950平方公里,包括两大类24项工程。规划期限为2013—2020年,目标是到2020年,林草植被得到有效保护,森林覆盖率由4.8%提高到5.5%,草地植被覆盖度平均提高25%~30%;土地沙化趋势得到有效遏制,可治理沙化土地治理率达到50%,沙化土地治理区内植被覆盖率30%~50%;湿地生态系统状况和野生动植物栖息地环境明显改善,生物多样性显著恢复;农牧民生产生活水平稳步提高,生态补偿机制进一步完善,生态系统步入良性循环;水土保持能力、水源涵养能力和江河径流量稳定性增强,减少水土流失5亿吨,水源涵养量增加13.7亿立方米,长江、澜沧江水质总体保持在Ⅰ类,黄河Ⅰ类水质河段明显增加。

2.三江源生态补偿机制

2010年,青海省人民政府发布了《关于探索建立三江源生态补偿机制的若干意见》,科学确定了生态补偿的范围及重点、多渠道筹措生态补偿资金等内容。青海省水利厅开展了三江源水生态补偿机制及政策研究工作,分析了三江源区现状生态补偿的不足,围绕补偿依据、模式、标准和政策建议等关键问题,以及三江源区水生态补偿总体框架(包括补偿依托区、共建区和共享区等主客体、补偿标准、补偿方式、考核机制、政策建议),提出了系统的水生态补偿方案。

2017年8月8—10日,水利部水资源管理中心副主任张淑玲一行莅临玉树州调研推行水生态文明建设和灾后重建成果,赴玉树州周边地区调研灾后重建水利项目成果。期间在州水利局会议室召开座谈会,州人民政府副秘书长江永尼玛主持会议,州水利局局长才多杰参加会议并做汇报,局属各科室负责人参加座谈会。张淑玲对玉树州水生态文明建设省级试点工作取得的成效给予了充分肯定,并提出了建议:一是规范、高效地做好项目前期规划及申报工作;二是重视项目建设资金专款专用及配套资金的落实渠道;三是加强对水生态文明建设的宣传力度。

（五）水生态环境综合治理

玉树州依据《玉树州水利发展"十三五"规划》及《青海省水生态文明先行区建设实施方案》,2017年实施投资864万元的玉树市巴塘河、扎西科河(八一路—结古大道段)流域水生态环境综合治理工程。截至2017年,编制完成了估算投资为22亿元的玉树州治多县聂恰河水生态环境综合治理工程的可研报告,并通过青海省水利厅审查。

第四节　生态保护和建设成效

一、黑土滩治理

全州加强草原生态建设,逐年开展退化草地治理,极大地改善了草地生态环境,遏制了"三化"土地迅速蔓延的趋势。

2013年,全州黑土滩综合治理任务为131.96万亩。治理前期,共完成黑土滩综合治理面积42.31万亩,占计划任务数的32.06%。所有任务在当年9月之前全部完成。

2015年,玉树州黑土滩综合治理项目任务共42万亩,项目总投资约6 300万元。其中,玉树市7.5万亩,国家投资1 125万元;囊谦县2万亩,国家投资300万元;称多县8.55万亩,国家投资1 282万元;治多县6.9万亩,国家投资1 035万元;杂多县1.95万亩,国家投资292万元;曲麻莱县15.1万亩,国家投资2 265万元。截至2015年6月6日,完成综合治理40.32万亩,占计划任务的96%,其中玉树市完成7.5万亩,占计划任务的100%;囊谦县完成2万亩,占计划任务的100%;称多县完成7.5万亩,占计划任务的88%;治多县完成6.5万亩,占计划任务的94%;杂多县完成1.95万亩,占计划任务的100%;曲麻莱县完成14.87万亩,占计划任务的98%。到2015年6月15日,所有项目全面完工。

二、治多县生态保护和环境治理

"十二五"时期,治多县全面实施三江源生态保护和建设一期工程,全力推动国家公园体制试点。黑土滩治理35万亩,除此之外,完成禁牧、休牧1 053万亩,草原灭鼠1 730万亩,封山育林41万亩。草地植被覆盖度提高到80%以上,草地退化现象得到明显遏制。

三、杂多县生态建设

2015年,杂多县生态建设取得成果如下:

(1)草原有害生物防控、湿地保护、封山育林、天然林管护、森林生态效益补偿、公益林及森林抚育补贴项目全部实施完毕,总投资达4 130万元。培训转产牧民140人560人次;兑现2015年度草原生态保护补助奖励资金约1.09亿元。

(2)对全县水源地进行了实地调研核查和保护,重要水功能区水质达标率为100%。

(3)"三江源"清洁工程扎实推进。"村收集、乡转运、县处理"的新型牧区垃圾处理机制初步形成;在扎青乡地青村探索开展了牧区垃圾回收利用处理试点工作;实施了子曲河至县城沿线环境综合整治和景观打造工程;对 309 省道沿线砂石厂、废弃料场、彩钢批发场、"白色污染"等重点部位环境问题进行了多次专项整治,基本消除了重点部位垃圾处理及环境问题。

（4）组建环保执法大队,新聘用社区保洁员 110 名,协调北京山水自然保护中心购置了 2 台垃圾压缩机和 400 个垃圾桶,按照"垃圾不落地、出户即分类"的原则,在夏果滩、吉乃滩 2 个社区试点开展了垃圾分类处理工程并取得良好效果,在县城其他 7 个社区全面推行,此举得到了环保部和省环保厅的认可。后期省环保厅给予杂多县 362 万元环境整治补助奖励资金和 1 005 万元连片整治资金,该资金全部用于购置环卫设备,进一步提升了杂多县环卫工作硬件设施水平。同时,杂多县新设置可回收垃圾点 61 处。

（5）实施县城及周边地区造林绿化 105 万亩、栽植各类苗木 16 000 余株。全年在城管环卫方面的投入资金达 1 450 万元。县城及周边区域环卫状况明显改观,全县人民的自豪感和舒适感进一步提高。2015 年被评为省级卫生县城。

四、玉树州三江源生态保护和建设

玉树州三江源生态保护和建设工作在中共中央、国务院的亲切关怀下,在省委、省政府的坚强领导下,全州各族人民以"绿色感恩、生态报国"的工作理念,经过 10 多年,完成了三江源一期工程建设任务,探索开展了中国三江源国家公园试点工作。

（一）三江源生态保护和建设一期工程

2016 年 9 月 12 日,三江源生态保护和建设一期工程竣工验收。项目实施以来,通过退牧还草、湿地保护、水土保持、生态移民、小城镇建设等三大类 22 项工程,取得了相应成效。成效主要表现为实现了 5 个增长。

1.增草

10 年间,全州荒漠净减少 185.31 平方公里,平均产草量为 618.81 千克/平方公里,植被覆盖度明显好转的面积占 13.3%。湿地面积增加 1 000 多平方公里,生物多样性明显增多。

2.增林

与 2005 年相比,森林新增覆盖面积达 3.74 万亩,全州有林区蓄积量每 5 年增长 0.1%,增加森林管护人员 750 人。

3.增水

项目实施后,整个三江源区水资源量共增加 80 亿立方米,由 10 年前的 384.88 亿立方米增加到 408.9 亿立方米,相当于增加了 560 个西湖湖面的面积,生态系统水源涵养能力明显提高。

4.增群

建立国家级自然保护区后,隆宝湖黑颈鹤由原来的 22 只增加到 216 只,斑头雁由原来的 800 只增加到 10 000 万只,可可西里藏羚羊由保护前的 2 万只增加到 10 万多只,恢复野牦牛 5 000 多头、藏野驴 8 000 头、棕熊约 120 头,雪豹等野生动物种群明显增多。

5.增收

自 2005 年以来,全州实行了饲料粮补助、燃料补助、困难补助、草原奖补等相关政策,累计草原奖补资金兑现户 56 460 户,受益人口达 234 771 人,当地农牧民人均纯收入年均增长 10% 以上。

(二)三江源生态保护和建设二期工程

三江源生态保护和建设二期工程是一期工程的延伸、拓展和提升,规划共分为生态保护和建设、支撑配套两大类 24 项工程,估算总投资近 160.6 亿元,其中中央预算内投资 80.83 亿元,财政资金 79.74 亿元。目标是到 2020 年,林草植被得到有效保护,森林覆盖率由 4.8% 提高到 5.5%;草地植被覆盖度平均提高 25~30 个百分点;土地沙化趋势有效遏制,可治理沙化土地治理率达 50%,沙化土地治理区内植被覆盖率达 30%~50%。

五、水环境生态工程

(一)水源地保护工程

玉树州重要城镇饮用水水源地保护工程如下:

(1)玉树市扎西科河郭青村和巴塘乡上巴塘村水源地保护工程:隔离防护工程 9.0 公里,标示牌 43 个。生态修复工程,植草面积 405 亩。

(2)囊谦县那溶沟水源地保护工程:隔离防护工程 3.18 公里,标示牌 11 个。生态修复工程,植草面积 315 亩。保护面积 14.23 平方公里。

(3)称多县西坡贡沟水源地保护工程:隔离防护工程 2.95 公里,标示牌 12 个。生态修复工程,植草面积 270 亩。

(4)治多县饮用水水源地保护工程:开展加吉镇聂恰河、多格鹰泽和长江源头等水源地保护工程,其中聂恰河开展隔离防护工程 1.89 公里,标示牌 14 个。生态修复工程,植草面积 30 亩。开展立新乡永改滩、叶青村、岗察村、扎西村、贡萨寺等备用水源地保护工程,建设内容包括大口机井、机井泵房及配套水泵电机等、主管道、蓄水池及防护网围栏等。

(5)杂多县清水沟水源地保护工程:隔离防护工程 3.16 公里,标示牌 16 个(大型宣传牌 2 个、宣传标志 4 个、界碑 4 个、交通警示牌 6 个)。生态修复工程,植草面积 45 亩。

(6)曲麻莱县珠穆泉沟和龙纳沟水源地保护工程:隔离防护工程 5.41 公里,标示牌 25 个。生态修复工程,植草面积 570 亩。

(二)水生态工程

1.玉树市巴塘河、扎西科河流域水生态环境综合治理工程

巴塘河和扎西科河横贯结古镇城区,巴塘河在城区流程 9.61 公里,扎西科河在城区流程 9.38 公里。由于河道两岸阶地较低,沿河两岸民房密集,建筑物众多,洪水灾害频繁,每年汛期洪水给两岸居民的生命财产安全造成极大威胁,每年造成的洪水损失达数百万元。扎西科河系巴塘河一级支流,通天河二级支流。源头海拔 4 986 米,主河道长 40.4 公里,扎西科河汇入巴塘河口以上集水面积 477.73 平方公里。扎西科河径流补给

源主要以融冰雪水,地下水补给为主,由于上游植被良好,河道径流稳定。

该工程治理巴塘河流域1 225.22平方公里,治理扎西科河流域39.02平方公里。

2.玉树州聂恰河水生态综合治理工程

聂恰河水生态综合治理工程治理长度共计8.6公里,主要建设内容包括防洪工程、河道生态修复工程、滨河环境改善工程以及防汛道路工程。其中防洪工程包括河道疏浚8.6公里,新建沿河防汛道路7 091米(两岸),新建排水涵洞2座,新建河道主槽岸坡护砌18.28公里,重(改)建堤防生态防护7.66公里。河道生态修复工程包括修复改造黑刺林湿地保护区274.32万平方米,新建生态溢流堰3处,岛屿生态驳岸6.56万平方米。滨河环境改善工程包括新建湿地公园,总占地面积56.53万平方米,新建游路13 463米,新建景观建筑物5处,新建管理服务设施500平方米,新建景观广场2 000平方米。

玉树州聂恰河水生态综合治理工程建成后,由治多县水务局管理。县水务局成立河道管理办公室,专职负责治多县河道管理工作,负责运行期的管理,制定工程管理制度,负责技术指导、堤防护岸巡视检查等,确保工程安全,充分发挥工程效益。同时配备专职管理人员,人员编制为7人。

第八章　水文事业

　　水文工作是经济社会建设中一项重要的基础工作,水文事业的内容和任务包括积累水文资料,做好水文服务,进行水文研究,培养水文人才等。玉树州设有玉树水文分局,其主要职能是负责全州水文情况,负责全州水资源保护、开发、利用和取水、用水计量的监督管理,协同有关部门处理水污染案件等。截至2017年,共有水文站6座,布局合理。水文观测技术由手工操作逐步向系统化、机械化、规范化和自动化发展,同时加强了水文调查与评价工作。

第一节　水文站及水文巡测站

　　玉树州地处偏远地区,水文测站点分布相对较少,共有新寨水文站(玉树)、直门达水文站、曲麻河水文站、香达水文巡测站、隆宝滩水文巡测站、下拉秀水文巡测站等6座水文站。

　　其中直门达水文站是玉树州最早的水文站,于1956年7月设立,后相继设立了新寨水文站、曲麻河水文站、香达水文巡测站、隆宝滩水文巡测站、下拉秀水文巡测站。观测项目有降水、蒸发、流量、泥沙、比降、岸温、冰情和水质等。随着经济的发展,各部门对水文资料质量要求越来越高,涉及地区和资料种类的范围越来越广。1985年以来,省水文总站(局)进行了三次水文勘测队综合规划,逐步调整和加强站网建设,水文站网布局更趋合理,以适应形势发展的需要。

　　玉树州水文站点分布较少,但其能为地方水文事业服务,水位资料由青海省水文局整编、复审及汇编,水文资料具有可靠性。

一、直门达水文站

　　直门达水文站是长江流域金沙江上段通天河的基本控制站,是国家级重要水文站、中央报汛站,于1956年7月由长江流域规划办公室设立,集水面积为137 704平方公里,控制河长1 140公里,距河口距离6公里。该站位于玉树州称多县歇武镇直门达村,地理位置东经97°13′、北纬33°02′。精度类别为一类精度流量站和一类精度泥沙站,主要测流设施为水文电动缆道及测船,观测项目有水位、流量、泥沙、降水、蒸发、冰情、水温、气温、比降和地下水等。其观测方式:水位采用人工观测,流量、泥沙采用缆道测流取样的方式进行。多年平均降水量514毫米,多年平均蒸发量892.5毫米,多年平均径流量121.1亿立方米,多年平均流量335立方米/秒,实测最大流量3 680立方米/秒,发生于1989年6月21日,最小流量26.9立方米/秒,发生于1996年1月1日,多年平均含沙量为0.699千克/立方米,最大含沙量7.75千克/立方米,多年平均输沙量969万吨,年最大输沙量2 980万吨。2017年最大日降水量20.9毫米,发生于6月23日,年降水量为653.8毫米,年降水日数144天。该站最大流量2 640立方米/秒,相应水位为3 528.65米,发生于9月6日,最小流量46.2立方米/秒,相应水位为3 523.67米,发生于1月12日,年平均流量541立方米/秒,年径流量170.8亿立方米。

二、新寨水文站

新寨水文站(原名玉树水文站)为长江流域金沙江上段巴塘河区域代表站、省级报汛站,于1959年6月由青海省水文总站设立并进行观测,1968年10月停测,1981年1月恢复观测至今,集水面积为2 298平方公里,控制河长71.3公里。该站位于玉树县结古镇新寨村,精度类别为二类精度流量站和二类精度泥沙站,主要测流设施为水文电动缆道及水文缆车,观测项目有水位、流量、泥沙、降水、蒸发、岸温、地下水、比降等。其观测方式:水位采用人工观测,流量采用缆道测流,泥沙采用水文缆车取样。多年平均降水量481.5毫米,多年平均蒸发量695.2毫米,多年平均径流量为7.558亿立方米,多年平均流量24.4立方米/秒,实测最大流量182立方米/秒,发生于1989年6月17日,最小流量2.83立方米/秒,发生于2003年1月19日,多年平均含沙量0.108千克/立方米,最大含沙量13.35千克/立方米,多年平均输沙量8.06万吨,年最大输沙量22.1万吨。2017年最大日降水量23.2毫米,发生于6月23日,年降水量为628.7毫米,年降水日数140天。该站最大流量131立方米/秒,相应水位为3 655.67米,发生于6月14日,最小流量3.89立方米/秒,相应水位为3 654.62米,发生于5月26日,年平均流量268立方米/秒,年径流量8.459亿立方米。

三、曲麻河水文站

2017年最大日降水量5.0毫米,发生于7月26日,年降水量为114.6毫米,降水日数75天。该站最大流量450立方米/秒,相应水位为4 226.99米,发生于8月29日,最小流量5.78立方米/秒,相应水位为4 225.14米,发生于5月26日,径流量12.34亿立方米。

四、香达水文巡测站

香达水文巡测站系澜沧江干流扎曲控制站,于1959年10月设站,1983年改为汛期站,1992 年撤站,集水面积 17 909 平方公里,河道长度(至河源)162 公里,河道平均比降 4.91‰。位于囊谦县香达乡保和村,地理位置为东经 96°32′、北纬 32°09′。年平均径流量 44.0 亿立方米,最大流量 1 510 立方米/秒,发生于 1970 年 7 月 17 日,历年最小流量 19.8 立方米/秒,发生于 1969 年 3 月 11 日。2017 年该站最大流量 820 立方米/秒,相应水位 为 45.90 米,发生于 6 月 14 日,最小流量 31.0 立方米/秒,相应水位为 43.47 米,发生于 1 月 22 日,年平均流量 152 立方米/秒,年径流量 47.79 亿立方米。

五、隆宝滩水文巡测站

隆宝滩水文巡测站设在长江流域金沙江上段一级支流益曲,位于玉树县隆宝镇君勤 村,流域面积 452 平方公里,年平均流量约 2.13 立方米/秒,年径流量 0.67 亿立方米。2017 年该站最大流量 7.69 立方米/秒,相应水位为 77.72 米,发生于 6 月 15 日,最小流量 0.133 立方米/秒,发生于 1 月 1 日,年平均流量 1.83 立方米/秒,年径流量 5 777 万立方米。

六、下拉秀水文巡测站

下拉秀水文巡测站系澜沧江一级支流子区域代表站,位于青海省玉树州囊谦县下拉 秀乡,集水面积 4 125 平方公里,年平均流量约 43.2 立方米/秒,年径流量约 13.6 亿立方米, 历年最大流量 355 立方米/秒,发生于 1989 年 6 月 16 日,历年最小流量 10.0 立方米/秒,发 生于 1987 年 1 月 26 日。2017 年该站最大流量 281 立方米/秒,相应水位为 18.58 米,发 生于 6 月 14 日,最小流量 5.00 立方米/秒,相应水位为 16.48 米,发生于 5 月 21 日,年平 均流量 47.2 立方米/秒,年径流量 14.89 亿立方米。

第二节　水文测验

玉树州水文测验严格执行全国统一的技术标准——《水文测验规范》,由省水文水资 源勘测局制定《测站任务书》,明确水文测站的勘测任务和技术要求。各测站的测验设备 不断更新改造,逐步引进应用测报新技术,测验项目逐步齐全,各项水文测验的规章制度 逐步建立健全,测验成果质量、工作效率和为玉树州水利建设以及国民经济发展服务的 能力不断提高。

水文测验项目主要有水位、流量、泥沙、降雨量、蒸发量等。

一、水位观测

2008 年 9 月,玉树分局巡查队全面完成巡测工作。按《巡测任务书》要求,完成 3 个 站点的巡测任务,具体巡测情况:除隆宝滩站完成 3 次巡测外,其余两站均完成了 2 次巡测任务。

二、流量测验

流量通常是选择不同水情,瞬时测取,同时观测水位,必要时还要观测比降等,从而建立流量与水位(或其他水利因素)的关系,用实测的水位(水力因素)变化过程资料推算流量过程。测流主要使用流速仪法和浮标法,特大洪水时也可采用比降—面积法。

2008年9月,玉树分局巡查队巡测了隆宝滩站、下拉秀站和香达(四)站的流量情况,具体为:隆宝站在9月巡测流量3次,实测最大流量3.79立方米/秒(9月28日),实测最小流量为1.95立方米/秒(9月4日),测得流量比7月实测流量系统偏小。下拉秀站在9月巡测流量2次,实测最大流量91.0立方米/秒(9月17日),实测最小流量为59.0立方米/秒(9月4日),同时进行了Ls251型流速仪法与电波流速仪法流量比测。香达(四)站在9月用ADCP巡测2次,实测最大流量390立方米/秒(9月17日),实测最小流量为225立方米/秒(9月5日)。

三、泥沙测验

2014年进行了玉树州水资源调查评价及水资源配置工作,该工作共收集全州境内的泥沙观测站点4处,以及邻近区域的站点纳赤台(三)、黄河沿、沱沱河、那棱格勒、诺木洪、千瓦鄂博泥沙观测资料。泥沙资料系列最长的55年,最短的1年。全州河流含沙量、输沙量分析采用数据观测系列较长的直门达、新寨、香达(四)、纳赤台、黄河沿等五站数据,绘制输沙模数等值线图,除采用上述站外,还采用了周边及境内系列长度较短的格尔木、沱沱河、那棱格勒、诺木洪、千瓦鄂博、楚玛尔等五站数据。玉树州及周边河流泥沙站点基本情况见表8-2-1。

表8-2-1 玉树州及周边河流泥沙站点基本情况

编号	河流	测站名称	实测年限	实测年数
1	通天河	直门达	1959—2012年	54
2	巴塘河	新寨	1985—2012年	28
3	扎曲	香达(四)	1963—1982年	20
4	奈金河	纳赤台(三)	1958—2012年	55
5	黄河	黄河沿	1956—1968年、1976—2012年	50
6	沱沱河	沱沱河	1986—2012年,仅汛期5—10月	27
7	楚玛尔	楚玛尔	1961年	1
8	那棱格勒河	那棱格勒	1963年	1
9	诺木洪河	诺木洪	1956—1995年	40
10	托索河	千瓦鄂博	1972—1992年、2003—2012年	31
11	格尔木河	格尔木	1956—1990年	35

四、降水量观测

玉树州长系列的降水量监测站点较少。气象系统监测的长系列站有玉树、囊谦、治多、杂多、五道梁、曲麻莱、清水河七处气象站,水文系统监测的有直门达、香达、新寨、楚玛尔等四处水文站。

在玉树州水资源调查评价及水资源配置工作中,对于监测资料匮乏的地区,除收集了评价区内的长系列降水资料外,还收集了西藏自治区、四川省与项目区邻近的雨量资料以及省内纳赤台、都兰等县境内的雨量资料。另外,工作组查阅了《玉树县农牧业区划》《囊谦县农牧业区划》《称多县农牧业区划》《治多县农牧业区划》《杂多县农牧业区划》《曲麻莱县农牧业区划》等资料。以长系列站作参证站,对短系列数据作均值倍比修正,弥补了数据不足的缺陷,提高了雨量空间分布分析的准确性和可靠性。最终分析选用了59处观测站点的资料,其中玉树州内系统观测站15处、农牧业雨量观测站25处,玉树州外系统观测站12处,2010—2013年气象观测参考站数据7处。玉树州内的水文站、气象站及雨量站的资料情况见表8-2-2、表8-2-3。

表 8-2-2   玉树州内水文气象部门系统观测雨量资料

分区	站名	资料来源	坐标		实测		
			东经	北纬	实测均值(毫米)	系列	年数
通天河	治多	气象站	95°36′	33°51′	410.7	1968—2012 年	45
	五道梁	气象站	93°05′	35°13′	289.7	1957 年、1959—2012 年	55
	曲麻莱	气象站	95°47′	34°33′	414.2	1957—1961 年、1963—2012 年	55
	下拉秀	水文站	96°33′	32°57′	578.3	1981—1988 年	8
	楚玛尔	水文站	93°18′	35°18′	246.4	1959—1980 年	32
	昆仑山口南	雨量站	94°02′	35°35′	213.2	1981—1986 年	6
	不冻泉	雨量站	93°55′	35°31′	213.6	1987—1988 年	2
	岗桑寺	水文站	93°24′	35°23′	467.4	1957—1958 年	2
沘江口以上	杂多	气象站	95°18′	32°54′	530.5	1957—2012 年	56
	囊谦	气象站	96°29′	32°12′	539.3	1957 年、1959—2012 年	55
	香达	气象站	96°34′	32°08′	555.7	1960—1990 年	31
雅砻江	清水河	气象站	97°08′	33°48′	516.3	1957—2012 年	56
直门达至石鼓	直门达	水文站	97°15′	33°01′	510.1	1958—2012 年	55
	玉树	气象站	97°01′	33°01′	489.8	1956—2012 年	57
	新寨	水文站	97°03′	33°01′	481.7	1961—1967 年、1981—2012 年	39

表 8-2-3　玉树州内农牧业部门观测雨量资料

分区	地名	降水量(毫米)	资料来源
通天河	莫曲	309.0	治多县畜牧业区划
	索加	336.2	
	当曲	388.3	
	治渠	374.8	
	岗察	413.7	
	达英	378.1	杂多县畜牧业区划
	巴庆	422.1	
	称文	468.8	称多县畜牧业区划
	称多	493.7	
	色吾沟	393.4	曲麻莱县畜牧业区划
	东风	368.9	
沘江口以上	莫云	467.2	杂多县畜牧业区划
	跃尼	431.8	
	扎青	558.3	
	多加	461.7	
	结多	452.7	
	昂赛	490.3	
	白扎	512.9	襄谦县畜牧业区划
	孕涌	506.5	
	娘拉	658.5	
	毛庄	510.1	
	小苏莽	522.0	玉树县畜牧业区划
雅砻江	珍秦	499.8	称多县畜牧业区划
直门达至石鼓	歇武	496.8	
	巴塘	495.5	玉树县畜牧业区划

第三节　水环境监测与整治

水环境监测是按照水的循环规律(降水、地表水和地下水),对水的质和量以及水体中影响生态与环境质量的各种人为和天然因素所进行的统一定时或随时监测。

一、水环境监测

按照《青海省国控地表水环境质量监测网采测分离实施方案》,青海省于2017年12月开展地表水国家考核断面采测分离试点工作,玉树州环境监测站作为采样任务的监测站之一,从2018年1月开始了国控地表水环境质量监测网采测分离的各项工作。截至2018年7月,共接收采测分离工单8个,实际样品328个。

直门达断面是玉树州地表水环境质量国家评价考核断面,监测人员现场进行水样采集,并按国家规范对pH值、电导率、溶解氧等项目进行现场监测。

二、水环境整治

通过采取流域水环境整治、城镇大气污染防治等系列措施,玉树州政府所在的结古镇空气质量优良率达到了89%以上,全州六个县(市)所在地集中式饮用水水源水质和地表水水质达标率都是100%。2011—2015年,玉树境内水质状况为优;2015年,玉树州共有县级以上城市集中式饮用水水源地6个,其中4个为地下饮用水水源地,水质达到Ⅱ类以上标准,符合国家饮用水水源地水质标准要求。2016年和2017年玉树州城镇集中式饮用水水源水质状况见表8-3-1。

表8-3-1　玉树州城镇集中式饮用水水源水质状况

时间	县(市)	水源名称(监测点位)	水源类型	达标情况	水质类别	超标指标及超标数
2016年12月	玉树市	玉树市结古镇扎西科河傍河水源地	地下水	达标	Ⅱ	—
2017年12月	玉树市	玉树市结古镇扎西科河傍河水源地	地下水	达标	Ⅱ	—
2016年	囊谦县	囊谦县那容沟水源地	河流	达标	Ⅰ	—
2016年	称多县	称多县细曲河傍河水源地	河流	达标	Ⅰ	—
2017年	囊谦县	囊谦县那容沟水源地	河流	达标	Ⅰ	—
2017年	称多县	称多县细曲河傍河水源地	河流	达标	Ⅰ	—
2017年	称多县	称多县查拉沟水源地	河流	达标	Ⅰ	—
2017年	杂多县	杂多县吉乃沟水源地	河流	达标	Ⅰ	—
2017年	杂多县	杂多县清水沟水源地	河流	达标	Ⅰ	—

第九章　科技与教育

玉树州在水利科学研究方面基础较为薄弱,发展较为缓慢,大多数研究工作委托青海省内外相关研究机构完成。围绕青海省委、省政府、玉树州政府和水利部提出的科技兴青和科技兴水战略目标,各研究单位在完成玉树州及其下辖县(市)相关水利科研工作的同时,结合全州水利建设的实际,开展一些基础性和应用性研究工作,取得了相应的成果,并指导当地群众实施,为当地水利事业的健康发展提供了一定的科技支撑,对当地群众生产生活水平的提高起到了关键性的支撑作用。20世纪90年代中后期科研工作逐步转移到生态环境保护、水资源合理利用和优化配置等方面,特别是中共中央、国务院提出实施西部大开发战略后,水利科研工作在改革中前进,在服务中发展,取得了相应的业绩。但整体而言,玉树州在水利科学研究方面相对较为落后和薄弱,具有很大的发展空间。

为适应玉树州水利事业发展的需要,水利部、省水利厅以及玉树州水利局对全州水利系统工作人员多次进行了水利知识与技术相关培训,在不断提高职工队伍的专业技术水平和整体素质方面发挥了显著作用。

第一节　水利职工教育

玉树州水利系统专业技术力量薄弱,整体水平不高,缺乏规划设计、工程建设管理、水土保持、防汛抗旱等方面的专业人才,影响水利项目前期设计、管理水平和效益发挥。同时,亟须吸引对口专业水利人才,但有诸多困难。

基层是水利改革发展的主战场,基层水利人才是各项水利方针政策的具体执行者,其规模和质量直接影响中央决策的贯彻落实成效。随着中央治水兴水决策部署的贯彻落实,水利投入大幅度增加,基层水利单位承担的任务愈加繁重,迫切需要进一步加快推进基层水利人才队伍建设,为水利跨越发展提供强有力的人才支撑和智力保障。

为此,水利部在面向行业的业务培训的名额分配方面,加大了向玉树州倾斜的力度,为玉树州订单式培养水利人才的措施在积极推进,力图通过各种举措,共同推进水利人才队伍建设。

一、教育规划

20世纪90年代以后,玉树州水利系统根据全省水利事业发展的大规划以及全州水利事业发展的需要,制订了相关的教育培训计划,并付诸实际行动。1999年,青海省水利厅响应中央提出的西部大开发战略,于当年11月至2000年8月,在全省水利系统开展了"西部大开发,青海怎么办?"的大学习、大讨论活动,玉树州部分水利人员参加了此次大活动。活动之后,省水利厅制订了青海水利大发展行动计划。在此基础上,编制了《青海省2001—2005年水利发展教育培训规划》,主要包括如下六个方面:

(一)党政机关干部培训

坚持执行安排处级以上党政领导干部轮流到中央党校、国家行政学院、省委党校学习的制度,坚持厅党组中心组每年不少于12天的集中学习制度,坚持鼓励领导干部在职自学考试考核制度。

(二)机关公务员培训

开展公务员初任培训、任职培训、专业知识培训和更新知识培训等,执行未曾培训或培训不合格的公务员不得晋升工资和职务的规定。

(三)年轻干部培训

青海省水利厅每年组织1~2期中青年干部培训班,培训干部50~100名;通过下派、挂职、轮岗、交流等多种渠道培养年轻干部;加强对少数民族干部、妇女干部、非中共党员干部的培训。

(四)经营人才培训

组织水利企业领导干部进行工商管理知识培训,组织水利经营管理人员、财会人员进行金融、外贸、法律等方面知识的培训。

(五)技术人员培训

选送优秀的专业技术人员到国内高校、科研院所进修,按照"干什么、学什么,缺什么、补什么"的原则,以中青年业务骨干为主要培训对象,采用"请进来,送出去"的方式,加强各类水利专业技术人员的继续教育和学历要求。

(六)基层水利职工培训

以水利法规、行政执法和专业技能为培训内容,规划每年培训50名基层水利、水电技术和管理人员。

规划5年内使全水利厅职工培训率达到100%;每年专业技术人员接受继续教育的比例不低于20%。

玉树州参照省水利厅编制的培训规划,结合当地实际,充分把握好每次学习的机会,采取"对上学习,对下继续培训"的方法加强全州水利人员的学习,提升全州水利人员专业技能和综合素质。

二、职工培训教育实施

1992—1994年,有30名人员在西宁市水利学校接受水利水电工程专业培训。

2004 年 7 月 23—25 日,玉树州水务局和水保站在青海省水利厅和青海省水土保持局的支持下,在玉树州红旗小学举办了"玉树州第一期水土保持预防监督执法人员培训班",培训由省水土保持局两位专家针对水土保持监督执法、行政执法文书、监督执法程序、水土保持方案审批管理程序和水土保持方案的审查要求进行讲解培训,参加培训班的人员为玉树州及下辖六县(市)水土保持预防监督执法人员,参加培训人员共 39 人。

2016 年 5 月 5 日,水利部援助玉树州水利人才业务提升培训班在玉树州开班。培训特别针对玉树州水利发展改革实际,安排了五大发展理念、水利工程项目审批流程及规范、水土保持行政管理程序及相关法律法规、最严格水资源管理制度等内容。玉树州水利局及各县(市)水利局业务骨干,共计 60 人参加了为期 5 天的培训。

2016 年水利部人事司协调部人才教育培训中心、中国水利教育协会投入 15 万元,于5 月初在玉树州党校举办为期一周的水利系统人才队伍业务提升培训班,邀请水利部、青海省水利厅及省委党校领导、专家对全州 60 名水利技术人员进行培训;州、县两级水利专业技术人员参加水利部、青海省水利厅举办的防汛抗旱、水利灌溉、水管体制改革、饮水安全管理等各类业务培训班共 20 期,达 114 人次。

2016 年,玉树州水利局邀请水利部水资源司原司长高而坤在玉树州进行水生态文明专题讲座,参加人数达 100 余人。

2016—2017 年上半年,玉树州水利局参加水利部、青海省水利厅举办的各类业务培训班累计 34 期,培训人数达 400 余人次。

2017 年 6 月和 8 月,玉树州水利局分别邀请水利部、青海省水利厅相关专家在玉树州举办了河长制专题讲座,指导玉树州更好地推进实施河长制和水生态文明建设,先后参加培训人数达 227 人次,其中厅级领导 12 人,县(市)、乡(镇)领导 180 人,业务干部35 人。

第二节　水事宣传活动

一、"世界水日、中国水周"宣传活动

1993 年 1 月 18 日,第 47 届联合国大会根据联合国环境与发展大会制定的《21 世纪行动议程》中提出的建议,通过了第 193 号决议,确定自 1993 年起,将每年的 3 月 22 日定为"世界水日"。1988 年《中华人民共和国水法》颁布后,水利部即确定每年的 7 月1—7 日为"中国水周"。从 1991 年起,中国将每年 5 月的第二周作为城市节约用水宣传周。1994 年开始,中国把"中国水周"的时间改为每年的 3 月 22—28 日,与"世界水日"时间的重合,使宣传活动更加突出"世界水日"的主题。2016 年 3 月 22 日是第二十四届"世界水日",3 月 22—28 日是第二十九届"中国水周"。根据青海省水利厅《关于组织开

展 2016 年"世界水日、中国水周"宣传活动的通知》(青水办〔2016〕73 号)的要求,玉树州水利局认真组织部署,联合县(市)水利局,在此期间围绕宣传教育活动的主题,有计划、有步骤地开展了形式多样、内容丰富的宣传活动。此次活动共印发各类水知识及工程质量强制性有关文件和法律法规宣传单 10 000 余份,宣传画报 200 份,增强了社会各界和广大群众的水安全意识和节约用水、保护水资源意识。

二、玉树市防震减灾宣传周暨"4·14"集中宣传活动

根据青海省、玉树州地震局关于开展全省首个防震减灾宣传周暨"4·14"集中宣传活动的要求,从 2016 年 4 月 11 日开始,玉树市地震局组织四个街道办和市属 7 所中小学校,开展了为期一周的防震减灾宣传周暨"4·14"集中宣传活动。按照要求,玉树州地震局在国家地震局平安中国防灾宣导系列公益活动组委会的协助下,在市属 6 所中小学校播放以防震减灾为主题的科普知识宣传片 6 场,向街道办和各学校发放各类防震减灾宣传册 5 000 余本、发放宣传挂图 10 套(2 000 张)、发放宣传光盘 12 套。宣传周期间,市文体广电局和市城管局负责,在结古镇主街道的 LED 广告灯箱、三岔路口的大屏幕电视及市电视台滚动播放防震减灾公益广告片和科普知识宣传片累计达 40 余小时。

4 月 14 日上午,在格萨尔广场成功举办了"玉树市首个防震减灾宣传周暨'平安中国'走进玉树集中宣传活动",在此期间,市地震局多次与州人民政府办公室、州地震局对接沟通,制订了责任明确、分工细致、可操作性较强的《玉树州市首个防震减灾宣传周暨"4·14"防震减灾集中宣传活动实施方案》。宣传活动由玉树市委副书记、市长扎西才让主持,中国地震局、中国科协农村专业技术服务中心、省地震局、州人民政府、中央人民广播电台西藏民族语言广播中心西宁编辑部及"平安中国"防灾宣导系列公益活动组委会有关领导参加了宣传活动。

经州、市地震局的相互配合和积极协调,参加集中宣传活动的州、市干部职工及群众代表达 1 500 余人。其间,市地震局在现场向参加活动的干部职工及群众代表发放防震减灾科普知识宣传册 1 500 余份,组织各单位展出宣传展板 60 块、在主街道悬挂横幅 50 余条。同时,还在禅古村、扎西科街道办西同社区举行了宣传座谈活动,向群众发放了急救包,在玉树市第三民族中学开展地震应急演练、向学生发放宣传贴画及鼠标垫等物品。通过防震减灾宣传周暨"4·14"集中宣传活动,进一步增强了玉树市全体干部职工、辖区群众及在校师生的防震减灾知识,增强了干部群众积极参与防震减灾活动的自觉意识。

第三节 水利科技

一、科技队伍

建州初,玉树州水利系统技术人员比较缺乏。随着水利事业的发展,通过参加省、地

水利部门举办的水利专业培训班培训,以师带徒、以团队为学校、以工程为教材等方式,在实践中边教边学。参加过培训的人员逐渐成为基层技术骨干,为当地水利事业的发展注入了鲜活的血液。1951年后,随着水利建设事业的逐步发展,水利科学技术的要求越来越高,水利科技人才队伍不断壮大。特别是党的十一届三中全会以来,全州水利科技与职工培训教育有了新的发展,获得了一些机遇,职工队伍素质进一步提高。

进入21世纪,玉树州水利局在科学发展观的指导下,不断加大科技投入,增强科技能力,完善水利科技人才成长机制,加快科技人才队伍建设,以有效的科技手段促进水利事业保持持续发展。

玉树州水利科技人才队伍经历了从无到有、从小到大的发展过程,专业领域也逐步拓宽。2017年底,全州各水利局在职人员中有2名同志取得水利高级工程师资格,16名同志取得水利中级工程师资格,4名同志取得水利初级工程师资格,各县(市)取得高级职称人员名录见表9-3-1;取得中级职称人员名录见表9-3-2;取得初级职称人员名录见表9-3-3。

表9-3-1　玉树州各县(市)取得水利高级职称人员名录

序号	姓名	性别	民族	出生日期	职位
1	才永扎	女	藏	1971年12月	
2	仁尕	男	藏	1972年10月	襄谦县水务局办公室主任

表9-3-2　玉树州各县(市)取得水利中级职称人员名录

序号	姓名	性别	民族	出生日期	职位
1	皮运崧	男	汉	1976年4月	玉树州水土保持站职工
2	阚卓文毛	女	藏	1979年11月	玉树州水土保持站职工
3	巴才仁	男	藏	1981年1月	玉树州水土保持站职工
4	扎西端智	男	藏	1982年4月	玉树州水土保持站站长
5	旦巴达杰	男	藏	1982年9月	玉树州水土保持站职工
6	昂措	女	藏	1978年3月	襄谦县水务局会计
7	白玛措毛	女	藏	1984年10月	襄谦县水务局职工
8	洛尕	女	藏	1978年6月	襄谦县水务局职工
9	扎西央宗	女	藏	1977年4月	襄谦县水务局职工
10	何玉梅	女	藏	1973年7月	襄谦县水务局职工
11	尕吉拉毛	女	藏	1982年2月	襄谦县水务局职工
12	才仁央宗	女	藏	1983年1月	襄谦县水务局职工
13	朱玉林	男	藏	1974年7月	称多县水土保持工作站站长
14	卓玛永尕	女	藏	1970年4月	称多县水土保持工作站职工
15	昂文巴毛	女	藏	1974年2月	称多县水土保持工作站职工
16	仁青朋措	男	藏	1975年6月	称多县水土保持工作站职工

表9-3-3　玉树州各县（市）取得水利初级职称人员名录

序号	姓名	性别	民族	出生日期	职位
1	尕玛达杰	男	藏	1988年6月	玉树州水土保持站职工
2	祁录守	女	土	1983年1月	玉树州水土保持站职工
3	朱严宏	男	藏	1989年8月	玉树州水土保持站职工
4	成林江才	男	藏	1977年3月	囊谦县水务局项目办主任
5	尕玛扎西	男	藏	1977年8月	囊谦县水务局水管所所长
6	巴桑才仁	男	藏	1972年3月	囊谦县水务局水保站站长
7	刘红霞	女	藏	1965年7月	称多县科员

二、科技考察

（一）长江科学考察漂流探险队

中国长江科学考察漂流探险队是为长江河源区干流沿岸综合科学考察研究而专门设立的一支探险队。1986年，中国长江科学考察漂流探险队、中国洛阳长江漂流探险队、中美联合长江上游漂流探险队三支漂流探险队（简称"长漂队"，下同），开始探险。6月16日，"长漂队"在沱沱河沿岸举行下漂仪式；6月22日，"长漂队"开始源头至沱沱河沿岸的科考漂流。9月24日，全程胜利通过；11月12日，中国长江科学考察漂流探险队抵达吴淞口。探险队闯过了环境险恶的250多个险滩，基本上完成了长江河源区干流沿岸科学考察研究、长江上游生态环境及其保护利用等16个项目的考察研究任务。

（二）三江源科学考察活动

三江源科学考察活动于2008年9月6日启动，由青海省政府组织，国家测绘局指导，武汉大学测绘学院技术支持，青海省测绘局负责实施。科考队队长为青海测绘局副局长唐千里，首席科学家是中国科学院遥感应用研究所研究员刘少创，两院院士孙枢、陈俊勇加盟。

考察于2008年10月16日结束，历时41天。三江源科学考察队从西宁出发，以《三江源头科学考察技术方案》为依据，利用卫星定位系统（GPS）、地理信息系统（GIS）、遥感技术（RS）等现代测绘高新技术，行程7 300公里，对三江源地区有关的19个源头进行了实地考察和综合观测，获得了测绘、气象、水文、冰川、地质、环境、地理等方面的科学数据与资料，填补了三江源头地区地学数据的多项空白。

考察最终成果汇集为《三江源头科学考察成果》，2009年7月14日在西宁通过评审，评审委员会由国家测绘局、武汉大学、国家地震局等国内知名院士、权威专家组成。评审委员会认为，这一成果达到了同类科研成果的国际先进水平，建议尽快按程序上报科学考察成果，充分利用该成果开展三江源地理、生态环境监测与保护等方面的研究。

三、科研项目

（一）沙漠化防治新材料技术在草原改良中的示范应用

该项目由青海省水利水电科技发展有限公司承担完成。主要研究内容：在玉树州的治多县、曲玛莱县和果洛州的玛多县分别建立 50 亩示范区 3 处,在示范区内开展具沙漠化草地改良技术的配套和集成,制定出适合高寒干旱区不同沙化地区的草地改良技术,从而制定出适合高寒干旱区新材料草地改良技术现场施工工艺规范。再利用示范区的优势将其辐射到整个青海省三江源区,改良草地,提高草原生产力。项目于 2011 年 5—7月完成野外示范区建设任务,同时进行了监测;2012 年 5 月,对新技术的草原改良效果进行了评估;2012 年 6—11 月对成果进行了优化,总结施工工艺,编制施工规范;2013 年提交项目报告,申请验收。项目总经费 60 万元。

（二）囊谦县饮水安全项目

该项目由青海省地方病预防控制所主持,参与单位有青海省水利水电科技发展有限公司、青海师范大学和囊谦县农牧局。主要研究内容:①囊谦县饮水安全与地方病调查与评估;②囊谦县典型流域水环境调查与评估和水资源综合评价;③囊谦县饮用水安全保障技术研究与示范。项目目的:通过研究,提出主要影响因子的处理途径和技术方法,在此基础上开展安全饮用水处理技术的二次研发,确定出不同用水对象的水处理(高氟、高砷处理,致病性微生物与寄生虫处理,科学合理加碘技术处理)技术和产品以及符合囊谦县绿色产业发展水质要求,并开展试验推广,最终实现技术推广。项目于 2016 年 1 月开始,于 2018 年 12 月底结题。项目总经费 600 万元。

四、发表论文

玉树州水利系统专业技术人员撰写论文篇数不多,在全国性的刊物上公开发表的论文见表 9-3-4。

表 9-3-4　玉树州水利系统公开发表的论文（中国知网）

序号	论文题目	作者	作者单位	刊登期刊	发表时间
1	玉树"三江源"区的水土流失及防治对策	李家峰	玉树州水务局	《中国水土保持》	2003 年 3 月 21 日
2	青海省通天河流域水能资源开发利用浅析	伊森昌 龙鸿云 李晓芳 卢迎芳	青海玉树电力公司、青海省水利水电工程局有限责任公司、青海玉树电力公司	《人民长江》	2007 年 11 月 20 日
3	青海境内澜沧江流域水能资源开发利用浅析	伊森昌	青海玉树电力公司工程建设项目部	《人民长江》	2008 年 3 月 15 日
4	抓住政策机遇开发玉树水电	伊森昌 杨玉英	青海玉树电力公司、香达水电站、青海禹天监理咨询有限公司	《人民长江》	2009 年 8 月 14 日
5	青海玉树 抢抓机遇务实有为 奋力开创水利事业新篇章		青海省玉树藏族自治州水利局	《中国水利》	2016 年 12 月 30 日
6	抢抓机遇谋发展努力开创玉树水利工作新局面	才多杰 旦巴达杰	青海省玉树藏族自治州水利局	《中国水利》	2017 年 8 月 11 日

第十章 水利管理

　　玉树州水利管理工作可划分为水利计划管理、工程建设管理、水利工程建后管理、小水电工程管理等诸多方面。

　　在水利计划管理方面,抓住国家重点投资建设水利工程(农村饮水工程、江河治理工程和水土保持工程等)的机遇,积极申报工程项目,争取国家和省政府投资,使能促进当地农林牧业发展的水利工程得以实施。

　　在工程管理方面,对建设项目实行目标管理,严格按照建设程序办事,实行全过程的管理、监督、服务。青海省水利厅成立了"水利建设管理中心""水利工程质量监督中心",加强了工程项目前期审批管理、水利工程质量管理和工程验收等工作。玉树州严格按照省水利厅水利管理部门对工程的要求完成水利工程管理工作,使得水利工程建设质量得以保障。

　　在水利工程和小水电工程的管理方面,实行分级负责制,加强管理机构建设,对一些水库和500千瓦以上水电站等,设有管理机构,内部实行岗位责任制,建立相应的规章制度,确保工程的安全运行。

　　在经济管理方面,水利资金实行分类计列、严格管理的办法。玉树州基本建设项目投资列入中央预算,按工程进度由上级拨付到建设单位;小农水补助费由省财政厅和省水利厅按计划下达;防汛经费由省防汛抗旱指挥部提出计划,由省财政厅下达。

第一节 水利计划管理

一、水利资金分类及管理体制

　　20世纪90年代以来,国家和青海省给予玉树州的水利投资稳定增加,水利工程建设的步伐也在明显加快。在中央和省政府的大力支持下,先后完成了河道治理、农村水电初级电气化县建设、老化失修工程维修改造、人畜饮水、水土保持、生态建设等一批地方重点水利工程,使得在水利方面较为空缺的玉树州,在水利基础设施建设上的速度、规模和效益均不断推进。

　　根据水利资金的来源,资金可分为中央资金、省内资金和自筹资金三大类。

（一）中央资金

1.中央预算内专项资金

1998年以来国家采取积极的财政政策和实施拉动内需战略,新增的国债项目资金主要包括大江大河治理、病险水库处理、大型灌区改造、水土保持综合治理、列入国家重点项目的水利工程、水资源工程、供水工程、节水灌溉工程、生态建设工程等。

2.以工代赈资金

国家计划委员会按核定的基数切解下达省计委,由省扶贫工作领导小组根据当年的扶贫工作重点,召开专题会议研究该项资金的使用方向。

3.财政扶贫资金

财政部按上年基数下达省财政厅,其到省内的操作与以工代赈资金相同,需由省扶贫工作领导小组研究确定资金投向。

4.防汛抗旱资金

水利部、国家防总根据各地灾情编制建议计划,报请财政部下达资金计划,资金计划下达省财政厅后,省财政厅商水利厅分解下达至各县。该项资金无基数,国家根据当年各地的实际受灾情况,确定重点补助对象和地区。

5.其他专项资金

一是水利部农村水电初级电气化县建设补助资金。国务院批准的农村水电初级电气化县建设,先后实施完成了四批。玉树州的玉树县（市）和称多县被列入第三批和第四批农村水电初级电气化县建设中,得到了国家的专项补助,如期完成了建设任务。二是节水灌溉财政贴息资金,每年基数约60万元,用于实施节水灌溉工程县的贷款贴息。三是其他临时安排的项目建设资金,有较大的不确定性和随机性。

（二）省内资金

1.小农水专项资金

使用范围主要包括项目建设材料费、工程设备费、施工机械作业费、项目管理费,以及重点县和专项工程项目的论证审查、规划编制、工程设计、技术咨询和信息服务支出。各省可从中央财政安排的小农水专项资金中按不超过1%的比例一次性提取项目管理费,不得层层重复提取,不得用于人员补贴、购置交通工具、会议费等支出。项目管理费不足部分由地方解决。

2.省计委统筹资金

从省计委的预算资金中核定,主要用于农口事业的发展。

（三）自筹资金

视工程实施情况和项目组织要求,由项目实施单位进行筹集,包括银行贷款、州县自筹等。群众自筹和受益区群众的投工投劳折资。

二、管理措施

（一）管理规则

玉树州在水利管理方面,对水利的管理基本遵照青海省出台的相关规则。

青海省制定出台的管理规则有:

1991 年 3 月,省政府办公厅印发《青海省小型水利水电工程建设管理办法》。

1999 年 12 月,省政府发布《青海省水利建设基金筹集、使用和管理实施细则》。

2000 年 6 月,省政府办公厅印发《青海省水利基础设施分级负责和有偿使用管理暂行办法》。

2001 年 3 月,省政府办公厅印发《青海省水利工程前期工作经费筹措使用管理办法》。

2001 年 5 月 22 日,省政府办公厅转发省计委《青海省基本建设投资人畜饮水项目建设管理实施细则(试行)》。

2001 年 12 月 3 日,省政府办公厅转发省计委《青海省重点水利工程前期工作组织管理办法(试行)》。

2002 年 10 月 26 日,省水利厅公布《青海省水利投资计划管理暂行办法》。

2004 年 1 月 16 日,省政府办公厅转发省水利厅、省计委制定的《青海省农村牧区人畜饮水工程运行管理办法(试行)》。

2004 年 6 月 1 日,省政府办公厅印发《青海省水利工程管理体制改革实施意见》。

2006 年 2 月 8 日,省人民政府办公厅印发《青海省水利工程供水价格管理办法 》。

2006 年 12 月 12 日,省人民政府办公厅转发省发展改革委等部门《关于青海省大中型水库移民后期扶持政策配套文件的通知(附表)》。

2012 年 10 月 15 日,省人民政府办公厅转发省水利厅《青海省农村牧区饮水安全工程运行管理办法(试行)》。

(二)积极组织申报项目,争取国家和省政府的投资

20 世纪 80 年代以来,玉树州越来越重视水利项目的组织申报,积极核查当地水利设施实际概况,根据需要全面掌握信息,积极争取国家和省级水利投资,为加快全州水利建设步伐提供了资金保障。

(三)加强前期工程

20 世纪 90 年代以来,青海省水利前期工作越来越受到重视,取得了一定成效,特别是 2001 年相继颁布实施《青海省水利工程前期工作经费筹措使用管理意见》和《青海省重点水利工程前期工作组织管理办法(试行)》以后,落实了前期工作经费。成立了前期工作组织机构,使水利前期工作步入良性运行的轨道。玉树州以此为依据和支撑,加强全州的水利前期工程。

第二节　水利工程管理

玉树州水利工程管理顺应经济社会发展和深化改革的需要,从过去单纯为牧草灌溉用水服务扩大到为农林牧及人畜饮水、城镇供水全面服务,从过去单一生产、行政管理,不重视投入产出,转向综合经营,讲究经济效益,提高自给能力。

一、管理机构

玉树州水利管理工作实行分级负责制,州、县、乡均成立了水利管理机构,重要水电站、重点人畜饮水工程,均设有专管机构。水利局下设水利管理站,主要职责是实施本地区的水利管理工作。

2013年,按照年初农村牧区会议制定的目标,全州六县(市)均成立了水管中心站,乡级成立了水管所,村级成立了水利管理协会,有效保证了水利工程"用得起、建得成、管得好"的年初目标,切实发挥了水利工程应有的效益。

二、工程管理

(一)基本措施

玉树州的水利工作中,水利管理是很重要的一部分,水利部门先后采取了一些工程技术措施和管理措施,为各类工程的管理创造了一定的条件。

1.老化工程更新改造

结合当地实际需要,根据国家和政府的相关要求及安排,实施老化工程更新改造,特别是对渠道进行维修,保障了输水安全,减少了输水损失,美化了周边环境。如结古镇温灌渠和巴塘乡相古渠经过维修改造,加强了管理,使周边环境焕然一新。

2.病险水库(水电站)处理

对病险水库(水电站)进行除险加固,消除工程隐患,保障防洪安全,改善管理房舍等条件。

(二)工程分类管理

现有的水利工程基本按照水库(水电站)和其他小型水利工程实行分类管理。

1.水库(水电站)管理

水库管理方面,玉树州在执行国务院《中华人民共和国水库大坝安全管理条例》、水利电力部《水利水电工程管理条例》等国家行政法规、部门规章的前提下,重点按照青海省制定的规章制度进行管理。青海省制定的相关制度主要有:1995年6月13日,省水利厅印发的《贯彻落实〈水库大坝安全鉴定办法〉的实施意见》;1998年3月20日,省水利厅发出的《加强水库大坝安全保卫工作的通知》,明确省水利厅水管局为全省大坝安全保卫工作的主管部门,各地水行政主管部门为本地水库大坝安全的主管部门;2003年6月17日,省政府公布的《青海省水库大坝安全管理办法》。

2.小型水利工程管理

小型水利工程主要包括小型渠道、人畜饮水等工程,这些都由当地的乡(镇)水管(利)站负责管理,管理方式主要有以下几种:

(1)受益村自行管理,即工程建成后,将工程移交给受益村,其工程维修养护、水费征收由村委会具体负责。

(2)由乡(镇)水管(利)站直接管理,即工程建成后,移交给乡(镇)水管(利)站负责运行管理和水费征收,根据工程规模和受益范围,指定1~2名水管员管理,或委托受益村村委会管理,管理人员的工资由乡(镇)水管(利)站支付。

三、项目管理

自灾后恢复重建以来,水利建设项目和投资急剧增加,针对任务重、难度大的局面,玉树州水利项目管理办公室、质量监督站、水政监察支队,按照水利工程建设程序以及水利水电工程验收规程,对全州在建水利工程建设项目进行全过程的监督管理。

（一）水利工程建设程序

按水利建设〔1998〕16号文件规定,水利工程建设程序,按《水利工程建设项目管理规定》(水利部水建〔1995〕128号)明确的建设程序执行,水利工程建设程序一般分为项目建议书、可行性研究报告、初步设计、施工准备(包括招标设计)、建设实施、生产准备、竣工验收、后评价等阶段。州及各县(市)水利(务)局,在工程建设实施过程中,严格按照水利工程建设程序及"三制"(项目法人责任制、招标投标制、项目监理制)进行工程项目的建设与实施。

1.项目法人责任制

州、县(市)水利(务)局作为项目法人是项目建设的责任主体,对项目建设的工程质量、工程进度、资金管理和生产安全负总责,并对项目主管部门负责。建设项目可行性研究报告批复后,在施工准备工程开工前完成工程建设项目法人的组建,经主管部门审批后进行备案。工程建设项目法人的组建申请中明确了项目主管部门名称、项目法人名称、法人代表、技术负责人、机构设置、职能及管理人员情况,制定了相关规章制度。在建设阶段,项目法人按职责分工完成的主要工作如下:

（1）组织初步设计文件的编制、审核、申报等工作。

（2）按照基本建设程序和批准的建设规模、内容、标准组织工程建设。

（3）根据工程建设需要组建现场管理机构,明确主要行政及技术、财务负责人。

（4）负责办理工程质量监督、工程报建和主体工程开工报告报批手续。

（5）负责与项目所在地方人民政府及有关部门协调解决好工程建设外部条件。

（6）依法对工程项目的勘察、设计、监理、施工和材料及设备等组织招标,并签订有关合同。

（7）落实工程建设资金,严格按照概算控制工程投资,用好、管好建设资金。

（8）负责监督检查现场管理机构建设管理情况,包括工程投资、工期、质量、生产安全和工程建设责任制情况等。

（9）负责组织制订、上报在建工程度汛计划、相应的安全度汛措施。

（10）负责组织编制竣工决算。

（11）负责按照有关验收规程组织或参与验收工作。

（12）负责工程档案资料的管理,对各参建单位所形成档案资料的收集、整理、归档工作进行监督、检查。

2.招标投标制

项目法人按照水利工程建设项目招标投标管理规定,对施工单项合同估算价在200万元人民币以上的,勘察设计、施工监理等服务项目单项合同估算价在50万元人民币以上的建设项目,均按规定进行了招标,并在规定的时间内与中标单位签订合同。

3.项目监理制

根据监理合同的约定,项目法人要求监理单位严格按照监理规范及程序行使职权。包括签发施工图纸,审查施工单位的《施工组织设计》《分部工程施工方案》,签发有关指令、通知等重要文件;对施工单位进场人员、材料、设备、测量成果进行检查;对原材料及中间产品进行平行检查和跟踪检测;按照已批准的工程质量项目划分,对主要工序、关键部位单元工程进行质量控制,并填写《旁站监理值班记录》;对施工单位自检行为进行核查,对单元工程质量等级进行复核。

(二)合同管理

开工前,州、县(市)水利(务)局作为项目法人对各项在建工程及时签订建设工程设计合同、施工合同、施工监理合同、质量检测技术委托合同、廉政合同及质量监督书,依据合同条款对工程建设实施全过程的监督管理。

(三)项目目标

建设单位委托监理单位对工程质量目标、工期目标及投资目标进行严格控制,使工程质量达到行业合格标准,施工时间不超过合同工期,工程投资不超过投标总价,使工程处于有效的掌控之中。

(四)质量控制

施工质量的优劣是工程能否可靠、经济、高效运行,发挥设计功能,达到预期目标的重要基础保证。水利工程建设实行项目法人负责、施工单位保证、监理单位控制和政府监督相结合的质量管理体系。针对灾后重建的建设项目,州水利(务)局设立了质量管理监督机构,进行了职责分工,制定了质量管理的规章制度;与水利工程质量监督机构签订了《工程质量监督书》,办理工程质量评定项目划分审批手续;组织设计单位向施工单位进行设计交底;依据合同、设计文件和行业标准、规范,对施工及监理单位的质量行为和工程实体质量进行监督检查;委托具有计量认证资质的检测机构对进场原材料及中间产品进行质量检验;对施工中出现的质量事故进行调查、报告,并按照"三不放过"(原因不清不放过,责任不明不放过,措施不力不放过)的原则进行分析、处理,并与县管水利工程项目的单位签订了《工程质量监督书》,对工程质量进行监督管理。同时要求各县(市)水利(务)局按照管理权限,对以国家投资为主的水利建设工程进行报批备案。

(五)进度控制

在项目的工程建设过程中,要求监理和施工单位按照经审核批准的工程进度计划对工程实际进度进行有效控制,采用适当的方法定期跟踪、检查工程实际进度状况,与计划进度对照、比较,找出两者之间的偏差,并对产生偏差的各种因素及影响工程目标的程度进行分析,组织、指导、协调监督监理单位、承包商及相关单位及时采取有效措施调整工程进度计划。在工程进度计划执行中不断循环往复,直至按合同工期完成合同签订的所有建设项目。

（六）投资控制

有效地对项目进行投资控制是工程项目管理的一项重要内容。经招标投标的水利项目均采用固定价格承包，即总价承包。建设过程中，建设单位投资管理主要工作如下：

（1）严格审核施工月进度报表，审核实物工程量。

（2）排除物价上涨因素，控制材料质量。

（3）规范并尽量减少工程设计变更，严格控制工程量的增加。

（4）加强项目总体管理，避免发生索赔事件。

（七）法人验收

依据水利水电工程验收规程，各施工单位在完成分部工程及单位工程后，向项目法人提出验收申请，项目法人经检查认为建设项目具备了验收条件后，由项目法人主持，设计、施工、监理、运行管理等单位的代表参加，及时对分部工程、单位工程进行验收，同时编制验收鉴定书，对存在的问题提出整改意见。最终将验收鉴定书报送法人验收监督管理机关进行备案。

（八）政府验收

建设单位依据水利水电工程验收规程准备好资料后，向项目主管单位申报，由工程审批单位组织相关单位进行竣工验收。

（九）档案管理

水利工程档案是水利工程建设与管理工作的重要组成部分。项目法人依据《水利档案工作规定》，对水利工程在前期、实施、竣工验收等各建设阶段过程中形成的，具有保存价值的文字、图表、声像等不同形式的历史记录，进行收集、整理，建档立案。项目法人在做好自身档案的收集、整理、保管工作的同时，加强对各参建单位归档工作的监督、检查和指导。要求勘察设计、监理、施工等参建单位，明确本单位相关部门和人员的归档责任，切实做好职责范围内水利工程档案的收集、整理、归档和保管工作；属于向项目法人等单位移交的应归档文件材料，在完成收集、整理、审核工作后，及时提交项目法人，项目法人认真做好有关档案的接收、归档工作。

四、用水管理

（一）用水制度

所有用水单位遵照《水利水电工程管理条例》以及全州甚至全省多年来行之有效的用水制度，在开展计划用水、合理用水、节约用水、提高水的利用系数、改进灌水方法、提高灌溉质量等方面做了相应的工作。

按照统一领导、分级管理、水权集中、合理利用、按灌溉面积分配水量的原则，实行管理所、站、段、村、用水户五级配水。

（二）计划用水

乡（镇）水利管理站与用水户充分协商，根据作物种植面积、灌溉制度等资料编制用水计划，并向用水管理单位提出用水申请。用水管理单位根据工程设计、水源情况，参照气象、水文预报，本着"保证重点，兼顾全面"的原则，对各单位用水计划进行综合平衡后，报主管机关批准,按平衡批准后的计划配水。

用水计划不经原批准机关同意,任何单位和个人不得擅自改变。任何单位或个人也不得干预或阻挠管理人员履行职责,不得截留或抢占水源,不得擅自开挖引水口门,扩大引水量,破坏用水秩序。对超计划用水和违章的用水单位,灌区管理部门有权限量供水、加价收费或停止供水。

五、水费、水资源费征收

计收水费对合理利用水资源、促进节约用水具有重要作用。水费是水利工程运行管理、维修改造、充分发挥经济效益的重要保证。水费征收直接关系到水利工程管理单位和受益群众的切身利益。1954 年 8 月,省政府颁布了《青海省国营渠道征收收费暂行办法》,征收标准"农田灌溉"每亩征收固定水费 1 千克小麦,征收灌溉水费每亩 5 千克小麦,共计征收 6 千克小麦,折合现金缴纳。1984 年 6 月 2 日,省政府印发《青海省水利工程供水收费和使用管理办法》,水费标准有所提高。在农业用水方面,自流灌溉工程收费标准分以下四种情况:一是按用水量收费,从斗口供水计量点计算,供水 1 立方米,粮食作物收费 0.01~0.12 元;二是按灌溉面积收费,粮食作物每年每亩收 1.65~2.00 元,另征用一个养护工日(或征收巡渠养护费);三是从水库或渠道提水灌溉,水费和巡渠费按自流灌区减半计收;四是民营渠道,粮食作物每年每亩计收水费 1~2 元,另征用一个养护工日;无论国营或民营灌区,当年不用水的,每年每亩均征收基本水费 0.80 元。2017 年,玉树州收缴水资源费 8 万元。

六、河道管理

自 2016 年 10 月以来,玉树州全面推行河长制管理工作,以保护水资源、防治水污染、改善水环境、修复水生态为主要目标,构建"责任明确、协调有序、严格考核、保护有力"的河湖管理保护机制,为维护河湖体系健康发展、实现河湖功能永续利用提供制度保障。各县(市)政府是所辖区行政区域范围内河道水环境的责任主体,其主要负责人为第一责任人,即河长,按照"以块为主、属地负责"的管理责任体系,严格落实"谁分管、谁负责"的管理工作责任制,各河长制管理责任单位认真履行相关的河道管理职责,加强相互间的沟通、支持和配合,积极主动协调上级河道管理相关职能部门,形成工作合力,切实保证每条河道的管理人(河长)、责任人、责任单位、管理制度"四落实",同时将河道河长制年度长效管理经费、河道水体综合治理资金纳入同级财政预算,确保各项工作落实到位。在辖区"河长制"督察考核中,注重向河道所在地群众了解情况,让群众参与"河长制"工作测评,以群众满意程度作为检验河道管理工作成效的重要标准;充分调动社会各界和人民群众的参与作用,通过多举措、多形式、多层面的宣传发动,引导广大人民群众参与河长制管理,在河道管理和保护中形成齐抓共管的良好氛围。

全州有序推进河长制各项工作,对每一条河流均进行管理。截至 2017 年,编制了玉树州河长制实施方案,完成了河湖名录登记,建立健全了长效运行机制。同时,在全州河长制工作启动大会上进行了逐级授旗和签订责任书,全州共设立河长 260 名,其中州级河长 5 名,县级河长 30 名,乡级河长 225 名,并制定出台了"河长制六项制度",全州各县(市)、乡(镇)全部印发了河长制实施方案,设立了州级河长公示牌 5 座。共治理河道 20 条,动用机械 60 余台次,清淤长度达 73.5 公里,清淤垃圾 40.8 吨,治理河道长度 7 公里,改善了全州河湖生态环境。2017 年末委托青海省水利水电科学研究院有限公司编制"一河(湖)一策"实施方案。

七、深化小型水利工程管理体制改革

全州按水利部及青海省水利厅关于做好水流产权确权、河湖管理范围划定和水利工程管理保护范围确权划界及农村牧区安全饮水水费征收试点工作的要求,充分发挥好县、乡、村三级水保(水管)站、水利管护协会的职能作用,引导全州积极转变小型水利工程管理体制改革。

第三节　小水电工程管理

一、管理机构

1992 年以前,玉树州小水电的建设和管理业务,由青海省水利厅水利管理局水电科负责。后期随着资金投入的增加、重视度的提高以及当地实际的需要,玉树州水利部门也相应设立了主管小水电的机构,并配备专职人员,归口管理本地区的小水电建设和管理有关事宜。

二、生产管理

(一)运行管理

农村水电厂及配套电网以自动化、信息化技术为重点,采用新技术、新设备、新材料、新工艺,从而不断提高农村水电行业的技术水平及运行管理水平,保证发电、供电质量,提高发、供电的安全性、可靠性、经济性,增强农村水电行业的经济实力和市场竞争力。全州水电企业也逐渐重视引进现代管理手段,建立水电计算机管理系统,逐步提高管理效率,使水电工程步入良性发展轨道。

(二)人员培训

随着水电生产过程自动化程度的不断增强,对从业人员的素质要求不断提高。从1990 年开始,新招运行人员一般都具有中专以上学历,并重视和加强对运行人员的培训。

(三)经营管理

1992 年 2 月,国家计委将小水电"以电养电"政策扩大到 5 万千瓦的电站。

1994 年 4 月,青海省物价局发出《关于提高小水电上网电价的通知》,将 1990 年以前建成投产小水电上网电价提高到每千瓦时 0.11 元,1991 年以后建成投产小水电上网电价提高到每千瓦时 0.14 元。

1997 年 3 月,青海省物价局发出《关于提高小水电、小火电上网电价的通知》,将 1990 年以前建成投产小水电上网电价提高到每千瓦时 0.15 元。

1998 年 1 月 1 日,依据青海省国家税务局关于对地方小水电有关税收政策的规定,对装机容量 5 万千瓦以下的地方小水电,增值税按 6% 征收。

1998 年 2 月,青海省物价局发出《关于下达 1998 年新投产小(火)电站或机组上网电价的通知》,新投产小(火)电站或机组上网电价为每千瓦时 0.35 元,1998 年暂按每千瓦时 0.30 元结算。

三、生态基流管理

2017 年,青海省水利厅配合省发改委、省环保厅,针对水电站生态基流保障问题,多次对全省中小水电站生态基流保障落实情况进行督导检查。会同省环保厅印发了《关于保障水电站生态基流的意见》(青水资〔2017〕78 号),对重点水电站生态基流在线监控装置进行了工作验收,并将验收情况报送省发改委、省能源局,编印了《青海省主要河流生态基流流量指标分析计算报告》,作为今后中小水电站生态基流监督管理的技术支撑。

2017 年 3 月,玉树州针对全州河道排污口、生态基流监管机制缺乏的问题,根据水利部 22 号令《入河排污监督管理办法》,由州人民政府出台了《玉树州入河排污监督管理实施办法》,对全州范围内的水电站运行生态基流保障措施进行了拉网式的核查核实,对 7 座引水式电站安装了生态基流在线监测监控设备,并建立健全了巡查制度。

第四节　工程建设管理

水利水电工程的建设管理,主要包括项目建议书、可行性研究、初步设计、施工招标、施工准备、工程施工、竣工验收等阶段的管理。

一、水利工程项目前期审批管理

水利工程项目前期审批管理分工程项目规划、项目建议书、可行性研究等立项审批阶段的审批管理和初步设计及施工技施设计阶段的技术把关性审批管理。水利工程立项审批管理历来由综合计划部门承担,技术把关阶段审批管理由建设工程综合部门或水利主管部门承担。

二、水利工程质量管理

(一)水利工程质量管理体制及质量责任主体

1985年以后,水利工程质量管理体系逐步转型。工程项目建设管理实行了项目法人责任制、招标投标制、建设监理制。工程质量实行项目法人(建设单位)负责、监理单位控制、施工单位保证和政府监督相结合的管理体制,建设单位(项目法人)对工程质量总负责。在实施过程中,各参建单位均建立与自己所处地位相适应的质量管理体系。政府对建设市场行为主体各方质量行为进行规范和管理,质量监督机构代表政府行使对工程质量的监督检查权。青海省水利厅于1988年8月成立了青海省水利水电基本建设工程质量监督中心站,1999年更名为青海省水利厅水利水电工程质量监督中心站,日常工作由厅建设管理中心负责。玉树州及其下辖各县水行政主管部门也相应成立了质量监督机构,在省重点水利工程项目设有质量监督项目站,实行分级质量监督管理。

(二)水利水电工程质量管理办法和规定

自1992年以来,青海省水利厅先后制定颁布的水利水电工程质量管理办法和规定主要有《青海省水利水电工程质量管理办法》《青海省关于加强水利水电工程质量管理若干规定》《青海省水利水电工程质量监督管理规定(试行)》。玉树州在水利水电工程质量管理办法上遵照青海省制定颁布的水利水电工程质量管理办法和规定。

(三)水利工程质量监督

2013年初,玉树州从省里聘请专业技术人员1名,充实了3名水利工程质量监督人员;进一步完善了质量监督工作制度,规范了质量监督管理程序;开展了全州人畜饮水及防洪工程质量的监督,主要对称多县拉曲河及歇武细曲河防洪工程、囊谦县香曲河防洪工程及28个单体等进行了质量及安全监督,做到"监、帮、促"相结合,以监督为主,通过帮助督促建立健全质量保证、质量检查和质量监督三个体系提高工程质量、促进工序质量、保证工程质量。

对于水利工程质量监督,在做好基础验槽、隐蔽部位、关键分部、阶段验收前等质监必查环节的同时,根据各个项目的建设进度,加大质量监督活动频率,经常组织质监相关人员深入施工一线,巡查施工现场涉及工程质量的一切行为和工程实体质量。针对出现的问题,采取整改和返工的方式监督其达到合格,并对其余工程进行抽查,2013年共发现问题23处,整改20次,返工3次。在安全生产月期间对全州在建项目,逐一进行安全排查,并按照要求严格实行周报和月报,做到了水利工程未出现大的安全事故。

第十一章　水利改革

在国家实施经济社会发展期间,玉树州水利改革逐步适应全国、全省的改革大潮,不断推进深化,促进水利事业较快发展。一方面重视和加强青海省水利法治的执行;另一方面重视和推进全州水利体制改革。在水利工程管理体制改革中,青海省重视和加强基层水利(水保)站建设,明确其全民事业单位性质。玉树州的人员编制和经费得到了落实,经费从小农水资金中补助,基层水利管理服务体系基本形成。小型水利工程产权制度改革有所推进,一些小型水利水保工程实施承包给村社集体或农户经营管理。同时,加强河长制、农业水价改革、小型农田水利工程管理体制改革等工作。

第一节　水利法治

一、水行政法规

为了实施《中华人民共和国水法》(简称《水法》)、《中华人民共和国水土保持法》(简称《水土保持法》)、《中华人民共和国水污染防治法》(简称《水污染防治法》)、《中华人民共和国防洪法》(简称《防洪法》)、《中华人民共和国河道管理条例》(简称《河道管理条例》)、《中华人民共和国水库大坝安全管理条例》等国家法律法规,青海省结合本省实际,制定出台了配套的水政法规。多年来,玉树州遵照青海省制定出台的水政法规,同时,玉树州也出台了一些相关文件。

(一)青海省人民代表大会常务委员会发布的地方性法规

1.《青海省实施〈水法〉办法》

1993 年 5 月 25 日公布,自 1993 年 7 月 1 日起施行。2005 年 5 月 28 日修订,修订后的新办法自 2005 年 8 月 1 日起施行。

2.《青海省实施〈水土保持法〉办法》

1994 年 11 月 23 日公布,自 1995 年 1 月 1 日起施行。1998 年 5 月 29 日予以修正。

(二)青海省人民政府颁布的有关规章

1.《青海省水利工程水费核定计收办法》

1989 年 3 月 24 日发布,自发布之日起施行。

2.《青海省河道管理实施办法》

1991年10月28日发布,自发布之日起施行。

3.《青海省人民政府关于加强水利建设的决定》

1995年5月23日发布,自发布之日起施行。

4.《青海省取水许可制度实施细则》

1995年5月6日发布,自1995年6月1日起施行。

5.《青海省水资源费征收管理暂行办法》

1995年9月6日发布,自1995年10月1日起施行。

6.《青海省水利工程水费计收管理办法》

1996年4月16日发布,自发布之日起施行。

7.《青海省人民政府关于加强水文工作的通知》

1997年6月28日发布。

8.《青海省水库大坝安全管理办法》

2003年6月17日发布,自2003年8月1日起施行。

(三)青海省水利厅等部门制定的有关规章制度

1.《青海省小型水利水电工程建设管理办法》

由青海省水利厅、青海省财政厅于1991年9月17日发布,自发布之日起施行。共8章26条,包括总则、前期工作程序、设计管理、资金管理、施工管理、竣工验收、奖罚制度、附则等内容。

2.《青海省河道采砂收费管理实施细则》

由青海省水利厅、青海省财政厅、青海省物价局于1992年5月16日联合发布,自1992年6月1日起施行。共23条,是依据水利部、财政部、国家物价局颁发的《河道采砂收费管理办法》第十一条规定制定的。

3.《青海省水土流失防治费、补偿费征收和使用管理办法》

由青海省水利厅、青海省财政厅、青海省物价局于1996年4月2日联合发布,自公布之日起施行。共12条,是为加快水土流失防治步伐,合理利用水土资源而制定的。

4.《青海省水利水电工程建设行业管理办法(试行)》

由青海省水利厅于1997年10月9日发布,自发布之日起施行。共6章28条,包括总则、管理体制及职责、建设程序、三项制度的实施、其他事项、附则等内容。

5.《青海省水政监察工作实施细则(试行)》

由青海省水利厅制定,经省政府办公厅于1997年11月12日转发,自公布之日起施行。共18条,是根据水利部《水政监察组织暨工作章程》的规定而制定的。

6.《青海省水利工程土地划界规定》

由青海省水利厅、青海省土地管理局于1998年8月31日发布执行。共10章48条,包括总则、各类水利工程和生产管理设施的土地划界及附则等内容。

7.《青海省水行政执法责任制度》

由青海省水利厅于1999年8月12日印发,共9条。

8.《青海省水行政执法监督制度》

由青海省水利厅于1999年8月12日印发,共10条。

9.《青海省水利厅行政执法公示制度》

由青海省水利厅于1999年8月12日印发,包括取水许可有关规定公示、河道管理有关规定公示、有关收费项目依据和标准公示、水行政处罚程序公示等四个方面。

10.《青海省水行政执法过错和错案责任追究制度》

由青海省水利厅于1999年8月12日印发,共13条。

11.《青海省水政监察总队工作职责》《青海省水政监察员岗位责任制》《青海省水政监察员考核和奖惩办法》《青海省水政监察员培训制度》《青海省水行政执法文书档案管理办法》《青海省水行政执法统计工作制度》

由青海省水利厅于1998年1月23日印发。

12.《青海省河道管理巡查报告制度》

由青海省水利厅于2005年3月31日印发,共20条。

13.《关于调整水资源费征收标准的意见》

由青海省发改委、青海省财政厅、青海省水利厅联合拟定,经青海省政府同意,青海省政府办公厅于2005年9月6日转发,自2005年10月1日起执行。

14.《青海省水利工程供水价格管理办法》

由青海省发改委、青海省水利厅拟定,2005年12月30日经青海省政府常务会议审议通过,青海省政府办公厅于2006年2月8日印发,自印发之日起施行。共6章29条,包括总则、水价核定原则、水价制度、管理权限、权利义务及法律责任、附则等内容。

(四)玉树州人民政府办公室通知

1.《玉树州水污染防治工作方案》

由玉树藏族自治州人民政府办公室印发。2017年4月10日,印发给县(市)政府、州政府各部门。包括总体要求、基本原则、工作目标和主要指标、主要工作任务及分工、保障措施、附表等内容。

2.《玉树州入河排污口监督管理实施办法》

由玉树藏族自治州人民政府办公室印发。2017年5月31日,印发给各县(市)人民政府、州政府各部门。包括20条,自2017年5月31日起执行。

二、水政工作

自1988年7月1日起施行《水法》以来,水行政主管部门学习、宣传和贯彻执行水法规的工作随之展开。青海省水利厅报经省机构编制委员会同意,于1989年3月23日成立了水政处(1992年9月更名为水政资源处),其主要职责是负责《水法》等水法规的宣传贯彻,处理水政业务。

玉树州水政监察和水行政执法部门,不同年份所抓重点不同。2013年按照河道管理权限,各级水行政执法部门对本地区河道采砂、取水许可进行彻底整顿。按照科学开采、保护环境的原则,使在河道内无证开采、非法开采、乱采滥挖现象得到有效遏制。划定了按水系所管辖河道采砂场,重点划定了河道两岸堤防之间的水域、河滩地、沙洲以及两岸堤防的管理范围和保护范围。明确了整治和清理砂石开采活动,依法打击和有效遏制了在河道内违法违规开采行为,做到了开发中保护,保护中开发。

2014年强化监督规范行为,严格水行政执法。主要做法有:①充分了解全州水利工程建设情况,发现弊端,制定对策,保障工程质量,切实发挥工程效益,同年10月,玉树州水利局专门委托青海省水利厅专业技术干部会同玉树州水利工程质量监督站相关人员成立检查组,用半个月的时间对玉树州6县(市)水利工程建设情况进行监督检查。检查项目包括人畜饮水工程、防洪工程、小流域综合治理工程、水利综合站工程、草原灌溉工程、水源地保护工程以及农田灌溉工程。检查领导小组对存在的问题提出整改意见。②水政大队对全州6县(市)进行巡查,没有发现重大违法行为。③积极开展《水法》《防洪法》《青海省河道采砂管理条例》等法律法规的宣传,以3月22日"世界水日"及"中国水周"为契机,在玉树州格萨广场等场所悬挂宣传标语10条,发放宣传单5 000份,加大对水法法规的宣传力度。

三、河长制工作

2016年10月11日,中共中央总书记、国家主席、中央军委主席、中央全面深化改革领导小组组长习近平主持召开中央全面深化改革领导小组第28次会议,会议审议通过了《关于全面推行河长制的意见》。

2016年12月,中共中央办公厅、国务院办公厅印发了《关于全面推行河长制的意见》,并发出通知,要求各地区各部门结合实际认真贯彻落实。

2017年5月27日,青海省委办公厅、省政府办公厅联合印发了《青海省全面推行河长制工作方案》,对全面推行河长制进行安排部署。

2017年6月22日,中共玉树州委中心组邀请水利部相关专家在玉树州举办水生态文明和河长制专题讲座,指导玉树州更好地推进、实施河长制。

2017年8月,玉树州制定印发了《玉树州河道河长制管理工作实施方案》,并印发了《玉树州全面推行河长制工作方案》。成立了以州委书记为组长,州委副书记、州长为副组长,州委、州政府各相关部门为成员单位的玉树州河长制管理工作领导小组。

2017年10月11日,玉树州召开了2017年第一次河长制工作推进会。州水利局局长、河长制办公室主任才多杰通报了全州河长制工作进展情况,州政府副州长、州级责任河长尕桑部署河长工作。州环保局、州水利局、各县(市)主管县长和水利局局长、州河长制办公室全体工作人员共22人参加会议。

2017年,玉树州先后印发了《玉树州河长会议制度(试行)》《玉树州河长制信息制度(试行)》《玉树州河长制工作督察制度(试行)》《玉树州河长制工作督办制度(试行)》《玉树州河长制工作考核办法(试行)》《玉树州河长制工作验收办法(试行)》等六项制度。

截至2017年底,玉树州、县(市)、乡(镇)三级累计巡河达1 205次,其中,州级河长巡河19次,县级河长巡河113次,乡级河长巡河281次,村级河长巡河792次。

截至2018年1月,全州共设立河长142名,其中州级河长5名,县级河长41名,乡级河长98名,村(寺)河(湖)流经段村委会和寺管会设立巡查员、专管员(含原有草原、林业生态管护员),承担本辖区主要河流、湖泊的日常巡查管护、保洁工作。

四、农业水价综合改革工作

为贯彻落实《国务院办公厅关于推进农业水价综合改革的意见》(国办发〔2016〕2号)精神,加快推进青海省农业水价综合改革,促进水资源合理配置和高效利用,保障农田水利工程良性发展,青海省人民政府办公厅于2017年2月21日将《青海省推进农业水价综合改革实施方案》印发给各市、自治州人民政府及省政府各委、办、厅、局。

2017年5月,玉树州政府成立了以州政府副州长尕桑为组长,州政府副秘书长多杰、州水利局局长才多杰为副组长,州发改委副主任左新文、州财政局副局长李海燕、州水利局副局长徐学录、州农牧科技局副局长才扎、州社会组织党工委专职副书记尼玛战斗、州市场监督管理局副局长王志伟、州水利局副调研员赵文刚为成员的玉树州农业水价综合改革领导小组。领导小组办公室设在州水利局,才多杰兼任办公室主任,左新文、徐学录兼任办公室副主任。领导小组主要职责:负责全州农业水价综合改革工作的组织领导和综合协调,研究确定农业水价综合改革工作的重点任务、重大工程、重要政策和投资计划。领导小组办公室主要职责:具体负责组织农业水价综合改革实施工作;承办领导小组研究确定的重大事项;督促检查各地改革情况;负责改革政策的宣传引导。

五、小型农田水利工程管理体制改革工作

2017年,玉树州成立了小型农田水利工程管理体制改革工作领导小组,制定实施方案和配套的政策性文件以及确保政策落实的措施,在全州范围内开展小型水利工程管理体制改革、河湖管理范围和水利工程管理与保护范围划界确权、水费征收等工作。全州纳入改革的水利工程65处,其中农村饮水安全工程62处、防洪工程1处、管道工程2处。按照"谁投资、谁所有,谁受益、谁负担"的原则,结合基层水利服务体系建设、农业水价综合改革的要求落实小型水利工程产权。继续推行落实"以奖代补""民办公助""一事一议"等机制,引导农民群众参与小型水利工程管护。

第二节　水利机制

一、水利发展体制机制

(一)建立最严格的水资源管理制度

确立水资源开发利用控制红线。制定州、县(市)两级区域取用水总量控制指标,严

格水资源论证、取水许可和有偿使用制度。积极推进水权制度改革,合理配置水资源,在明晰初始水权的基础上,鼓励地区间、行业间开展水权交易,通过农牧业节水置换工业用水,促进工业反哺农牧业和生态建设。建立用水效率控制红线。制定区域、行业、产品用水效率控制指标,严格用水定额和计划管理,加强用水水量监测,加快实施节水技术改造。

(二)健全水利工程建设和运行管理机制

加强州、县(市)级水利工程质量安全监督和水利建设市场管理体系建设,严格基本建设程序,全面实行项目法人、招标投标、建设监理和合同管理等制度。提高水利工程前期工作进度和质量,建立健全水利技术咨询服务体系和水利市场信用管理体系。

(三)完善基层水利服务体系

玉树州部分县组建了以县为单位的水利管理中心站,健全基层水利服务机构,强化水资源管理、防汛抗旱、农田水利建设、水利科技推广等公益性职能,按规定核定人员编制,经费纳入县级财政预算。

二、水污染防治机制

青海是三江之源,被誉为"中华水塔",是国家重要的生态安全屏障,抓好水环境保护和水污染防治对全省乃至全国水生态安全至关重要,而处在三江源核心区,作为全国水源涵养重点生态功能区的玉树州,开展水环境保护和水污染防治的意义不言而喻。2016年9月26日,玉树州人民政府转发了《玉树州水污染防治工作方案》。2016年底,玉树州以改善水环境质量为核心,以实施重点工程项目为抓手,对河湖沟渠实施分流域、分区域、分阶段科学治理,系统推进水污染防治、水生态保护和水资源管理,形成"政府统领、公众参与"的水污染防治新机制。

(一)强化地方政府水环境保护责任

把地方政府作为水污染防治工作的责任主体,政府主要领导作为第一责任人。各县(市)政府制订并公布水污染防治工作方案和年度实施方案,切实加强组织领导,不断完善政策措施,加大资金投入,统筹城乡水污染治理,强化监管,确保各项任务全面完成。

(二)加强部门协调联动

各县(市)政府建立水污染防治联动协作机制,协调会商解决流域区域突出环境问题,组织实施联合监测、联合执法、应急联动、信息共享等水污染防治措施,通报区域水污染防治工作进展,研究确定阶段性工作要点、工作重点和主要任务。各相关部门认真按照职责分工,切实做好水污染防治工作。

(三)完善环境监督执法机制

健全州级巡查、县级检查的环境监督执法机制,加强环保、司法、监察等部门和单位协作,强化行政执法与刑事司法衔接配合机制,完善案件移送、受理、立案、通报等规定。根据《党政领导干部生态环境损害责任追究办法(试行)》,建立健全生态环境和资源保护监管部门、纪检监察机关、组织(人事)等部门的沟通协作机制。

（四）落实企业环保主体责任

企业严格执行环保法律法规和制度,加强废水治理设施建设和运行管理,开展自行监测,落实治污减排、环境风险防范、企业环境信息公开等责任。坚持政府、市场协同治理,营造有利的政策和市场环境,吸引和扩大社会资本投入,推动第三方治理运营的新机制。

三、水生态补偿机制

根据《中共中央、国务院关于加快四川云南甘肃青海四省藏区经济社会发展的意见》（中发〔2010〕5号）和《国务院关于支持青海等省藏区经济社会发展的若干意见》（国发〔2008〕34号）有关精神和省委十一届八次全体会议的部署和要求,青海省人民政府就探索建立三江源生态补偿机制提出了若干意见,明确了探索建立和实施三江源生态补偿机制,以邓小平理论和"三个代表"重要思想为指导,深入贯彻落实科学发展观,全面贯彻中央第五次西藏工作座谈会和省委十一届八次全体会议精神,坚持从实际出发,通过探索建立生态补偿机制,对地方政府和农牧民群众在某些方面因生态保护增加的成本以及舍弃发展机会造成的损失给予合理的经济补偿,将生态补偿与激励约束有机结合,激发和推动农牧民自主创业的积极性,引导和鼓励各级政府及广大农牧民积极参与生态保护与建设,转变发展方式,培育和提升自我发展能力,加快推动"四个发展",确保实现区域内生态安全,人民群众生活水平不断提高,促进人与自然和谐相处、各民族团结进步、经济社会可持续发展。坚持"生态优先、以人为本、促进发展、循序渐进、激励约束"五大基本原则,结合《青海三江源自然保护区生态保护和建设总体规划》及中共中央、国务院关于支持藏区经济社会发展和建立三江源国家生态保护综合试验区的有关精神,补偿区域涉及玉树州。

四、水资源管理制度

落实最严格水资源管理制度,明确"三条红线"任务指标。强化建设项目水资源论证、取水许可制度,全面建立水资源管理"三条红线"和"四项制度",将"三条红线"用水指标分解到各县（市）,明确目标任务。持续推进水环境治理和河道生态文明建设,切实改善水环境质量;统筹推进重点区域水土流失综合治理,加强水土流失预防监督。

第十二章　灾后重建

据不完全统计,玉树灾后重建水利项目包括人饮供水工程、防洪工程、水保设施工程、水文及水资源监测工程、农田灌溉工程、水电工程、下游雨水排水工程及防汛设施8项115个项目,总投资88 639.38万元。其中,人饮供水工程80项,投资35 036.61万元;防洪工程4项,投资46 358万元;水保设施12项,投资2 505万元;水文及水资源监测工程2项,投资1 444万元;农田灌溉工程7项,投资1 181.77万元;水电工程5项,投资524万元;下游雨水排水工程4项,投资1 200万元;防汛设施1项,投资390万元。这些是玉树建政至2009年各项水利事业投资总和的1.6倍。

第一节　灾后重建规划

一、震损情况

(一)受灾人口及面积

震前全州总人口为35.73万人,国内生产总值21.85亿元,以第一产业为主,人均GDP为6 116元。2010年4月14日发生在结古镇的7.1级地震,造成全州6县(市)19个乡(镇)受灾,受灾人口20.65万人,受灾区面积3.15万平方公里,受灾极重的结古镇,受灾人口9.0万人;全州6县(市)27个乡(镇)受到影响,影响区面积17.16万平方公里,影响人口为15.08万人。

(二)水利设施震前及震损情况

地震发生前,全州城镇供水工程共4项,受益人口11.17万人,供水水源为零散自备水井或河沟地表水,其水量和水质无法满足县城发展需要;乡村饮水安全工程共1 575处,受益人口10.08万人;5个县城有防洪堤7处,防洪工程数量较少,结古镇等主要城镇均未达到规划防洪标准;水电站工程22座,均为小(2)型,总装机容量为28.4兆瓦,是当地生产生活的主要电力来源。

地震发生后,结古镇供水工程完全震毁,10万人的饮水受到影响;乡村饮水安全工程共震损1 123处,受影响人口8.28万人;7处堤防工程均受到不同程度的损坏,堤防工程损毁长度为12.87公里,占震前堤防长度的39.35%;水文站房、基础设施、测验设施和报汛设施也受到较大破坏,共有 19 座小水电站受损,受损电站的总装机容量为 26.85 兆瓦。禅古水电站大坝受损严重,无法正常运行,输电线路损坏长度总计 2 818.5 公里;21条小流域治理工程受到不同程度的震损,地震影响水土流失面积约 425 平方公里;9 处灌区工程全部或部分损毁,受损干渠 21.4 公里,支斗渠 59.74 公里。水文设施震损情况见表 12-1-1、表 12-1-2(a)、表 12-1-2(b)。

除此之外,地震还造成玉树县(市)、囊谦县、称多县、治多县和曲麻莱县的 33 座拦沙坝、40 座谷坊、21.16 公里沟岸防护工程严重震损,坝基沉陷、坝体裂缝。

二、灾后重建规划指导思想、原则及目标

(一)规划指导思想

按照中共中央、国务院对玉树州地震灾后恢复重建工作的总体部署,深入贯彻落实科学发展观和中央第五次西藏工作会议精神,针对水利设施受损实际情况和灾区内水利突出问题,充分考虑三江源生态环境保护的需要、水资源与水环境承载能力,突出当地民族和文化特点,坚持以人为本、民生优先,坚持确保玉树州经济社会发展对水利的现实需求与水利有力支撑经济社会可持续发展相适应,统筹考虑供水、防洪、供电、水土保持、灌溉等各项需求,开展水利设施应急抢险、灾后恢复重建工作。

(二)规划原则

(1)科学评估,全面规划。调查水利工程震损情况,科学评估水利设施灾情,全面分析受损工程突出问题,深入开展论证工作;充分利用已有规划成果,按照灾后重建的总体要求,围绕水利支撑经济、改善民生、保护生态这一主线,对灾区水利基础设施的灾后恢复重建进行系统规划。

(2)突出重点,统筹兼顾。以极重灾区、重灾区为重点,兼顾一般受灾区和玉树州的全面发展,以解决好乡(镇)、村群众饮水困难、防洪安全、供电困难等突出问题为重点,统筹兼顾各类受损水利设施的灾后恢复重建。

(3)保护生态,绿色发展。灾后恢复重建工作要以保护和改善生态环境为前提,按照绿色发展的要求,牧区适度发展草场灌溉面积,配套改造现有农田,提高农业灌溉水平,做好小流域水土流失综合治理,保护好“三江源”地区生态环境,促进社会经济发展与资源环境承载能力相协调。

(4)相互衔接,远近结合。做好灾后恢复重建与现有各类水利规划工作、震损水利设施灾后重建与提高水资源水环境承载能力、水利灾后恢复重建与其他灾后恢复重建工作的相互衔接。按照“先应急、后重建,先除险、后完善,先生活、后生产”的原则,统筹安排好玉树州水利建设任务,为打造玉树高原生态旅游城市提供支撑和保障。

(三)规划目标

按照科学、依法、统一、有力、有序、有效的要求,加强供水、防洪、农村水电、水土保持、灌溉等设施的灾后恢复重建工作,使规划区的水利保障能力总体超过灾前水平。

表 12-1-1　玉树州水文设施震损情况

受损水文站名称	建设标准	站房内容	站房面积（平方米）	水文测报设施名称	检测设备数量
玉树水文分局		砖混结构二层办公用房 381.2 平方米	381.2		
新寨水文站	丙类建筑	砖混结构一层办公用房 185.3 平方米、砖混结构一层缆道操作房 24 平方米、砖混结构一层煤房 38 平方米、土木结构厕所 9 平方米、砖围墙 161 米、基线桩 1 处、标志牌桩 3 处、水准点 3 处、温室大棚 24 平方米、实木装饰门 6 面、所有窗户变形等	256.3	半自动电动缆道 1 处、拉偏索缆道 1 处、浮标投掷缆道 1 处、断面起点距标点系索 1 处、直立式水尺 12 根、气象观测场 1 处、缆道锚碇基础 8 座、钢结构支架 4 处	玻璃钢百叶箱 1 个、玻璃钢蒸发皿 1 个、20 厘米口径雨量筒 1 个、固态存储雨量计 1 套、测流铅鱼 1 个、水文绞车 1 套
直门达水文站	丙类建筑	砖混结构一层办公用房 319 平方米、砖混结构一层缆道操作房 54 平方米、砖混结构一层煤房 104 平方米、土木结构厕所 8 平方米、砖围墙 211 米、基线桩 1 处、标志牌桩 3 处、水准点 15 米、温室大棚 15 平方米、实木装饰门 13 面、所有窗户变形等	485	半自动电动缆道 1 处、拉偏索缆道 1 处、拉船索缆道 2 处、断面起点距标点系索 1 处、直立式水尺 12 根、气象观测场 1 处、缆道锚碇基础 8 座、钢结构支架 8 处	玻璃钢百叶箱 1 个、玻璃钢蒸发皿 1 个、20 厘米口径雨量筒 1 个、固态存储雨量计 1 套、测流铅鱼 1 个、水文绞车 1 套、柴油发电机 1 个
香达水文巡测站	丙类建筑	混凝土构筑物水位自记塔 1 处、浆砌石护岸 15 米		直立式水尺 2 根、标志牌桩 6 处、水准点 2 处	自记水位计气室探头 1 个
下拉秀水文巡测站	丙类建筑	混凝土构筑物水位自记塔 1 处		双绳吊箱缆道 1 处、直立式水尺 9 根、支架 2 座、锚碇 6 处、标志牌桩 6 处、水准点 2 处	自记水位计气室探头 1 个
隆宝滩水文巡测站	丙类建筑	混凝土构筑物水位自记塔 1 处		直立式水尺 2 根、标志牌桩 6 处、水准点 2 处	自记水位计气室探头 1 个
合计			1 122.5		

表 12-1-2　基础设施和监测设备（a）

灾区性质			灾区合计	极重灾县	重灾县
基础设施	房屋	平方米	20 593	14 159	6 434
	缆道（测船）	座（艘）	47	29	18
	测井	个	39	23	16
	观测场、路	平方米	1 024	656	368
	线路	米	4 380	3 530	850
监测装备	测验设备（台）		166	97	69
	报汛设备（台）		159	93	66
	巡测设备（台）		2	2	
	水质设备（台）		16		16
其他（处）			408	315	93

表 12-1-2　基础设施和监测设备（b）

灾区性质			灾区合计	玉树水文分局	新寨水文站	直门达水文站	香达水文巡测站	下拉秀水文巡测站	隆宝滩水文巡测站
基础设施	房屋	平方米	1 137.5	381.2	256.3	500			
	缆道（测船）	座（艘）	8		3	4		1	
	测井	个	2		1	1			
	观测场、路	平方米	440		180	140	40	40	40
	线路	米	1 900		400	1 500			
监测装备	测验设备（台）		16	6	7	1	1	1	
	报汛设备（台）								
	巡测设备（台）								
	水质设备（台）								
其他（处）			89	25	29	8	19	8	

三、规划主要内容及任务

（一）依据及主要内容

依据《中华人民共和国防震减灾法》、《国务院关于做好玉树地震灾后恢复重建工作的指导意见》（国发〔2010〕14 号）、《国务院关于支持玉树地震灾后恢复重建政策措施的意见》（国发〔2010〕16 号），在灾害评估、资源环境承载能力综合评价和房屋及建筑物受损程度鉴定的基础上，经过科学评估、专家论证，制定了灾后重建规划，确保科学、依法、统筹、有力、有序、有效地推进灾后恢复重建工作。

规划由国家发改委担任组长单位，住房和城乡建设部、财政部、国务院国有资产监督管理委员会、审计署、青海省人民政府担任副组长单位,四川省人民政府、教育部、科学技术部、工业和信息化部、国家民族事务委员会、公安部、民政部、人力资源和社会保障部、国土资源部、环境保护部、交通运输部、铁道部、水利部、农业部、商务部、文化部、卫生部、国家人口和计划生育委员会、中国人民银行、国家税务总局、国家质量监督检验检疫总局、国家广播电影电视总局、国家体育总局、国家林业局、国家旅游局、国家宗教事务局、中国科学院、中国地震局、中国气象局、中国银行业监督管理委员会、国家电力监管委员会、国家能源局、中国民用航空局、国家文物局、国务院扶贫开发领导小组办公室、中华全国总工会、中国人民解放军总参谋部作战部、中国红十字会总会担任成员单位。

在水利方面,规划主要包括农田水利建设、防洪设施、水土保持、水文及水资源监测等。

1.农田水利

恢复重建玉树、称多、囊谦 3 县农牧区水利灌溉设施,改造灌区配套设施,提高农牧业综合生产能力。

2.防洪设施

建设结古镇防洪工程,加强河道综合治理,建设巴塘河和扎西科河堤防、北山排洪渠及沟道防洪工程。加强其他县、镇防洪工程建设和重点河流河道整治。

3.水土保持

加强三江源自然保护区水土保持综合治理,以沟道拦蓄、沟岸防护、林草恢复为重点,加大水源地保护力度,提高水源涵养能力。

4.水文及水资源监测

恢复重建水文、水保设施,提高水文、水保监测能力。各项目重建规划内容见表 12-1-3,水文设施重建规划见表 12-1-4。

表 12-1-3　玉树灾后重建规划内容

项目	重建内容
农田水利	恢复重建 5 项农田灌溉工程,新建 33 公里输水渠道;改造 9 项农田灌溉工程,衬砌输水渠道 28 公里;恢复重建 7 项草场灌溉工程,新建引水口 13 座、输水管道 53 公里、阀门井 30 座、分水闸 20 座;恢复重建设施农业水利配套工程 5 项,引水堰(闸、坝)20 座、温室大棚 97 座、输水管道 20 公里、输水渠道 0.2 公里、水源 13 处、各类渠系建筑物 343 座、蓄水池 29 座
防洪设施	除险加固水库 1 个;恢复重建堤防 7.6 公里、排洪渠 15.8 公里;新建堤防 48.7 公里、排洪渠 30.5 公里
水土保持	重建谷坊 40 座、拦沙坝 33 座、沟岸防护 21 公里;新建谷坊 64 座、拦沙坝 8 座、沟岸防护 28 公里
水文及水资源监测	恢复重建新寨水文站、直门达水文站、下拉秀水文巡测站、隆宝滩水文巡测站,配置相应的监测设备

表 12-1-4　水利灾后恢复重建规划（水文设施）

序号	设施名称	震损程度及描述	建设内容 房屋 新建	建设内容 房屋 维修	基础设施 数量	基础设施 观测场、路	基础设施 线路	基础设施 各类设备	水文巡测车	投资（万元）	备注
1	玉树水文分局（玉树水文巡测基地）	办公用房、墙体裂缝、基础沉降、窗户严重变形，实木装饰门损坏等	框架结构二层办公用房500平方米					车载卫星电话5部、卫星电话10部、电波流速仪5台、测深仪5台、走航式ADCP4台、哨兵式ADCP4台、高精度GPS7台、对讲机20对、汽油发电机5台、手持摄像机5台、全站仪2台、计算机2台、扫描仪1台、传真机1台	越野巡测车2辆	458.32	
2	新寨水文站	办公用房、墙体裂缝、基础沉降、窗户严重变形，实木装饰门损坏等	框架结构二层办公用房350平方米、煤房38平方米、厕所15平方米、缆道操作房50平方米、车库20平方米		电动缆道1处、副索拉偏缆掷缆道1处、标投掷缆道1处、自记水位计1台、观测水位井1眼、直立式水尺15根、水准点2处、标志牌6处、围墙161米、护岸150米	气象观测场1处、观测道路300米、道路硬化225平方米	供电线路400米、供水管道100米、供暖管道200米	自记水位计1套、固态储存雨量计1套、流速仪3套、玻璃钢百叶箱1套、玻璃钢蒸发皿1套、经纬仪1架、水准仪2架、电子烘箱1台、缆道测流控制系统1套、图像监视系统1套、计算机1台、打印机1台、传真机1台、发电机1台、对讲机2对、PSTN电话报讯设备1套		363.10	
3	直门达水文站	办公用房、墙体裂缝、基础沉降、窗户严重变形，实木装饰门损坏等	框架结构一层办公用房450平方米、煤房38平方米、厕所15平方米、缆道操作房50平方米、车库20平方米		电动缆道1处、副索拉偏缆道1处、标投掷缆道1处、船测水位自记井1眼、直立式水尺24根、观测井3处、水准点3处、标志牌6处、围墙212米、大门1处、起点距标志索	气象观测场1处、观测道路400米、道路硬化563平方米	供电线路1 500米、供水管道300米、供暖管道300米	自记水位计1套、固态储存雨量计1套、流速仪5套、测深仪1套、雷达枪1台、测沙仪1台、玻璃钢蒸发皿1套、玻璃钢百叶箱1台、电子烘箱1台、缆道测流控制系统1套、图像监视系统1套、计算机1台、打印机1台、传真机1台、发电机1台、对讲机2对、GS米报汛网络设备和夜测照明设备1套		432.36	

续表 12-1-4

序号	设施名称	震损程度及描述	建设内容 房屋 新建	建设内容 房屋 维修	基础设施 数量	基础设施 观测场、路	基础设施 线路	各类设备	水文巡测车	投资（万元）	备注
4	香达水文巡测站	水位自记塔塔体裂缝、基础沉降、护岸坍塌等	岸岛式混凝土结构水位自记塔1座		直立式水尺2根、水准点2处、护岸15米	观测道路500平方米		水位计气室探头1个		81.57	
5	下拉秀水文巡测站	水位自记塔塔体裂缝、双绳吊箱缆道支架变形、碇松动、护岸坍塌等	岸岛式混凝土结构水位自记塔1座		双绳吊箱缆道1处、直立式水尺9根、水准点2处、标志牌桩6处	观测道路300平方米		水位计气室探头1个、流速仪2架		83.18	
6	隆宝滩水文巡测站	水位自记塔塔体裂缝、基础沉降、护岸坍塌等			直立式水尺2根、水准点2处、标志牌桩6处	观测道路450平方米		水位计气室探头1个		79.47	

（二）主要任务

根据玉树地震灾区灾后重建工作的总体部署,从民生水利优先的角度出发,拟定规划期为 2~3 年。主要分应急抢险和恢复重建两个阶段进行规划,规划的主要任务是乡(镇)村供水、防洪减灾、农村水电、水土保持、灌溉、水利系统办公生活等设施的恢复重建。

1.乡(镇)村供水设施

通过过渡安置区供水规划,解决结古镇 4 个临时安置点 5.42 万人的过渡期用水问题;兼顾发展的需求,新建治多县县城供水设施、重建玉树结古镇供水设施,解决灾区 10 多万城镇供水人口的用水需求;影响区灾后恢复重建的任务是新建曲麻莱县县城供水设施,解决 0.4 万城镇供水人口的用水需求;受灾区修复 1 123 处乡村供水工程,解决受灾区乡村 8 万多人的饮水安全问题;规划新建 782 处乡村供水工程,解决灾区乡村 4 万多人的饮水安全问题;维修影响区 340 处乡村供水工程,规划新建影响区 2 363 处乡村供水工程,解决乡村近 14 万人的饮水安全问题。

2.防洪减灾基础设施

开展受灾区应急抢险并建设临时居民安置点,兴建结古镇巴塘河和扎西科河堤防11.89公里,疏浚河道 4.45 公里;重建震损堤防及排洪渠工程。根据防洪安全需要,新建部分堤防及排洪渠工程。保障主要城镇及临时灾民安置点的防洪安全。受灾区玉树州水利(务)局、玉树县(市)等 4 个县(市)水利(务)局新建防汛仓库 2 800 平方米,并配备防灾减灾信息化系统。恢复重建玉树水文分局、新寨水文站、直门达水文站、下拉秀水文巡测站、隆宝滩水文巡测站等 5 个受损水文局(站)及水文巡测站,配套完善水文及水质监测设施、设备。在影响区重建堤防 2.32 公里,新建堤防 23.0 公里、排洪渠 11.64 公里,解决囊谦、曲麻莱等 2 个县城的防洪问题。囊谦县水务局和曲麻莱县水务局新建防汛仓库1 200平方米,配备防灾减灾信息化系统。维修、更换香达水文巡测站相关设施。

3.农村水电设施

修复受灾区禅古、拉贡、科玛等 12 座受损水电站,重建西杭、当代 2 座损毁水电站,对存在重大隐患的禅古水电站在主汛期前全面完成水库除险加固工作,确保度汛安全。对主要供电电源拉贡水电站首先启动修复,确保运行安全,保证正常供电。受灾区新建查隆通、新寨等 6 座水电站。影响区修复扎曲、才角、吉曲、聂恰二级、曲麻莱等 5 座水电站。

4.水土保持设施

以沟道拦蓄工程、沟岸防护工程、水土保持林草建设和生态修复为重点,恢复重建震损水土保持设施,加强重点小流域综合治理,预防和治理地震引发的次生灾害,维护受灾区生态系统,建设高原生态景观。主要水土保持治理工程包括重建和新建谷坊 104 座、拦沙坝 41 座等。

5.灌溉设施

恢复重建受灾区受损的 5 项工程,改善灌溉面积 4 699.5 亩。对受灾区其他 9 项工程进行灌区配套改造,改善灌溉面积 8 380.5 亩。新建草场灌溉工程 7 项,有效灌溉面积11 100亩。新建农田水利配套工程 5 项,有效灌溉面积 67.5 亩。影响区对 16 项农田灌溉工程进行配套改造,改善灌溉面积 25 099.5 亩。

6.水利部门办公生活设施

重建受灾区玉树州水利(务)局、玉树县(市)水利(务)局、称多县水利(务)局、治多县水利(务)局、杂多县水利(务)局受损的办公用房3 340平方米、生活用房12 190平方米。新建影响区曲麻莱县水利(务)局及囊谦县水利(务)局办公用房960平方米、生活用房2 880平方米。

四、灾后重建部署

自玉树州"4·14"地震灾害发生以来,全省水利部门积极响应省委、省政府号召,在省政府的统一部署和直接领导下,玉树水利抗震救灾和灾后重建现场指挥部遵照"依法、科学、统一"的原则,带领广大水利职工投身玉树抗震救灾和灾后重建工作,各项工作"有力、有序、有效"展开。关于灾后重建部署,省水利厅厅长于丛乐在水利灾后重建现场指挥部主持召开的玉树水利灾后重建专题工作会议上,从九个方面进行了安排部署。

一是水利灾后重建指挥部要对玉树灾区水利应急工程建设资金的拨付使用工作继续予以指导帮助,确保2010年发生的水利应急工程建设的各类资金的拨付使用合法合规;确保水利系统灾后重建过程中的工程安全、资金安全、干部安全,切实维护好良好的灾后重建施工环境和稳定大局。

二是水利灾后重建现场指挥部、玉树州水利(务)局、玉树县(市)水利(务)局要结合水利应急工程和重建工程的完工验收、移交工作,再次对所有水利工程进行全面的质量检查和项目梳理。确保水利应急工程安全,特别要确保供水工程质量安全,及时督促施工单位逐一整改检查中发现的问题,切实排除供水安全隐患,结古镇自来水厂要采取切实措施保护好水源地安全,让灾区群众用上干净水、放心水。针对结古镇冬季电力供应不足的实际情况,要对结古镇5处重要水源地配备备用电源,以切实保障灾区冬季供水。

三是由水利灾后重建现场指挥部牵头,帮助玉树州水利(务)局抓紧做好灾后重建水土保持项目审查、监督执法人员专业技术知识培训和玉树灾区供水工程管理人员工作技能培训工作,通过广播、电视等媒体和张贴用水须知、发放用水手册等措施,加强对灾区群众正确使用供水设施、爱护供水设备的宣传,确保灾区群众冬季用水安全。

四是水利灾后重建现场指挥部要抓紧印制一批结古镇供水管网和防洪工程平面图,将平面图发放到各援建单位项目部。玉树州水利(务)局和玉树县(市)水利局要加强与各援建单位的衔接协调,防止其他重建项目对现有水利工程的损坏,尤其要做好与结古镇北环路援建方的衔接沟通,确保防洪设施与其他基础设施建设的有机协调。

五是省水利水电勘测设计研究院务必在2010年11月15日以前完成两河防洪工程与市政工程建设的技术衔接工作,确保两河防洪工程建设规划与市政工程建设规划协调一致。玉树州水利(务)局要履行好地方水行政主管部门的职责,加强对已开工建设的玉树县安冲、仲达两乡援建人饮工程项目的检查指导,并按照人饮工程建设信息上报制度,将规划内工程建设项目和援建项目进展情况逐月上报省水利厅。

六是要按照青海省灾后重建现场指挥部三年重建目标要求,为打好2011年水利灾后重建攻坚战做好准备。玉树州水利(务)局要充分利用2010年冬季停工时间,安排并完成灾后重建规划内全部水利项目的前期工作,并完成相关的审查审批程序,确保2011年水利灾后重建工作顺利进行。

七是省水利厅将继续一如既往地支持玉树州、县(市)水利部门做好水利灾后重建的各项工作。省水利灾后重建现场指挥部在近期安排青海省水利水电勘测设计研究院对巴塘河西杭电站至禅古电站水库大坝段河道、佛学院新增安置点河道及其他小沟道防洪工作进行测验评估,统筹在2010年防汛资金和小流域治理项目以及"十二五"水利建设项目中予以考虑解决,保障好灾区防洪安全。继续支持玉树灾区小水电工程建设和玉树县成立水管中心站等工作。

八是玉树州、县(市)水利部门要加强水土保持项目审查管理和宣传工作,积极开展水行政执法工作,高度防范侵占河道、倾倒垃圾等危害河道安全的行为,做好援建工程施工中的水土保持工作,切实保护好三江源区生态环境。

九是高度重视玉树县水利局领导班子不健全、专业技术人员缺乏的现状,尽快建立起一个团结干事的班子、培养一支激情干事的队伍,为玉树灾区水利事业发展做好组织保障。

第二节　灾后重建机构

一、玉树地震灾后重建现场指挥部

地震发生后的第2天,青海省派人到四川学习经验,第7天召开了第一次重建工作会议。之后,一方面就重建政策积极进行建言;另一方面就灾后重建规划、政策、措施和各类保障方案进行集中研究,主动作为。5月9日,成立了青海省玉树地震灾后重建现场指挥部,现场指挥协调,组织省、州、县、乡各级干部职工,与援建大军并肩作战,全力推动灾后重建工作。

(一)工作规则

(1)现场指挥部在省委、省政府领导下,按照国务院及省政府决策部署,承担玉树灾后重建规划实施的组织协调、督促检查和现场指挥职责。

(2)现场指挥部实行指挥长负责制,各工作组在现场指挥部的领导下按照职责范围开展工作。参与灾后重建的部队、武警参加灾后重建现场指挥部领导工作,实行军地联动。

(3)现场指挥部按照省委、省政府和省玉树地震灾后重建工作领导小组的指示,研究部署玉树地震灾后重建工作,定期向省委、省政府和省玉树地震灾后重建工作领导小组报告工作情况;指导各工作组和玉树州开展灾后重建工作,协调解决工作中的重大问题。

(4)现场指挥部通过全体会议、专题会议和现场办公会议等形式研究讨论、安排布置工作和协调解决有关重大问题。会议由总指挥、第一副总指挥或由指挥长、第一副指挥长委托副指挥长主持召开,根据工作需要,全体成员、部分成员或有关人员参加。会议内容、时间由主持人确定,会议议题由指挥长、第一副指挥长和各工作组提出。

(5)现场指挥部各工作组应当根据灾后恢复重建总体规划,按照职责分工,认真抓好各项任务的落实,加强对灾后重建工作的督促检查,强化工作协调和配合,及时提出加强和改进工作的建议意见,有关情况要及时报告指挥部并通报相关工作组。

（6）玉树州参与灾后重建现场指挥部领导工作,并承担灾后重建项目业主职责,具体承担和落实灾后重建的主要任务。

（7）现场指挥部各工作组及各成员、工作人员要认真贯彻落实省委、省政府和省玉树地震灾后重建工作领导小组及现场指挥部有关灾后重建的各项决策、部署和要求,做到令行禁止,确保政令畅通。

（二）工作状况

2010年5月24日,青海省玉树地震灾后重建现场指挥部召开专题会议,论证巴塘河、扎曲河两河景观设计方案。

2010年9月1日,青海省玉树地震灾后重建现场指挥部召开月度工作会,听取青海省现指督查组对重建各项重点工作督促检查情况的通报,总结8月重建工作,安排部署9月重点工作。青海省委常委、青海省玉树灾后重建现场指挥部指挥长、玉树州委书记旦科,国务院国资委规划发展局副局长刘玉岐出席会议并讲话。

2010年9月3日,青海省玉树地震灾后重建现场指挥部召开重建项目协调会,会上通报了玉树地震灾后恢复重建第一、二批未开工项目情况,传达了《关于下达玉树灾后援建主要问题整改任务分解表的通知》和《关于进一步加快玉树地震灾后城乡住房建设的紧急通知》。北京市、辽宁省、中建、中铁、中铁建、中水电和西宁、海西州、海东市、海南州援建现场指挥部和规划设计院的有关负责人就灾后重建第一、第二批工程项目推进过程中出现的具体问题与青海省直有关部门和玉树州、玉树县相关部门的负责人进行了沟通协调。

2012年5月2日,青海省玉树地震灾后重建现场指挥部召开月度工作会议,传达学习青海省玉树灾后重建工作领导小组第21次会议精神,总结4月重建工作,安排部署5月重点工作。

2013年6月20日,青海省玉树地震灾后重建现场指挥部增设由省审计厅、省财政厅、省国土资源厅、省住房和城乡建设厅、省交通厅、省水利厅、玉树州政府等相关部门人员组成的审计评审组。对玉树灾后恢复重建规划范围内的城乡居民住房、公共服务设施、基础设施、生态环境、特色产业和服务业、和谐家园以及其他建设项目(与重建项目相关的征地拆迁、规划设计、拆危清虚等费用)等七大类项目进行竣工决算审计与评审。

二、玉树水文分局

玉树水文分局地处青海省玉树州结古镇当国路,距省会西宁800公里,是隶属于青海省水文水资源勘测局的正科级内设机构单位。下设玉树分局巡测队、直门达水文站、新寨水文站和隆宝滩、下拉秀、香达3处水文巡测站。按流域划分,长江流域3处,澜沧江流域2处;按照等级划分,国家重要水文站1处,省级重要水文站1处,三江源水资源监测站3处。

第三节　水文应急监测及基础设施

一、地震灾区水文应急监测

地震发生后,青海省水文水资源勘测局立即启动应急预案,成立抗震救灾领导小组,玉树分局在西宁人员 4 人、局机关处室 4 人组成救援组,携带帐篷、移动通信设备及药品、食品等物资,立即赴地震灾区,开展抗震救灾和应急监测工作。4 月 14 日 19 时,青海省水文水资源勘测局副局长朱海涛先到达灾区,在查看受灾情况后立即组织玉树分局及新寨水文站工作人员前往禅古水电站调查坝体损坏情况,并对入库流量及下泄流量监测工作做出部署。同时根据青海省水利厅抗震救灾指挥部要求,立即启动应急监测工作。

监测工作主要有如下 6 个方面:

(1)位于新寨站上游 10 公里处的禅古水电站水库大坝受到地震影响,新寨水文站职工立即对巴塘河水情实行不间断监测,在余震不断、照明设施不足的情况下坚持 24 段制上报水情信息。根据新寨水文站水情信息,禅古水电站于 4 月 14 日 17 时开始放水,受此影响,新寨水文站断面形成一次洪峰过程,最大流量 74 立方米/秒(洪水等级为小洪水),未对下游结古镇造成影响。截至 4 月 15 日 12 时,水电站蓄水量排至死库容,15 日 17 时巴塘河水势基本恢复正常。新寨水文站对禅古水电站入库流量及巴塘河支流扎西科河流量进行了监测,结果为两处临时断面水势基本平稳。

(2)受地震影响,直门达水文站通信不畅,报汛设备无法充电。在露宿站房院子的艰苦条件下,该站职工克服困难,坚持监测通天河水情,并在 15 日 0 时、8 时上报水情信息。根据直门达水文站水情信息,通天河水情基本平稳,流量涨幅属该站同期特性。通天河水量未受地震影响,仍采用 2 段制监测。

(3)由于测验设施钢架倾斜,锚座松动,供电中断,玉树水文分局及直门达、新寨两水文站水文职工积极克服各种困难,坚守岗位,采用涉水测流、浮标测流等方式对巴塘河、通天河、扎西科河等主要河流实行不间断监测和调查,并及时为各级抗震救灾指挥部门发布水情信息。

(4)4 月 15 日采集玉树县(市)饮用水水源地扎西科河水、巴塘河河水水样,协调车辆连夜送往西宁。

(5)4 月 16 日中午 13 时接到水样后立即组织实验室人员进行应急监测,于 4 月 16 日下午 6 时 30 分出具监测结果,经审核后于 4 月 17 日上午上报至省水利厅抗震救灾指挥部。监测结果为:两河水浑浊度、肉眼可见物超过《生活饮用水卫生标准》(GB 5749—2006)限值要求,主要是由于地震引起进入河水中泥沙、悬浮物增加;两河河水可作为临时饮用水源,取水点应尽量设在县城上游离岸边较远的河中,河水经沉淀过滤、添加消毒剂等适当处理,煮沸后可以饮用。

(6)考虑当地缺乏水环境应急监测设备和便携监测仪器,无法进行现场水质监测工作的实际,4月15日立即向部水文局请求支援,经部水文局协调后,4月16日长江水资源保护局紧急派员携带便携监测设备到达玉树灾区,4月17日投入到饮用水水源地监测工作中,对6个水源地进行了水质监测。

(一)玉树地震灾区水文监测设施直接经济损失

地震后玉树水文分局对玉树地震灾区水文监测设施经济损失进行了估算,总共损失310万元。其中玉树水文巡测基地(玉树水文分局)的直接经济损失为40万元、新寨水文站基础设施的直接经济损失为80万元、直门达水文站基础设施的直接经济损失为95万元、香达水文巡测站的直接经济损失为30万元、下拉秀水文巡测站的直接经济损失为35万元、隆宝滩水文巡测站的直接经济损失为30万元,具体估算结果见表12-3-1。

表12-3-1　"4·14"玉树地震灾区水文监测设施直接经济损失估算结果

序号	项目名称	直接经济损失	
		震损描述	经济损失(万元)
一	玉树水文巡测基地(玉树水文分局)	砖混结构二层381.2平方米办公用房墙体裂缝、基础沉降、散水脱离、实木门大部分损毁、所有窗变形、玻璃震损	40.00
二	新寨水文站基础设施	砖混结构一层185.3平方米办公用房墙体裂缝、基础沉降、散水脱离、围墙严重裂缝、实木门大部分损毁、所有窗变形、玻璃震损;厕所震毁、气象观测场部分设备损坏;半自动缆道锚碇松动、支架倾斜、护岸坍塌、部分测验设备损坏等	80.00
三	直门达水文站基础设施	砖混结构一层319平方米办公用房墙体裂缝、基础沉降、散水脱离、实木门大部分损毁、所有窗变形、玻璃震损;厕所震毁、气象观测场部分设备损坏;半自动缆道锚碇松动、支架倾斜、围墙严重裂缝、部分测验设备损坏等	95.00
四	香达水文巡测站	混凝土构筑物水位自记塔身与散水脱离、水尺倾斜、气室探头损毁等	30.00
五	下拉秀水文巡测站	混凝土构筑物水位自记塔身与散水脱离、水尺倾斜、气室探头损毁;双绳吊箱缆道锚碇松动、支架倾斜等	35.00
六	隆宝滩水文巡测站	混凝土构筑物水位自记塔身与散水脱离、水尺倾斜、气室探头损毁等	30.00
合计			310.0

(二)"4·14"玉树地震应急及监测项目

地震发生后,玉树分局在条件允许的情况下,第一时间估算了地震应急及监测设备的内容及投资。应急费用主要包括已产生费用和急需应急物资设备,总共投资363.6万元。其中已经产生费用56万元,急需应急物资设备费用307.6万元,详细情况见表12-3-2。水文监测设备主要包括3部分,分别为水文水资源监测设备、水情通信设备和水质监测设备,投资分别为552.5万元、112.5万元和426.7万元,总共投资1 091.7万元,详见表12-3-3。

表 12-3-2　"4·14"玉树地震灾区临时应急费用

序号	项目名称	单位	数量	单价（万元）	合价（万元）	备注
一	已产生费用				56.0	
1	棉被、帐篷、食品等生活物资				7.0	
2	人员费				5.0	
3	车辆、汽油发电机等燃油费等				9.0	
4	药品及医疗设备费等				35.0	
二	急需应急物资设备费用				307.6	
1	棉帐篷	顶	30	0.3	9.0	
2	野外探险服装	套	50	0.4	20.0	
3	汽油发电机	个	5	2	10.0	
4	车辆运输燃油费等	项	4	2	8.0	
5	人员费用		50	0.4	20.0	
6	强光手电筒	个	80	0.02	1.6	
7	卫星电话	部	10	3	30.0	
8	车载卫星电话	部	5	16.5	82.5	
9	手持摄像机	台	5	1.5	7.5	
10	医疗应急药品及设备	套	3	39	117.0	
11	常用工具	套	10	0.2	2.0	
	合计				363.6	

表 12-3-3　"4·14"玉树地震灾区应急水文监测设备费用

序号	项目名称	单位	数量	单价（万元）	合价（万元）	备注
	水文水资源监测设备					
1	哨兵式普勒流速剖面仪（ADCP）	套	4	19	76.0	
2	走航式多普勒流速剖面仪（ADCP）	套	4	36	144.0	
3	雷达抢（便携电波流速仪）	套	5	4.5	22.5	
4	测深仪（便携式）	套	5	1.5	7.5	
5	高精度手持 GPS	台	7	6.5	45.5	带 RTK 功能
6	泥沙测定仪	套	2	41.5	83.0	
7	对讲机	对	10	0.8	8.0	
8	汽油发电机	个	5	2	10.0	

续表 12-3-3

序号	项目名称	单位	数量	单价（万元）	合价（万元）	备注
9	手持摄像机	台	5	1.2	6.0	
10	电站水库监测运行费	处	1	30	30.0	
11	监测越野车	辆	2	60	120.0	
	小计				552.5	
水情通信设备						
1	车载卫星电话	部	5	16.5	82.5	动动通
2	卫星电话	部	10	3	30.0	静静通
	小计				112.5	
水质监测设备						
	移动实验室（含专用车、车载仪器）	套	1	291.71	291.7	
2	便携式多功能水质分析仪	台	3	20.00	60.0	
3	便携式多参数水质分析仪	台	3	15.00	45.0	
4	便携式毒性分析仪	台	3	10.00	30.0	
	小计				426.7	
	合计				1 091.7	

二、水文基础设施灾后重建

（一）投资估算

玉树分局在调查完地震对水利水文方面的受损情况后，对地震灾后重建投资进行估算。对水文基础设施的恢复重建主要有如下 6 部分：

（1）玉树水文巡测基地（玉树水文分局）主要建设内容：新建框架结构办公用房 500 平方米、购置车载卫星电话 5 部、卫星电话 10 部、电波流速仪 5 台、测深仪 5 台、走航式和哨兵式 ADCP 各 4 台、高精度 GPS7 台以及计算机、打印机各 1 台等监测设备等。

（2）新寨水文站基础设施，主要建设内容：新建框架结构办公用房 350 平方米、缆道操作房 50 平方米、车库 20 平方米、半自动电动缆道 1 处、副索拉偏缆道 1 处、浮标投放缆道 1 处、新建水位自计台 1 座、气象观测场 1 处、围墙 161 米，购置气泡式水位计 1 套、自记水位计 1 套、固态存储雨量计 1 套、流速仪 3 套、玻璃钢蒸发皿 1 套、玻璃钢百叶箱 1 台、缆道测流控制系统 1 套、夜测照明设备 1 套以及计算机、打印机各 1 台等监测设备等。

（3）直门达水文站基础设施，主要建设内容：新建框架结构办公用房 450 平方米、缆道操作房 50 平方米、车库 20 平方米、半自动电动缆道 1 处、副索拉偏缆道 1 处、浮标投放缆道 1 处、新建水位自计台 1 座、气象观测场 1 处、围墙 212 米,购置气泡式水位计 1 套、自记水位计 1 套、固态存储雨量计 1 套、测深仪 1 套、雷达枪 1 套、流速仪 3 套、玻璃钢蒸发皿 1 套、玻璃钢百叶箱 1 台、缆道测流控制系统 1 套、夜测照明设备 1 套以及计算机、打印机各 1 台等监测设备等。

（4）香达水文巡测站,主要建设内容:新建岸岛式混凝土结构水位自记塔 1 座、直立式水尺 2 根、水准点 2 处、标志牌桩 6 处、护岸 15 米等。

（5）下拉秀水文巡测站,主要建设内容:新建岸岛式混凝土结构水位自记塔 1 座、双绳吊箱缆道 1 处、直立式水尺 9 根、水准点 2 处、标志牌桩 6 处等。

（6）隆宝滩水文巡测站,主要建设内容:新建岸岛式混凝土结构水位自记塔 1 座、直立式水尺 2 根、水准点 2 处、标志牌桩 6 处等。具体投资规模见表 12-3-4。

表 12-3-4 "4·14"玉树地震灾区灾后重建投资估算

序号	项目名称	投资规模（万元）
一	玉树水文巡测基地（玉树水文分局）	458.315
二	新寨水文站基础设施	363.10
三	直门达水文站基础设施	432.36
四	香达水文巡测站	81.57
五	下拉秀水文巡测站	83.18
六	隆宝滩水文巡测站	79.47
	合计	1 497.995

（二）实施情况

1.水文基础设施恢复重建

水文基础设施恢复重建有 6 个项目,分别为玉树水文巡测基地（玉树水文分局）、新寨水文站、直门达水文站、香达水文巡测站、下拉秀水文巡测站和隆宝滩水文巡测站,总投资为 1 609.38 万元。各项目投资分别为 346.90 万元、452.75 万元、554.16 万元、88.74 万元、90.51 万元、76.32 万元,详见表 12-3-5 ~ 表 12-3-11。

表 12-3-5 水文基础设施恢复重建投资（静态）

序号	项目名称	单位	数量	单价（万元）	合价（万元）
1	玉树水文巡测基地（玉树水文分局）				346.90
2	新寨水文站				452.75
3	直门达水文站				554.16
4	香达水文巡测站				88.74
5	下拉秀水文巡测站				90.51
6	隆宝滩水文巡测站				76.32
合计					1 609.38

表12-3-6 玉树水文巡测基地(玉树分局)基础设施震后重建投资概算

序号	项目名称	建设性质	单位	数量	单价(万元)	合价(万元)
	第一部分 建筑工程					100.00
一	生产业务用房					100.00
1	生产办公用房	新建	平方米	500	0.17	85.00
2	附属配套工程	新建	平方米	500	0.03	15.00
	第二部分 仪器设备购置					186.65
一	水文巡测设备					183.55
1	电波流速仪	购置	台	5	0.07	0.35
2	测深仪	购置	台	5	3.00	15.00
3	走航式 ADCP	购置	台	4	0.40	1.60
4	哨兵式 ADCP	购置	台	4	0.40	1.60
5	高精度 GPS	购置	台	7	6.50	45.50
6	对讲机	购置	台	20	0.50	10.00
7	发电机	购置	台	5	2.70	13.50
8	全站仪	购置	台	2	15.00	30.00
9	计算机	购置	台	2	0.80	1.60
10	打印机	购置	台	1	0.30	0.30
11	传真机	购置	台	1	0.70	0.70
12	扫描仪	购置	台	1	0.40	0.40
13	车载卫星电话	购置	台	2	16.50	33.00
14	卫星电话	购置	台	10	3.00	30.00
二	报汛及通信设备					3.10
1	PSTN 有线通信	购置	套	1	0.30	0.30
2	RTU 及附属配套设备	购置	套	1	2.00	2.00
3	GSM/GPRS	购置	套	1	0.80	0.80
	运杂费	需要运输设备的 5% ~ 13%				13.07
	安装调试费	需要安装设备的 5%				9.33
	一~二部分合计					286.65
	第三部分 独立费用					15.00
5		征地				
	一~三部分合计					301.65
	基本预备费	一~三部分之和的 15%				45.25
	静态总投资					346.90

表 12-3-7　新寨水文站基础设施震后重建投资概算

序号	项目名称	建设性质	单位	数量	单价(万元)	合价(万元)
	第一部分　建筑工程					276.36
一	水位观测设施					42.22
1	直立式水尺	新建	根	6	0.22	1.32
2	水位自记台	新建	座	1	25.0	25.00
3	标志桩	新建	根	6	0.3	1.80
4	水位探杆	新建	套	1	0.6	0.60
5	观测井	新建	个	1	3.5	3.50
6	水准点	新建	处	2	2.6	5.20
7	标志牌桩	新建	处	6	0.8	4.80
二	流量测验设施					61.80
1	流速仪电动缆道	新建	处	1	27.80	27.80
2	副索缆道	新建	处	1	16.00	16.00
3	浮标投掷缆道	新建	处	1	18.00	18.00
三	生产业务用房					112.95
1	生产生活用房	新建	平方米	350	0.25	87.50
2	缆道操作房	新建	平方米	50	0.25	12.50
3	煤房	新建	平方米	38	0.15	5.70
4	厕所	新建	平方米	15	0.15	2.25
5	车库	新建	平方米	20	0.25	5.00
四	附属设施工程					59.39
1	观测道路	新建	平方米	563	0.035	19.71
2	护岸	新建	立方米	76.5	0.06	4.59
3	站院硬化	新建	平方米	225	0.045	10.13
4	环境绿化	新建	平方米	250	0.01	2.50
5	大门	新建	处	1	2.20	2.20
6	门柱	新建	个	2	0.80	1.60
7	围墙	新建	米	161	0.065	10.47
8	供电线路 380 V	新建	公里	0.4	7.00	2.80
9	供水管道	新建	公里	0.1	6.00	0.60
10	供暖管道	新建	公里	0.2	6.00	1.20
11	气象观测场	新建	处	1	3.60	3.60
	第二部分　仪器设备购置					59.25
一	雨量观测设备					3.87
1	雨量筒	购置	个	1	0.07	0.07
2	融雪型雨量计及固态存储器	购置	台	1	3.00	3.00
3	蒸发器	购置	套	1	0.40	0.40
4	百叶箱	购置	个	1	0.40	0.40
二	水位观测设备					9.80
1	气泡式水位计及太阳能电池系统	购置	台	1	9.80	9.80

续表 12-3-7

序号	项目名称	建设性质	单位	数量	单价(万元)	合价(万元)
三	流量测验设备					29.43
1	缆道测流控制系统	购置	套	1	12.00	12.00
2	水文绞车	购置	台	1	1.50	1.50
3	电波流速仪	购置	套	1	5.00	5.00
4	探照灯	购置	盏	1	0.40	0.40
5	配电柜	购置	台	1	0.92	0.92
6	监视器	购置	台	1	0.51	0.51
7	图像监控系统	购置	套	1	4.70	4.70
8	台式计算机	购置	台	1	0.80	0.80
9	打印机	购置	台	1	0.30	0.30
10	水准仪	购置	台	1	0.50	0.50
11	经纬仪	购置	台	1	1.60	1.60
12	电子烘箱	购置	台	1	0.50	0.50
13	传真机	购置	台	1	0.70	0.70
四	报汛及通信设备					3.60
1	PSTN 有线通信	购置	套	1	0.30	0.30
2	RTU 及附属配套设备	购置	套	1	2.00	2.00
3	GSM/GPRS	购置	套	1	0.80	0.80
4	对讲机	购置	对	1	0.50	0.50
五	泥沙测验、颗分设备					2.30
1	电子天平	购置	套	1	1.80	1.80
2	烘干箱	购置	台	1	0.50	0.50
六	其他设备					10.25
1	发电机	购置	台	1	2.70	2.70
2	供电变压器	购置	台	1	4.5	4.50
3	防雷设备	购置	套	1	3.05	3.05
	运杂费	需要运输设备的5% ~13%				4.15
	安装调试费	需要安装设备的5%				2.59
	一~二部分合计					342.34
	第三部分　独立费用					51.35
1	建设管理费					
2	监理费	第一~二部分的15%				51.35
3	勘测设计费					
4	环评费用					
5	征地					
	一~三部分合计					393.69
	基本预备费	一~三部分之和的15%				59.05
	静态总投资					452.75

表 12-3-8 直门达水文站基础设施震后重建投资概算

序号	项目名称	建设性质	单位	数量	单价(万元)	合价(万元)
	第一部分 建筑工程					348.79
一	水位观测设施					42.22
1	直立式水尺	新建	根	6	0.22	1.32
2	水位自记台	新建	座	1	25.0	25.00
3	标志桩	新建	根	6	0.3	1.80
4	水位探杆	新建	套	1	0.6	0.60
5	观测井	新建	个	1	3.5	3.50
6	水准点	新建	处	2	2.6	5.20
7	标志牌桩	新建	处	6	0.8	4.80
二	流量测验设施					78.90
1	流速仪电动缆道	新建	处	1	35.90	35.90
2	副索缆道	新建	处	1	21.00	21.00
3	浮标投掷缆道	新建	处	1	22.00	22.00
4	拉船索缆道	新建	处	1	16.00	
三	生产业务用房					147.85
1	生产生活用房	新建	平方米	450	0.25	112.50
2	缆道操作房	新建	平方米	50	0.25	12.50
3	煤房	新建	平方米	104	0.15	15.60
4	厕所	新建	平方米	15	0.15	2.25
5	车库	新建	平方米	20	0.25	5.00
四	附属设施工程					79.82
1	观测道路	新建	平方米	400	0.035	14.00
2	站院硬化	新建	平方米	563	0.045	25.34
3	环境绿化	新建	平方米	360	0.01	3.60
4	大门	新建	处	1	3.00	3.00
5	门柱	新建	个	2	1.20	2.40
6	围墙	新建	米	212	0.065	13.78
7	供电线路 380 V	新建	公里	1.5	7.00	10.50
8	供水管道	新建	公里	0.3	6.00	1.80
9	供暖管道	新建	公里	0.3	6.00	1.80
10	气象观测场	新建	处	1	3.60	3.60
	第二部分 仪器设备购置					63.05
一	雨量观测设备					3.87
1	雨量筒	购置	个	1	0.07	0.07
2	融雪型雨量计及固态存储器	购置	台	1	3.00	3.00
3	蒸发器	购置	套	1	0.40	0.40
4	百叶箱	购置	个	1	0.40	0.40
二	水位观测设备					9.80
1	气泡式水位计及太阳能电池系统	购置	台	1	9.80	9.80

续表 12-3-8

序号	项目名称	建设性质	单位	数量	单价(万元)	合价(万元)
三	流量测验设备					29.43
1	缆道测流控制系统	购置	套	1	12.00	12.00
2	水文绞车	购置	台	1	1.50	1.50
3	电波流速仪	购置	套	1	5.00	5.00
4	探照灯	购置	盏	1	0.40	0.40
5	配电柜	购置	台	1	0.92	0.92
6	监视器	购置	台	1	0.51	0.51
7	图像监控系统	购置	套	1	4.70	4.70
8	台式计算机	购置	台	1	0.80	0.80
9	打印机	购置	台	1	0.30	0.30
10	水准仪	购置	台	1	0.50	0.50
11	经纬仪	购置	台	1	1.60	1.60
12	电子烘箱	购置	台	1	0.50	0.50
13	传真机	购置	台	1	0.70	0.70
四	报汛及通信设备					3.60
1	PSTN 有线通信	购置	套	1	0.30	0.30
2	RTU 及附属配套设备	购置	套	1	2.00	2.00
3	GSM/GPRS	购置	套	1	0.80	0.80
4	对讲机	购置	对	1	0.50	0.50
五	泥沙测验、颗分设备					2.30
1	电子天平	购置	套	1	1.80	1.80
2	烘干箱	购置	台	1	0.50	0.50
六	其他设备					14.05
1	柴油发电机	购置	台	1	6.50	6.50
2	供电变压器	购置	台	1	4.5	4.50
3	防雷设备	购置	套	1	3.05	3.05
	运杂费	需要运输设备的5% ~ 13%				4.41
	安装调试费	需要安装设备的5%				2.78
	一 ~ 二部分合计					419.03
	第三部分 独立费用					62.85
1	建设管理费	第一 ~ 二部分的15%				62.85
2	监理费					
3	勘测设计费					
4	环评费用					
5	征地					
	一 ~ 三部分合计					481.88
	基本预备费	一 ~ 三部分之和的15%				72.28
	静态总投资					554.16

表12-3-9　香达水文巡测站基础设施震后重建投资概算

序号	项目名称	建设性质	单位	数量	单价（万元）	合价（万元）
	第一部分　建筑工程					66.84
一	水位观测设施					49.34
1	直立式水尺	新建	根	2	0.22	0.44
2	水位自记塔	新建	座	1	38.0	38.00
3	水准点	新建	处	2	2.6	5.20
4	标志牌桩	新建	处	6	0.8	4.80
5	护岸	新建	米	15	0.06	0.90
二	附属设施工程					17.50
1	观测道路	新建	平方米	500	0.035	17.50
	第二部分　仪器设备购置					0.30
一	水位观测设备					0.30
1	气泡式水位计气室探头	购置	台	1	0.30	0.30
	第三部分　独立费用					10.03
1	建设管理费					
2	监理费		第一部分的15%			10.03
3	勘测设计费					
4	环评费用					
	一～三部分合计					77.17
	基本预备费		一～三部分之和的15%			11.57
	静态总投资					88.74

表12-3-10　下拉秀水文巡测站基础设施震后重建投资概算

序号	项目名称	建设性质	单位	数量	单价（万元）	合价（万元）
	第一部分　建筑工程					68.18
一	水位观测设施					49.98
1	直立式水尺	新建	根	9	0.22	1.98
2	水位自记塔	新建	座	1	38.0	38.00
3	水准点	新建	处	2	2.6	5.20
4	标志牌桩	新建	处	6	0.8	4.80
二	流量测验设施					7.70
1	双绳吊箱缆道	新建	处	1	7.7	7.70
三	附属设施工程					10.50
1	观测道路	新建	平方米	300	0.035	10.50
	第二部分　仪器设备购置					0.30
一	水位观测设备					0.30
1	气泡式水位计气室探头	购置	台	1	0.30	0.30
	第三部分　独立费用					10.23
1	建设管理费					
2	监理费		第一部分的15%			10.23
3	勘测设计费					
4	环评费用					
	一～三部分合计					78.71
	基本预备费		一～三部分之和的15%			11.81
	静态总投资					90.51

表 12-3-11 隆宝滩水文巡测站基础设施震后重建投资概算

序号	项目名称	建设性质	单位	数量	单价(万元)	合价(万元)
	第一部分 建筑工程					65.09
一	水位观测设施					49.34
1	直立式水尺	新建	根	2	0.22	0.44
2	水位自记塔	新建	座	1	38.0	38.00
3	水准点	新建	处	2	2.6	5.20
4	标志牌桩	新建	处	6	0.8	4.80
5	护岸	新建	米	15	0.06	0.90
二	附属设施工程					15.75
1	观测道路	新建	平方米	450	0.035	15.75
	第二部分 仪器设备购置					0.30
一	水位观测设备					0.30
1	气泡式水位计气室探头	购置	台	1	0.30	0.30
	第三部分 独立费用					0.98
1	建设管理费					
2	监理费		第一部分的 15%			0.98
3	勘测设计费					
4	环评费用					
	一~三部分合计					66.37
	基本预备费		一~三部分之和的 15%			9.95
	静态总投资					76.32

2. 灾后重建水环境仪器设备配置

水环境仪器设备配置总资金投入为 1 680.7 万元,详见表 12-3-12。

表 12-3-12 灾后重建水环境仪器设备配置

序号	项目名称	单位	数量	单价(万元)	合价(万元)
1	原子吸收分光光度计	台	3	66	198
2	连续流动注射仪	台	3	105	315
3	自动电位滴定仪	台	3	22	66
4	气相色谱质谱仪	台	3	90	270
5	电感耦合等离子体－质谱仪	台	3	170	540
6	移动实验室(含专用车、车载仪器)	套	1	297.71	291.7
合计					1 680.7

第四节　震损水利工程及险情处置方案

一、禅古水电站

（一）震损情况

禅古水电站震损情况主要表现在：①大坝坝顶排水沟处出现连续的纵向裂缝，长约56米，最大缝宽2~3厘米；②上游混凝土预制块护坡顶部与混凝土防浪墙脱开，长115米，最大缝宽17~20厘米；③大坝上游迎水坡下部出现隆起变形现象，距离坝顶防浪墙斜坡长27米；④大坝上游混凝土预制块护坡段中部出现塌滑，长71米，较宽处50~60厘米；⑤泄水闸启闭操作不灵活，闸门止水受损；⑥电站厂房结构多处出现裂缝。

（二）处置方案

禅古水电站工作组认为禅古水电站险情可定为次高危险情，溃坝的可能性不大，作应急处理后，可限制蓄水位进行发电。专家组结合查勘、复核情况，提出以下方案：①在背水坡坝脚填筑块石、石渣平台，高4米，顶宽10米，边坡1:2；②在迎水坡坝脚填筑块石、石渣平台，顶宽6米，平台顶高程3 786米（平台高7.6米）；③完成①、②两项措施后，限制低水位发电；④在大坝上游平台高程3 786米以上至坝顶修筑正六边形混凝土预制块护坡体（预制块边长30厘米、厚12厘米）平台处设现浇混凝土护坡脚槽，断面尺寸为1米×1米；⑤由青海省水利水电勘测设计研究院进一步复核下游坝坡抗震稳定性，必要时采取放缓边坡或加高下游平台等加固处理措施；⑥在坝轴线下游侧布置渗流观测断面（布设2~3个观测孔），对坝顶纵向裂缝采用开挖回填方式处理，下游坝脚处设量水堰，观测渗流情况；⑦更换泄洪冲砂闸闸门及电站蝶阀；⑧对大坝上游右岸岸坡采用宾格网箱石笼护坡；⑨对溢流堰表面局部混凝土剥落部位，采用环氧砂浆处理；⑩加强工程管理和设备维护，确保大坝备用电源安装到位，加强地震期和汛期巡查。

二、西杭、当代、拉贡水电站

（一）震损情况

受地震影响，西杭水电站厂房震毁，引水渠上方多处山体滑坡，造成引水渠多处严重垮塌，难以恢复。附近的引水渠高于地面约50米，山体坡度1:1.5，该处800多米长的引水渠下方山体顶部存在许多纵向裂缝，最大缝宽达20~30厘米，并有不同程度的下挫，山体稳定性差。当代水电站部分引水渠上方山体滑坡，致使引水渠多处严重垮塌，震损严重；引水渠上方集水面积较大，引水渠亦为排洪截流沟，泥沙及生活垃圾淤积严重，影响渠道正常引水。拉贡水电站上游电站进水闸、泄洪冲沙闸、溢流坝、土工膜斜墙砂砾石坝和下游电站厂房受地震影响很小。受震害情况有：进水闸下游左挡墙局部受损；发电厂房部分墙体出现裂缝，水轮机蝶阀附近有明显漏水；下游尾水渠右岸护堤局部垮塌，防洪标准不够。

（二）处置方案

针对水电站山体滑坡问题，专家组提出以下处置方案：①立即拆迁灾区加油站等，及时转移山下受威胁人员；②有关部门加强滑坡泥石流监测；③制订并完善山体滑坡有关应急预案，并落实有关措施。

三、结古镇巴塘河和扎西科河河道堤防

（一）震损情况

地震后，巴塘河河道未出现大的变化，两岸边坡未发现因地震导致的大规模滑坡现象，河道泄水正常。巴塘河和扎西科河交汇处上游大桥附近的堤防护岸工程堤脚淘刷严重，均需进行应急处理。扎西科河堤防上游部分堤段护坡垮塌严重，有的堤段存在裂缝、护坡脚淘刷损坏现象，多处堤段悬链式栏杆立柱脱落。上游一堤段弃土堆入河道，影响行洪。

（二）处置方案

结古镇堤防专家组提出的实施方案如下：

（1）巴塘河堤距为35～60米，最小堤距为15.3米。同时，宜尽量加大扎西科河汇合口下游堤距。

（2）新建长5 486米的堤防，其中扎西科河堤防长1 526米，巴塘河堤防长3 960米，修复长240米的堤防（其中扎西科河堤防长30米，巴塘河堤防长210米）；加固巴塘河堤防（堤段长1 163米），疏浚巴塘河553米长的河道，对扎西科河长3 900米的河道进行清淤。

（3）结古镇堤防堤顶高程按设计洪水水面线加0.7米超高确定。

（4）新建及修复的结古镇堤防采用仰斜式浆砌石挡土墙结构，墙顶宽0.6米，迎水面坡度1：0.3，背水面坡度1：0.15；基础埋置深度为巴塘河1.6～2.0米、扎西科河1.5米；基础埋置深度以上迎水坡面采用厚20厘米的纤维混凝土护面。

（5）巴塘河已建堤防加固设计方案：迎水坡采用厚20厘米纤维混凝土护面（不含基础）；墙顶设厚20厘米混凝土压顶，堤脚采用宽2.0米、厚30厘米宾格网箱石笼护底。

（6）实施河道疏浚及清淤，对疏浚河道中的电线杆采用混凝土圆筒围护。

（7）两岸近堤防冲槽长度为1.0～2.0米，间距按300米布置。

第五节　水土保持灾后重建

一、地震灾后水土保持综合规划

2010年5月13日，玉树地震灾后水土保持综合规划全面启动。重建规划涉及玉树

州6县(市)的21条小流域。该次灾后重建的规划区属于国家级水土流失重点预防保护区,其生态战略地位十分重要。根据省水土保持局核查统计,"4·14"玉树地震造成玉树县(市)、囊谦县、称多县、治多县和曲麻莱县的33座拦沙坝、40座谷坊、21.16公里长的沟岸防护工程严重震损,坝基沉陷、坝体裂缝。青海省水利厅、省水土保持局和玉树州水利(务)局的专业技术人员组成工作组,对33座拦沙坝全面勘测、排查、摸底,确定了18座拦沙坝在汛期来临之前应完成恢复重建工作。

二、水土保持工作

针对玉树州生态脆弱及灾后重建工程项目多、涉及面广、战线长的特点,玉树州水利(务)局依据《中华人民共和国水土保持法》及玉树州工程建设现状,按照"三同时"(同时设计、同时实施、同时投产使用)的原则,首先对在建工程从程序上严格控制,对建设过程中造成的生态破坏和水土流失,按照"事后恢复"的原则,监督施工单位恢复原状。2011年,在州县洪水泛滥的沟道上,共修建淤地坝12座。水保站在有效遏制水土流失的同时,积极开展水土保持后续治理和生态保护工作。通过水土保持工程措施和植物措施,使新增水土流失面积得到有效控制,原有水土流失得到有效治理,建立了水土保持生态保护长效机制。

水政监察按照《河道管理条例》加强执法力度,对河道采砂进行严格管理,严格审查采砂许可审批手续,关闭不达标砂石料场10座。

第六节　玉树地震灾后重建重点项目

玉树地震灾后重建工作启动后,青海省水利灾后重建指挥部和玉树州、县(市)水利(务)局按照"早部署、早安排、即刻动工"的原则,迅速组织水利抢险队对11项应急水利工程全面抢修,分别为结古镇堤防应急除险加固、结古镇堤防临时度汛、结古镇城区沟道排洪应急除险加固、结古镇赛马场过渡性安置点临时防洪、禅古水电站大坝应急除险加固5项防洪工程;禅古新社区水利配套基础设施和甘达新社区水利配套基础设施工程2项示范新村水利配套工程;结古镇应急水源(含民主村供水)、结古镇红卫村水源及应急供水、玉树州粮食储备库水源及应急供水、结古镇过渡性安置点供水等4项应急水源和供水工程。在省水利灾后重建指挥部和玉树州各级水利(务)部门的共同努力下,11项应急水利工程于2010年11月中旬完工并通过验收。

一、应急防洪工程重建

(一)结古镇堤防应急除险加固

玉树州结古镇堤防应急除险加固工程于5月5日正式开工建设,标志着玉树州灾后水利恢复重建应急防洪工程全面启动。根据玉树州灾后水利恢复重建应急防洪工程总体实施方案,工程建设资金 4 254 万元,施工期 6 个月。新建堤防 5 486 米,修复堤防 240 米,加固巴塘河堤防 1 163 米,疏浚巴塘河河道 553 米,为扎西科河清淤 3 900 米。工程总体实施方案在充分考虑汛期应急需要的基础上,与玉树灾后水利重建规划相结合,全面建设当地重要的防洪基础设施,使结古镇堤防防洪标准全面提高。

(二)结古镇城区沟道排洪应急除险加固

玉树地震后,结古镇城区 9 条沟道的排洪渠遭受不同程度损毁,防洪安全形势十分严峻。按照省玉树抗震救灾指挥部《关于尽快做好当前恢复重建中相关工作的通知》的安排,青海水利抗震救灾指挥部安排专家现场踏勘了结古镇城区沟道损坏情况,并提出了结古镇城区沟道排洪应急除险加固的实施方案。结古镇城区 9 条沟道排洪渠,有 7 条于 6 月 30 日前全部完工,1 条于 8 月 10 日完工,整个工程于 10 月中旬完工。各项指标达到设计要求,工程通过完工验收并交付使用。结古镇居民及援建队伍,共 12.1 万人的供水安全有了保障。

(三)结古镇赛马场过渡性安置点临时防洪

2010 年 5 月 30 日,保障玉树灾区受灾群众饮用水安全和防洪安全的两项重点工程——结古镇过渡性安置点供水工程和赛马场过渡性安置点临时防洪工程同时开工建设。青海省玉树灾后重建现场指挥部第一副指挥长、副省长张建民宣布开工。

按照青海省玉树灾后重建现场指挥部的统一部署和结古镇过渡性安置点规划要求,青海省水利厅和玉树州政府在最短的时间内编制完成了工程实施方案,并完善、健全了基本建设程序。过渡性安置点供水工程总投资 953.73 万元,与当时正在建设的民主村、红卫村应急水源和城镇原有水源相结合,新建给水管道 40.02 公里、阀门井 535 座,项目于 7 月 20 日全面建成,保证灾后各安置点 9.72 万受灾群众 3~5 年过渡期的用水需求。赛马场过渡性安置点临时防洪工程总投资 300 余万元,修建沙袋堤防 9 384.4 米,项目于 6 月 30 日建成,为赛马场安置点 8 597 户 34 388 人提供防洪保障。

二、水电站重建修复工程

"4·14"地震使原本薄弱的小水电受到了前所未有的破坏,原有的 22 座小水电中有 19 座被不同程度地震毁、震损,其中西杭、当代 2 座水电站震毁,受损电站的总装机容量为 26.85 兆瓦,主要受损建筑物为 1 座大坝、12 座泄洪建筑物、12 座引水建筑物、14 座厂房及尾水建筑物、4 座生产生活设施、15 座升压站,共造成直接经济损失 1.6 亿元。按照玉树地震灾后重建工作安排,对 11 座受损水电站开展了重建修复工作。

(一)科玛水电站修复工程

该工程于 2011 年 7 月开工,总投资为 1 560 万元。2011 年 9 月 28 日 19 时 53 分,其 1# 机组恢复发电,2# 机组也在 10 月 2 号并网。电站恢复后,运行平稳,各项技术参数正常。日平均发电量约 2.4 万千瓦时。

(二)禅古水电站修复工程

该工程于 2010 年 4 月 19 日正式开工,水利部拨付资金 80 万元。经过参建单位 10

多天的紧张建设,共填筑土石方8 100立方米,于5月2日通过了专家组阶段性验收,拟投入运行的部分工程全部合格,具备了低水位下闸蓄水条件,5月3日正式下闸蓄水,并于5月5日开始低水位发电,吉狄马加、邓本太在仪式上共同启动了发电机。

（三）查隆通水电站工程

该工程于2010年5月17日正式开工建设,总投资约1.92亿元。2011年2月14日完成一期导截留,同时主体工程开工,到3月中旬,土建工程基本完工,工程进入机组安装阶段,2012年1月15日机组安装完成并试运行发电。

（四）当卡水电站工程

该工程于2012年9月开工建设,总投资约2.8亿元。于2014年12月25日进行大坝安全鉴定,结论为合格。2015年1月15日大坝蓄水,2月5日第一台机组试运行发电,2月6日第二台机组试运行发电,5月27日16时,当卡水电站工程实现1#发电机组并网发电,全面建成并投产发电。

（五）尕朵水电站震损修复工程

该工程于2011年6月开工,当年7月竣工。建设地点在尕朵乡,完成了引水枢纽土石坝加固等建设内容,工程投资为278万元,由青海宏星建设工程公司完成施工。2011年8月通过初步验收。

三、供水重建工程

玉树地震灾害发生后,青海省水利厅组织13支应急供水抢修队对震区19个片区的供水工程进行全力抢修,确保灾区群众早日喝上干净水。

（一）扎西科赛马场新铺设供水管道

2010年4月26日上午10时15分,青海省水利厅抗震救灾总指挥于丛乐按下电钮,结古镇自来水厂2#泵房顿时机声隆隆,从地下30米深处汲取而出的洁净水通过7.3公里的新设管道,输送到了扎西科受灾群众安置点。该供水工程专为结古镇最大的受灾群众安置点供水,日供水1 200吨,按40升/(人·天)分配,可供30 000人的日常用水。

这一工程的建成运行标志着玉树灾区19个片区应急供水工程和过渡性安置供水任务全面完成。

（二）玉树县隆宝镇措多村分散式供水工程

该工程由青海省发改委以青发改投资〔2010〕1247号文件批准建设,资金来源为中央专项资金。项目法人为玉树县(市)水利局。建设内容:保温土井28眼,其中井深为10米、15米、20米、25米的分别有12眼、9眼、5眼和2眼,采用钢筋混凝土井圈,井径0.8米,配备提水设备28套。工程于2013年8月开工,2013年底完工。

（三）玉树州结古镇供水厂

该工程位于结古镇果青村,其远期占地47.85亩,近期占地32.55亩,海拔3 780米,是当时全世界海拔最高的一座供水厂。结古镇供水厂包括综合楼、变配电室、加氯加药间、清水池、锅炉房、自用水泵房等11项构、建筑物。工程由北京市市政四建设工程有限责任公司承建施工,于2011年11月20日竣工验收。

第七节　灾后重建成果

　　自 2010 年地震后,在党和国家及全国各界爱心人士的帮助下,全州民生水利和生态水利方面发生了巨大变化。据统计,玉树灾后重建水利项目包括人饮供水工程、防洪工程、水保设施工程、水文局及水资源监测工程、农田灌溉工程、水电工程、下游雨水排水工程及防汛设施 8 项 115 个项目,总投资 88 639.38 万元。其中,人饮供水工程 80 项,投资 35 036.61 万元;防洪工程 4 个,投资 46 358 万元;水保设施 12 个,投资 2 505 万元;水文及水资源监测 2 个,投资 1 444 万元;灌溉设施 7 个,投资 1 181.77 万元;水电项目 5 个,投资 524 万元;防汛设施 1 个,投资 390 万元;下游雨水排水工程 4 个,投资 1 200 万元。这些是玉树建政至 2009 年各项水利事业投资总和的 1.6 倍。

　　2010 年 4 月 17 日,在水利部、长江水利委员会的支持下,青海省水利厅着手《青海玉树地震水利灾后恢复重建规划》的编制工作;5 月 4 日,《青海玉树地震灾后水利恢复重建规划》在北京通过水利部组织的专家审查;5 月 5 日,玉树灾区结古镇堤防应急除险加固工程正式开工建设,结古镇周边德念沟等 9 条灾害性沟道治理同日开工;5 月 30 日,结古镇过渡安置点供水工程及赛马场安置点临时防洪工程正式开工。1 500 多名水利水电建设者按照青海省委、省政府的部署,日夜奋战在水利灾后恢复重建一线。截至 2010 年 6 月 17 日,玉树灾后水利恢复重建工程开工建设 11 项。6 月 19—22 日,青海省防汛抗旱指挥部副总指挥、省水利厅厅长于丛乐、副厅长张晓宁和张世丰、纪检组长周慧一行对结古镇应急防洪及供水工程建设工作进行检查指导,督促落实《青海省玉树地震灾区应急度汛方案》,加快结古镇应急防洪及供水工程建设进度,保障震区群众、机关单位、重建施工单位用水,严防洪水、泥石流等灾害发生,确保玉树地震灾区恢复重建工作高效有序进行。在玉树水利灾后恢复重建工作中,省、州、县水利部门三级联动,协同作战,全力以赴,确保在 6 月 30 日前完成应急防洪工程,7 月 20 日前全面完成过渡安置点供水工程建设。

　　结古镇新增项目有结古镇当代尾水下游、新寨雨水下游、慢性病医院等 8 处防洪设施和雨水下游排水工程。同时实施完成了总投资约 1 000 万元的赛马场河道治理工程。

　　2013 年 9 月 10 日,为期 3 年的玉树地震灾区地质灾害防治工程全面完成,并顺利通过验收。其中 18 条泥石流沟地质灾害治理工程累计完成投资 1.8 亿元,在汛期有效防治了洪水和泥石流暴发,4 段不稳定斜坡治理工程累计投资 1.2 亿元,一定程度上消除了周边主要地质灾害隐患,得到了当地政府和群众的高度赞誉,对建设社会主义新玉树、构建和谐玉树起到了积极作用。

　　2014 年 2 月 13 日,青海省国土资源厅,玉树州、县(市)国土资源局组成联合工作组,对青海省第二测绘院玉树分院承担的玉树州灾后重建重点城镇地形图测绘及土地确权登记发证工作相关资料进行了检查验收,工作组一致认为数据准确、质量可靠并通过验收。

第十三章　水利投资与水利扶贫

水利投资是兴修水利、保障水利工程安全有效运行的关键之举。水利投资的多少在一定程度上决定着水利事业的发展。自玉树州成立以来，国家和省级相关单位高度重视玉树州水利事业的发展，每年都不同程度地给予其水利投资。"十一五"时期，中央出台一系列指向明确、作用直接、见效迅速的水利扶持政策，全国水利投入大幅度增加，各地也积极制定政策措施，千方百计地增加水利投资。"十二五"期间，病险水库除险加固、中小河流治理、山洪灾害防治、农村安全饮水、大型灌区改造、小型农田水利重点县（市）建设等项目大规模实施，水利建设投资继续保持较高强度。玉树州经济较为落后，水利事业的发展，绝大程度上依赖于中央、国家及省级财政的投资。

随着国家、政府及当地群众对水利工作的重视程度不断加强，水利投资逐渐有所保证，水利扶贫工作呈现出新的局面。

第一节　水利投资

针对玉树州的水利建设与水利工程维护，每年投资程度不一。由于资料缺乏，21世纪以前投资到玉树州水利建设的资金无法一一统计，仅统计到1999年玉树州的水利总投资为696万元。进入21世纪后，国家和青海省政府对玉树州水利建设资金投入更加重视，投入资金较20世纪投入明显增加。据不完全统计，2000—2005年（2001年除外），全州各项水利计划总投资为9 175.55万元；2006—2011年，全州各项水利计划总投资为108 835.7万元；2012—2016年，全州各项水利计划总投资为111 977.27万元。

资金分类：防汛资金、以工代赈、政策扶贫、支发资金、水利部、国家计委、国家专项、国债资金、农业开发、防汛抗旱、水资源费、电气化项目、省级财政、中央投资、水利普查、水文水资源、农村饮水安全、灌区配套节水改造、设施农业、老化失修、山洪灾害、水土保持、中小河流治理、小型农田水利、沟道河道治理、水利工程维修养护等。

一、2000—2005年水利投资成效

2000—2005年（2001年除外），玉树州各项水利计划总投资9 175.55万元，资金来源有补助资金和自筹资金，其中补助资金5 178.2万元，自筹资金3 997.35万元。全州

分年投资如下:

(一)2000年水利投资

2000年投入资金共576万元,分别为:防汛资金70万元,用于玉树县结古镇防洪工程和曲麻莱县聂恰河防洪工程;抗旱资金50万元,用于曲麻莱县约改滩人饮工程;以工代赈资金50万元,用于称多县赛河阿多村人饮工程;财政扶贫资金174万元,用于玉树县电气化县建设;支发资金15万元,用于玉树县结古镇格吉宗科人饮工程;水利部资金115万元,用于玉树县电气化县建设和玉树县巴塘乡人饮工程;国家专项资金102万元,用于昂欠县香达乡冷日达荣村人饮、称多县拉布乡郭武村人饮、称多县称文乡达哇村人饮、杂多县阿多乡瓦河村人饮和曲麻莱县秋智乡人饮工程。

(二)2002年水利投资

2002年投入资金共1 024.55万元(补助资金802.2万元 + 自筹资金222.35万元),分别为:支农防汛资金31万元,用于玉树县仲达乡水毁工程修复、玉树县结古镇新寨村防洪工程、结古镇防洪工程和称多县县城防洪工程;水利部资金368.55万元(补助资金360.2万元 + 自筹资金8.35万元),用于巴塘河治理工程、玉树县电气化县建设、玉树州水保预防监督、称多县电气化县建设、称多县水保预防监督、治多县水保预防监督、杂多县水保预防监督和曲麻莱县水保预防监督;以工代赈资金42万元,用于玉树县安冲乡来叶村人饮工程;国债资金583万元(补助资金369万元 + 自筹资金214万元),用于玉树县孟宗沟人饮、玉树县下拉秀乡尕玛村人饮、玉树县结古镇东风村人饮、昂欠县觉拉乡卡容尼村人饮、昂欠县香达乡牛日哇及德来村人饮、昂欠县香达乡拉藏氟改水工程、称多县称文乡根卓村人饮、称多县歇武乡阿卓茸巴村人饮、称多县赛河乡赛河村人饮、治多县当江乡改查人饮、治多县立新乡叶青村人饮、治多县治渠乡治加村人饮、杂多县扎青乡战斗村人饮、杂多县结扎乡扎荣村人饮和曲麻莱县巴干乡人饮工程。

(三)2003年水利投资

2003年投入资金共3 455万元(补助资金1 444万元 + 自筹资金2 011万元),分别为:支农防汛资金390万元,用于结古镇北山防洪工程、昂欠县香曲河防洪工程、称多县县城防洪工程和曲麻莱县电站水毁工程;水利部资金1 838万元(补助资金120万元 + 自筹资金1 718万元),用于玉树县电气化县建设和称多县电气化县建设;财政支农资金284万元,用于玉树县和称多县电气化县建设;国债资金818万元(补助资金535万元 + 自筹资金283万元),用于玉树县结古镇代莫路村人饮、玉树县巴塘乡铁力角村人饮、昂欠县东坝乡吉赛村人饮、昂欠县白扎乡也巴等3村人饮、昂欠县香达镇南山新村人饮、称多县称文乡色宝滩人饮、称多县拉布乡拉曲北人饮、治多县索加乡人饮、治多县索加乡君曲、莫曲、当曲工程、杂多县旦云乡达谷村人饮、杂多县扎青乡地青等3村人饮和曲麻莱县叶格乡龙麻村人饮;农业开发资金125万元(补助资金115万元 + 自筹资金10万元),用于昂欠县坎达中低产田改造项目。

(四)2004年水利投资

2004年投入资金共2 589万元(补助资金1 596万元 + 自筹资金993万元),分别为:支农防汛资金155万元,用于玉树县仲达乡电达村排洪渠、扎曲河玉树水毁工程、抗洪抢险物资、州民族学校段防洪、防洪清淤台班费、称多县防洪工程、治多县雅砻沟防洪治理、治多县聂恰河防洪工程、杂多县防洪工程和曲麻莱县防洪工程;水利部资金600万元,用于玉树县电气化县建设、称多县电气化县建设、巴塘河治理工程;财政支农资金40万元,用于玉树县和称多县电气化县建设;以工代赈资金70万元(补助资金65万元+自筹资金5万元),用于囊谦县着晓乡优永村人饮工程;国债资金1 724万元(补助资金966万元+自筹资金758万元),用于定居点人畜饮水工程、玉树县巴塘乡上巴塘人畜饮水工程、玉树州结古镇防洪、昂欠县香达镇青土村人饮、昂欠县白扎乡也巴村人畜饮水工程、称多县歇武镇歇武沟人畜饮水工程、称多县歇武镇歇武沟人饮(二期)、治多县加吉博洛镇日青村人饮和曲麻莱约改滩人畜饮水工程。

（五）2005年水利投资

2005年投入资金共1 531万元(补助资金760万元+自筹资金771万元),分别为:支农防汛资金145万元,用于玉树县安冲拉则防洪工程、玉树县结古镇赛龙沟治理工程、昂欠县香曲河县城段下游疏浚、称多县歇武镇防洪工程水毁修复工程、治多县义秀沟防洪水毁修复、曲麻莱县县城防洪工程建设、洪灾清淤疏浚台班费;水利部资金700万元(补助资金120万元+自筹资金580万元),用于玉树县和称多县电气化县建设;财政支农资金120万元,用于玉树县和称多县电气化县建设;以工代赈资金306万元(补助资金207万元+自筹资金99万元),用于玉树县上拉秀日麻措龙人饮、昂欠县吉曲乡外户卡村人饮、称多县珍秦乡秦巴龙人饮、治多县治渠乡同卡村人饮、杂多县扎青乡格赛村人饮工程;国债资金260万元(补助资金168万元+自筹资金92万元),用于称多县珍秦乡十一村人畜饮水工程、曲麻莱县约改滩人畜饮水工程和曲麻莱县秋智乡布普人畜饮水工程。

二、2006—2011年水利投资

2006—2011年,玉树州各项水利计划总投资108 835.7万元,资金来源有补助资金、配套资金、预算内资金、中央财政资金、省级资金和自筹资金。其中补助资金17 015.7万元,配套资金1 123万元,预算内资金76 574万元,中央财政资金3 013万元,省级资金2 563万元和自筹资金8 547万元。全州分年投资如下:

（一）2006年水利投资

2006年投入资金共3 831万元(补助资金1 894万元+自筹资金1 937万元),分别为:防汛抗旱资金207万元,用于结古镇沙松沟排洪渠水毁修复、囊谦县香曲河县城段防洪堤水毁修复、囊谦县抗旱水源工程、囊谦县白扎乡八钢地区人饮工程、称多县称文色宝滩等人饮工程修复、称多县县城重点防洪工程、称多县塞和乡扎巴村人饮工程、治多县立新乡扎西人饮工程、曲麻莱县巴干乡代曲村水毁管道维修、曲麻莱县县城排洪渠建设;财政支农资金1 702万元(补助资金492万元+自筹资金1 210万元),用于囊谦县白扎电站、称多县尕多电站和曲麻莱县德曲电站的建设;以工代赈资金120万元(补助资金100万元+自筹资金20万元),用于称多县称文镇者贝村和治多县立新乡扎西村人畜饮水工程;国债资金1 802万元(补助资金1 095万元+自筹资金707万元),用于结古镇防洪工程、玉树县仲达乡尕拉村人饮、玉树县隆宝镇代青村人饮工程、昂欠县吉尼赛乡拉翁村人饮、昂欠县香达镇巴米贡村人畜饮水工程、称多县孔雀沟流域治理、称多县珍秦乡一村人饮、称多县歇武镇人畜饮水工程(二期)、治多县扎河乡治赛村人畜饮水、治多县立新乡岗察村一队人畜饮水工程、治多县立新乡岗察村一队人畜饮水、杂多县阿多乡多加村人饮、杂多县苏鲁乡多晓村人饮工程、曲麻莱县麻多乡扎加村人饮和曲麻莱县曲麻河乡昂拉村人畜饮水工程。

(二)2007年水利投资

2007年投入资金共3 197.3万元(补助资金1 975.3万元＋自筹资金1 222万元)，分别为：水资源费155.9万元，用于玉树州水量统计水资源管理能力建设、水资源管理能力建设、水量统计和囊谦县水资源管理能力建设；国债资金2 253万元(补助资金1 089万元＋自筹资金1 164万元)，用于玉树县结古镇民主村热吾沟人畜饮水安全工程、巴塘乡上巴塘村人畜饮水工程、上拉秀乡日玛村人畜饮水工程、囊谦县白扎水电站、毛庄乡赛吾村人畜饮水工程、尕羊乡茶滩村人畜饮水工程、称多县尕多水电站、扎多镇生态移民社区供水工程、歇武镇人畜饮水二期工程、拉布乡帮布村人畜饮水工程、称文乡孔雀沟流域水土保持综合治理工程、称文沟人畜饮水工程、治多县加吉博洛格镇贡萨社区供水工程、治渠乡江庆村人畜饮水工程、杂多县扎青乡战斗一社人畜饮水工程、曲麻莱县德曲水电站、巴干乡代曲村人畜饮水工程和曲麻河乡人畜饮水工程；防汛抗旱资金130万元，用于州本级德念沟防洪工程应急整治、囊谦县县城防洪工程水毁应急修复、称多县珍秦乡等地水利设施水毁应急修复、治多县多彩乡达生村人饮工程、曲麻莱县约改镇供水网1号引水口水毁应急修复和曲麻莱叶格龙麻村人饮工程；以工代赈资金310万元(补助资金280万元＋自筹资金30万元)，用于玉树县上拉秀乡加村人畜饮水工程、仲达乡塘龙社人饮工程、囊谦县觉拉乡卡荣尼村三社人饮工程、称多县尕多乡桌木其村灌溉工程和曲麻莱县郭阳村人饮工程；财政资金256万元，用于玉树县结古镇扎西村人饮工程、囊谦县白扎电站建设、称多县尕多电站建设、称文镇卡俄村人饮工程、治多县加吉博洛岗察村人饮工程和杂多县新秀乡扎瓦村人饮工程；部属资金92.4万元(补助资金64.4万元＋自筹资金28万元)，用于水土保持预防保护、称多县水土保持预防保护、治多县水土保持预防保护、曲麻莱县水土保持预防保护和曲麻莱黄河上中游水土保持项目。

(三)2008年水利投资

2008年投入资金共2 935.4万元(补助资金2 573.4万元＋自筹资金362万元)，分别为：水资源费30.4万元，用于水功能区管理和称多县水资源管理能力建设；预算内资金554万元(补助资金370万元＋自筹资金30万元)，用于玉树县结古镇东尼格移民社区供水工程,囊谦县香达镇日却村,格日哇村人畜饮水工程,称多县尕朵乡着木其村人畜饮水工程,治多县扎河乡马塞村人畜饮水工程和杂多县撒呼腾镇塔那滩移民社区供水工程；电气化项目资金1 101万元(补助资金891万元＋自筹资金210万元)，用于囊谦县白扎水电站、称多县尕多代燃料项目、曲麻莱县德曲水电站和曲麻莱县输电线路建设；防汛抗旱资金286万元，用于结古镇萨群沟渠维修、新建路排洪渠水毁修复,巴塘河防洪工程应急整治,昂欠县香达镇排洪渠水毁修复工程,囊谦县香曲河堤防应急整治,称多县尕朵乡吉新村库前沟防洪工程,称多县歇武镇供水管道修复,治多县县城防洪工程水毁修复,杂多县县城防洪工程水毁修复,杂多县昂塞乡排洪渠水毁修复,杂多县县城人畜饮水管道修复,曲麻莱县约改镇、巴干、叶格乡水毁工程修复和曲麻莱县县城供水管道修复;以工代赈资金400万元(补助资金370万元+自筹资金30万元),用于玉树县小苏莽乡长青社、塔玛社、巴拉社人畜饮水,囊谦县白扎乡巴尼村、香达镇卡宏村人畜饮水工程,称多县称文镇下庄村、珍秦乡十村二社、拉布乡拉司通村人畜饮水工程;农业开发资金324万元(补助资金238万元+自筹资金86万元),用于囊谦县娘拉乡中低产田改造项目;省级财政资金240万元,用于玉树县孟宗沟防洪工程、结古镇民主村热吾沟、小苏莽乡拉日村、巴塘乡下巴塘村、哈秀乡岗日村然布青人畜饮水工程建设、称多县称文镇芒察村芒察社、珍秦九村人畜饮水工程和曲麻莱县麻多乡哈秀乡哈秀村人畜饮水工程。

(四)2009年水利投资

2009年投入资金共2 363万元(补助资金2 039万元+自筹资金324万元),分别为:水资源费99万元,用于玉树县基层水资源管理基础能力建设、称多县水源地保护工程项目、杂多县基层水资源管理基础能力建设和曲麻莱县基层水资源管理基础能力建设;预算内资金1 104万元(补助资金866万元+自筹资金238万元),用于玉树县结古镇新寨村及当卡尼姑寺人畜饮水安全工程、囊谦白扎水电站、囊谦县吉尼赛乡瓦作村人畜饮水安全工程、称多县歇武村牧业村管道饮水安全工程和曲麻莱输电线路;电气化项目资金350万元,用于囊谦县白扎水电站、称多县尕多水电站和曲麻莱县输电线路;防汛抗旱资金240万元,用于玉树县美门社防洪堤水毁修复、当代沟防洪应急工程、囊谦县县城防洪工程水毁修复、称多县歇武镇白塔防洪沟应急治理、称多县称文镇扎西陇巴等村人畜饮水修复、称多县尕朵乡岗由村来由社区人饮工程修建、治多加吉博洛格镇防洪设施水毁修复、杂多县然子沟防洪堤水毁修复和曲麻莱县城防洪工程水毁修复;以工代赈资金197万元(补助资金190万元+自筹资金7万元),用于囊谦县娘拉乡下拉村灌溉工程和称多县拉布乡达哇村达哇社灌区改造;农业开发资金355万元(补助资金276万元+自筹资金79万元),用于囊谦县吉曲外户卡村中低产田改造项目;省级财政资金18万元,用于玉树县结古镇民主村热吾沟,囊谦县香达镇日却村、格日哇村,称多县称文沟、扎河乡马塞村、尕朵乡着木其村,治多县治渠乡江庆村,曲麻莱县曲麻河乡人畜饮水工程。

(五)2010年水利投资

2010年投入资金共12 571万元(补助资金8 534万元+配套资金1 123万元+自筹资金2 914万元),分别为:水资源费420万元,用于玉树州中心水管站、囊谦县中心水管站、称多县中心水管站、称多县水源地保护工程项目、称多县歇武镇曾托村水源地保护与水源涵养工程、治多县中心水管站和治多县水资源管理基础能力建设;预算内资金10 248万元(补助资金7 071万元+配套资金263万元+自筹2 914万元),用于结古镇防洪工程,禅古水电站水库震损应急专项,囊谦县吉曲乡山荣(桑涌)人畜饮水安全工程,囊谦县娘拉乡下拉村、东坝乡吉赛村人饮工程,东坝乡过永村牧民定居点人饮工程,囊谦县香达镇坡耕地整治工程,囊谦觉拉小水电以电代燃料项目,称多浦口小水电以电代燃料项目,细曲河流域综合治理工程,扎多镇革新村、清水河镇中卡、尕青村人饮工程、拉布乡兰达村人畜饮水安全工程,治多索加乡当曲、牙曲2村人饮工程,杂多县阿多乡扑克村人畜饮水工程,杂多县查旦乡达谷、跃尼人饮工程和曲麻莱约改镇长江、岗当、格欠人饮工程;防汛抗旱资金243万元,用于6县防汛应急通信及办公设备购置,孕朵水电站进水口水毁修复,州级防汛物资储备,玉树县防汛物资储备,囊谦县县城防洪工程水毁修复,称多县歇武镇歇武村格日沟、西巴陇沟防洪工程和曲麻莱县县城防洪工程水毁修复;以工代赈资金320万元,用于囊谦县娘拉乡蔬菜基地灌溉渠道工程、称多县称文镇上下克哇人饮管道维修工程和拉布乡郭吾村农田灌溉工程;省级财政资金1 340万元(补助资金900万元 + 配套资金440万元),用于囊谦县觉拉代燃料项目、称多县浦口代燃料项目和灾区临时应急人畜饮水工程。

(六)2011年水利投资

2011年投入资金共83 938万元(预算内资金76 574万元 + 中央财政资金3 013万元 + 省级资金2 563万元 + 自筹资金1 788万元),分别为:水资源费295万元,用于州本级2011年工业、城镇生活用水调查统计、州本级水利普查补助、玉树州水利局办公能力建设、玉树县水利局办公能力建设、玉树县结古镇结古寺灾后重建饮水安全工程和称多县水务局能力建设;预算内资金6 297万元(预算内3 485万元 + 省级资金1 024万元 + 自筹1 788万元),用于玉树州水政监察支队,囊谦县香曲河流域综合治理工程,苏莽水电站,觉拉代燃料项目,觉拉乡那索尼村游牧民定居点、白扎乡卡那村(含甘达寺)饮水安全工程,香达镇钱麦村、白扎乡白扎村人畜饮水安全工程,称多县浦口代燃料项目,细曲河流域综合治理工程,珍秦镇四村、七村、扎朵镇上红旗村、向阳村、拉布乡司通饮水安全工程,治多多彩乡拉日、当江荣等四村饮水安全工程,杂多县查旦乡齐云、巴青安全饮水工程和曲麻莱秋智乡布甫等三村人饮安全工程;防汛抗旱资金25万元,用于杂多县县城防洪渠水毁应急修复;以工代赈资金418万元,用于囊谦县香达镇江卡村、吉曲乡瓦堡村、吉曲乡巴沙村、白扎乡吉沙村、称多县拉布乡达哇村达哇社、巴热社、称文镇芒查村易地扶贫搬迁试点工程配套人畜饮水工程、称多县称文镇宋当村人畜饮水工程和囊谦县白扎乡东坝农田灌溉改造;中央财政资金2 988万元,用于称多县细曲河防洪工程和杂多县布当曲防洪工程;省级财政资金826万元,用于囊谦县觉拉代燃料项目、称多县浦口代燃料项目、称多县细曲河防洪工程和杂多县布当曲防洪工程;中央投资73 089万元,用于灾后重建。

三、2012—2016年水利投资

自2012年开始,水利下达资金按县(市)统计。2012—2016年全州投资共111 977.27万元。其中玉树州本级19 790.59万元,玉树县(市)15 214.95万元,囊谦县35 447.56万元,称多县17 322.36万元,治多县7 021.00万元,杂多县8 859.81万元,曲麻莱县8 321.00万元。

(一)2012年

2012年全州水利投资共8 346.72万元,分配如下:

玉树州本级投资共195万元,包括:防汛抗旱应急资金95万元,用于巴塘河河道应急疏浚及清淤工程、防汛抢险费用和防汛物资准备;水利普查资金 50 万元;水文水资源费 50 万元,用于取水许可台账建设和温室水源配套工程。

玉树县投资共 1 369.76 万元,包括:农村饮水安全工程提升资金 457 万元,用于玉树县结古寺饮水安全工程;灌区配套节水改造资金 300 万元,用于相古渠道泵站改造工程;防汛抗旱应急资金 70 万元,用于玉树县结古镇赛马场人饮管道应急修复、扎西科河道应急疏浚及清淤工程、防汛抢险及排洪渠水毁修复;山洪灾害资金 542.76 万元,用于山洪灾害防治县级非工程措施建设和自动气象站点及预警分析系统建设。

囊谦县投资共 3 158.96 万元,包括:农村饮水安全工程提升资金 1 265 万元,用于曲吉乡江麻村、香达镇大桥村、香达镇多昌村、东坝乡热拉村、觉拉乡交江尼村、着晓乡巴尕村、尕羊乡麦多村游牧民定居点饮水安全工程;灌区配套节水改造老化失修资金 128 万元;农业开发资金 278 万元,用于觉拉尕少中低产田改造项目;防汛抗旱资金 50 万元,用于香达镇扎曲河城东段防洪堤应急修复工程和移民区防洪工程水毁修复;山洪灾害资金 597.96 万元,用于山洪灾害防治县级非工程措施建设和自动气象站点及预警分析系统建设;水文水资源费 26 万元,用于白扎乡也巴村人饮工程;电气化县及代燃料资金 325 万元,用于苏莽水电站;水土保持资金 489 万元,用于祁连县拉洞沟流域综合治理工程。

称多县投资共 1 538 万元,包括:农村饮水安全工程提升资金 1 357 万元,用于扎朵镇治多、直美、东方红村,清水河镇红旗、扎哈、普桑、文措、扎麻村,珍秦乡康纳寺及周边饮水安全工程;灌区配套节水改造资金 146 万元,用于尕多水电站维修工程;防汛抗旱资金 35 万元,用于称多县周筘排洪渠应急工程和县城防洪工程水毁工程。

治多县投资共 653 万元,包括:农村饮水安全工程提升资金 618 万元,用于索加乡莫曲、君曲两村,智渠乡同卡、江庆、治加三村饮水安全工程;防汛抗旱资金 35 万元,用于治多县加吉博格镇排洪渠应急修复工程和县城防洪渠水毁修复。

杂多县投资共 45 万元,包括:防汛抗旱资金 45 万元,用于萨呼腾镇然子 1 号排洪渠水毁应急修复工程和县城防洪渠水毁修复。

曲麻莱县投资共 1 387 万元,包括:农村饮水安全工程提升资金 672 万元,用于叶格尔乡莱阳、龙麻、红旗村饮水安全工程;防汛抗旱资金 45 万元,用于巴干乡排洪渠应急工程和县城防洪渠水毁修复;水文水资源费 40 万元,用于曲麻莱县中心水管站;电气化县及代燃料资金 630 万元,用于曲麻莱县 10 千伏输电线路和 11 千伏输电线路。

(二)2013 年

2013 年全州水利投资共 38 607.49 万元,分配如下:

玉树州本级投资共 19 230 万元,包括:农村饮水安全工程提升资金 14 800 万元,用于农牧民新增安置点人畜饮水工程;防汛抗旱资金 4 020 万元,用于防汛应急抢险物资储备和农牧民新增安置点防洪工程;山洪灾害资金 100 万元,用于监测预警信息及共享系统建设;水文水资源费 10 万元,用于水资源开发利用统计、管理控制指标分解与实施补助;水利前期工作经费 300 万元,用于通天河河道治理工程(编制可行性研究报告)。

玉树县投资共 95 万元,包括:防汛抗旱资金 25 万元,用于结古镇河道疏浚工程;山洪灾害资金 70 万元,用于预警系统补充完善、群测群防体系完善、图像监测系统建设和计算机网络及会商系统建设。

囊谦县投资共7 322.72万元,包括:农村饮水安全工程提升资金4 449万元,用于香达镇东才西村,冷日、江卡、砍达三村,白扎乡查秀村,吉尼赛乡麦曲村,尕羊乡色青、麦买两村,白扎乡东日尕、生达、潘红三村和中心寄小饮水安全工程、香达镇、尕羊乡、吉曲乡、东坝乡、游牧民定居点饮水安全工程和娘拉、毛庄、白扎、尼塞四乡四村及游牧民定居饮水安全工程(151游牧民);防汛抗旱资金495万元,用于香达镇应急防洪及县城应急防洪工程和觉拉寺应急防洪工程;山洪灾害资金60万元,用于预警系统补充完善、群测群防体系完善、图像监测系统建设和计算机网络及会商系统建设;中小河流治理资金1 878.72万元,用于香达镇香曲河防洪工程;水文水资源费40万元,用于囊谦县中心水管站;水利前期工作经费200万元,用于囊谦县澜沧江水利风景区规划;电气化县及代燃料总计200万元,用于苏莽水电站水工建筑物、发电厂房、送出工程。

称多县投资共6 054.77万元,包括:农村饮水安全工程提升资金1 930万元,用于清水河镇红旗、扎哈、普桑、文措、扎麻村、珍秦镇八村饮水安全工程、清水河镇、扎朵镇、秦珍镇、尕朵乡游牧民定居点饮水安全工程;以工代赈小农水资金200万元,用于称文镇宋当村小型水利工程;防汛抗旱资金25万元,用于县城排洪渠水毁修复工程;中小河流治理资金3 899.77万元,用于歇武镇歇武系曲防洪工程和拉曲防洪工程。

治多县投资共552万元,包括:农村饮水安全工程提升资金327万元,用于扎河乡智赛、大旺、口前三村,加吉博洛镇索加乡、扎河乡游牧民定居点饮水安全工程;防汛抗旱资金225万元,用于玉树州水利局抗旱服务队和加吉博洛镇叶秀沟应急防洪工程。

杂多县投资共2 826万元,包括:农村饮水安全工程提升资金2 751万元,用于结多乡巴麻、达阿、藏尕、优多、优美五村,莫云乡巴祥、达英、格云、结绕四村,阿多乡多加、吉乃、瓦河、朴克四村饮水安全工程;防汛抗旱资金75万元,用于萨呼腾镇石洞北及考少下青沟应急防洪工程。

曲麻莱县投资共2 527万元,包括:农村饮水安全工程提升资金1 593万元,用于约改镇、巴干乡、叶格乡、秋智乡四所寄宿学校,麻多乡巴颜等三村,曲麻河乡多秀等四村,约改镇移民村,约改镇游牧民定居点饮水安全工程;水文水资源费300万元,用于仲晴寺等10所寺院、江荣寺等4所寺院供水工程维修和江荣寺等4所寺院供水工程维修改造;电气化县及代燃料资金634万元,用于曲麻莱县10千伏输电线路。

(三)2014年

2014年全州水利投资共24 373.59万元,分配如下:

玉树州本级投资共115.59万元,包括:山洪灾害防治资金115.59万元,用于巴塘河洪水风险图编制等。

玉树市投资共2 684.38万元,包括:农村饮水安全工程提升资金174万元,用于日桑尼姑、玛昌、扎西尼姑和腾却尼姑等4个宗教活动点饮水安全工程;小型农田水利专项资金10万元,用于农田水利设施运行管护;设施农业水利配套资金161万元,用于玉树县设施农业水利配套项目;玉树市设施农业水利配套资金180万元,用于玉树市排洪渠疏浚应急工程、水毁工程修复、防洪险工险段加固和排灌溉设施、应急调水及水毁修复;中小河流治理资金2 159.38 万元,用于结古镇巴塘河防洪工程(一期)。

囊谦县投资共 8 252.62 万元,包括:农村饮水安全工程提升资金 5 005 万元,用于白扎乡吉沙、巴麦两村,东坝乡尤达、尕买两村,娘拉乡娘麦村、多伦多村及上拉村,吉曲乡巴沙村等八村,才角寺、公雅寺、拉恰寺、达那寺及觉拉寺,着晓乡班多、交西、尖作、茶哈、优永村 5 村及中心寄宿小学农村牧区饮水安全工程和吉尼赛乡吉来村、觉拉乡卡永尼村、布位村、四红村和中心寄宿小学农村牧区人畜饮水安全工程;小型农田水利专项资金 10 万元,用于农田水利设施运行管护;高标准农田建设资金 264.62 万元,用于香达镇东才村高标准农田建设项目;沟道治理资金 500 万元,用于香达镇扎曲河段防洪堤维修加固工程;河道治理资金 1 710 万元,用于玉树州澜沧江河道治理工程(囊谦);水文水资源费 100 万元,用于尕羊乡乡政府所在地人饮维修改造工程;小水电及增效扩容改造资金 663 万元,用于苏莽小水电扩容改造。

称多县投资共 4 730 万元,包括:农村饮水安全工程提升资金 3 840 万元,用于扎多镇解吾滩、年渣滩、多伙滩、卓玛香曲玲尼姑寺东村、西村及学校,清水河镇机关单位、社区、河南村、河北村、咚琼滩、买涌扎西伊素滩、雪吾寺、永向寺、卡西卡卓群阔岭尼姑寺人畜饮水安全工程;小型农田水利专项资金 10 万元,用于农田水利设施运行管护;沟道治理资金 780 万元,用于杂多镇防洪工程、尕多乡赛康寺及周边居民区防洪工程;小水电代燃料资金 100 万元,用于浦口小水电代燃料项目。

治多县投资共 4 835 万元,包括:农村饮水安全工程提升资金 4 385 万元,用于毕果寺、尼姑寺、生态牧业专业合作社、牧民新村、东迁户饮水安全工程;小型农田水利专项资金 10 万元,用于农田水利设施运行管护;防汛抗旱资金 40 万元,用于城南新区及下社区、县草原站防洪工程;沟道治理资金 400 万元,用于治多县防洪工程。

杂多县投资共 2 160 万元,包括:农村饮水安全工程提升资金 2 035 万元,用于萨呼腾镇沙青村、闹丛村,扎青乡地青、格赛、达青三村和寄宿小学,苏鲁乡新云、多晓、山荣三村人畜饮水安全工程和查旦、结多、苏鲁等六乡寺院及周边牧民饮水安全工程;以工代赈资金 90 万元,用于萨呼腾镇闹丛村人畜饮水工程;小型农田水利专项资金 10 万元,用于农田水利设施运行管护;防汛抗旱资金 25 万元,用于萨呼腾镇闹从等 4 村应急水源工程。

曲麻莱县投资共 1 596 万元,包括:农村饮水安全工程提升资金 1 506 万元,用于曲麻莱县牧场人畜饮水安全工程和曲麻莱县驻格尔木社区,曲麻莱县县城自由搬迁户,麻多乡、曲麻河乡寄宿校,曲麻河乡、秋智乡、叶格乡三乡乡政府及集中搬迁户饮水安全工程;小型农田水利专项资金 10 万元,用于农田水利设施运行管护;水文水资源费 80 万元,用于黄河源区曲麻莱县水资源保护规划。

(四)2015 年

2015 年全州水利投资共 24 724.40 万元,分配如下:

玉树州本级投资共 210 万元,包括:防汛经费 60 万元,用于玉树州 2015 年特大防汛补助;水利前期工作费 150 万元,用于果青水库可行性研究及相关附件编制。

玉树市投资共 6 605 万元,包括:农村饮水安全工程提升资金 302 万元,用于玉树市藏区特殊原因饮水安全工程(3个项目);水质检测中心资金121万元,用于玉树市水质检测中心建设;绿化配套资金500万元,用于玉树市北山绿化灌溉建设项目(一期);山洪灾害防治资金269万元,用于山洪灾害调查评价和山洪灾害非工程措施补充完善;特大抗旱资金35万元,用于下拉秀乡南多村寺人饮工程应急维修;沟道治理资金736万元,用于扎西科河人民公园段河道治理工程和玉树州山洪灾害防治与应急处理工程;中小河流治理资金4 589万元,用于玉树市巴塘河(二期)防洪工程和玉树市益曲防洪工程;水利工程维修养护资金53万元,用于玉树市农田水利设施维修养护。

囊谦县投资共11 131.4万元,包括:藏区新增项目资金6 854万元,用于囊谦县藏区特殊原因饮水安全工程(15个项目);水质检测中心资金123万元,用于囊谦县水质检测中心建设;以工代赈小农水资金200万元,用于囊谦县白扎、东日哇等灌区渠道维修工程;农业开发资金281.4万元,用于囊谦县香达镇前多灌区高标准农田建设项目;山洪灾害防治资金255万元,用于山洪灾害调查评价和山洪灾害非工程措施补充完善;特大抗旱资金25万元,用于囊谦县抗旱应急工程维修;沟道治理资金2 203万元,用于囊谦县扎曲河新城区防洪工程;河道治理资金1 140万元,用于玉树州澜沧江河道治理工程(囊谦);水利工程维修养护资金50万元,用于囊谦县农田水利设施维修养护。

称多县投资共1 177万元,包括:藏区新增项目资金867万元,用于称多县藏区特殊原因饮水安全工程(3个项目);水质检测中心资金120万元,用于称多县水质检测中心建设;防汛抗旱资金110万元,用于称多县称文镇拉布村防洪水毁修复;特大抗旱资金50万元,用于称多镇下庄村人饮工程应急维修;水利工程维修养护资金30万元,用于称多县农田水利设施维修养护。

治多县投资共501万元,包括:藏区新增项目资金350万元,用于治多县藏区特殊原因饮水安全工程(2个项目);水质检测中心资金121万元,用于治多县水质检测中心建设;水利工程维修养护资金30万元,用于治多县农田水利设施维修养护。

杂多县投资共2 610万元,包括:藏区新增项目资金1 203万元,用于杂多县藏区特殊原因饮水安全工程(3个项目);水质检测中心资金121万元,用于杂多县水质检测中心建设;中小河流治理资金1 256万元,用于杂多县布当曲防洪工程(二期);水利工程维修养护资金30万元,用于杂多县农田水利设施维修养护。

曲麻莱县投资共2 490万元,包括:藏区新增项目资金1 458万元,用于曲麻莱县藏区特殊原因饮水安全工程(3个项目);水质检测中心资金112万元,用于曲麻莱县水质检测中心建设;水利工程维修养护资金30万元,用于曲麻莱县农田水利设施维修养护;小水电及增效扩容改造资金890万元,用于曲麻莱县约改镇格欠村10千伏配电线路工程。

(五)2016年

2016年全州水利投资共15 925.07万元,分配如下:

玉树州本级投资共40万元,包括:防汛抗旱资金40万元,用于州本级水利设施水毁工程应急修复。

玉树市投资共4 460.81万元,包括:饮水安全巩固提升资金731万元,用于2016年

农村牧区饮水安全巩固提升工程;农田水利重点县建设资金 1 000 万元,用于玉树市
2016 年农田水利设施项目县建设;防汛抗旱总装机 100 万元,用于州本级特大抗旱补助
(抗旱应急及可可西里保护站人饮工程维修);山洪灾害防治资金 10 万元,用于玉树市山
洪灾害防治项目非工程措施补充完善;沟道治理资金 695 万元,用于玉树市巴塘河、扎西
科河流域水生态环境综合治理;中小河流治理资金 1 284.81 万元,用于结古镇巴塘河城
镇段防洪工程、玉树县结古镇巴塘河乡村段防洪工程和玉树县益曲防洪工程;水文水资
源费 600 万元,用于省级水生态文明试点方案编制、"三江源"水资源电子沙盘、下拉秀防
洪工程等;水利工程维修养护资金 40 万元,用于玉树市 2016 年农田水利设施维修养护
补助资金。

　　囊谦县投资共 5 581.86 万元,包括:饮水安全巩固提升资金 712 万元,用于 2016 年
农村牧区饮水安全巩固提升工程;小型农田水利建设资金 1 900 万元,用 2016 年农田水
利设施项目县;农业开发资金 246 万元,用于香达前多灌区二期高标准农田建设项目;山
洪灾害防治资金 10 万元,用于山洪灾害防治项目非工程措施补充完善;沟道治理资金
256 万元,用于觉拉寺应急防洪工程;河道治理资金 2 000 万元,用于澜沧江河道治理工
程(囊谦);中小河流治理资金 357.86 万元,用于囊谦县香曲防洪工程;水利工程维修养
护总资金 100 万元,用于囊谦县 2016 年农田水利设施维修养护补助。

　　称多县投资共 3 822.59 万元,包括:饮水安全巩固提升资金 750 万元,用于 2016 年
农村牧区饮水安全巩固提升工程;农田水利重点县建设资金 1 000 万元,用于 2016 年农
田水利设施项目县建设;防汛抗旱资金 40 万元,用于称多县水利设施水毁工程应急修
复;沟道治理资金 1 260 万元,用于称多县清水河镇防洪工程;中小河流治理资金 742.59
万元,用于称多县拉曲防洪工程和歇武镇歇武系曲防洪工程;水利工程维修养护资金 30
万元,用于 2016 年农田水利设施维修养护补助。

　　治多县投资共 480 万元,包括:饮水安全巩固提升资金 480 万元,用于 2016 年农村
牧区饮水安全巩固提升工程。

　　杂多县投资共 1 218.81 万元,包括:饮水安全巩固提升资金 454 万元,用于 2016 年
农村牧区饮水安全巩固提升工程;防汛抗旱资金 110 万元,用于萨呼腾镇排洪渠应急修
复和水利设施水毁工程应急修复;中小河流治理资金 654.81 万元,用于布当曲乡村段防
洪工程。

　　曲麻莱县投资共 321 万元,包括:饮水安全巩固提升资金 321 万元,用于 2016 年农
村牧区饮水安全巩固提升工程。

四、2017 年水利投资

　　2017 年全州投资共 27 477 万元。其中玉树州本级 90 万元,玉树市 12 958.14 万元,
囊谦县 8 365.32 万元,称多县 3 701.22 万元,治多县 981.86 万元,杂多县 591.46 万元,
曲麻莱县 789 万元。

　　玉树州本级投资共 90 万元,包括:防汛抗旱应急度汛资金 90 万元,用于州本级应急

度汛补助和刚察县防汛抗旱应急补助。

玉树市投资共 12 958.14 万元,包括:饮水安全巩固提升资金 824.14 万元,用于玉树市 2017 年农村饮水安全巩固提升工程;灌区配套与节水改造资金 2 034 万元,用于玉树市小型农田水利项目县建设和玉树市农田水利设施维修养护;防汛抗旱资金 100 万元,用于玉树市应急度汛补助和玉树市防汛抗旱应急补助;河道治理资金 1 500 万元,用于通天河防洪治理工程;沟道防洪资金 200 万元,用于玉树市第四民族寄宿制高级中学排洪工程;水源工程资金 8 300 万元,用于玉树市国庆水库工程。

囊谦县投资共 8 365.32 万元,包括:饮水安全巩固提升资金 406.32 万元,用于囊谦县 2017 年农村饮水安全巩固提升工程;灌区配套与节水改造资金 54 万元,用囊谦县农田水利设施维修养护;防汛抗旱资金 110 万元,用于囊谦县应急度汛补助和囊谦县防汛抗旱应急补助;河道治理资金 5 571 万元,用于澜沧江河道治理工程;沟道防洪资金 2 224 万元,用于囊谦县扶贫产业园防洪工程和囊谦县白扎乡巴麦河(白扎林场段)防洪工程(易地搬迁区)。

称多县投资共 3 701.22 万元,包括:饮水安全巩固提升资金 821.22 万元,用于称多县 2017 年农村饮水安全巩固提升工程和称多县以工代赈人畜饮水工程;灌区配套与节水改造资金 1 000 万元,用于称多县小型农田水利项目县建设;防汛抗旱资金 80 万元,用于称多县防汛抗旱应急补助;中小河流治理资金 1 800 万元,用于称多县细曲河乡村段防洪工程。

治多县投资共 981.86 万元,包括:饮水安全巩固提升资金 181.86 万元,用于治多县 2017 年农村饮水安全巩固提升工程;灌区配套与节水改造资金 800 万元,用于治多县小型农田水利项目县建设。

杂多县投资共 591.46 万元,包括:饮水安全巩固提升资金 346.46 万元,用于杂多县 2017 年农村饮水安全巩固提升工程;防汛抗旱资金 245 万元,用于杂多县抗旱应急补助。

曲麻莱县投资共 789 万元,全部为饮水安全巩固提升资金,用于曲麻莱县 2017 年农村饮水安全巩固提升工程。

第二节　水利扶贫

水利扶贫是一项十分紧迫而艰巨的任务。近年来,玉树州水利扶贫工作持续进行,扶贫主要体现在两个方面,其一为水利部及黄河水利委员会给予玉树州的扶贫,其二为州水利(务)局根据玉树州扶贫开发领导小组办公室相关要求开展的定点帮扶工作。

一、精准扶贫培养水利人才

长期以来,玉树州水利人才严重匮乏,整体专业素质较低,是制约玉树州水利改革发展的"瓶颈"。受自然条件、经济条件、人员编制等因素制约,水利人才引进工作十分困难,难以吸引水利专业人才,留才、育才、引才工作进展难以适应玉树州水利改革发展需要。2015年10月,水利部部长陈雷到青海考察调研重大水利工程和民生水利项目建设情况时,应玉树州和青海省要求,提出帮扶玉树州加强水利人才队伍建设的想法。

2016年6月15日,玉树州人民政府和陕西杨凌职业技术学院在玉树州政府六楼会议室举行了订单培养水利(生态)人才签约。

2016年9月12日,在水利部、青海省玉树州和杨凌职业技术学院的共同推动下,玉树州精准扶贫水利人才订单班正式开学,40名玉树州的学生走进杨凌职业技术学院开始水利专业的学习。

2017年3月14日,玉树班的学生们共同给陈雷部长写信,报告了他们在学院里的思想、学习和生活情况。陈雷部长在回信中寄语学生们努力掌握知识和技能,以青春梦想、用优良学业回报社会。

二、水利部门扶贫纪实

2004年,玉树州水利(务)局对治多县多彩乡聂恰村进行帮扶工作。帮扶内容包括:免征涉农的水资源管理费、取水许可证工本费及水土流失防治费;投资9.6万元挖土井4眼,让牧民群众喝上健康水、放心水;投资8 400元,帮扶7户贫困户购买生产母畜,每户2头;用2 100元作为7名贫困生的资助金;解决4个社区医疗周转金4 000元等。

2014年3月9日,玉树州水利局组成水利扶贫工作组到联点帮扶村——治多县扎河乡口前村,与村干部、村民见面,进行交流座谈,了解社情民意,按照"一次确定联系帮扶对象、分期分批进村入户"的办法,统筹安排进村入户,持续不断地开展工作。为口前村困难家庭落实面粉2 500公斤、现金5 000元,并通过单位捐款、社会集资等方式资助该村8名贫困在校大学生。4月3日,再次赴治多县扎河乡口前村开展帮扶工作,工作组在第一次调研的基础上,为特困户发放面粉2 500公斤,全局干部职工以捐款方式为口前村困难户提供现金4 000元。

2014年3月15日,玉树州水利局局长丁豪按照州委部署的州、县两级干部联点乡镇村社任职"第一书记"的要求,赴杂多县查旦乡达谷村履职"第一书记"开展党的群众路线教育活动、宣讲中央一号文件及调研工作,调研中与查旦乡政府领导和达谷村社干部、群众代表等11人召开座谈会,听取群众的心声,帮助村民分析困难根源,寻找解决办法,通过相关渠道,为贫困户解决了2 500公斤面粉。

2015年,按照中央、青海省委、玉树州委和玉树市委关于精准扶贫工作的要求,玉树市抽调21名"第一书记"和扶贫工作驻村队,以贫困村为重点,组织力量进村入户蹲点工作,重点对全市62个行政村和所有贫困户进行再筛选、再识别、再核准。通过严格程序,精准核实,2015年全市贫困村总数由2014年的25个核减为17个,贫困人口由20 226人核减为18 182人。

2017年年初,根据玉树州委组织部安排,玉树州水利局订选派"第一书记"开展驻村扶贫工作,积极宣讲中央、青海省有关扶贫政策,因地制宜制订帮扶方案,引导贫困群众脱贫致富。多次协调州级有关部门开展科技下乡等活动,组织专家赴哈村讲解农业政策及种植技术等,指导定点帮扶工作。

2017年4月17日,玉树州水利局组织召开2017年精准扶贫工作座谈会,囊谦县茶哈村支部书记、村主任、4个社长及州水利局各科室主要负责人参加会议,会议由茶哈村驻村"第一书记"赵文刚主持。州水利局长才多杰与茶哈村村、社各领导深入交流,询问茶哈村2017年儿童入学情况和重大疾病防治工作及后续救助、治疗等方面存在的问题和困难,并采取相应措施给予帮扶。

2017年,玉树州水利局编制完成深度贫困地区乡镇村(含边界地区)水利项目建设规划,全州深度贫困地区水利项目基础设施建设涉及6县(市)40个乡镇104个村(含边界地区11个乡政府所在地),计划总投资5.4亿元。

第十四章　机构与队伍

随着水利事业在玉树州国民经济和社会发展中地位的逐步提升,水利投资的逐渐加大,水利基础设施建设步伐的不断加快,全州水利系统的机构设置和职工队伍建设也在机构改革和体制改革中不断推进。1956年设立玉树州水电局,1962年合并到玉树州农牧局,1973年玉树州农牧局成立水利农技推广办公室,后改为水电科,管理全州的水利电力工作。1984年水电科从农牧局划出成立州水利局。1996年玉树州水利局改成玉树州水利电力局,2001年玉树州水利电力局改为玉树州水务局。2012年,又设立了玉树州水利局。长期以来,玉树州水利系统职工队伍单薄,截至2017年,全州水利系统人员仍然较为匮乏。

第一节　水利机构

一、玉树州水利系统

（一）玉树州水利局

玉树州水利局是州政府工作部门,主管全州水行政工作。2012年10月,根据中共青海省委办公室、青海省人民政府办公厅《关于印发玉树州州县政府机构改革方案的通知》（青办发〔2009〕74号）和中共玉树州委、玉树州人民政府《关于州人民政府机构设置的通知》（玉发〔2010〕4号）,设立了玉树州水利局,并对其职责进行了调整,调整内容包括:①取消已由玉树州政府公布取消的行政审批事项;②取消拟定水利行业经济调节措施,指导水利行业多种经营的职责;③加强水资源的节约、保护和合理配置,保障城乡供水安全,促进水资源的可持续利用,加强防汛抗旱工作,减轻水灾害损失;④将原玉树州水务局工作职责划入州水利局。

玉树州水利局的主要职责如下:

（1）贯彻有关水利工作的法律法规和方针政策,拟订本地区水利发展中长期规划及年度计划并组织实施;参与拟订州管主要流域的防治规划和防洪规划;负责提出全州水利固定资产投资规模、方向和财政性资金安排的意见;按规定权限审批、核准规划内和年度计划规模内水利固定资产投资项目。

（2）实施水资源的统一监督管理。组织开展水资源调查评价工作和水能资源调查、规划管理工作;负责州内主要流域、区域以及水利工程的水资源调度;组织实施取水许可、水资源有偿使用制度和城乡规划及各类建设项目的水资源论证、防洪论证制度。

（3）负责全州水资源保护和节约用水工作。拟订水资源保护规划;组织水功能区的划分;监测全州江河湖库的水量、水质,审定水域纳污能力;提出限制排污总量的意见。指导饮用水水源保护工作;指导地下水开发利用和城市规划区地下水资源管理保护工作。组织实施节约用水政策、措施、规划和相关标准,推动节水型社会建设工作。

（4）指导全州水利基础设施、水域及其岸线的管理与保护,负责州管河流湖泊及河岸滩涂的治理、开发建设,指导和监督水利工程建设与运行管理。

（5）指导全州水土保持工作。研究制订水土保持的工程规划并组织实施;组织实施水土流失的监测和综合防治。指导重点水土保持及有关生态建设项目的实施。组织开展水土保持宣传教育工作。

（6）指导农村牧区的水利工作。组织协调农田、草原水利基本建设,指导农村牧区人畜饮水工程、节水灌溉工程的建设与管理,指导农村牧区水利设施管理和社会化服务体系建设。组织实施小水电建设管理和乡镇供水工作。

（7）负责重大涉水违法事件的查处。协调、仲裁跨县水事纠纷,指导水政监察和水政执法。依法负责水利行业安全生产工作,负责对州管水库水电站大坝的安全监管,负责水利建设市场的监督管理。

（8）组织、协调、指挥全州防汛抗旱工作。指导水利突发公共事件的应急管理工作。

（9）按规定权限,负责全州水利工程建设项目招标投标活动的监督与管理;组织开展水利行业质量监督工作,执行水利行业的技术标准;承担水利科技推广和水利统计工作。

（10）组织指导河道采砂管理工作。

（11）承办州政府交办的其他事项。

玉树州水利局机关行政编制为7名,其中:局长1名(正县级),副局长1名(副县级),正科级领导职数4名,机关工勤人员事业编制1名。

截至2017年底,玉树州水利局内设机构有办公室、河长制办公室、规划计划建设科、水政水资源科、水利水土保持科。各机构职能如下:

1. 办公室

主要工作职责:负责文电、会务、机要、档案等机关日常事务工作。承担信息、保密、信访、政务公开、政府部门间的联系协调与督察督办等工作;负责局机关财务报账、水利统计报表及有关其他报表和人事工作。

2. 河长制办公室

根据《中共中央办公厅、国务院办公厅印发〈关于全面推行河长制的意见〉的通知》(厅字〔2016〕42号)和《关于印发〈青海省全面推行河长制工作方案〉的通知》(青办〔2017〕38号)精神,为加强河湖管理保护工作,落实属地主体责任,健全长效管理机制,持续推进玉树州水生态文明建设,切实履行保护三江源保护"中华水塔"的重大责任,确保河长制的顺利推进、全面实施,2018年1月16日玉树藏族自治州机构编制委员会印发

《关于在州水利局增挂河长制办公室牌子的通知》（玉编委发〔2018〕5号），在玉树州水利局增挂河长制办公室牌子，核增副县级领导职数1名（副局长兼河长制办公室专职副主任），充实公务员3名。

主要工作职责：负责协调推进、督导落实州级总河长交办的具体事项；组织制定相关制度及考核办法，并负责具体组织实施；承担玉树州河长制办公室的日常工作。

3.规划计划建设科

主要工作职责：起草水利规划，审核州管建设项目洪水影响评价和水利工程建设规划意见书，组织审核州管水利工程项目建议书和可行性研究报告；组织州管水利建设项目初步设计审核和工程建设与验收；指导州内水利工程建设管理；指导州管水利工程开工审批、蓄水安全鉴定和验收；组织协调全州农田、草原水利基本建设工作；指导农村牧区饮水安全、村镇供排水工作；指导实施农村牧区饮水安全工程建设；指导农田灌溉与草原灌溉工作；组织实施节水灌溉、雨水积蓄利用、灌区续建配套与节水改造、草原节水灌溉示范项目、泵站建设与改造工程建设；组织实施小型农田水利工程建设；指导水利建设市场的监督管理；承担州内水利科技项目和科技成果的管理工作；承担州管水利水电工程建设项目招标投标活动监督管理；承担州管水利工程质量监督管理。

4.水政水资源科

主要工作职责：负责水资源调查、评价和监测工作；编制水资源专业规划并监督实施；监督实施水资源论证制度、取水许可制度和水资源有偿使用制度；组织编制节约用水规划，监督实施各行业用水定额；承担地下水资源开发利用和保护工作；指导州管水电站大坝的安全监管；组织重大水利安全事故的调查；指导水利基础设施、水域及其岸线的保护与管理；指导河流、湖泊及河岸的治理开发；组织指导河道采砂管理及河道范围内建设项目管理的有关工作；指导水政监察和水行政执法工作；指导州管河流水能资源开发、小水电建设及管理工作。

5.水利水土保持科

主要工作职责：承担水土流失综合防治；组织编制水土保持规划并监督实施；负责开发建设项目水土保持方案的审核并监督实施；组织水土流失监测、预报并公告；组织实施水土保持的宣传教育工作。

（二）其他事业单位

1.水（利）电（力）局

1）玉树州水利电力局

1973年玉树州农牧局成立水利农技推广办公室，后改为水电科，管理全州的水利电力工作。1984年水电科从玉树州农牧局划出，成立玉树州水利局。1996年，玉树州水利局改成玉树州水利电力局，下设机构有水电科、电力科、水政科、办公室，编制11人，其中国家公务员9名，工勤人员2名。2002年机构改革以后玉树州水电局人员编制保留到9名，其中8名是国家公务员，1名是后勤人员，这个编制一直保留到2006年。

2）水电局

玉树县水电局成立于1988年，与玉树县农牧局一套人马，两块牌子，有工作人员8人，其中助理工程师1名，技术员2名。囊谦县水电局于1991年6月成立，工作人员5

人,助理工程师 1 名。称多县水电局于 1990 年成立,与称多县农牧局一套人马,两块牌子,有工作人员 4 人,其中助理工程师 1 名,技术员 1 名。治多、杂多、曲麻莱 3 县水电工作由各县畜牧局与计经委代管。

2. 水土保持管理站

玉树州水土保持管理站于 1990 年成立,负责全州水土保持管理工作。

3. 水电队和水管站

称多县水电队和称多县水管站均于 1975 年成立,实行一套人马,两块牌子,有工作人员 10 人,其中助理工程师 4 名,技术人员 3 名。截至 2006 年,玉树州水电队和水管站工作人员 23 名,其中工程师 4 名,助理工程师 6 名。

（三）企业单位

1. 水电公司

玉树州水电公司的前身为玉树州电厂,由当代电站、西杭电站及厂办供电所和第三产业公司组成。1993 年玉树州电厂的经营机制进行了尝试性地转换和改革,5 月成立了玉树州水电公司,下设 2 个厂 1 个所,即当代电厂、西杭电厂、供电所。设经理 1 人,副经理 2 人,党总支书记 1 人。公司职工有 141 人（包括退休工人）,其中高级职称 3 人,初级职称 10 人。

2. 水电物资公司

1985 年玉树州水电局驻西宁物资采购站成立,1993 年改为玉树州驻西宁水电物资公司,主要负责玉树州水电行业的设备及物资供应工作,编制 2 人。2001 年,水电物资公司被撤销。

玉树州水利机构情况见图 14-1-1。

截至 2017 年,玉树州水利系统共设置 7 个专门的水利机构,分别为玉树州水利局、玉树州水土保持工作站、玉树州水行政监察支队、玉树州河长制办公室、玉树市水利局、囊谦县水利局、称多县水利局。

（四）玉树州水利局局长任职更迭情况

据不完全统计,自 1984 年玉树州水利局成立至 2017 年期间,先后担任中共玉树州水利(务)局党组书记、局长的有布尕才仁、保忠、布尕、英德、丁豪、才多杰等 6 人,详见表 14-1-1。

表 14-1-1　玉树州水利(务)局局长更迭情况简表

姓名	民族	性别	出生年月	籍贯	职务与任职时间
布尕才仁	藏	男		青海囊谦	局长,1984 年至 1989 年 7 月
保忠	藏	男		青海囊谦	局长,1989 年 7 月至 1996 年 8 月
布尕	藏	男		青海杂多	局长,1996 年 8 月至 2001 年 12 月
英德	藏	男	1955 年 6 月	青海玉树	党组书记,局长, 2001 年 12 月至 2011 年 11 月
丁豪	藏	男	1964 年 12 月	青海称多	党组书记,局长, 2011 年 11 月至 2015 年 7 月
才多杰	藏	男	1970 年 1 月	青海玉树	党组书记,局长,2015 年 7 月至今

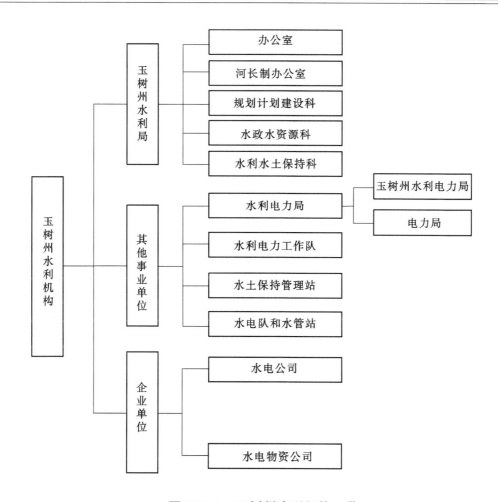

图 14-1-1　玉树州水利机构一览

二、州属其他专门机构

（一）玉树州水利电力队

玉树州水利电力队成立于 1978 年，是全州唯一一家从事水利工程设计、监理、施工的全额拨款事业单位，与玉树州水土保持预防监督站、玉树州水土保持监测分站、玉树州水利管理中心站合署办公，隶属玉树州水利局。承担着全州水利工程管理、维护、水土保持预防、监测等工作。全队共有干部职工 9 名，其中高级工程师 1 名，工程师 3 名，助理工程师 1 名，技术员若干名，专业技术力量雄厚。主要职责如下：

（1）认真贯彻落实党和政府的各项方针、政策。

（2）负责水资源配置和防汛抗旱日常工作。

（3）负责全州灾后重建水利工程、供水工程、防汛抗旱工程的管理与维护。

（4）参与全州各项水利工程的设计、组织施工、实施各种水利工程的管理与维护。

（5）协助上级生产部门开展水行政执法工作，维护正常的水事秩序。

（6）按照规定计收水费、水资源费。

（7）承办上级交办的其他工作。

（二）玉树州水政监察支队

玉树州水政监察支队隶属玉树州水利局,是一支水行政执法队伍,属于独立核算的二级参公事业单位,编制4个。主要工作职责如下:

（1）宣传贯彻《中华人民共和国水法》《中华人民共和国防洪法》《中华人民共和国水土保持法》《中华人民共和国水污染防治法》等法律法规以及水利工程管理政策法规与技术标准的推广实施。

（2）依法保护本行政辖区水资源、水源质量和饮用水安全不受破坏和污染,确保人民生命财产安全和生产生活环境安全。

（3）依法保护本辖区内水资源、水域、水工程、水土保持生态环境、防汛抗旱和水文监测等有关设施不受侵犯和破坏。

（4）依法对本行政辖区水事活动及生产建设中造成的水土流失进行监督检查,维护正常的水事秩序,依法查处违法行为,对违反水法规的行为进行行政制裁、行政处罚或采取其他行政措施。

（5）保护城市供水设施,依法查处城市供水单位的违法生产经营活动和城市供水用户违法用水行为,对工程施工造成城市公共供水管道及附属设施损坏,擅自乱接、乱挖公共供水管道等危害供水安全的行为进行处罚。

（6）根据国家、省、市有关规定,对市区内乱接、乱挖排水管网和防洪堤坝,堵塞防洪河道,对偷用、转供、严重浪费自来水的行为进行监察。

（7）对城市公共供水企业,使用城市供水和自建设施供水的单位、个人以及使用和经营再生水单位的节约用水情况进行监督、检查,查处非居民用水单位和个人使用国家明令淘汰的用水器具和浪费用水等行为。

（8）查处未按规定建设节水设施、再生水利用设施以及擅自停用等违法行为。

（9）负责管理、培训、考核水政监察员工作和县（市）、区水利管理技术人才,对县（市）、区水政监察大队进行指导和监督。

（10）受水行政机关委托,按照有关法规办理行政许可和征收行政事业性规费。

（11）参与并归口协调水事纠纷,配合、协助公安和司法部门查处水事治安和刑事案件。

（12）负责对已建水利工程正常运行实施监督和跟踪监测,确保已建水利工程机械设备的安全正常运行。

（13）承办上级交办的其他事项。

第二节　　职工队伍

一、全州概况

全州水利人才严重匮乏,整体专业素质较低,受自然条件、经济条件、人员编制等因素制约,水利人才引进十分困难,难以吸引水利专业人才,留才、育才、引才工作进展难以适应玉树州水利改革发展需要。截至2017年玉树州本级水利局职工总数为25人,其中行政人员11人,工程技术人员12人(高级工程师1人、中级工程师4人、助理及技术员7人),工人2人。玉树市水利局职工总数为8人,其中行政人员5人,工人3人;具有行政编制的共4人,其中局长1人,副局长1人,副主任科员1人,机关工勤人员1人。囊谦县水利局职工总数为15人,其中行政人员2人,工程技术人员共13人(高级工程师1人、中级工程师7人、助理工程师3人);具有行政编制的共2人,其中局长1人,副局长1人。称多县水利局职工总数为8人,其中行政人员3人,工程技术人员共5人(中级工程师3人、助理及技术员各1人);具有行政编制的共2人,其中副局长1人,副主任科员1人。治多县环保水利局实际在职数1人(占其他部门编制)。杂多县水土保持工作站编制数4人,实际在职数2人(其中水利中级职称1人),人饮工程由杂多县畜牧局负责,其余水利业务均由杂多澜沧江源国家源区管委会负责。曲麻莱县无水利专职机构,人饮工程由曲麻莱县畜牧局负责,其他水利业务均由曲麻莱县生态环境和自然资源管理局负责,实际工作人员职数3人(占其他部门编制)。

二、玉树州水利行业能力建设情况

截至2017年,玉树州本级、玉树市、囊谦县和称多县水利(务)局(包含称多县水土保持工作站)共有在职人员56人。其中,玉树州水利局25人,玉树市水利局8人,囊谦县水务局15人,称多县水利局(包含称多县水土保持工作站)8人。从学历结构来看,本科31人,其中玉树州水利局16人,玉树市水利局5人,囊谦县水务局7人,称多县水利局3人;大专23人,其中玉树州水利局8人,玉树市水利局3人,囊谦县水务局8人,称多县水利局4人;高中及以下2人。从专业技术职称来看,水利专业高级工程师只有2人,其中玉树州水利局1人,囊谦县水务局1人;水利中级工程师16人,其中玉树州水利局5人,囊谦县水务局7人,称多县水利局4人;助理工程师7人,其中玉树州水利机构3人,囊谦县水务局3人,称多县水利局1人。从年龄结构看,35岁(含35岁)以下有17人,其中玉树州水利机构9人,玉树州水利局3人,囊谦县水务局4人,称多县水利局1人;36~45岁(含45岁)有25人,其中玉树州水利机构10人,玉树市水利局3人,囊谦县水务局8人,称多县水利局4人;46岁(含46岁)以上有14人,其中玉树州水利机构6人,玉树市水利局2人,囊谦县水务局3人,称多县水利局3人。从从事工作性质来看,行政人员9人,其中玉树州水利局5人,囊谦县水务局2人,称多县水利局2人;事业单位人员19人,其中囊谦县水务局13人,称多县水利局6人;工人3人,全部为玉树市水利局人员。各县水利行业能力建设情况见表14-2-1。

表 14-2-1　玉树州及 3 县（市）水利行业能力建设情况

单位名称	姓名	性别	民族	出生时间（年.月）	年龄（岁）	行政/事业/工人	入党时间（年.月.日）	学历	职务/职称
玉树州水利局	才多杰	男	藏	1970.1	48	行政	1992.3.15	本科	正县
	徐学录	男	藏	1965.3	53	行政	1995.5.1	大专	副县
	求周多杰	男	汉	1977.4	41	行政	2000.8.1	本科	正科
	阿清	男	藏	1971.3	47	行政		初师	主科
	仁青多杰	男	藏	1979.4	39	行政	2004.1.1	本科	正科
	昌蔚霞	女	藏	1977.1	41	行政	2007.7.1	本科	科员
	贺海玲	女	汉	1983.5	35	行政	2005.5.20	本科	正科
玉树州水政监察支队	赵文刚	男	藏	1975.1	43	行政		本科	副调
	巴桑才仁	男	藏	1972.11	46	行政		本科	副主科
	更松卓尕	女	藏	1988.8	30	行政		本科	副主科
	李琼	女	汉	1985.9	33	行政		本科	科员
玉树州水土保持站	才永扎	女	汉	1971.12	47	事业		本科	副高级工程师
	皮运裸	男	藏	1976.4	42	事业		大专	中级工程师
	桑德旦周	男	藏	1977.11	41	工人		大专	高级工
	阗卓文毛	女	藏	1979.11	39	事业		大专	中级工程师
	巴才仁	男	藏	1981.1	37	事业		大专	中级工程师
	扎西端智	男	藏	1982.4	36	事业		大专	中级工程师
	张树来	男	汉	1972.6	46	工人		大专	技师
玉树州水土保持站	孕玛达杰	男	藏	1988.6	30	事业		本科	助理工程师
	祁录守	女	土	1983.1	35	事业		本科	助理工程师
	普措看着	女	藏	1993.6	25	事业		大专	办事员
	李小英	女	汉	1986.4	32	事业		本科	办事员
	日巴达杰	男	藏	1982.9	36	事业		本科	中级工程师
	索南忠尕	女	藏	1983.5	35	事业		本科	科员
	朱严宏	男	藏	1989.8	29	事业		本科	助理工程师

续表 14-2-1

单位名称	姓名	性别	民族	出生时间（年.月）	年龄（岁）	行政/事业/工人	入党时间（年.月.日）	学历	职务/职称
玉树市水利局	张泽忠	男	汉	1978.2	40	行政	2000.7	本科	正科
	才仁求占	女	藏	1973.1	45	行政	1998.8	本科	副科
	莫辉瑛	女	汉	1970.5	48	行政		大专	副科
	尕松卓玛	女	藏	1971.3	47	行政	2001.7	本科	副科
	永措	女	藏	1977.12	41	行政	2000.7	大专	副科
	七一东周	男	藏	1991.2	27	工人		本科	普工
	才仁日周	男	藏	1986.7	32	工人	2010.7	本科	高级工
	尕松才永	女	藏	1988.9	30	工人		大专	技工
	成林然丁	男	藏	1974.4	48	行政	1996	大专	局长
	义西巴丁	男	藏	1975.6	43	行政	1998	本科	副局长
	仁尕	男	藏	1972.10	46	事业	1999	本科	高级工程师
	成林江才	男	藏	1977.3	41	事业		大专	初级工程师
	尕玛扎西	男	藏	1977.8	41	事业		大专	初级工程师
	巴桑才仁	男	藏	1972.3	46	事业	2001	本科	初级工程师
	昂措	女	藏	1978.3	40	事业		本科	中级工程师
囊谦县水务局	才仁央宗	女	藏	1983.1	35	事业		大专	中级工程师
	扎西央宗	女	藏	1977.4	41	事业		本科	中级工程师
	何玉梅	女	藏	1973.7	45	事业		大专	中级工程师
	洛尕	女	藏	1978.6	40	事业		大专	中级工程师
	白玛措毛	女	藏	1984.10	34	事业		本科	中级工程师
	尕吉拉毛	女	藏	1982.2	36	事业		本科	中级工程师
	白玛诺桑	男	藏		33	事业		大专	
	俄要求忠	女	藏		26	事业		大专	
称多县水利局	江永边巴	男	藏	1978.3	40	行政	2002.7	本科	副局长
	白尕	女	藏	1939.9	49	行政		大专	副科
称多县水土保持工作站	朱玉林	男	藏	1974.7	44	事业	2000.7	大专	中级工程师
	昂文巴毛	女	藏	1974.2	44	事业	1994.7	大专	中级工程师
	卓玛永尕	女	藏	1970.6	48	事业		大专	中级工程师
	刘红霞	女	汉	1965.2	53	事业	2003.7	本科	初级工程师
	仁青明措	男	藏	1975.6	43	事业		初中	中级工程师
	才仁永吉	女	藏	1990.8	28	事业		本科	

第十五章　先进集体和先进个人

1951年玉树州建政以来,全州各地水利人在玉树州委、州政府的正确领导下,发扬自力更生、艰苦创业的精神,科学决策,团结治水,使全州的水利事业逐渐发展,开创了经济社会发展的良好局面。在水利事业的发展历程中,涌现出了一批水利先进集体和先进个人。2010年4月14日,玉树州结古镇发生7.1级地震,面对突如其来的地震灾害,各级党委政府快速反应、有力指挥,充分发挥抗震救灾的领导核心作用;全省各级党员领导干部挺身而出、身先士卒,充分发挥抗震救灾的模范带头作用;人民子弟兵和公安民警冲锋在前、勇挑重担,充分发挥抗震救灾的中坚作用;灾区各族人民不分民族、信仰、区域,团结一心抗争救灾,充分发挥抗震救灾的主体作用;全省上下凝心聚力、团结奋斗,充分发挥抗震救灾的保障作用。据不完全统计,玉树州水利局自2010年起共12次获得不同等次授奖,在"4·14"抗震救灾中有130人(次)获得先进个人称号。在这些先进集体和先进个人中,有的在水利建设中起到了带头作用,有的勇于改革创新,有的实干苦干,有的无私奉献,他们均秉承"献身、负责、求实"的水利精神,拥有强烈的事业心和责任感,爱岗敬业,尽职尽责,为玉树州水利事业发展和灾后重建工作贡献了聪明才智和青春年华,成绩显赫,令人敬佩。

第一节　先进集体

一、玉树州水利局获先进集体情况

据不完全统计,自2010年以后,玉树州水利局先后12次获得中共青海省水利厅、中共青海省委农村牧区工作领导小组、中共玉树州委、玉树州人民政府等单位及部门的表彰。玉树州水利局获奖情况见表15-1-1。

二、"4·14"抗震救灾先进集体

2010年4月14日,玉树州结古镇发生了玉树州建州以来震级最大、受损程度最严重的地震灾害。在地震灾害面前,全省水利系统广大干部职工坚决贯彻省委、省政府的决

策部署,在青海省委、省政府的正确领导下,临危不惧,冲锋在前,紧急抽调和组织水利、电力、国土等部门 1 500 余人,展开了一场防灾害、抢供水、保供电的攻坚战,在较短的时间内排除了禅古电站大坝险情,恢复了玉树县 19 个片区的供水供电,为夺取抗震救灾工作的胜利打下了坚实的基础,提供了有力的保障,得到国务院和青海省委省政府领导的高度评价和灾区群众的充分肯定。对此,青海省水利厅对在玉树抗震救灾、灾后重建中表现突出的 20 个单位给予表彰,具体名单见表 15-1-2,表中所列先进单位均为当时名称。

表 15-1-1　玉树州水利局获奖情况

序号	获奖名称	获奖单位	授奖单位	获奖时间
1	玉树“4·14”抗震救灾先进集体	玉树州水利局	中共青海省水利厅党组青海省水利厅	2010 年 7 月
2	2010 年度全省水利先进集体	玉树州水利局	青海省水利厅	2011 年 1 月
3	全省水利工作先进单位	玉树州水利局	中共青海省委农村牧区工作领导小组	2011 年 9 月
4	玉树州级文明单位	玉树州水利局	玉树州精神文明建设指导委员会	2012 年 11 月
5	结古地区“入新居、撤帐篷”工作先进集体	玉树州水利局	中共玉树州委玉树州人民政府	2012 年 12 月
6	2012 年度全州宣传思想文化工作先进集体	玉树州水利局	中共玉树州委宣传部	2013 年 5 月
7	玉树州直属机关庆祝“七一”建党节党的知识竞赛三等奖	玉树州水利局	中共玉树州直属机关工委	2013 年 7 月
8	2015 年度绩效考核优秀单位	玉树州水利局	中共玉树州委玉树州人民政府	2016 年 3 月
9	玉树州通天河水利风景区(部水综合〔2016〕306 号)	玉树州水利局	水利部	2016 年 8 月
10	2016 年度脱贫攻坚行业扶贫先进单位	玉树州水利局	玉树州精准扶贫攻坚行动协调推进领导小组	2017 年 3 月
11	2016 年度绩效考核优秀单位	玉树州水利局	中共玉树州委玉树州人民政府	2017 年 4 月
12	2017 年度全省水利系统先进集体	玉树州水利局	青海省水利厅	2018 年 1 月

表 15-1-2　“4·14”抗震救灾先进集体

序号	单位
1	青海省水利水电勘测设计研究院
2	青海省水文水资源勘测局玉树分局
3	青海省水利厅机关后勤服务中心
4	青海省水利厅水利管理局
5	西宁市水务局
6	湟源县水务局
7	大通县水务局

续表 15-1-2

序号	单位
8	湟中县水务局
9	乐都县水利局
10	民和县水务局
11	平安县水务局
12	循化县水务局
13	化隆县水务局
14	互助县水利局
15	共和县水利局
16	兴海县水利局
17	贵德县水务局
18	玉树州水务局
19	青海玉树电力公司
20	青海省水利水电工程局有限责任公司

第二节　先进个人

2010 年 4 月 14 日,玉树州结古镇发生 7.1 级强烈地震,导致当地人民群众生命、财产遭受严重损失。地震发生后,广大水利系统干部团结一心,众志成城,不畏艰险,迎难而上,展现了新时期水利人的精神风貌,涌现出了许多可歌可泣的感人事迹。对此,青海省水利厅评选出了 130 名先进个人,分别授予"4·14"抗震救灾特别贡献奖、"4·14"抗震救灾优秀共产党员及"4·14"抗震救灾先进个人等荣誉称号。具体情况分别见表 15-2-1 ~ 表 15-2-3。表中所列职务均为当时职务。

表 15-2-1　玉树"4·14"抗震救灾特别贡献奖名单

序号	姓名	性别	民族	职务
1	于从乐	男	汉	青海省水利厅党组书记、厅长
2	张世丰	男	汉	青海省水利厅党组成员、副厅长
3	张伟	男	汉	青海省水利厅党组成员、副厅长
4	李德麟	男	汉	青海省水利厅办公室副主任
5	王文安	男	汉	青海省水利厅办公室驾驶员
6	李正中	男	汉	青海省水利厅办公室驾驶员
7	张生福	男	汉	青海省水利厅建设管理与科技处处长
8	星连文	男	汉	青海省水利厅农村牧区水利水保处副处长
9	孙亚平	男	汉	青海省人民政府防汛抗旱指挥部办公室副主任
10	马生录	男	汉	青海省水利厅网络宣传信息中心宣传科副科长
11	朱延龙	男	汉	青海省水文水资源勘测局办公室主任
12	曹江源	男	汉	青海省水保局生态监测总站站长
13	李平	男	汉	青海省水利厅水利管理局副局长

续表 15-2-1

序号	姓名	性别	民族	职务
14	王海平	男	汉	青海省水利厅水利建设管理中心主任
15	苏晓波	男	汉	青海省水利水电勘测设计研究院院长、党委书记
16	吕强	男	汉	青海省水利水电勘测设计研究院设计中心主任
17	李久宁	男	汉	西宁市水利局副局长
18	杨宝星	男	汉	大通县水务局副局长
19	刘延茂	男	汉	湟中县水务局副局长
20	李进玺	男	汉	湟源县水务局副局长
21	尹八甲	男	汉	乐都县水利局局长
22	马穆德	男	撒拉	循化县水务局副局长
23	马晓川	男	汉	民和县水务局局长
24	余存安	男	汉	平安县水务局局长
25	张万珠	男	汉	化隆县水务局副局长
26	王进青	男	汉	互助县水利局局长
27	郭福涌	男	汉	共和县水务局副局长
28	马志明	男	回	贵德县水务局局长
29	英德	男	藏	玉树州水务局局长
30	巴玉平	女	藏	玉树州水利电力队高级工程师
31	达哇松保	男	藏	玉树县水利局科员
32	才仁求占	女	藏	玉树县水利局科员
33	白玛然丁	男	藏	青海玉树电力公司副总经理
34	罗周尼玛	男	藏	青海玉树电力公司禅古电厂厂长
35	马学义	男	撒拉	青海省水利水电工程局有限责任公司第三分局局长

表 15-2-2 玉树州"4·14"抗震救灾优秀共产党员

序号	姓名	性别	民族	职务
1	张晓宁	女	汉	青海省水利厅党组成员、副厅长
2	宋玉龙	男	土	青海省水利厅党组成员、副厅长
3	杨季春	男	汉	青海省水利厅后勤服务中心副主任
4	闽蓉江	女	汉	青海省水利厅后勤服务中心卫生所所长
5	李杰	男	汉	青海省水利厅网络宣传信息中心主任
6	马东	男	汉	青海省水文水资源勘测局玉树分局局长
7	刘东康	男	汉	青海省水利水电勘测设计研究院副院长、总工
8	白云	男	回	青海省水利水电勘测设计研究院地质总工
9	哈忠德	男	汉	西宁供水(集团)有限责任公司总经理助理
10	季云	男	汉	西宁供水(集团)有限责任公司指挥中心抢救四队队长
11	孙建平	男	汉	大通县自来水公司副经理
12	刘岩柏	男	汉	湟中县城污水处理厂副厂长
13	赵永虎	男	汉	湟中县水务局工人
14	郭世恩	男	汉	湟源县水务局黄海渠管理所所长
15	李宗林	男	汉	湟源县水务局黄海渠管理所助理工程师

续表 15-2-2

序号	姓名	性别	民族	职务
16	祝银甲	男	汉	平安县洪水泉小侠人畜饮水工程管理所所长
17	邹富贵	男	汉	平安县法太水库管理所所长
18	张永卿	男	汉	乐都县水利水电机械化工程总公司经理
19	刘永庆	男	汉	乐都县大石滩水库管理局副局长
20	黄少国	男	回	循化县水务局水政办职员
21	王启龙	男	汉	民和县水务局办公室秘书
22	杨绍忠	男	汉	互助县水利抗旱队副队长
23	文玉忠	男	汉	互助县水利水保站副站长
24	李海文	男	汉	化隆县水务局行政办公室主任
25	胡海云	男	汉	化隆县水务局禹隆公司工程师
26	王胜军	男	汉	共和县塘格木镇水管所副所长
27	马吉祥	男	汉	贵德县水务局副局长
28	沈斌章	男	汉	贵德县农村供水站站长
29	旦洛周	男	藏	玉树州水务局副局长
30	石克俭	男	汉	玉树州水务局综合科科长
31	田永炜	男	汉	青海省水利水电工程局有限责任公司第二分局项目经理

表 15-2-3　玉树州"4·14"抗震救灾先进个人

序号	姓名	性别	民族	职务
1	马东光	男	回	青海省水利厅办公室副主任、厅机关后勤服务中心主任
2	周磊	男	汉	青海省水利厅办公室驾驶员
3	王宝利	男	汉	青海省水利厅建设管理与科技处副处长
4	范楚林	男	汉	青海省水利厅农村牧区水利水保处调研员
5	张恩涛	男	汉	青海省水利厅规划计划处副处长
6	王海波	男	汉	青海省人民政府防汛抗旱指挥部办公室副主任科员
7	包仲明	男	汉	青海省水利厅水利建设管理中心高级工程师
8	郭生英	男	汉	青海省水利厅水利建设管理中心
9	岳斌	男	汉	青海省水利厅水利管理局办公室主任
10	马林	男	汉	青海省水利厅水利管理局大坝管理科主任科员
11	汪海军	男	汉	青海省水利厅水利管理局节水灌溉科科长
12	詹宏钢	男	汉	青海省水利厅水利管理局驾驶员
13	陈成植	男	汉	青海省河道治理工程管理局局长
14	余永昌	男	汉	青海省河道治理工程管理局驾驶员
15	朱海涛	男	汉	青海省水文水资源勘测局副局长
16	石强	男	汉	青海省水文水资源勘测局工人
17	孙国旗	男	汉	青海省水利厅机关后勤服务中心副主任
18	秋立莉	女	汉	青海省水利厅机关后勤服务中心工人
19	高鑫	男	汉	青海省水利厅机关后勤服务中心工人
20	王建英	男	汉	青海省水利厅机关后勤服务中心工人

续表 15-2-3

序号	姓名	性别	民族	职务
21	张顺元	男	汉	青海省水利厅机关后勤服务中心工人
22	荣庆	男	汉	青海省水利厅机关后勤服务中心
23	李振合	男	汉	青海省引大济湟工程建设管理局驾驶员
24	沈明成	男	汉	青海省水利水电勘测设计研究院职工
25	郭健	男	汉	青海省水利水电勘测设计研究院职工
26	马伟平	男	回	青海省水利水电勘测设计研究院职工
27	赵杰	男	汉	西宁市水利局副主任科员
28	宋永强	男	汉	西宁市礼让渠管理所所长
29	孔繁珍	男	藏	大通县水土保持工作站助理工程师
30	李国发	男	汉	湟中县江源给排水公司安装队队长
31	罗万福	男	汉	湟源县水务局局长
32	祁之来	男	汉	平安县水务局助理工程师
33	辛文军	男	汉	平安县水务局技术员
34	胡成彬	男	汉	互助县水利管理队队长
35	巨克军	男	汉	互助县水利局台子乡水管站站长
36	王国玉	男	汉	乐都县水利水电勘测设计室副主任
37	马延禄	男	汉	乐都县水利局水利管理站职工
38	刘泉	男	汉	化隆县水务局后沟水库管理所所长
39	何忠财	男	撒拉	循化县水务局水政办主任
40	马金录	男	汉	循化县水务局水利队工程师
41	曹延喜	男	汉	民和县水务局水利水电建设开发公司经理
42	祁国庆	男	汉	民和县水务局驾驶员
43	张应璋	男	汉	海南州水务局局长
44	豆才加	男	藏	兴海县河卡草原水利管理所工人
45	张世福	男	汉	共和县龙羊峡库区人畜饮水管理站职工
46	晋生德	男	汉	共和县水电队队长
47	马军	男	回	贵德县自来水公司副经理
48	王国胜	男	汉	贵德县提灌工程管理站驾驶员
49	姚桂基	男	汉	玉树州水务局副局长
50	李家峰	男	汉	玉树州水务局水保科长
51	求周多杰	男	藏	玉树州水务局综合科副科长
52	阿浩	男	藏	玉树州水务局主任科员
53	王青山	男	藏	玉树县水利局局长
54	格来	男	藏	玉树县水利局科员
55	才永扎	女	藏	玉树州水利电力队高级工程师
56	翟晓燕	女	汉	玉树州水利电力队职工
57	扎西端智	男	藏	玉树州水利电力队助理工程师
58	赵文刚	男	藏	玉树州水政监察支队队长
59	拉麻杰	男	藏	玉树州水政监察支队工程师
60	刘振中	男	汉	青海玉树电力公司副总经理
61	张书君	男	藏	青海玉树电力公司自来水公司副经理
62	江永朋措	男	藏	青海玉树电力公司结古供电所线路班长
63	刘晓旭	男	汉	青海省水利水电工程局有限责任公司第二分局项目经理
64	王飞	男	汉	青海省水利水电工程局有限责任公司水工机械公司工人

附　录

一、水利文献选录

玉树州水污染防治工作方案

（二〇一七年四月十日）

　　青海是三江之源，被誉为"中华水塔"，是国家重要的生态安全屏障，抓好水环境保护和水污染防治对全省乃至全国水生态安全至关重要，而处在三江源核心区，作为全国水源涵养重点生态功能区的玉树，开展水环境保护和水污染防治的意义不言而喻。为全面贯彻落实国务院《水污染防治行动计划》及青海省人民政府印发的《青海省水污染防治工作方案》，切实维护流域水生态安全、改善水环境质量，保障人民群众身体健康，不断深化生态文明制度建设，促进经济社会可持续发展。结合实际，制订本工作方案。

一、总体要求、基本原则、工作目标和主要指标

　　（一）总体要求

　　全面贯彻党的十八大和十八届三中、四中、五中、六中全会精神，大力推进生态文明建设，牢固树立生态保护第一的理念，以改善水环境质量为核心，以事实重点工程项目为抓手，按照"节水优先、空间均衡、系统治理、两手发力"原则，贯彻"安全、清洁、健康"方针，强化源头控制，水陆统筹兼顾，对河湖沟渠实施分流域、分区域、分阶段科学治理，系统推进水污染防治、水生态保护和水资源管理，形成"政府统领、公众参与"的水污染防治新机制，实现环境效益、经济效益与社会效益多赢，发挥玉树在全国水生态安全屏障中应有的作用。

　　（二）基本原则

　　（1）摸清底数，分类施治。深化对各类水体水质现状的调查摸底，科学诊断存在的问题和诱因，对不达标水体制订限期达标方案，提出治理措施，改善水质。对水质良好、具有水生态功能的水域，制订维护管理方案，提出保护的目标任务和工作措施。

　　（2）统筹规划，系统推进。尊重自然规律和经济社会发展规律，紧密衔接"十三五"规划，强化资源整合和部门责任，统筹制订水污染防治方案和年度实施方案，突出重点，

分区推进,分类施治,增强工作的针对性和有效性。

(3)标本兼治,持之以恒。针对突出的水环境问题,强化水污染防治由污染源控制向水质保护治理、由主要污染物削减向环境质量改善、由单一污染治理向流域综合治理全方位转变的措施,注重流域单元控制,保护治理并重,持续推进水污染综合治理。

(4)市场协同,社会参与。坚持政府、市场协同治理,改进政府管理和服务,营造有利的政策和市场环境,吸引和扩大社会资本投入,推动第三方治理运营的新机制。完善信息公开制度,健全有奖举报制度和投诉受理机制,强化社会监督,调动全社会广泛参与污染治理。

(5)落实责任,强化考核。根据地区环境质量目标,逐年分流域、分区域、分行业确定重点任务和年度目标,明确责任单位、责任人和时间节点。严格实行目标责任考核制度,将考核结果作为地方领导班子和领导干部综合考核评价的重要依据。

(三)工作目标和主要指标

工作目标:到2020年,全州长江、澜沧江流域水环境质量持续保持稳定,饮用水安全保障水平平稳提升。到2030年,力争全州水环境质量在保持稳定的基础上向好发展,水生态系统功能有效提升。到21世纪中叶,"中华水塔"核心区的玉树水环境安全,水生态系统稳定,水量丰沛,水质优良。

主要指标:到2020年,辖区内长江、澜沧江流域干流出境断面水质保持在Ⅰ类(溶解氧指标除外);城镇集中式饮用水水源水质达到或优于Ⅱ类的比例达到95%以上;地级城市集中式饮用水水源水质达到或优于Ⅲ类的比例达到100%,县级以上城镇集中式饮用水水源水质达到或优于Ⅲ类的比例达到95%以上。地下水水质保持天然本底,消除地下水污染隐患。

二、主要工作任务及分工

(一)强化流域生态治理

以提高辖区水域涵养功能,维护国家水生态安全为目标,以三江源生态保护和建设二期工程实施为依托,采取自然修复与工程建设相结合的措施,实施退牧还草、水土保持、荒漠化治理、湿地与河湖生态系统保护和建设等工程,到2020年,森林覆盖率提高到5.5%,草地植被覆盖度平均提高15%~20%;湿地生态系统状况和野生动植物栖息地环境明显改善,生物多样性保护成效显著。创新生态环境管理模式,划定生态保护红线。到2020年,基本构建产权清晰、多元参与、激励约束并重的水资源总量管控体系,对辖区水资源实行严格保护。

责任单位:各县(市)人民政府;

牵头单位:玉树州农牧局、玉树州林业局、玉树州水利局、玉树州三江源办、玉树州环保局;

配合部门:玉树州发改委、玉树州财政局、玉树州住建局、玉树州气象局。

(二)突出生活污染源治理,削减水环境的污染负荷

(1)针对辖区小城镇建设、游牧民定居点工程实施及传统畜牧业的集约化培育等带

来的新环境问题,围绕确保重点流域断面水质优良目标,结合生态建设和民生工程,强化环境基础设施建设。2017 年底前,全州各县(市)城污水处理厂正常投入运行。到 2020 年,县城污水处理厂完成提标改造,提高污水处理效率。重点乡镇因地制宜地建成生活污水收集处理设施,污水处理率达到 85%。通过保护和质量,增强辖区的水源涵养能力和江河径流量的稳定性,牢固辖区重要河流水生态安全屏障,持续保证向下游输出优良水质。

责任单位:各县(市)人民政府;

牵头单位:玉树州发改委、玉树州住建局;

配合部门:玉树州财政局。

(2)针对全州各乡镇无正规填埋设施,对周边的河流、地下水环境污染构成隐患的问题。加大项目申报落实力度,到 2017 年底,全州各乡镇均建有生活垃圾填埋设施,消除地下水环境污染隐患。

责任单位:各县(市)人民政府;

牵头单位:玉树州发改委、玉树州住建局;

配合部门:玉树州财政局。

(3)以县城为重点,加快对现有合流制排水系统进行雨污分流改造,提高管网的覆盖率和污水收集率。到 2020 年,达到与污水处理设施规模相适应的配套管网建设要求。

责任单位:各县(市)人民政府;

牵头单位:玉树州发改委、玉树州住建局;

配合部门:玉树州财政局。

(4)城镇污水处理设施产生的污泥应进行稳定化、无害化和资源化处理处置。到 2020 年底前,全州污泥无害化处理处置率达到 90% 以上。

责任单位:各县(市)人民政府;

牵头单位:玉树州住建局;

配合部门:玉树州发改委、玉树州财政局。

(三)控制农业面源污染,净化地表径流

在草原灭虫、灭鼠中,严禁使用毒性强、残留高的生物制剂,规范牲畜"药浴"的安全标准。到 2020 年基本建成农业面源污染规划化环境管理体系。

责任单位:各县(市)人民政府;

牵头单位:玉树州农牧局;

配合部门:玉树州经商委、玉树州环保局。

(五)加强水体的治理和保护,推进水环境质量改善

(1)采取控源截污、垃圾清理、清淤疏浚、生态修复等措施,加大乡镇所在地黑臭水体治理力度,每半年向社会公布治理情况。2017 年,全州乡镇所在地努力实现河面无大面积漂浮物,河岸无垃圾;到 2020 年底前完成乡镇所在地黑臭水体治理目标。

责任单位:各县(市)人民政府;

牵头单位:玉树州住建局、玉树州环保局;

配合部门：玉树州发改委、玉树州农牧局、玉树州林业局、玉树州水利局、三江源办、玉树州财政局。

（2）对水质达到或优于Ⅰ类的江河湖库开展生态环境安全评估，制订相应的生态环境保护实施方案。对已纳入《水质较好湖泊生态环境保护总体规划》的湖泊群，制订生态环境保护方案，于2018年底前完成生态环境保护工作。

责任单位：各县（市）人民政府；

牵头单位：玉树州环保局；

配合部门：玉树州发改委、玉树州住建局、玉树州农牧局、玉树州林业局、玉树州水利局、三江源办、玉树州财政局。

（3）加强河湖水生态保护，科学划定生态保护红线，将国际重要湿地、国家重要湿地、国家湿地公园纳入严禁或限制开发区域。贯彻落实《青海省湿地保护条例》，加强湿地水源涵养补给功能保护和滨河（湖）带生态建设，对因重大工程占用湿地资源的行为，开展生态环境影响评价，禁止侵占自然湿地和水源涵养空间，已侵占的要限期予以恢复。强化水源涵养林建设与保护，开展湿地保护与修复，努力扩大湿地面积。推进河道两侧缓冲带和隔离带的植被修复，防止面源污染随地表径流入河。按照国家重点流域水生生物多样性保护方案的要求，开展水生生物保护工作。实行湿地资源总量管理。

责任单位：各县（市）人民政府；

牵头单位：玉树州林业局；

配合部门：玉树州发改委、玉树州农牧局、三江源办、玉树州环保局、玉树州国土资源局、玉树州财政局。

（六）强化规划建设和保护措施，持续保持饮用水优良

（1）从水源到水龙头全过程监管饮用水安全。地方各级人民政府及供水单位应定期监测、检测和评估本行政区域内饮用水水源、供水厂出水和用户水龙头水质等饮水安全状况，州府所在地自2017年起每季度向社会公开水质状况。自2018年起，各县（市）县城饮用水安全状况信息都要向社会公开。

责任单位：各县（市）人民政府；

牵头单位：玉树州水利局、玉树州卫计委、玉树州环保局；

配合部门：玉树州发改委、玉树州财政局、玉树州住建局。

（2）依法加强饮用水水源地保护和规范化建设，2016年底前，全州县城集中式饮用水水源地规范化建设完成率达到100%。2020年底前，县城完成备用水源或应急水源建设，各乡镇完成集中式饮用水水源保护区的划定，设立保护区界碑及警示标志，定期开展集中式饮用水源水质检测。

责任单位：各县（市）人民政府；

牵头单位：玉树州环保局、玉树州水利局、玉树州卫计委；

配合部门：玉树州发改委、玉树州财政局、玉树州住建局、玉树州国土资源局。

（七）开展地下水调查评估，强化地下水保护和修复

定期调查评估集中式地下水型饮用水水源补给区等区域环境状况。加油站地下油

罐于 2017 年底前全部更新为双层罐或完成防渗池设置建设。

责任单位:各县(市)人民政府;

牵头单位:玉树州环保局、玉树州经商委;

配合部门:玉树州发改委、玉树州财政局、玉树州住建局、玉树州水利局、玉树州国土资源。

(八)严格落实管控制度,有效保护水资源

(1)实施最严格水资源管理制度。各县(市)人民政府应加强相关规划和项目建设布局水资源论证工作,国民经济和社会发展以及城镇总体规划的编制、重大建设项目的布局,应充分考虑当地水资源条件和防洪要求。健全取用水总量控制指标体系,对取用水总量已达到或超过控制指标的地区,暂停审批其建设项目新增取水许可。对纳入取水许可管理的单位和其他用水大户实行计划用水管理。新建、改建和扩建项目用水要达到行业先进水平,节水设施应与主体工程同时设计、同时施工和同时投运。建设重点监控用水单位名录。

责任单位:各县(市)人民政府;

牵头单位:玉树州水利局;

配合部门:玉树州发改委、玉树州经商委、玉树州住建局、玉树州农牧局、玉树州环保局。

(2)严格地下水管理。严格开采深层承压水,地热水、矿泉水开发严格实行取水许可和采矿许可。依法规范机井建设管理,排查登记已建机井,未经批准和公共供水管网覆盖范围内的自备水井,一律予以关闭。2017 年底前,完成地下水限采区范围划定工作。

责任单位:各县(市)人民政府;

牵头单位:玉树州水利局、玉树州国土资源局;

配合部门:玉树州发改委、玉树州财政局、玉树州经商委、玉树州住建局、玉树州农牧局。

(3)科学保护水资源。完善水资源保护考核评价体系。加强水功能区监督管理,从严核定水域纳污能力。针对水电资源开发中对生态基流的影响,加强对现有水电站的监管,保证河道生态基流。加大水利工程建设力度,发挥好控制性水利工程在改善水质中的作用。

责任单位:各县(市)人民政府;

牵头单位:玉树州水利局;

配合部门:玉树州发改委、玉树州经商委、玉树州环保局。

(九)遵循节水优先原则,提高用水效率

加强城镇节水。鼓励居民家庭选用节水器具。对使用超过 30 年和材质落后的供水管网进行更新改造,到 2017 年底前,全州公共供水管网漏损率控制在 50% 以内。

责任单位:各县(市)人民政府;

牵头单位:玉树州住建局;

配合部门:玉树州发改委、玉树州经商委、玉树州环保局、玉树州水利局、玉树州质监局。

（十）严格环境准入，增强水环境承载力

（1）调整产业机构。依法淘汰落后产能。自2016年起，市各县要依据国家落后产能淘汰的有关规定和省经信委的具体要求，分年度制订并实施本辖区落后产能淘汰方案，报省经信委备案。未完成淘汰、依法关停任务的地区，暂停审批和核准其相关行业新建项目。

责任单位：各县（市）人民政府；

牵头单位：玉树州经商委；

配合部门：玉树州发改委。

（2）优化空间布局。根据流域水质保护和改善目标，结合主体功能区规划及生态红线要求，细化水生态环境功能分区，实施差别化的环境准入政策。建立水资源、水环境承载能力监测评价体系，实行承载能力监测预警，已超过承载能力的地区要实施水污染物削减方案，加快调整发展规划和产业结构。到2020年，分流域、分水系完成县域水资源、水环境承载能力现状评价。

责任单位：各县人民政府；

牵头单位：玉树州发改委、玉树州经商委、玉树州环保局、玉树州水利局；

配合部门：玉树州国土资源局、玉树州住建局。

（3）保护生态空间。城镇规划区范围内应保留一定比例的水域面积。新建项目一律不得违规占用水域和湿地。严格水域岸线用途管制，土地开发利用应安装油罐法律法规和技术标准要求，留足河道、湖滨地带的管理和保护范围，非法挤占的应限期退出。

责任单位：各县（市）人民政府；

牵头单位：玉树州国土资源局、玉树州住建局；

配合部门：玉树州环保局、玉树州水利局。

（十一）健全制度机制，严格环境执法监管

（1）完善法规标准。结合国家水污染防治等相关法律法规修订工作，围绕水环境质量改善目标，研究制定环境质量目标管理、鼓励再生水利用、污染责任保险、地下水管理、环境监测、生态流量保障等办法。积极探索制定区域、流域水环境质量地方标准。

牵头单位：玉树州政府法制办；

配合部门：玉树州环保局、玉树州水利局、玉树州国土资源局、玉树州住建局、玉树州卫计委、玉树州质监局。

（2）严厉打击环境违法行为。按照新《环境保护法》，重点打击违法排放污水行为，对造成生态损害的责任者严格落实赔偿制度。严肃查处建设项目环境影响评价领域未批先建、边批边建等违法违规行为。对构成犯罪的，要依法追究刑事责任。

责任单位：各县（市）人民政府；

牵头单位：玉树州环保局、玉树州水利局、玉树州公安局；

配合部门：玉树州国土资源局、玉树州住建局、玉树州工商局。

（3）完善水环境监测网络。根据国务院印发的《生态环境监测网络建设方案》提出建立统一的环境质量监测网络的要求,环保、国土、水利、住建和卫生等部门要整合优化地表水、地下水、饮用水源地监测断面(点位),构建覆盖全州的综合监测网络,强化地表水和地下水环境水质全指标监测、饮用水水源水质全指标监测、水体水生生物和化学物质监测及环境风险防控技术支撑能力,实现部门间监测数据共享,按照统一的标准规范开展监测和评价,客观、准确反映水环境质量状况。

责任单位:各县(市)人民政府;

牵头单位:玉树州环保局、玉树州水利局、玉树州卫计委;

配合部门:玉树州国土资源局、玉树州住建局、玉树州财政局。

(4)提高环境监管能力。认真落实党的十八届五中全会提出的省以下环保机构监测监察执法垂直管理制度。加强环境监测、环境监察、环境应急等专业技术培训,严格落实执法、监测等人员持证上岗制度。加强基层环境执法力量。

责任单位:各县(市)人民政府;

负责部门:玉树州环保局。

(5)严格水环境污染风险控制。按照新《环境保护法》的要求,合理布局生产装置及危险化学品仓储等设施。2016年底前完成全部危险化学品生产使用单位突发环境事件应急预案修订工作,督促企业完善应急储备物质,健全内部调度制度,定期开展应急演练。2017年开始,地方各级人民政府要制订和完善水污染事故处置应急预案,落实责任主体,明确预报预警和响应程序、应急处置及保障措施等内容,依法及时公布预警信息。

责任单位:各县(市)人民政府;

牵头部门:玉树州安监局;

配合部门:玉树州环保局、玉树州水利局、玉树州公安局、玉树州经商委。

(十二)采取多种措施,切实加强水环境管理

(1)强化环境质量目标管理。明确各类水体水质保护目标。各县(市)要逐一排查地表水、地下水和饮用水水源等各类水体达标状况,明确防治措施。自2017年起,国控、省控断面水质达标率要确保在100%。

责任单位:各县(市)人民政府;

牵头部门:玉树州环保局、玉树州水利局;

配合部门:玉树州发改委、玉树州国土资源局、玉树州住建局。

(2)推行排污许可和总量控制"双线"管理制度。实施县域污染物新增量与减量指标挂钩联动,依法核发排污许可证。2017年底前,完成国控、省控重点污染源排污许可证的核发工作。严禁无证排污或不按许可证规定排污。认真落实国家排污权初始分配制度。

责任单位:各县(市)人民政府;

牵头部门:玉树州环保局;

配合部门:玉树州财政局、玉树州发改委。

三、保障措施

（一）建立联动协作机制，强化责任落实

（1）强化地方政府水环境保护责任。地方政府是水污染防治工作的责任主体，政府主要领导为第一责任人。各县（市）政府要制订并公布水污染防治工作方案和年度实施方案，切实加强组织领导，不断完善政策措施，加大资金投入，统筹城乡水污染治理，强化监管，确保各项任务全面完成。玉树州政府的水污染防治工作方案报省政府备案。各县（市）政府也要制订水污染防治工作方案并报州政府备案。

责任单位：各县（市）人民政府；

配合部门：玉树州政府办公室、玉树州环保局、玉树州水利局。

（2）加强部门协调联动。各县（市）政府要建立水污染防治联动协作机制，协调会商解决流域区域突出环境问题，组织实施联合监测、联合执法、应急联动、信息共享等水污染防治措施，通报区域水污染防治工作进展，研究确定阶段性工作要点、工作重点和主要任务。各相关部门要认真按照职责分工，切实做好水污染防治工作。

责任单位：各县（市）人民政府；

牵头部门：玉树州政府办公室；

配合部门：玉树州级相关部门。

（3）完善环境监督执法机制。健全州级巡查、县级检查的环境监督执法机制，加强环保、司法、监察等部门和单位协作，强化行政执法与刑事司法衔接配合机制，完善案件移送、受理、立案、通报等规定。根据《党政领导干部生态环境损害责任追究办法（试行）》，建立健全生态环境和资源保护监管部门、纪检监察机关、组织（人事）等部门的沟通协作机制。

责任单位：各县（市）人民政府；

牵头部门：玉树州政府办公室、玉树州环保局、玉树州公安局、玉树州检察院、玉树州法院；

配合部门：玉树州委组织部、玉树州纪委、玉树州监察局、玉树州政府法制办。

（4）落实企业环保主体责任。企业要严格执行环保法律法规和制度，加强废水治理设施建设和运行管理，开展自行监测，落实治污减排、环境风险防范、企业环境信息公开等责任。

责任单位：各县（市）人民政府，相关企业；

牵头部门：玉树州环保局、玉树州经商委等。

（二）完善推进网格化监管，严格目标任务考核

（1）全面推进网格化监管模式。按照环境监管不留死角、不留盲区、不留隐患的要求，建立"属地管理、分级负责、全面覆盖、责任到人"的网格化监管体系，形成各负其责、齐抓共管的工作格局。

责任单位：各县（市）人民政府；

牵头部门：玉树州政府办公室、玉树州环保局、玉树州公安局、玉树州经商委、玉树州

工商局。

(2)严格目标责任考核。实行水环境质量改善年度目标责任考核,考核结果向社会公布,并作为对领导班子和领导干部综合考核评价、重点生态功能县域考核等重要依据,同时作为水污染防治相关资金分配的参考依据。对未通过年度考核的,要约谈地方政府及其相关部门有关负责人,对有关建设项目环评限批。对工作不力或没有完成年度目标任务的,要依法依纪追究有关单位和人员责任。对不顾生态环境盲目决策,导致水环境质量恶化的领导干部,要依法进行组织处理或给予党纪政纪处分,已经离任的也要终身追究责任。

责任单位:各县(市)人民政府;

牵头部门:玉树州委组织部;

配合部门:玉树州级各相关部门。

(三)加强环境宣传教育,强化公众参与和社会监督

(1)构建全民行动格局。加强宣传教育,把水资源、水环境保护和水情知识纳入国民教育体系,提高公众对经济社会发展和环境保护客观规律的认识,牢固树立保护三江源水生态安全的责任意识,在全社会树立"节水洁水,人人有责"的行为准则。大力开展科普宣传活动,积极倡导绿色消费新风尚,开展环保社区、学校、家庭等群众性创建活动,推动节约用水,鼓励购买使用节水产品和环境标志产品。

责任单位:各县(市)人民政府;

牵头部门:玉树州委宣传部、玉树州教育局、玉树州住建局、玉树州环保局、玉树州水利局、玉树州农牧局。

(2)实施环境信息公开。各县(市)每年定期公布辖区饮用水水源地、地表水、地下水水环境质量状况、依法公开重点监控企业超标超总量排放情况、公开重点企业和公共环保设施运行达标情况。加强社会监督,积极为公众、社会组织提供水污染防治咨询服务,邀请其全程参与重要环保执法行动和重大水污染事件调查。充分利用电视、网络、报刊等新闻媒体,宣传先进典型,曝光环境违法典型案件。健全举报制度,发挥"12369"环保举报热线和微信等网络平台作用,限期办理群众举报投诉的环境问题,一经查实,可给予举报人奖励。通过公开听证、网络征集等形式,充分听取公众对重大决策和建设项目的意见。积极推行环境公益诉讼。

责任单位:各县(市)人民政府;

牵头部门:玉树州环保局。

(四)发挥市场机制作用,引入社会资本治理

(1)落实收费、税收政策。密切跟踪国家收费和税收政策改革,结合我州实际,根据成本核算、资源保护的原则,适时出台相关地方性政策措施。城镇污水处理收费标准不应低于污水处理和污泥处置成本。依法落实环境保护、节能节水、资源综合利用等方面税收优惠政策。按国家税收政策规定,对州内企业用于环境保护设施建设必需进口的关键设备、零部件及原材料,依法免征关税。

责任单位:各县(市)人民政府;

牵头单位:玉树州财政厅、玉树州国税局、玉树州地税局;

配合单位:玉树州发展改革委、玉树州经商委、玉树州环保局、玉树州水利局、玉树州住建局。

(2)增加政府资金投入。积极争取国家专项资金支持,各级财政加大对水环境保护项目支持力度,各县政府要重点支持污水处理、污泥处置、河道整治、饮用水水源保护、畜禽养殖污染防治、水生态修复等项目和工作。对环境监测监管能力建设及运行费用分级予以必要保障。

责任单位:各县(市)人民政府;

牵头单位:玉树州财政局;

配合单位:玉树州发展改革委、玉树州环保局、玉树州水利局、玉树州住建局。

(3)引导社会资本投入。采取环境绩效合同服务、授予开发经营权益等方式,鼓励发展包括系统设计、设备成套、工程施工、调试运行、维护管理的环保服务总承包模式、政府和社会资本合作(PPP)模式等,引导社会资本投入。明确监管部门、排污企业和环保服务公司的责任和义务,完善风险分担、履约保障等机制。

责任单位:各县(市)人民政府;

配合单位:玉树州财政厅、玉树州发展改革委、玉树州经商委、玉树州环保局、玉树州住建局、人民银行玉树中心支行、银监局。

(五)加强政策引导

推进环境污染第三方治理。深入贯彻落实《国务院办公厅关于推行环境污染第三方治理的意见》,重点在环境公共服务设施、重点行业企业及社会化环境监测领域推行第三方环境治理服务;到2017年底,基本形成统一开放、竞争有序、诚信规范的环境污染第三方治理市场机制,培育一批专业化水平高、运营管理能力强的第三方治理企业;到2020年,环境污染第三方治理市场机制进一步完善,污染治理效率和专业化水平进一步提高,一批创新能力强、运营管理水平高的环境服务公司进一步发展壮大。

责任单位:各县(市)人民政府;

牵头单位:玉树州政府办公室、玉树州环保局、玉树州住建局、玉树州发改委、玉树州经商委、卫计委。

维护国家"中华水塔"水环境安全,确保出境水量水质稳定优良是我州必须肩负的重大责任。各县(市)、各有关部门要按照党中央、国务院《关于加快推进生态文明建设的意见》和国家《水污染防治行动计划》要求,切实以生态文明理念统领经济社会发展大局,认真落实地方属地责任和行业管理职责,强化担当意识,狠抓工作落实,集中力量解决突出环境问题,确保按期完成全州水环境质量改善目标,为推进"四个全面"战略的实施和生态文明先行区建设做出应有贡献。

附表1　玉树州地表水水质目标表

附表2　玉树州县级以上城镇集中式饮用水水源考核表

附表 1　玉树州地表水水质目标表

序号	区县	所属流域	所属水系	所在水体名称	断面名称	考核目标	2015年水质现状	2020年水质目标	断面类型	备注
1	玉树市	长江流域	长江	巴塘河	巴塘河断面	玉树市	I	I	维护型断面	
2	称多县	长江流域	长江	通天河	直门达断面	称多县	I	I	维护型断面	
3	杂多县	澜沧江流域	澜沧江	扎曲河	杂多断面	杂多县	I	I	维护型断面	
4	囊谦县	澜沧江流域	澜沧江	扎曲河	香达断面	囊谦县境内	I	I	维护型断面	

附表 2　玉树州县级以上城镇集中式饮用水水源考核表

序号	区县	水源地名称	水源地类型	水质类别要求（达到或优于）
1	玉树市	结古镇扎西科河傍水源地	地下水	II类
2	称多县	称文镇第一水源地	地下水	II类
		称文镇第二水源地	地表水	II类
3	囊谦县	香达镇那荣沟水源地	地表水	II类
4	杂多县	萨呼腾镇清水沟水源地	地下水	II类
		萨呼腾镇吉乃沟水源地	地表水	II类
5	治多县	加吉博洛镇聂恰曲水源地	地表水	II类
6	曲麻莱县	约改镇清水沟水源地	地下水	II类
		约改镇吉乃沟水源地	地表水	II类

玉树州防汛抗旱应急预案

1　总　则

1.1　编制目的

做好水旱灾害突发事件防范与处置工作,使水旱灾害处于可控状态,保证抗洪抢险、抗旱救灾工作高效有序进行,最大程度地减少人员伤亡和财产损失,保障经济社会全面、协调、可持续发展。

1.2　编制依据

依据《中华人民共和国水法》《中华人民共和国防洪法》《中华人民共和国防汛条例》《中华人民共和国河道管理条例》《国家防汛抗旱应急预案》《青海省防汛抗旱应急预案》《玉树州人民政府突发公共事件总体应急预案》制定本预案。

1.3　适用范围

本预案适用于全州范围内突发性水旱灾害的预防和应急处置。突发性水旱灾害包括河道洪水、山洪灾害(指由降雨引发的山洪、泥石流、滑坡灾害)、干旱灾害、供水危机以及由洪水、地震、恐怖活动等引发的水库垮坝、堤防决口、水闸倒塌、供水水质被侵害等次生衍生灾害。

1.4　工作原则

1.4.1　坚持以科学发展观为指导,坚持"安全第一、预防为主、综合治理"的方针,牢固树立"以防为主、防重于抗、抗重于救"的指导思想,增强防汛抗旱工作的责任感和紧迫感,努力实现由控制洪水向洪水管理转变,由单一抗旱向全面抗旱转变,不断提高防汛抗旱的现代化水平。

1.4.2　防汛抗旱工作实行各级人民政府行政首长负责制,统一指挥,分级分部门负责。

1.4.3　防汛抗旱以防洪安全和城乡供水安全、人民群众生命财产安全为首要目标,实行安全第一、常备不懈,以防为主,防抗结合的原则。

1.4.4　防汛抗旱工作按照流域或区域统一规划,坚持因地制宜,城乡统筹,突出重点,局部利益服从全局利益。

1.4.5　坚持依法防汛抗旱,实行公众参与、军民结合,专群结合,平战结合。中国人民解放军、中国人民武装警察部队主要承担防汛抗洪的急难险重等攻坚任务。

1.4.6　抗旱用水以水资源承载能力和现有供水条件为基础,实行先生活、后生产,先地表、后地下,先节水、后调水,科学调度,优化配置,最大程度地满足城乡生活、生产、生态用水需求。

1.4.7 坚持防汛抗旱统筹,在防洪保安的前提下,尽可能利用洪水资源;以法规约束人的行为,防止人对水的侵害,既利用水资源又保护水资源,促进人与自然和谐相处。

2 组织指挥体系及职责

玉树州政府设立州防汛抗旱指挥机构,各县(市)地方人民政府设立防汛抗旱指挥机构,负责本行政区域的防汛抗旱突发事件应对工作。有关单位和工程管理部门可根据需要设立防汛抗旱指挥机构,负责本单位或管辖内的防汛抗旱突发事件应对工作。

2.1 州防汛抗旱指挥部

玉树州政府设立州防汛抗旱指挥部,负责领导组织全州的防汛抗旱工作,其办事机构为州防汛抗旱指挥部办公室,设在玉树州水利局。

2.1.1 玉树州防汛抗旱指挥部组织机构

州防汛抗旱指挥部由玉树州政府分管副州长任总指挥,玉树州军分区副司令员和玉树州政府副州长、玉树州公安局局长任副总指挥,玉树州政府办公室、玉树州发改委、玉树州民政局、玉树州财政局、玉树州国土资源局、玉树州建设局、玉树州水利局、玉树州交通局、玉树州农牧局、玉树州环保局、玉树州卫生局、玉树州文体广电局、玉树州气象局、玉树州林业局、玉树水文分局、玉树州武警支队、玉树州消防支队为指挥部成员。

2.1.2 玉树州防汛抗旱指挥部职责

玉树州防汛抗旱指挥部负责领导、组织全州的防汛抗旱工作,主要职责是拟订玉树州防汛抗旱的政策、法规和制度,组织制订州内河道防御洪水方案和跨区域、跨行政区划调水方案。及时掌握全州汛情、旱情、灾情并组织实施抗洪抢险及抗旱减灾措施,统一调控和调度全州重点蓄水工程的水量,做好洪水管理工作,组织灾后处置,并做好有关协调工作。

2.1.3 玉树州防汛抗旱指挥部成员单位职责

玉树州防汛抗旱指挥部各成员单位在责任区域内实行汛前、汛中、汛后全过程的检查指导,发现问题及时督促处理,并将检查落实情况向指挥部做出书面汇报。对各自责任区域内的河(沟)道、水库、城市(镇)、险工险段、水利工程、山洪灾害易发区等落实做好防汛安全措施。根据青海省人民政府防汛抗旱指挥部有关规定和工作精神,随时抽查各地的工作和贯彻落实玉树州人民政府防汛抗旱指挥部的工作部署情况。若责任区内发生洪灾,成员应积极主动地参与指挥和协调抢险救灾工作,想方设法将灾害造成的损失减少到最小程度。具体职责是:

玉树军分区 负责组织驻地部队参加抗洪抢险救灾。根据玉树州防汛抗旱指挥部的要求和军分区的命令、指示,组织部队参加重大抢险救灾行动,协助地方人民政府转移危险地区的群众。

武警消防支队 负责组织武警部队实施抗洪抢险和抗旱救灾,参加重要工程和重大险情的抢险工作。协助当地公安部门维护抢险救灾秩序和灾区社会治安,协助当地政府转移危险地区的群众。

玉树州财政局　组织实施全州防汛抗旱和救灾经费预算,及时下拨并监督使用。

玉树州发展和改革委员会　指导防汛抗旱规划和建设工作,负责防汛抗旱设施、重点工程除险加固建设、计划的协调安排和监督管理。

玉树州公安局　维护社会治安秩序,依法打击造谣惑众和盗窃、哄抢防汛抗旱物资以及破坏防洪抗旱设施的违法犯罪活动,协助有关部门妥善处置因防汛抗旱引发的群体性治安事件,协助组织群众从危险地区安全撤离或转移。

玉树州民政局　组织、协调全州水旱灾害的救灾工作。组织核查灾情,统一发布灾情及救灾工作情况,及时向玉树州防汛抗旱指挥部提供灾情信息。负责组织、协调水旱灾区救灾和受灾群众的生活救助。管理、分配救灾款物并监督检查其使用情况。组织、指导和开展救灾捐赠等工作。

玉树州环保局　负责对汛期水质进行全面监测,及时发布监测结果,在水源被污染情况下提出应急措施,负责汛期前后的环境污染隐患排查工作,及时督促各排污单位落实整改措施,消除环境污染隐患。

玉树州国土资源局　组织监测、预防地质灾害。组织对山体滑坡、崩塌、地面塌陷、泥石流等地质灾害勘察、监测、防治等工作。

玉树州住房和城乡建设局　协助指导全州城市防洪抗旱规划制订工作,配合有关部门组织、指导城市市政设施和民用设施的防洪保安工作。

玉树州交通局　协调组织地方交通主管部门做好公路、交通设施的防洪安全工作;做好公路(桥梁)在建工程安全度汛防汛工作,在紧急情况下责成项目业主(建设单位)强行清除碍洪设施。配合水利部门做好跨河道建筑周边堤岸保护。协调地方交通主管部门组织运力,做好防汛抗旱和防疫人员、物资及设备运输工作。

玉树州水利局　归口管理全州防汛抗旱工程。负责组织、指导全州防洪排涝和抗旱工程的建设与管理,督促地方政府完成水毁水利工程的修复。负责全州旱情的监测、管理。负责防洪抗旱工程安全的监督管理。

玉树州农牧科技局　及时收集、整理和反映农牧业遭受旱、洪等灾情信息。指导农牧业防汛抗旱和灾后农牧业救灾、生产恢复工作。指导灾区调整农业结构、推广应用旱地农业节水技术和动植物疫病防治工作。提出农业生产救灾资金的分配意见,参与资金管理工作,负责种子、饲草、兽药等救灾物资的储备、调剂和管理工作。

玉树州卫生局　负责水旱灾区疾病预防控制和医疗救护工作。灾害发生后,及时向州防汛抗旱指挥部提供水旱灾区疫情与防治信息,组织卫生部门和医疗卫生人员赶赴灾区,开展防病治病,预防和控制疫病的发生和流行。

玉树州文体广电局　负责组织指导各级电台、电视台开展防汛抗旱宣传工作。正确把握全州防汛抗旱宣传工作导向,及时协调、指导新闻宣传单位做好防汛抗旱新闻宣传报道工作。及时准确报道经州防汛抗旱指挥部审定的汛情、旱情、灾情和各地防汛抗旱动态。

玉树州气象局　负责气象监测和预报工作。从气象角度对影响汛情、旱情的天气形势做出监测、分析和预测。及时对汛期天气情况做出预测报告,并向州防汛抗旱指挥部及有关成员单位提供气象信息。

玉树州林业局　负责林业项目灾害的监测、预测、预警和防御工作。

玉树电力公司　负责组织灾区电力设施的指挥抢修,保证灾区电力供应。

玉树水文分局　负责水文监测和预报工作,对于重大致灾性降水和洪水要实行滚动预报,为防汛指挥决策提供技术支持。

2.1.4　玉树州防汛抗旱指挥部办公室职责

承办州防汛抗旱指挥部的日常工作,组织全州的防汛抗旱工作;组织拟订州内有关防汛抗旱工作的方针政策、发展战略并贯彻实施;按青海省防汛抗旱指挥部要求组织制订河流、流域防御洪水方案和州级防洪预案、重点水库调度方案、州级抗旱预案,并监督实施;指导、推动、督促全州有防汛抗旱任务的县级以上人民政府制订和实施防御洪水方案和抗旱预案;指导、检查、督促地方和有关部门制订山洪灾害的防御预案并组织实施;督促指导有关防汛抗旱指挥机构清除河道、湖泊、行洪区范围内阻碍行洪的障碍物;负责防洪工程水毁项目计划的上报及物资的储备;统一调控和调度全州重点蓄水工程的水量,组织、指导防汛机动抢险队和抗旱服务组织的建设和管理;组织拟定全州防汛抗旱指挥系统的申报建设与管理等。为省防汛抗旱指挥部做好有关协调、服务工作。

2.2　县(市)级人民政府防汛抗旱指挥机构

有防汛抗旱任务的县级以上地方人民政府设立防汛抗旱指挥机构,在上级防汛抗旱指挥机构和本级人民政府的领导下,组织和指挥本地区的防汛抗旱工作,防汛抗旱指挥机构由本级政府和有关部门、当地驻军、人民武装部负责人组成,其办事机构设在同级水务行政主管部门。

2.3　其他防汛抗旱指挥机构

水利部门所属的水利工程管理单位、施工单位以及水文部门等,汛期成立相应的专业防汛抗灾组织,负责本单位、本部门的防汛抗灾工作;有防洪任务的重大水利水电工程、大中型企业根据需要成立防汛指挥机构。针对重大突发事件,可以组建临时指挥机构,具体负责应急处理工作。

3　预防和预警机制

3.1　预防预警信息

3.1.1　气象水文信息

(1)各级气象、水文部门应加强对当地灾害性天气的监测和预报,并将结果及时报送有关防汛抗旱指挥机构。

(2)各级气象、水文部门应当组织对重大灾害性天气的联合监测、会商和预防,尽可能延长预见期,对重大气象、水文灾害做出评估,及时报本级人民政府和防汛抗旱指挥机构。

(3)当预报即将发生严重水旱灾害时,当地防汛抗旱指挥机构应提早预警,通知有关区域做好相关准备。当河道发生洪水时,水文部门应加密测验时段,及时上报测验结果,雨情、水情应在2个小时内报到州防汛抗旱指挥部,重要站点的水情应在30分钟内报到州防汛抗旱指挥部,必要时直接向青海省防汛抗旱指挥部汇报,为防汛抗旱指挥机构适时指挥决策提供依据。

3.1.2　工程信息

(1)堤防工程信息。

a. 当河道内出现警戒水位以上洪水时,各级堤防管理单位应加强工程监测,并将堤防、涵闸等工程设施的运行情况报上级工程管理部门和同级防汛抗旱指挥机构,发生洪水地区的县(市)防汛抗旱指挥机构应每日08:30前向玉树州防汛抗旱指挥部报告工程出险情况和防守情况,通天河、巴塘河干流重要堤防、涵闸等发生重大险情应在险情发生后第一时间内报到玉树州防汛抗旱指挥部。

b. 当堤防和涵闸等穿堤建筑物出现险情或遭遇超标准洪水袭击,以及因其他不可抗因素可能溃垮时,工程管理单位应迅速组织抢险,并在第一时间向可能受灾的有关区域预警,同时向上级堤防管理部门和同级防汛抗旱指挥机构准确报告出险部位、险情种类、抢护方案以及处理险情的行政责任人、技术责任人、通信联络方式、除险情况,以利加强指导或做出进一步的抢险决策。

(2)水库工程信息。

a. 在水库水位超过汛限水位时,水库管理单位应对大坝、溢洪道、输水管等关键部位加密监测,并按照有管辖权的防汛抗旱指挥机构批准的洪水调度方案调度,其工程运行状况向上一级水行政主管部门和同级防汛抗旱指挥机构报告。大中小型水库发生重大险情应在险情发生后第一时间报到州防汛抗旱指挥部,州防汛抗旱指挥部2小时内上报省防汛抗旱指挥部。

b. 当水库出现险情时,水库管理单位应立即在第一时间向下游预警,并迅速处置险情,同时向上级主管部门和同级防汛抗旱指挥机构报告出险部位、险情种类、抢护方案以及处理险情的行政责任人、技术责任人、通信联络方式、除险情况,以进一步采取相应措施。

c. 当水库遭遇超标准洪水或其他不可抗因素而可能溃坝时,应提早向水库溃坝洪水风险区的淹没范围发出预警,为群众安全转移争取时间。

3.1.3　洪水灾情信息

(1)洪水灾情信息主要包括:灾害发生的时间、地点、范围、受灾人口以及群众财产、农林牧、工业交通运输、邮电通信、水电设施等方面的损失。

(2)洪水灾情发生后,有关部门及时向防汛抗旱指挥机构报告洪水受灾情况,防汛抗旱指挥机构应收集动态灾情,全面掌握受灾情况,并及时向同级政府和上级防汛抗旱指挥机构报告。对人员伤亡和较大财产损失的灾情,应立即上报,重大灾情在灾害发生后第一时间内将初步情况报到玉树州防汛抗旱指挥部,玉树州防汛抗旱指挥部2小时内上报青海省防汛抗旱指挥部,并对实时灾情组织核实,核实后及时上报,为抗灾救灾提供准确依据。

(3)地方各级人民政府防汛抗旱指挥机构应按照《水旱灾害统计报表制度》的规定上报洪水灾情。

3.1.4　旱情信息

(1)旱情信息主要包括:干旱发生的时间、地点、程度、受旱范围、影响人口、牲畜,以及对工农牧业生产、城乡生活、生态环境等方面造成的影响。

(2)防汛抗旱指挥机构应掌握水雨情变化、当地蓄水情况、农田土壤墒情和城乡供水情况,加强旱情监测,地方各级防汛抗旱指挥机构应按照《水旱灾害统计报表制度》的规定上报受旱情况。遇旱情急剧发展时应及时加报。玉树州防汛抗旱指挥部在第一时间内上报青海省防汛抗旱指挥部。

3.2　预防预警行动

3.2.1　预防预警准备工作

(1)思想准备。加强宣传,增强全民预防水旱灾害和自我保护的意识,做好防大汛、抗大旱的思想准备。

(2)组织准备。建立健全防汛抗旱组织指挥机构,落实防汛抗旱责任人、防汛抗旱队伍和山洪易发重点区域的监测网络及预警措施,组建防汛专业机动抢险队并加强防汛专业机动抢险和抗旱服务组织的建设。

(3)工程准备。按照完成水毁工程修复和水源工程建设任务,对存在病险的堤防、水库、引水枢纽等各类水利工程设施实行应急除险加固;对跨汛期施工的水利工程和病险工程,要落实安全度汛方案。

(4)预案准备。各县(市)人民政府应修订完善水库和城镇防洪预案、洪水预报方案、水库垮坝应急预案、洪泛区安全转移方案、防御山洪灾害预案和抗旱预案、城市抗旱预案。研究制订防御超标准洪水的应急方案,主动应对大洪水。针对河道、堤防、险工险段,还要制订工程抢险方案。

(5)物料准备。按照分级负责的原则,州、县(市)储备必需的防汛物料,合理配置。在防汛重点部位应储备一定数量的抢险物料,以应急需。

(6)通信准备。充分利用社会通信公网,确保防汛通信网络畅通。健全水文、气象测报站网,确保雨情、水情、灾情信息和指挥调度指令的及时传递。

(7)防汛抗旱检查。各级防汛抗旱指挥部实行成员单位分区、分片包干责任制,落实以查组织、查工程、查预案、查物资、查通信为主要内容的分级检查制度,发现薄弱环节,要明确责任、限时整改。

(8)防汛日常管理工作。加强防汛日常管理工作,对在河道、水库、险工险段、洪泛区内建设的非防洪建设项目应当编制洪水影响评价报告,并经有审批权的水行政主管部门审批,对未经审批并严重影响防洪的项目,依法强行拆除。

3.2.2　河道洪水预警

（1）当河道即将出现洪水时，各级水文部门应做好洪水预报工作，及时向防汛抗旱指挥机构报告水位、流量的实测情况和洪水走势，为预警提供依据。凡需通报上下游汛情的，按照水文部门的规范程序执行。

（2）各级防汛抗旱指挥机构应按照分级负责原则，确定洪水预警区域、级别和洪水信息发布范围，按照权限向社会发布。

（3）水文部门应跟踪分析河道洪水的发展趋势，及时滚动预报最新水情，为抗灾救灾提供基本依据。

3.2.3　山洪灾害预警

当气象预报将出现较大降雨时，各级防汛抗旱指挥机构应按照分级负责原则，确定山洪灾害预警区域、级别，按照权限向社会发布，并做好除险救灾的有关准备工作。必要时，通知低洼地区居民及企事业单位及时做好转移工作。

（1）凡可能遭受山洪灾害威胁的地方，应根据山洪灾害的成因和特点，主动采取预防和避险措施。水文、气象、国土资源等部门应密切联系，相互配合，实现信息共享，提高预报水平，及时发布预报警报。

（2）凡有山洪灾害的地方，应由防汛抗旱指挥机构组织国土资源、水利、气象等部门编制山洪灾害防御预案，绘制区域内山洪灾害风险图，划分并确定区域内易发山洪灾害的地点及范围，制订安全转移方案，明确组织机构的协调及职责。

（3）山洪灾害易发区应建立专业监测与群测群防相结合的监测体系，落实观测措施，汛期坚持24小时值班巡逻制度，降雨期间，加密观测、加强巡逻。每个乡镇、村和相关单位都要落实信号发送员，一旦发现危险征兆，立即向周边群众报警，实现快速转移，并报本地防汛抗旱指挥机构，以便及时组织抗灾救灾。

3.2.4　洪泛区预警

（1）对水库下游、河道两岸的洪泛区应拟订群众安全转移方案，由有审批权的防汛抗旱指挥机构组织审批。

（2）洪泛区工程管理单位应加强工程运行监测，发现问题及时处理，并报告上级主管部门和同级防汛抗旱指挥机构。

（3）当地人民政府和防汛抗旱指挥机构应把洪泛区人民的生命安全放在首位，迅速启动预警系统，按照群众安全转移方案实施转移。

3.2.5　干旱灾害预警

（1）各级防汛抗旱指挥机构应针对干旱灾害的成因、特点，因地制宜采取预警防范措施。

（2）各级防汛抗旱指挥机构应建立健全旱情监测网和干旱灾害统计队伍，随时掌握实时旱情灾情，并预测干旱发展趋势，根据不同干旱等级，提出相应对策，为抗旱指挥决策提供科学依据。

（3）各级防汛抗旱指挥机构应当加强抗旱服务网络建设，鼓励和支持社会力量开展多种形式的社会化服务组织建设，以防范干旱灾害的发生和蔓延。

3.2.6 供水危机预警

当因供水水源短缺或被破坏、供水线路中断、供水水质被侵害等原因而出现供水危机时,由当地防汛抗旱指挥机构向社会公布预警,居民、企事业单位做好储备应急用水的准备,有关部门做好应急供水的准备。

3.3 预警支持系统

3.3.1 洪水、干旱风险图

(1)各级防汛抗旱指挥机构应组织工程技术人员,研究绘制本地区的城市洪水风险图、河流洪水风险图、山洪灾害风险图、水库洪水风险图和干旱风险图。

(2)防汛抗旱指挥机构应以各类洪水、干旱风险图作为抗洪抢险救灾、群众安全转移安置和抗旱救灾决策的技术依据。

3.3.2 防御洪水方案

(1)防汛抗旱指挥机构应根据需要,编制和修订防御河道洪水方案,主动应对河道洪水。

(2)防汛抗旱指挥机构应根据变化的情况,修订和完善洪水调度方案。

(3)各级防御河道洪水预案和防洪调度方案,按规定逐级上报审批,凡经人民政府或防汛抗旱指挥机构审批的防洪预案和调度方案,均具有权威性和法律效力,有关地区应坚决贯彻执行。

3.3.3 抗旱预案

(1)各级防汛抗旱指挥机构应编制抗旱预案,主动应对不同等级的干旱灾害。

(2)各类抗旱预案由当地人民政府或防汛抗旱指挥机构审批,报上一级防汛抗旱指挥机构备案,凡经审批的各类抗旱预案,各有关地区和部门应贯彻执行。

4 应急响应

4.1 应急响应的总体要求

4.1.1 按洪灾、旱灾的严重程度和范围,将应急响应行动分为四级。

4.1.2 进入旱期,各级防汛抗旱指挥机构应实行全程跟踪雨情、水情、旱情、灾情制度,并根据不同情况启动相关应急程序。在汛期,除实行上述制度和程序外,必须实行24小时值班制度。

4.1.3 玉树州政府和玉树州防汛抗旱指挥机构负责关系重大的水利、防洪工程调度;其他水利、防洪工程的调度由所属地方人民政府和防汛抗旱指挥机构负责,必要时,视情况由上一级防汛抗旱指挥机构直接调度。玉树州防汛抗旱指挥部各成员单位应按照指挥部的统一部署和职责分工开展工作,并及时报告有关工作情况。

4.1.4 洪水、干旱等灾害发生后,由地方人民政府和各级防汛抗旱指挥机构负责组织实施抗洪抢险、抗旱减灾和抗灾救灾等方面的工作。

4.1.5 洪水、干旱等灾害发生后,由当地防汛抗旱指挥机构向同级人民政府和上级防汛抗旱指挥机构报告情况。造成人员伤亡的突发事件,可越级上报,并同时报上级防汛抗旱指挥机构。任何个人发现堤防、水库发生险情时,应立即向有关部门报告。

4.1.6　对跨区域发生的水旱灾害,或者突发事件将影响到邻近行政区域的,在报告同级人民政府和上级防汛抗旱指挥机构的同时,应及时向受影响地区的防汛抗旱指挥机构通报情况。

4.1.7　因水旱灾害而衍生的疾病流行、交通事故等次生灾害,当地防汛抗旱指挥机构应组织有关部门全力抢救和处置,采取有效措施切断灾害扩大的传播链,防止次生或衍生灾害的蔓延,并及时向同级人民政府和上级防汛抗旱指挥机构报告。

4.2　Ⅰ级应急响应

4.2.1　出现下列情况之一者,为Ⅰ级响应

(1)州内主要河流发生特大洪水;

(2)州内主要河流重点河段堤防发生决口;

(3)大中型水库发生垮坝;

(4)城(镇)地区多条沟道发生严重山洪泥石流灾害;

(5)多个县、市发生特大干旱;

(6)多座城(镇)发生极度干旱缺水。

4.2.2　Ⅰ级响应行动

(1)州级启动Ⅰ级响应行动,由玉树州防汛抗旱指挥部总指挥主持会商,指挥部成员参加,视情况启动玉树州政府批准的防御特大洪水和干旱方案,做出防汛抗旱应急工作部署,加强工作指导,并将情况上报青海省防汛抗旱指挥部及玉树州委、玉树州政府。玉树州防汛抗旱指挥部派工作组赴抗灾一线慰问、指导防汛抗旱工作。情况严重时,提请州委常委会听取汇报并做出部署。玉树州防汛抗旱指挥部密切监视汛情、旱情的发展变化,做好汛情、旱情预测预报及重点工程调度,并在24小时内派专家组赴一线加强技术指导。玉树州防汛抗旱指挥部增加值班人员,加强值班,每天在州电视台发布《汛(旱)情通报》,报道汛(旱)情及抗洪抢险、抗旱措施。财政局为灾区及时提供资金帮助。玉树州防汛抗旱指挥部办公室为灾区紧急调拨防汛抗旱物资;交通部门为防汛抗旱物资运输提供运输保障;民政部门及时救助受灾群众;卫生部门根据需要,及时派出医疗专业防治队伍赴灾区协助开展医疗救治和疾病预防控制工作。玉树州防汛抗旱指挥部其他成员单位按照职责分工,做好相关工作。

(2)相关县(市)人民政府防汛抗旱指挥机构启动Ⅰ级响应,可依法宣布本地区进入紧急防汛抗旱期,按照《中华人民共和国防洪法》的相关规定,行使权力。同时,增加值班人员,加强值班,由防汛抗旱指挥机构的主要领导主持会商,动员部署防汛抗旱工作;按照权限调度水利、防洪工程;根据预案转移危险地区群众,组织强化巡堤查险和堤防防守,及时控制险情或组织强化抗旱工作。受灾地区的各级防汛抗旱指挥机构、成员单位负责人应按照职责指挥分管区域防汛抗旱工作或驻点帮助重灾区做好防汛抗旱工作。各县(市)人民政府的防汛抗旱指挥机构应将工作情况上报当地人民政府和玉树州防汛

抗旱指挥部。相关县(市)人民政府的防汛抗旱指挥机构成员单位全力配合做好防汛抗旱和抗灾救灾工作。

4.3 Ⅱ级应急响应

4.3.1 出现下列情况之一者,为Ⅱ级响应

(1)州内一条主要河流发生大洪水;

(2)州内主要河流的一般河段及主要支流堤防发生决口;

(3)多个县(市)人民政府发生严重洪水灾害;

(4)小型水库发生垮坝;

(5)城镇地区发生严重的山洪泥石流灾害;

(6)多个县(市)人民政府发生严重干旱;

(7)多个城镇发生严重干旱,或重点城镇发生极度干旱。

4.3.2 Ⅱ级响应行动

(1)州级启动Ⅱ级响应行动,可由玉树州防汛抗旱指挥部副总指挥主持会商,玉树州防汛抗旱指挥部成员单位派员参加会商,做出相应工作部署,加强防汛抗旱工作的指导,在1小时内将情况上报玉树州政府分管领导并通报州防汛抗旱指挥部成员单位。玉树州防汛抗旱指挥部加强值班力量,密切监视汛情、旱情和工情的发展变化,做好汛情旱情预测预报,做好重点工程的调度,并在24小时内派出由玉树州防汛抗旱指挥部成员单位组成的工作组、专家组赴一线指导防汛抗旱。玉树州防汛抗旱指挥部办公室不定期在州电视台发布汛(旱)情通报。民政部门及时救助灾民。卫生部门派出医疗队赴一线帮助医疗救护。玉树州防汛抗旱指挥部其他成员单位按照职责分工,做好有关工作。

(2)相关县(市)人民政府防汛抗旱指挥机构可根据情况,依法宣布本地区进入紧急防汛抗旱期,行使相关权力。同时,增加值班人员,加强值班。由同级防汛抗旱指挥机构的负责人主持会商,具体安排防汛抗旱工作,按照权限调度水利、防洪工程,根据预案组织加强防守巡查,及时控制险情,或组织加强抗旱工作。受灾地区的各级防汛抗旱指挥机构负责人、成员单位负责人,应按照职责指挥分管区域防汛抗旱工作。相关县(市)人民政府防汛抗旱指挥机构应将工作情况上报当地人民政府主要领导和州防汛抗旱指挥部。相关县(市)人民政府的防汛抗旱指挥机构成员单位全力配合做好防汛抗旱和抗灾救灾工作。

4.4 Ⅲ级应急响应

4.4.1 出现下列情况之一者,为Ⅲ级响应

(1)数县(市)同时发生洪水灾害;

(2)一县(市)发生较大洪水;

(3)州内主要河流堤防出现重大险情;

(4)小型水库出现险情;

(5)数县(市)同时发生中度以上的干旱灾害;

(6)多座城(镇)同时发生中度干旱;

（7）一座重点城（镇）发生严重干旱。

4.4.2　Ⅲ级响应行动

（1）州防汛抗旱指挥部副总指挥主持会商,做出相应工作安排,密切监视汛情、旱情发展变化,加强防汛抗旱工作的指导,在 1 小时内将情况上报玉树州政府并通报玉树州防汛抗旱指挥部成员单位。玉树州防汛抗旱指挥部办公室在 24 小时内派出工作组、专家组,指导地方防汛抗旱工作。

（2）相关县（市）人民政府的防汛抗旱指挥机构,由同级防汛抗旱指挥机构的负责人主持会商,具体安排防汛抗旱工作;按照权限调度水利、防洪工程;根据预案组织防汛抢险或组织抗旱,派出工作组、专家组到一线具体帮助工作,并将防汛抗旱的工作情况上报当地人民政府分管领导和玉树州防汛抗旱指挥部。县（市）人民政府防汛抗旱指挥机构在当地电视台发布汛（旱）情通报,民政部门及时救助灾民。卫生部门组织医疗队赴一线开展卫生防疫工作。其他部门按照职责分工开展工作。

4.5　Ⅳ级应急响应

4.5.1　出现下列情况之一者,为Ⅳ级响应

（1）数县（市）同时发生一般洪水;

（2）数县（市）同时发生轻度干旱;

（3）州内主要河流堤防出现险情;

（4）多座城（镇）同时因干旱影响正常供水。

4.5.2　Ⅳ级响应行动

（1）玉树州防汛抗旱指挥部主持会商,做出相应工作安排,加强对汛（旱）情的监测和对防汛抗旱工作的指导,并将情况上报玉树州政府并通报州防汛抗旱指挥部成员单位。

（2）相关县（市）人民政府的防汛抗旱指挥机构由同级防汛抗旱指挥机构负责人主持会商,具体安排防汛抗旱工作;按照权限调度水利、防洪工程;按照预案采取相应防范措施或组织抗旱;派出专家组赴一线指导工作,并将工作情况上报当地人民政府和玉树州防汛抗旱指挥部办公室。

4.6　不同灾害的应急响应措施

4.6.1　河道洪水

（1）当河道水位超过警戒水位,洪峰流量超过设防标准时,当地防汛抗旱指挥机构应按照批准的防洪预案和防汛责任制的要求,组织专业和群众防汛队伍巡堤查险,严密布防,必要时动用部队、武警参加重要堤段、重点工程的防守或突击抢险。

（2）当河道洪水位继续上涨,危及重点保护对象时,各级防汛抗旱指挥机构和承担防汛任务的部门、单位,应根据河道水情和洪水预报,按照规定的权限和防御洪水方案、洪水调度方案,适时调度运用防洪工程,调节水库拦洪错峰,开启节制闸泄洪,启动沿河泵站抢排,清除河道阻水障碍物、临时抢护加高堤防,增加河道泄洪能力等。

（3）在紧急情况下,按照《中华人民共和国防洪法》的有关规定,县级以上人民政府防汛抗旱指挥机构宣布进入紧急防汛期,并行使相关权力、采取特殊应急措施,保障抗洪抢险的顺利实施。

4.6.2　山洪灾害

(1)山洪灾害应急处理由当地防汛抗旱指挥机构负责,水利、国土资源、气象、民政、建设等各有关部门按职责分工做好相关工作。

(2)当山洪灾害易发区雨量观测点降雨量达到一定数量或观测山体发生变形有滑动趋势时,由当地防汛抗旱指挥机构或有关部门及时发出预警预报,对紧急转移区群众做出决策,如需转移,应立即通知相关乡镇和村组按预案组织人员安全撤离。

(3)转移受威胁的群众,应本着就近、迅速、安全、有序的原则进行,先人员后财产,先老幼病残后其他人员,先转移危险区人员和警戒区人员,防止出现道路堵塞和意外事件的发生。

(4)发生山洪灾害后,若导致人员伤亡,应立即组织人员或抢险突击队紧急抢救,必要时向当地驻军、武警部队和上级政府请求救援。

(5)当发生山洪灾害时,当地防汛抗旱指挥机构应组织水利、国土资源、气象、民政等有关部门的专家和技术人员,及时赶赴现场,加强观测,采取应急措施,防止山洪灾害造成更大损失。

(6)如遇山洪泥石流、滑坡山体堵塞河道,当地防汛抗旱指挥机构应及时召集有关部门、专家研究处理方案,采取应急措施,避免发生更大的灾害。

4.6.3　堤防决口、水闸垮塌、水库溃坝

(1)当出现堤防决口、水闸垮塌、水库溃坝前期征兆时,防汛责任单位要迅速调集人力、物力全力组织抢险,尽可能控制险情,并及时向下游发出警报。发生州内主要河流堤防决口、水闸垮塌和水库溃坝等事件应立即报告玉树州防汛抗旱指挥部办公室。

(2)堤防决口、水闸垮塌、水库溃坝的应急处理,由当地防汛抗旱指挥机构负责,首先应迅速组织受影响群众转移,并视情况抢筑第二道防线,控制洪水影响范围,尽可能减少灾害损失。

(3)当地防汛抗旱指挥机构在适时组织实施堤防堵口,调度有关水利工程,为实施堤防堵口创造条件,并明确堵口、抢护的行政、技术责任人,启动堵口,抢护应急预案,及时调集人力、物力迅速实施堵口、抢护。上级防汛抗旱指挥机构的领导应立即带领专家赶赴现场指导。

4.6.4　干旱灾害

县级以上防汛抗旱指挥机构根据本地区的实际情况,按特大、严重、中度、轻度4个干旱等级,制定相应的应急抗旱措施,并负责组织抗旱工作。

(1)大干旱。

a.强化地方行政首长抗旱目标责任制,确保城乡居民生活和重点企业用水安全,维护灾区社会稳定。

b.指挥机构强化抗旱工作的统一指挥和组织协调,加强会商,强化抗旱水源的科学调度和用水管理,各有关部门按照指挥机构的统一部署,协调联动,全面做好抗旱工作。

c.启动相关抗旱预案,并报上一级指挥机构备案。必要时经本级人民政府批准,可宣布进入紧急抗旱期,启动各项特殊应急抗旱措施,如应急开源、应急限水、应急调水、应急送水等。

d.密切监测旱情、及时分析旱情变化发展趋势,密切掌握旱情灾情及抗旱工作情况,及时分析旱情灾情对经济社会发展的影响,适时向社会通报旱情信息。

e.动员全社会各方面力量支援抗旱救灾工作。加强旱情灾情及抗旱工作的宣传。

(2)严重干旱。

a.进一步加强旱情监测和分析预报工作,及时掌握旱情灾情及其发展变化趋势,及时通报旱情信息和抗旱情况。

b.及时组织防汛抗旱指挥机构进行抗旱会商,研究部署抗旱工作。

c.适时启动相关抗旱预案,并报上级防汛抗旱指挥机构备案。

d.督促防汛抗旱指挥机构各部门落实抗旱职责,做好抗旱水源的统一管理和调度,落实应急抗旱资金和抗旱物资。

e.做好抗旱工作的宣传。

(3)中度干旱。

a.加强旱情监测,密切注视旱情的发展情况,定期分析预测旱情变化趋势,及时通报旱情信息和抗旱情况。

b.及时分析预测水量供求变化形势,加强抗旱水源的统一管理和调度。

c.根据旱情发展趋势,适时对抗旱工作进行动员部署。

d.及时上报、通报旱情信息和抗旱情况。

e.根据旱情发展趋势,及时会商,动员部署抗旱工作。

(4)轻度干旱。

a.掌握旱情变化情况,做好旱情监测、预报工作。

b.做好抗旱水源的管理调度工作。

c.及时分析、了解社会各方面的用水需求。

4.6.5　供水危机

(1)当发生供水危机时,有关防汛抗旱指挥机构加强对城市地表水、地下水和外调水实行统一调度和管理,严格实施应急限水,合理调配有限的水源;采取辖区内、跨地区、跨流域应急调水,补充供水水源,协同水质检测部门,加强供水水质的监测,最大程度保证城乡居民生活和重点单位用水安全。

(2)针对供水危机出现的原因,采取措施,尽快恢复供水,保证水量和水质正常。

4.7　信息报送和处理

4.7.1　汛情、旱情、险情、灾情等防汛抗旱信息实行分级上报,归口处理,同级共享。

4.7.2　防汛抗旱信息的报送和处理,应快速、准确、翔实,重要信息应立即上报,因客观原因一时难以准确掌握的信息,应及时报告基本情况,同时抓紧了解情况,随后补报详情。

4.7.3　属一般性汛情、旱情、险情、灾情,按分管权限,分别报送本级防汛抗旱指挥机构负责处理。凡因险情、灾情较重,按分管权限一时难以处理,需上级帮助、指导处理的,经本级防汛抗旱指挥机构负责人审批后,可向上一级防汛抗旱指挥机构上报。

4.7.4　凡经本级或上级防汛抗旱指挥机构采用和发布的水旱灾害、工程抢险等信息,当地防汛抗旱指挥机构应立即调查,对存在的问题,及时采取措施,切实加以解决。

4.7.5　州防汛抗旱指挥部办公室接到特别重大、重大的汛情、旱情、险情、灾情报告后应立即报告省防汛抗旱指挥部、玉树州政府及州政府应急指挥中心,并及时续报。

4.8　指挥和调度

4.8.1　出现水旱灾害后,事发地的防汛抗旱指挥机构应立即启动应急预案,并根据需要成立现场指挥部。在采取紧急措施的同时,向上一级防汛抗旱指挥机构报告,根据现场情况,及时收集、掌握相关信息,判明事件的性质和危害程度,并及时上报事态的发展变化情况。

4.8.2　事发地的防汛抗旱指挥机构负责人应迅速上岗到位,分析事件的性质,预测事态发展趋势和可能造成的危害程度,并按规定的处置程序,组织指挥有关单位或部门按照职责分工,迅速采取处置措施,控制事态发展。

4.8.3　发生重大水旱灾害后,上一级防汛抗旱指挥机构应派出由领导带队的工作组赶赴现场,加强领导,指导工作,必要时成立前线指挥部。

4.9　抢险救灾

4.9.1　出现水旱灾害或防洪工程发生重大险情后,事发地的防汛抗旱指挥机构应根据事件的性质,迅速对事件进行监控、追踪,并立即与相关部门联系。

4.9.2　事发地的防汛抗旱指挥机构应根据事件具体情况,按照预案立即提出紧急处置措施,供当地政府或上一级相关部门指挥决策。

4.9.3　事发地防汛抗旱指挥机构应迅速调集本部门的资源和力量,提供技术支持;组织当地有关部门和人员,迅速开展现场处置或救援工作。州内主要河流堤防决口的堵复、水库重大险情的抢护应按照事先制订的抢险预案进行。

4.9.4　处置水旱灾害和工程重大险情时,应按照职能分工,由防汛抗旱指挥机构统一指挥,各单位或各部门应各司其职,团结协作,快速反应,高效处置,最大程度地减少损失。

4.10　安全防护和医疗救护

4.10.1　各级人民政府和防汛抗旱指挥机构应高度重视应急人员的安全,调集和储备必要的防护器材、消毒药品、备用电源和抢救伤员必备的器械等,以备随时应用。

4.10.2　抢险人员进入和撤出现场由防汛抗旱指挥机构视情况做出决定。抢险人员进入受威胁的现场前,应采取防护措施以保证自身安全。参加一线抗洪抢险的人员,必须穿救生衣。当现场受到污染时,应按要求为抢险人员配备防护设施,撤离时应进行消毒、去污处理。

4.10.3　出现水旱灾害后,事发地防汛抗旱指挥机构应及时做好群众的救援、转移和疏散工作。

4.10.4 事发地防汛抗旱指挥机构应按照当地政府和上级领导机构的指令,及时发布通告,防止人、畜禽进入危险区域或饮用被污染的水源。

4.10.5 对转移的群众,由当地人民政府负责提供紧急避难场所,妥善安置灾区群众,保证基本生活。

4.10.6 出现水旱灾害后,事发地人民政府和防汛抗旱指挥机构应组织卫生部门加强受影响地区的疾病和突发公共卫生事件监测、报告工作,落实各项防病措施,并派出医疗小分队,对受伤的人员进行紧急救护。必要时,事发地政府可紧急动员当地医疗机构在现场设立紧急救护所。

4.11 社会力量动员与参与

4.11.1 出现水旱灾害后,事发地的防汛抗旱指挥机构可根据事件的性质和危害程度,报经当地政府批准,对重点地区和重点部位实施紧急控制,防止事态及其危害的进一步扩大。

4.11.2 必要时可通过当地人民政府广泛调动社会力量积极参与应急突发事件的处置,紧急情况下可依法征用、调用车辆、物资、人员等,全力投入抗洪抢险。

4.12 玉树州委、州政府慰问及派出工作组

4.12.1 一次性灾害损失出现下列情况之一时,可由玉树州委书记和州长或州委、州政府共同向灾区发慰问电,玉树州委、州政府共同派慰问团或工作组赴灾区慰问、指导工作。

(1)受灾范围为一县(市)的1/2以上乡(镇)或农作物、草场受灾面积占耕地面积的40%以上;

(2)一县(市)死亡人数在30人以上;

(3)畜死亡8万头(只)以上;

(4)直接经济损失1亿元以上,或一县(市)内局部地区集中遭受毁灭性灾害损失达0.4亿元以上。

4.12.2 一次性灾害损失出现下列情况之一时,可由玉树州政府向灾区发慰问电,由玉树州政府或州政府委托有关部门派工作组赴灾区指导协助工作。

(1)受灾范围为一县(市)的2/5以上乡(镇),或农作物、草场受灾面积占耕地(草场)面积的25%以上。

(2)一县(市)死亡人数在15人以上。

(3)畜死亡5万~8万头(只);

(4)直接经济损失0.5亿~1亿元,或一县(市)内局部地区集中遭受毁灭性灾害损失达0.1亿~0.4亿元。

4.12.3 达不到上述情况的,由玉树州防汛抗旱指挥部或其他有关部门视情况向灾区发慰问电或派工作组赴灾区协助指导工作。

4.12.4 水旱灾害发生后,根据上述标准,由玉树州防汛抗旱指挥部办公室会商发改委、民政局、财政局后,尽快向玉树州政府提出具体建议。

4.12.5 各县(市)防汛抗旱指挥机构可参照上述州委、州政府慰问及派工作组的原则规定,确定相关的标准,予以实施。

4.13 信息发布

4.13.1 防汛抗旱的信息发布应当及时、准确、客观、全面。

4.13.2 汛情、旱情及防汛抗旱动态等,由州防汛抗旱指挥部统一审核和发布;涉及水旱灾情的,由玉树州防汛抗旱指挥部办公室会同玉树州民政局审核和发布。

4.13.3 信息发布形式主要包括授权发布、散发新闻稿、组织报道、接受记者采访、举行新闻发布会等。

4.13.4 地方信息发布:重点汛区、灾区和发生局部汛情的地方,其汛情、旱情及防汛抗旱动态等信息,由各地防汛抗旱指挥机构审核和发布;涉及水旱灾情的,由各地防汛抗旱指挥办公室会同民政部门审核和发布。

4.14 应急结束

4.14.1 当洪水灾害、极度缺水得到有效控制时,事发地的防汛抗旱指挥机构可视汛情旱情,宣布结束紧急防汛期或紧急抗旱期。

4.14.2 依照有关紧急防汛、抗旱期规定,征用、调用的物资、设备、交通运输工具等,在汛期、抗旱期结束后应当及时归还;造成损坏或者无法归还的,按照有关规定给予适当补偿或者作其他处理。取土占地、砍伐林木的,在汛期结束后依法向有关部门补办手续;有关地方人民政府对取土后的土地组织复垦,对砍伐的林木组织补种。

4.14.3 紧急处置工作结束后,事发地防汛抗旱指挥机构应协助当地政府进一步恢复正常生活、生产、工作秩序,修复水毁基础设施,尽可能减少突发事件带来的损失和影响。

5 应急保障

5.1 通信与信息保障

5.1.1 任何通信运营部门都有依法保障防汛抗旱信息畅通的责任。

5.1.2 防汛抗旱指挥机构应按照以公用通信网为主的原则,合理组建防汛专用通信网络,确保信息畅通。堤防及水库管理单位必须配备通信设施。

5.1.3 防汛抗旱指挥机构应协调当地通信管理部门,按照防汛抗旱的实际需要,将有关要求纳入应急通信保障预案。出现突发事件后,通信部门应启动应急通信保障预案,迅速调集力量抢修损坏的通信设施,努力保证防汛抗旱通信畅通。必要时,调度应急通信设备,为防汛通信和现场指挥提供通信保障。

5.1.4 在紧急情况下,应充分利用公共广播、电视等媒体以及手机短信等手段发布信息,通知群众快速撤离,确保人民群众生命安全。

5.2　应急保障

5.2.1　现场救援和工程抢险保障

（1）对易出险的水利工程设施,应提前编制工程应急抢险预案,以备紧急情况下因险施策;当出现新的险情后,应派工程技术人员赶赴现场,研究优化除险方案,并由防汛行政首长负责组织实施。

（2）防汛抗旱指挥机构和防洪工程管理单位以及受洪水威胁的其他单位,储备的常规抢险机械、抗旱设备、物资和救生器材,应能满足抢险急需。

5.2.2　应急队伍保障

（1）防汛队伍。

a.任何单位和个人都有依法参加防汛抗洪的义务。中国人民解放军、中国人民武装警察部队和民兵是抗洪抢险的重要力量。

b.防汛抢险队伍分为:群众抢险队伍、非专业部队抢险队伍和专业抢险队伍(地方组织建设的防汛机动抢险队和解放军组建的抗洪抢险专业应急部队)。群众抢险队伍主要为抢险提供劳动力,非专业部队抢险队主要完成对抢险技术设备要求不高的抢险任务,专业抢险队伍主要完成急、难、险、重的抢险任务。

c.调动防汛机动抢险队程序:一是本级防汛抗旱指挥部管理的防汛机动抢险队,由本级防汛抗旱指挥部负责调动。二是上级防汛抗旱指挥部管理的防汛机动抢险队,由本级防汛抗旱指挥部向上级防汛抗旱指挥部提出调动申请,由上级防汛抗旱指挥部批准。三是同级其他区域防汛抗旱指挥部管理的防汛机动抢险队,由本级防汛抗旱指挥部向上级防汛抗旱指挥部提出调动申请,上级防汛抗旱指挥部协商调动。

d.调动部队参加抢险程序:县级以上地方人民政府组织的抢险救灾需要军队参加的,应通过当地防汛抗旱指挥机构提出申请,按照有关规定申请,紧急情况下,部队可边行动边报告,地方政府应及时补办申请手续。申请调动部队参加抢险救灾的文件内容包括灾害种类、发生时间、受灾地域和程度、采取的救灾措施以及需要使用的兵力、装备等。

（2）抗旱队伍。

a.在抗旱期间,地方各级人民政府和防汛抗旱指挥机构应组织动员社会公众力量投入抗旱救灾工作。

b.抗旱服务组织是农业社会化服务体系的重要组成部分,在干旱时期应直接为受旱地区农民提供流动灌溉、生活用水、维修保养抗旱机具,租赁、销售抗旱物资,提供抗旱信息和技术咨询等方面的服务。

5.2.3　供电保障

电力部门主要负责抗洪抢险、抢排渍涝、抗旱救灾等方面的供电需要和应急救援现场的临时供电。

5.2.4　交通运输保障

交通运输部门主要负责优先保证防汛抢险人员、防汛抗旱救灾物资运输;负责大洪水时用于抢险、救灾车辆的及时调配。

5.2.5　医疗保障

医疗卫生防疫部门主要负责水旱灾区疾病防治的业务技术指导;组织医疗卫生队赴灾区巡医问诊,负责灾区防疫消毒、抢救伤员等工作。

5.2.6　治安保障

公安部门主要负责做好水旱灾区的治安管理工作,依法严厉打击破坏抗洪抗旱救灾行动和工程设施安全的行为,保证抗灾救灾工作的顺利进行;负责组织搞好防汛抢险、分洪爆破时的戒严、警卫工作,维护灾区的社会治安秩序。

5.2.7　物资保障

(1)物资储备。

a.防汛抗旱指挥机构、重点防洪工程管理单位以及受洪水威胁的其他单位应按规范储备防汛抢险物资。玉树州防汛抗旱指挥部办公室应及时掌握新材料、新设备的应用情况,及时调整储备物资品种。

b.玉树州防汛抗旱指挥部办公室储备的州级防汛物资,主要用于解决遭受大洪水灾害地区防汛抢险物资的不足,重点支持遭受大洪涝灾害地区防汛抢险救灾物资的应急需要。

c.地方各级防汛抗旱指挥机构根据规范储备的防汛物资品种和数量,结合本地抗洪抢险的需要和具体情况,由各级防汛抗旱指挥机构确定。

d.抗旱物资储备。干旱频繁发生地区县级以上地方人民政府应当储备一定数量的抗旱物资,由本级防汛抗旱指挥机构负责调用。

e.抗旱水源储备。严重缺水城市应当建立应急供水机制,建设应急供水备用水源。

(2)物资调拨。

a.州级防汛物资调拨原则:先调用州级防汛储备物资,在不能满足需要的情况下,可调用其他县(市)的防汛储备物资。先调用抢险地点附近的防汛物资,后调用抢险地点较远的防汛储备物资。当有多处申请调用防汛物资时,应优先保证重点地区的防汛抢险物资急需。

b.州级防汛物资调拨程序:州级防汛物资的调用,由县(市)防汛抗旱指挥机构向玉树州防汛抗旱指挥部办公室提出申请,经批准同意后,由玉树州防汛抗旱指挥部办公室向代储单位下达调令。

c.当储备物资消耗过多,不能满足抗洪抢险和抗旱需要时,应及时启动生产流程和生产能力储备,联系有资质的厂家紧急调运、生产所需物资,必要时可通过媒体向社会公开征集。

5.2.8　资金保障

(1)各级人民政府应当在本级财政预算中安排资金,用于本行政区域内遭受严重水旱灾害的工程修复补助。

(2)受洪水威胁的各级政府为加强本行政区域内防洪工程设施建设,提高防御洪水能力,按照青海省政府的有关规定,可以在防洪保护区范围内征收河道工程修建维护管理费。

(3)积极争取国家和省财政安排的水利建设基金和特大防汛抗旱补助费,用于河道重点治理工程维护和建设,用于补助遭受特大水旱灾害的地区防汛抢险及应急抗旱。

5.2.9　社会动员保障

（1）防汛抗旱是社会公益性事业,任何单位和个人都有保护水利工程设施和防汛抗旱的责任。

（2）汛期或旱季,各级防汛抗旱指挥机构应根据水旱灾情,做好动员工作,组织社会力量投入防汛抗旱。

（3）各级防汛抗旱指挥机构的组成部门,在严重水旱灾害期间,应按照分工,特事特办,急事急办,解决防汛抗旱的实际问题,同时充分调动本系统的力量,全力支持抗灾救灾和灾后重建工作。

（4）各级人民政府应加强对防汛抗旱工作的统一领导,组织有关部门和单位,动员全社会力量,做好防汛抗旱工作,在防汛抗旱的关键时刻,各级防汛抗旱行政首长应靠前指挥,组织广大干部群众奋力抗灾减灾。

5.3　技术保障

5.3.1　积极争取建设州级防汛抗旱指挥系统

（1）形成覆盖玉树州防汛抗旱指挥部和各县（市）人民政府防汛抗旱部门的计算机网络系统,提高信息传输的质量和速度。

（2）建立和完善通天河、巴塘河重要河段的洪水预报系统,提高预报精度,延长有效预见期。

（3）逐步建立通天河、巴塘河的防洪调度系统,实现实时制订和优化洪水调度方案,为防洪调度决策提供支持。

（4）逐步建立省、州防汛抗旱指挥部与各县（市）人民政府防汛抗旱指挥部之间的防汛异地会商系统。

（5）逐步建立防汛信息管理系统,实现各级防汛抢险救灾信息的共享。

（6）逐步建立全州旱情监测和宏观分析系统,建设旱情信息采集系统,为宏观分析全州抗旱形势和做出抗旱决策提供支持。

5.3.2　各级防汛抗旱指挥机构应建立专家库,当发生水旱灾害时,由防汛抗旱指挥机构统一调度,派出专家组,指导防汛抗旱工作。

5.4　宣传、培训和演习

5.4.1　公众信息交流

（1）汛情、旱情、灾情及防汛抗旱工作等方面的公众信息交流,实行分级负责制,一般公众信息由本级防汛抗旱指挥部负责人审批后,可通过媒体向社会发布。

（2）当主要河道发生超警戒水位以上洪水,呈上涨趋势;山区发生暴雨山洪,造成较为严重影响;出现大范围的严重旱情,并呈发展趋势时,按分管权限,由本地区的防汛抗旱指挥部统一发布汛情、旱情通报,以引起社会公众关注,参与防汛抗旱救灾工作。

5.4.2　培训

（1）采取分级负责的原则,由各级防汛抗旱指挥机构统一组织培训。州级防汛抗旱指挥机构负责所辖县（市）防汛抗旱指挥机构负责人、防汛抢险技术骨干和防汛机动抢险队负责人的培训;县(市)防汛抗旱指挥机构负责乡(镇)防汛抗旱指挥机构负责人、防汛抢险技术人员和防汛机动抢险队骨干的培训。

(2)培训工作应做到合理规范课程、考核严格、分类指导,保证培训工作质量。

5.4.3 演习

(1)各级防汛抗旱指挥机构应定期举行不同类型的应急演习,以检验、改善和强化应急准备和应急响应能力。

(2)专业抢险队伍必须针对当地易发生的各类险情有针对性地每年进行抗洪抢险演习。

(3)多个部门联合进行的专业演习一般2~3年举行一次,由各级防汛抗旱指挥机构负责组织。

6　善后工作

发生水旱灾害的地方人民政府应组织有关部门做好灾区生活供给、卫生防疫、救灾物资供应、治安管理、学校复课、水毁修复、恢复生产和重建家园等善后工作。

6.1　救　灾

6.1.1　发生重大灾情时,灾区人民政府应成立救灾指挥机构,负责灾害救助的组织、协调和指挥工作。根据救灾工作实际需要,各有关部门和单位派联络员参加指挥机构办公室工作。

6.1.2　民政部门负责受灾群众生活救助。应及时调配救灾款物,妥善安置受灾群众,做好受灾群众临时生活安排,协调相关部门开展灾区倒塌房屋的恢复重建,保障受灾群众的基本生活问题。

6.1.3　卫生部门负责调配医务技术力量,抢救因灾伤病人员,对污染源进行消毒处理,对灾区重大疫情、病情实施紧急处理,防止疫病的传播、蔓延。

6.1.4　当地政府应组织对可能造成环境污染的污染物进行清除。

6.2　防汛抢险物料补充

针对当前防汛抢险物料消耗情况,按照分级筹措和常规防汛的要求,及时补充到位。

6.3　水毁工程修复

6.3.1　对影响当年防洪安全和城乡供水安全的水毁工程,应尽快修复。防洪工程应力争在下次洪水到来之前,做到恢复主体功能;抗旱水源工程应尽快恢复功能。

6.3.2　遭到毁坏的交通、电力、通信、水文以及防汛专用通信设施,应尽快组织修复,恢复功能。

6.4　灾后重建

各相关部门应尽快组织灾后重建工作。灾后重建原则上按原标准恢复,在条件允许情况下,可提高标准重建。

6.5 防汛抗旱工作评价

每年各级防汛抗旱部门应针对防汛抗旱工作的各个方面和环节进行定性和定量的总结、分析、评估。引进外部评价机制，征求社会各界和群众对防汛抗旱工作的意见和建议，总结经验，找出问题，从防洪抗旱工程的规划、设计、运行、管理以及防汛抗旱工作的各个方面提出改进建议，以进一步做好防汛抗旱工作。

7 附 则

7.1 名词术语定义

7.1.1 洪水风险图：是融合地理、社会经济信息、洪水特征信息，通过资料调查、洪水计算和成果整理，以地图形式直观反映某一地区发生洪水后可能淹没的范围和水深，用以分析和预评估不同量级洪水可能造成的风险和危害的工具。

7.1.2 干旱风险图：是融合地理、社会经济信息、水资源特征信息，通过资料调查、水资源计算和成果整理，以地图形式直观反映某一地区发生干旱后可能影响的范围，用以分析和预评估不同干旱等级造成的风险和危害的工具。

7.1.3 防御洪水方案：是有防汛抗洪任务的县级以上地方人民政府根据流域综合规划、防洪工程实际状况和国家规定的防洪标准，制订的防御江河洪水（包括对特大洪水）、山洪灾害（山洪、泥石流、滑坡等）等方案的统称。防御洪水方案经批准后，有关地方人民政府必须执行。各级防汛抗旱指挥机构和承担防汛抗洪任务的部门和单位，必须根据防御洪水方案做好防汛抗洪准备工作。

7.1.4 抗旱预案：是在现有工程设施条件和抗旱能力下，针对不同等级、程度的干旱，而预先制定的对策和措施，是各级防汛抗旱指挥部门实施指挥决策的依据。

7.1.5 抗旱服务组织：是由水利部门组建的事业性服务实体，以抗旱减灾为宗旨，围绕群众饮水安全、粮食用水安全、经济发展用水安全和生态环境用水安全开展抗旱服务工作。其业务工作受同级水行政主管部门领导和上一级抗旱服务组织的指导。国家支持和鼓励社会力量兴办各种形式的抗旱社会化服务组织。

7.1.6 一般洪水：洪峰流量或洪量的重现期5～10年一遇的洪水。

7.1.7 较大洪水：洪峰流量或洪量的重现期10～20年一遇的洪水。

7.1.8 大洪水：洪峰流量或洪量的重现期20～50年一遇的洪水。

7.1.9 特大洪水：洪峰流量或洪量的重现期大于50年一遇的洪水。

7.1.10 轻度干旱：受旱区域作物受旱面积占播种面积的比例在30%以下，以及因旱造成农（牧）区临时性饮水困难人口占所在地区人口比例在20%以下。

7.1.11 中度干旱：受旱区域作物受旱面积占播种面积的比例达31%～50%，以及因旱造成农（牧）区临时性饮水困难人口占所在地区人口比例达21%～40%。

7.1.12 严重干旱：受旱区域作物受旱面积占播种面积的比例达51%～80%，以及因旱造成农(牧)区临时性饮水困难人口占所在地区人口比例达41%~60%。

7.1.13　特大干旱:受旱区域作物受旱面积占播种面积的比例达80%以上,以及因旱造成农(牧)区临时性饮水困难人口占所在地区人口比例达60%。

7.1.14　城市干旱:因遇枯水年造成城市供水水源不足,或者突发性事件使城市供水水源遭到破坏,致使城市实际供水能力低于正常需求、城市的生产、生活和生态环境受到影响。

7.1.15　城市轻度干旱:因旱城市供水量低于正常需求量的5%~10%,出现缺水现象,居民生活、生产用水受到一定程度影响。

7.1.16　城市中度干旱:因旱城市供水量低于正常需求量的10%~20%,出现缺水现象,居民生活、生产用水受到较大影响。

7.1.17　城市重度干旱:因旱城市供水量低于正常需求量的20%~30%,出现缺水现象,居民生活、生产用水受到严重影响。

7.1.18　城市极度干旱:因旱城市供水量低于正常需求量的30%以上,出现缺水现象,居民生活、生产用水受到极大影响。

7.1.19　大型城市:指非农业人口在50万以上的城市。

7.1.20　紧急防汛期:根据《中华人民共和国防洪法》的规定,当河道的水情接近保证水位或者安全流量,水库水位接近设计洪水位,或者防洪工程设施发生重大险情时,有关县级以上人民政府防汛抗旱指挥机构可以宣布进入紧急防汛期。在紧急防汛期,玉树州防汛抗旱指挥机构有权对塞水、阻水严重的桥梁、引道和其他跨河工程设施做出紧急处置。防汛抗旱指挥机构根据防汛抗洪的需要,有权在其管辖范围内调用物资、设备、交通运输工具和人力,决定采取取土占地、砍伐林木、清除阻水障碍物和其他必要的紧急措施;必要时,公安、交通等有关部门按照防汛抗旱指挥机构的决定,依法实施交通管制。

本预案有关数量的表述中,"以上"含本数,"以下"不含本数。

7.2　预案管理与更新

本预案由玉树州防汛抗旱指挥部办公室负责管理,并负责组织对预案进行评估。每5年对本预案评审一次,由玉树州防汛抗旱指挥部办公室召集有关部门,各县(市)防汛抗旱指挥机构专家评审,并视情况变化做出相应修改,报玉树州人民政府批准。各县(市)防汛抗旱指挥机构根据本预案制定相关河道、地区和重点工程的防汛抗旱应急预案。

7.3　奖励和责任追究

对防汛抢险和抗旱工作做出突出贡献的劳动模范、先进集体和个人,由州人事局和州人民政府防汛抗旱指挥部联合表彰;对防汛抢险和抗旱工作中英勇献身的人员,按有关规定追认为烈士;对防汛抗旱工作中玩忽职守造成损失的,依据《中华人民共和国防洪法》《中华人民共和国防汛条例》《中华人民共和国公务员法》追究当事人的责任,并予以处罚,构成犯罪的,依法追究刑事责任。

7.4　预案解释部门

本预案由州水利局负责解释。

7.5　预案实施时间

本预案自发布之日起实施。

玉树州入河排污口监督管理实施办法

为切实加强玉树地区入河排污口监督管理,保护水资源,保障防洪和工程设施安全,促进水资源的可持续利用,根据《中华人民共和国水法》、《中华人民共和国防洪法》、《入河排污口监督管理办法》(水利部22号令)、《青海省河道管理条例》等法律法规,结合玉树实际特制定本办法。

第一条　在本州行政区域内的江河、湖泊(含渠道、水库等水域,下同)等排污口,以及对排污口使用的监督管理,适用本办法。

第二条　入河排污口的设置应当符合玉树州水功能区划、水资源保护规划和防洪规划的要求。

第三条　州人民政府水行政主管部门负责全州入河排污口监督管理的组织和指导工作;县级以上地方人民政府水行政主管部门按照本办法第五条规定的权限负责入河排污口设置和使用的监督管理工作。

州人民政府水行政主管部门可以委托下级地方人民政府水行政主管部门对其管理权限内的入河排污口实施日常监督管理。

第四条　在江河、湖泊上设置排污口,应当按照以下规定经有管辖权的水行政主管部门同意,并负责监督管理。

(一)依法应当办理河道管理范围内建设项目审查手续的,其入河排污口设置,依照《青海省河道管理条例》规定的建设项目审查权限审查同意;

(二)依法不需要办理河道管理范围内建设项目审查手续但需要办理取水许可手续的,其入河排污口设置由县级以上地方人民政府水行政主管部门按照取水许可管理权限审查同意;

(三)在水库、灌区管理范围内的河道、渠道设置排污口的,由水库、灌区管理单位提出初审意见,报水库、灌区管理单位上级水行政主管部门审查同意;

(四)其他入河排污口设置由入河排污口所在地的县(市)水行政主管部门审查同意。

第五条　设置入河排污口的单位(下称排污单位),在排污口设置前应向有管辖权的县级以上地方人民政府水行政主管部门提出入河排污口设置申请,并提交以下材料:

(一)入河排污口设置申请书;

(二)建设项目依据文件;

(三)入河排污口设置论证报告;

(四)其他应当提交的有关文件。

排污单位设置入河排污口同时依法需要办理河道管理范围内建设项目审查手续的或者办理取水许可审批手续的,排污单位可不单独提交入河排污口设置论证报告,在提交的河道管理范围内建设项目申请或者建设项目水资源论证报告书中应当包括本办法

第七条规定的内容。

第六条　入河排污口设置论证报告书应当包括以下内容：

（一）排污口所在水域水质、接纳污水及取水现状；

（二）入河排污口位置、排放方式；

（三）入河污水所含主要污染物种类及其排放浓度和总量；

（四）水域水质保护要求，入河污水对水域水质和水功能区的影响；

（五）入河排污口设置对有利害关系的第三者的影响；

（六）水质保护措施及效果分析；

（七）论证结论。

第七条　入河排污口设置论证报告应当委托具有以下资质之一的单位编制：

（一）建设项目水资源论证资质；

（二）水文水资源调查评价资质；

（三）建设项目环境影响评价资质（业务范围包括地表水和地下水的）。

第八条　县级以上地方人民政府水行政主管部门对申请材料齐全、符合法定形式的入河排污口设置申请，应当予以受理。

对申请材料不齐全或者不符合法定形式的，应当当场或者在五日内一次告知需要补正的全部内容，排污单位按照要求提交全部补正材料的，应当受理；逾期不告知补正内容的，自收到申请材料之日起即为受理。

第九条　入河排污口设置直接关系他人重大利益的，应当告知该利害关系人。排污单位、利害关系人有权进行陈述和申辩。

入河排污口的设置应当听证或者需要听证的，依法举行听证。

第十条　入河排污口设置论证报告应当由有管辖权的水行政主管部门组织专家进行评审，提出审查意见。

第十一条　设置入河排污口依法应当办理河道管理范围内建设项目审查手续的或者办理取水许可审批手续的，有管辖权的县级以上地方人民政府水行政主管部门在对该项目工程建设对防洪的影响评价或者建设项目水资源论证报告书进行审查时，应当选聘入河排污口设置论证方面的专家对入河排污口设置申请及其论证的内容进行审查，一并出具包含入河排污口设置申请的审查意见。

第十二条　有管辖权的县级以上地方人民政府水行政主管部门对受理的入河排污口申请，应当依据入河排污口设置审查意见，自受理之日起二十日内对入河排污口设置申请作出决定。

同意设置入河排污口的，应当予以公告；不同意设置入河排污口的，应当说明理由，并告知排污单位享有依法申请行政复议或者提起行政诉讼的权利。

专家评审和听证所需时间不计算在审查期限内。

第十三条　有下列情形之一的，不予同意设置入河排污口：

（一）在饮用水水源保护区内设置入河排污口的；

（二）在省级以上人民政府要求削减排污总量的水域设置入河排污口的；

（三）入河排污口设置可能使水域水质达不到水功能区要求的；

（四）入河排污口设置直接影响合法取水户用水安全的；

（五）入河排污口设置不符合防洪要求的；

（六）不符合法律、法规和国家产业政策规定的；

（七）其他不符合国务院水行政主管部门规定条件的。

第十四条 对做出同意设置入河排污口决定的，有管辖权的县级以上地方人民政府水行政主管部门应当向上一级人民政府水行政主管部门备案。

第十五条 入河排污口正式投入使用前应当经过有管辖权的县级以上地方人民政府水行政主管部门依照审批意见进行核查。

入河排污口试运行后三个月内，排污单位应当委托有计量认证资质的水质监测单位进行不少于三次的监测，并将监测资料报送有管辖权的县级以上地方人民政府水行政主管部门。经核查不符合设置要求的，限期整改。

第十六条 本办法发布前，已经设置的入河排污口，应当到排污口所在地县级水行政主管部门进行登记，其中设州规划区内已设置的入河排污口应当到市水行政主管部门进行登记。排污单位在接到入河排污口登记通知之日起二十日内，持有关文件到登记机关办理相关手续。

第十七条 县级以上地方人民政府水行政主管部门负责对入河排污口设置及排污情况进行监督检查。

水行政主管部门依法履行监督检查职责时，有权采取下列措施：

（一）要求排污单位提供有关文件、证照、资料；

（二）要求排污单位就排污情况做出说明；

（三）进入排污单位的生产场所进行调查；

（四）责令排污单位停止违法行为，履行法定义务。

水行政主管部门监察人员在履行监督检查职责时，应向排污单位或个人出示执法证件。

排污单位对监督检查工作应予配合，不得拒绝或阻碍监察人员依法执行职务。

第十八条 入河排污口设置应当建立档案制度和统计制度。

（一）排污单位应将入河排污口基本情况和排放的废污水量、主要污染物数量、排污口位置图以及定期报表等进行归档，建立入河排污口档案，以备核查。

（二）排污单位应当于每年1月31日前，按规定报送上一年度入河排污口有关资料和报表。发生严重旱情或者水质严重恶化等紧急情况时，排污单位应按县级以上地方人民政府水行政主管部门要求的内容、时间和方式提供资料。

（三）县级以上地方人民政府水行政主管部门应当按照档案管理的规定，对管辖范围内的入河排污口设置申请、审批、登记等相关材料和日常监督检查情况立卷、归档。

县级人民政府水行政主管部门应当于每年2月1日前，将本辖区内上一年度的入河排污口设置和监督管理情况报设州人民政府水行政主管部门。设州人民政府水行政主管部门应当于每年3月1日前，将本辖区内上一年度的入河排污口设置和管理情况报省人民政府水行政主管部门。

第十九条　未依照法律法规规定设置排污口的,县级以上水行政主管部门应依照《中华人民共和国水法》、《中华人民共和国防洪法》、《入河排污口监督管理办法》(水利部 22 号令)、《青海省河道管理条例》等法律法规的规定,责令停止违法行为,并依法追究法律责任。

第二十条　本办法自发布之日起施行。

二、水利碑文

长江源环保纪念碑　　1999 年 6 月 5 日,由江泽民亲笔题写碑名的长江源环保纪念碑在长江源头沱沱河畔正式揭碑。金辉先生为此写作了碑记,碑记为:"摩天滴露,润土发祥。姜古迪如冰川,乃六千三百八十公里长江之源,海拔五千四百米,壮乎高哉。自西极而东海,不惮曲折,经十一省市,浩浩荡荡;由亘古至长今,不择溪流,会九派云烟,坦坦荡荡。如此大江精神,民之魂也,国之魂也。江河畅,民心顺;湖海清,国运昌。感念母亲河哺育之恩,中华儿女立碑勒石,示警明志:治理长江环境,保护长江生态。玉洁冰清,还诸天地,青山碧水,留存子孙。"该碑由国家环保总局、青海省人民政府、四川省人民政府和国家测绘局联合承立。

黄河源碑　　1999 年 10 月 24 日,由江泽民题写碑辞的黄河源碑揭碑仪式在青藏高原巴颜喀拉山北麓的黄河发源地举行。青海省人民政府副省长穆东升、水利部副部长周文智、黄河水利委员会主任鄂竟平共同为河源碑揭碑。黄河源碑坐落在青海省玉树州曲麻莱县玛曲曲果,位于东经 95°59′、北纬 35°01′35″,海拔 4 675 米。碑体为长方体,高 1 999 毫米,厚 546.4 毫米,碑体与碑座的总高度为 2.8 米,重约 11 吨。碑铭为:"巍巍巴颜,钟灵毓秀,约古列宗,天泉涌流。造化之功,启之以端,洋洋大河,于此发源。揽雪山,越高原,辟峡谷,造平川,九曲注海,不废其时。绵五千四百六十公里之长流,润七十九万平方公里之寥廓。博大精深,乃华夏文明之母;浩瀚渊泓,本炎黄子孙之根。张国魂以宏邈,砥民气而长扬。浩浩荡荡,泽被其远,五洲华裔,瓜瓞永牵。自公元一九四六年始,中国共产党统筹治河。倾心智,注国力,矢志兴邦。务除害而兴利,谋长河而久远。看岁岁安澜,沃土洇润,山川秀美,其功当在禹上。美哉黄河,水德何长!继往开来,国运恒昌。立言贞石,永志不忘。"该碑由中华人民共和国水利部主立,青海省人民政府协立,黄河水利委员会承立。

三江源自然保护区碑　　2008 年 8 月 19 日,由江泽民亲笔题写"三江源自然保护区"八个大字的三江源自然保护区碑在通天河大桥旁正式揭牌。纪念碑由花岗岩雕成,碑体高 6 621 毫米,象征长江正源地各拉丹冬雪峰 6 621 米的高度;纪念碑基座面积 366 平方米,象征三江源保护区 36.3 万平方公里的面积;基座高 4.2 米,象征三江源 4 200 米的平均海拔;碑体由 56 块花岗岩堆砌而成,象征中国 56 个民族;碑体上方两只巨形手,象征人类保护"三江源"。碑体背面是由全国人大常委会副委员长布赫撰写的碑文,碑文为:"高原极地,一派风光。水塔天成,源远流长。三江同根,与斯滥觞。浩渺东去,润泽八方。羽族炫翎,天籁泱泱。蹄类竞走,蓊郁苍茫。自然保护,管育加强。禁猎止伐,水源涵养。万物竞天,澜安土祥。山川秀美,庇佑家邦。开发西部,民富国强。勒石为铭,永志不忘。"该碑由国家林业局和青海省人民政府组织承立。

三、三江源国家公园之玉树藏族自治州园区

长江源园区　园区位于玉树藏族自治州治多、曲麻莱两县境内,将可可西里国家级自然保护区、三江源国家级自然保护区的索加—曲麻河保护分区进行整合,并将楚玛尔河特有鱼类水产种质资源保护区归并。面积为 9.03 万平方公里,海拔高度 4 200 米以上。园区包括治多县的索加乡、扎河乡,曲麻莱县的曲麻河乡、叶格乡,涉及 15 个行政村。园区内分布发育着广袤的冰川雪山、星罗棋布的高海拔湖泊湿地群和大面积的高寒荒漠、高寒草原草甸,园区具有世界上最大、最高、最年轻、最完整的广袤高原夷平面以及最密集的"冰川—河流—湖泊"高原景观,为藏羚羊、野牦牛、藏野驴、棕熊等众多青藏高原特有大型哺乳动物提供了重要栖息地和迁徙通道,园区水域还分布着长江裸鲤、长丝裂腹鱼、裸腹叶须鱼等保护鱼类,生物多样性丰富,是名副其实的"野生动物天堂"。

澜沧江源源区　园区位于玉树藏族自治州杂多县境内,将三江源国家级自然保护区果宗木查、昂赛两个保护分区整合联通,强化对澜沧江源头生态系统的完整保护。园区面积 1.37 万平方公里,海拔高度 4 000 米以上。园区包括杂多县莫云、查旦、扎青、阿多和昂赛 5 个乡,涉及 19 个行政村。园区作为澜沧江—湄公河(国际河流)的发源地,分布发育着大面积的冰蚀地貌、雪山冰川、辫状水系,草原湿地、林丛峡谷等类型多样的自然资源和自然景观,水源涵养功能巨大。澜沧江发源于唐古拉山脉北麓的果宗木查雪山,澜沧江流域的昂赛保护分区分布着高海拔天然林,是我国大果圆柏的分布上限。区域内冰川雪山、草甸、草原、灌丛、森林垂直分布明显。园区内主要分布有雪豹、白唇鹿、马麝、猞猁、黑颈鹤、雪鸡、蓝马鸡等野生动物,被誉为"雪豹之乡"。

附表 玉树州主要河流特征表

序号	流域	干流	级	支流在干流左右侧	河名	源头地名	源头海拔(米)	河口东经北纬	河口海拔(米)	河长(公里)	河床平均比降(‰)	流域面积(平方公里)	多年平均流量(立方米/秒)
	长江流域	沱沱河	一	左	介普勒节曲	葛日布米山	5 689	92°14′ 34°14′	4 553	175	2.37	4 292	6.33
			二	右	扎木曲	多索岗日雪山	5 580	92°07′ 34°20′	4 591	130	3.67	1 938	2.86
			一	左	绕德曲	唐古拉山瓦尔公西南雪峰	5 650	94°01′ 32°53′	4 706	65	2.86	1 066	8.08
			一	左	查吾曲	查吾拉山	5 508	93°45′ 32°59′	4 678	83	2.48	1 179	7.17
			一	左	吾钦曲	吾钦拉上雪峰	5 574	93°51′ 32°53′	4 696	72	3.24	174	7.46
			一	右	玛日阿达州曲	尕日松卡贡玛山	5 127	93°15′ 33°20′	4 615	56	2.81	1 020	3.06
		当曲	一	左	布曲	门走甲日雪山(东源) 冬素山(西源)	5 830 5 683	91°23′ 33°15′	4 499	232	5.05	13 815	54.16
			二	左	尕尔曲	加秀曲源头雪峰	6 338	92°23′ 33°52′	4 561	162	11	4 194	14.95
			二	右	冬曲	直候玛西雪山	5 868	92°32′ 33°52′	4 528	140	3.99	2 833	11.7

续附表

序号	流域	干流	支流 级	在干流左右侧	河名	源头 地名	海拔（米）	河口 东经北纬	海拔（米）	河长（公里）	河床平均比降（‰）	流域面积（平方公里）	多年平均流量（立方米/秒）
	长江流域	通天河	一	左	然池曲	倒加迟可山以西	5 080	93°08′ 34°14′	4 440	118	2. 51	2 909	4. 22
			一	右	莫曲	扎那日根山	5 550	93°42′ 34°12′	4 391	142		8 871	25. 43
			二	左	鄂曲	加果空桑贡玛山	4 968	93°44′ 33°43′	4 483	93		1 754	5. 23
			二	左	巴子曲	西恰日升山	5 014	93°37′ 34°01′	4 422	86		1 414	2. 48
			二	右	君曲	采莫尼俄山南麓	4 980	93°40′ 34°04′	4 410	104		1 602	4. 53
			一	右	牙哥曲	荣卡曲莫及山	5 517	93°54′ 34°24′	4 362	118		3 008	7. 64
			二	左	巴木曲	普巴一真山	5 162	94°07′ 34°19′	4 459	91		1 066	2. 63
			一	左	北麓河	勒迟嗦久玛山	5 081	94°05′ 34°34′	4 325	209		8 003	11.42
			一	右	科欠曲	兴寨莫合雪山	5 587	94°27′ 34°41′	4 275	156	3.32	3 554	11.29
			一	左	勒池曲	直达日旧山南麓	4 832	94°31′ 34°44′	4 267	88	5.69	1 016	1.46

续附表

序号	流域	干流	级	支流 在干流左右侧	支流 河名	源头 地名	源头 海拔(米)	河口 东经北纬	河口 海拔(米)	河长(公里)	河床平均比降(‰)	流域面积(平方公里)	多年平均流量(立方米/秒)
	长江流域	通天河	一	左	色吾曲	巴颜喀拉山脉济峡扎贡山北麓	5 002	95°21′ 34°29′	4 153	167	3.23	6 699	12.3
			二	右	东色吾曲	阿孜拉山	4 800	95°32′ 34°33′	4 243	80	4.79	2 010	5.28
			一	左	聂恰曲	卖少色勒娥雪山北麓	5 060	95°50′ 34°01′	4 052	179	4.35	5 721	29.3
			二	右	多采曲		5 200(末端高程)	95°29′ 33°49′	4 260	82	7.49	2 160.3	10.01
			一	右	登额曲	妥拉牙山南麓			3 996	109	5.98	2 265.1	13.82
			二	左	德曲	着格那青山西南麓	5 000	96°24′ 33°43′	3 868	150	5.39	4 235.7	15.53
			一	右	布曲	山地	4 800	96°29′ 33°52′	4 003	71	8.84	1 106.4	4.61
			二	左	细曲	曲柔扎莫山以西的石块地	5 034	96°41′ 33°33′	3 781	77	10.4	1 629.1	7.89
			一	右	益曲	沙俄荼交山北麓沼泽地		96°43′ 33°26′		169		2 646.2	20.96
			一	右	巴塘河	格拉山以北、日阿如东塞山以东的山峰北坡	5 122	97°15′ 32°59′	3 530	92		2 473.6	25.39

续附表

序号	流域	干流	支流 在干流左右侧	支流 河名	级	源头 地名	源头 海拔（米）	河口 东经北纬	河口 海拔（米）	河长（公里）	河床平均比降（‰）	流域面积（平方公里）	多年平均流量（立方米/秒）
一	长江流域	通天河	左	楚玛尔河	一	可可西里东麓	5 301	94°56′ 34°40′	4 216	526.8	1.31	20 835	32.95
			右	乌龙曲	二	乌拉山东段北麓	5 491	91°45′ 35°08′	4 740	92	3.96	1 812.4	2.54
			左	巴那大才曲	二	博卡雷克塔格雪山	5 401	93°47′ 35°17′	4 436	67		1 335	2.55
			左	扎日尕那曲	二	阿青岗天日旧雪山	5 587	94°22′ 35°04′	4 355	91		1 034	2.16
			左	扎家同哪曲	一	稍日峨山西南	4 970		4 319	72	2.49	1 002.2	0.7
二	黄河流域	黄河	右	卡日曲	一	毛喀岗西北麓	4 862			156	2.15	3 131	5.05
			右	扎曲	一	查安西里客布气山	4 752		4 310.5	72	6.1	822	0.33
			右	多曲	二	香拉沟头	4 880		4 283	163	2.24	5 706	12.8
			左	洛曲	二	哆西当陇沟头	4 942		4 425	101	2.69	1 437	3.48
			右	约宗曲	二	卡日扎芬（山）	4 724		4 463	38.6	6.8	242	0.21

续附表

序号	流域	干流	级	在干流左右侧	河名	地名	海拔（米）	东经北纬	海拔（米）	河长（公里）	河床平均比降（‰）	流域面积（平方公里）	多年平均流量（立方米/秒）
						源头		河口					
	澜沧江流域	扎曲	一	右	扎那曲	加果空桑贡玛山	5 388	94°36′ 33°13′	4 360	89	4.64	1 977	10.65
			一	右	阿涌	昆果日玛	5 026	94°46′ 33°11′	4 308	93	5.19	1 154	8.48
			一	左	布当曲	日阿东拉垭口东侧的雪山	5 770	95°06′ 32°59′	4 160	96	6.56	1 959.3	13.07
			一	左	沙曲	藏西查牙本桑山	4 860	95°06′ 32°59′	3 990	50	12.9	897.4	7.41
			一	右	班涌	冬青才扎山	5 381	95°54′ 32°34′	3 870	61	10.9	887.4	10.03
			一	左	宁曲	玛日赛山南麓	5 050	96°07′ 32°33′	3 780	84	9.92	1 286.7	13.2
			二	左	干曲	无名	5 428			277（青海省）	3.35	8 212（青海省）	88.87
			二	左	隆曲	阿吉扎依山峰以西3公里的山地	4 975	96°34′ 32°38′	3 870	59	11.5	784	8.62
			一	右	吉曲	瓦尔公冰川	5 660			520		9 461（青海省）	105.54
			二	右	麦曲	则拢果雪山北坡	5 000	95°49′ 32°05′	3 915	66	891.2	891.2	11.3
			三	左	巴曲	日啊恰赛山东南山坡	4 640	96°38′ 31°41′	3 518	144	7.87	1 756.8	21.88
			二	左	热曲	血江拉垭口的高山北坡	5 400	96°10′ 31°36′	4 203	89	5.46	720	9.08

编后记

2016年12月,根据玉树藏族自治州水利局关于编纂《玉树藏族自治州水利志》的有关要求,玉树藏族自治州水利局委托青海省水利水电科技发展有限公司(公司于2018年3月更名为青海省水利水电科学研究院有限公司)编纂《玉树藏族自治州水利志》。青海省水利水电科技发展有限公司于2017年1月成立了《玉树藏族自治州水利志》编纂组。

2017年1—4月,编纂组人员查阅青海省水利厅机关、玉树藏族自治州水利局及所属单位的行政档案、技术档案,收集、复印有关资料。2017年4月中旬起转入边补充完善资料边编写志稿阶段。2018年3月完成《玉树藏族自治州水利志》初稿。2018年3月19日,玉树藏族自治州水利局组织对初稿进行审查,青海省地方志办公室专家、省水利厅领导和所属单位负责人及特邀专家参加了初审会,会上会下共征集到修改意见和建议近百条。根据审查意见和编纂工作的实际情况,玉树藏族自治州决定加强对编纂工作的领导,青海省水利水电科技发展有限公司决定充实编辑力量、调整编纂方式,2018年4—6月,根据评审意见和向有关退休人员征求的审稿意见,组织编辑人员对志书认真修改,于2018年6月30日完成送审稿。2018年7月9日,玉树藏族自治州水利局主持召开送审稿审查会,经青海省地方志办公室专家、青海省水利厅领导和所属单位负责人及特邀专家的会前审读和会上的集中评审,在充分肯定志书总体质量的同时,各专家提出了进一步修改的意见和建议。会议结论是:志稿基本符合志书质量要求,原则通过审查,建议修改后刊印。会议结束后,青海省水利水电科技发展有限公司领导组织相关人员认真梳理和消化评审意见,对志稿又加以修改、补充和完善。

本志编纂分工如下:

概　述:李润杰　王霞玲　皮运松　仁青多杰

大事记:王霞玲　李润杰　刘得俊　郭凯先　扎西端智

第一章:李润杰　王霞玲　刘得俊　郭凯先　旦巴达杰

第二章:李润杰　王霞玲　刘得俊　郭凯先　朱严宏

第三章:李润杰　王霞玲　刘得俊　温　军　阚着文毛　巴丁才仁

第四章:李润杰　王霞玲　刘得俊　温　军　才永扎

第五章:李润杰　王霞玲　刘得俊　温　军　求周多杰　索南忠尕

第六章:李润杰　王霞玲　刘得俊　贾海博　祁录守

第七章:李润杰　王霞玲　郭凯先　张金旭　黄佳盛　尕玛达杰

第八章:李润杰　王霞玲　张金旭　黄佳盛　普措看着

第九章:王霞玲　李润杰　温　军　黄佳盛　李小英

第十章:王霞玲　李润杰　郭凯先　连利叶　贾海博　贺海玲

第十一章:王霞玲　李润杰　郭凯先　冯　琪　更松卓尕

第十二章:土霞玲　李润杰　郭凯先　连利叶　李　琼

第十三章:王霞玲　李润杰　郭凯先　严尚福　巴才仁

第十四章:王霞玲　刘得俊　魏廷祥　优　忠　朱严宏　吕蔚霞

第十五章:王霞玲　郭凯先　吴元梅　巴桑才仁　赵守鹏

附　录:黄佳盛　王霞玲　张济忠　旦增尼玛　成林然丁　索日文才

《玉树藏族自治州水利志》是玉树州水利史上第一部水利志书,重点记述了1951年后六十多年来玉树州水利事业的发展历程,彰显前人治水功绩,总结治水方略,启迪后人谋划,实现科学发展。既有成功的经验,也有失败的教训。既承载着老水利工作者勇于实践和艰苦创业的汗水,也凝聚着编写者的心血。

《玉树藏族自治州水利志》编纂工作始终在玉树藏族自治州水利局和青海省水利水电科技发展有限公司(青海省水利水电科学研究院有限公司)的重视下进行。青海省财政厅、青海省水利厅各相关处室(水资源处、农村牧区水利处等)、青海省水土保持局、青海省水利管理局、青海省农村水电和电气化发展管理局、青海省水文水资源勘测局、青海省防汛抗旱指挥部办公室、青海省水利水电勘测设计研究院、玉树州水利局的领导和职工,对本志的编修给予大力支持和帮助。青海省财政厅提供材料的有农业综合开发办公室科员马生林;青海省水利厅提供材料的人员有:网络宣传信息中心马生录、水资源处杨辉等;玉树州水利局提供资料的人员(含已退休人员)有:魏廷祥、张发年、石克俭、仁青多杰、扎西端智、朱严宏、吕蔚霞、旦巴达杰等。

在《玉树藏族自治州水利志》编纂和志稿审查过程中,得到了云涌、王绒艳、蒽文朝、孙婉娟、李树宁、任文浩、陈强、李德靖、才多杰、魏廷祥、石克俭、张发年、扎西端智、才永扎等专家的具体指导。在此,我们对所有关心、支持、帮助本志编纂工作的领导、专家和职工,一并表示衷心的感谢!

《玉树藏族自治州水利志》记述的内容广,专业性强,时间跨度大,有些资料无法收集到,编写内容有所欠缺,加之编者编志经验和业务水平有限,本志的疏漏失当,乃至错误之处在所难免,欢迎广大专家、读者批评指正。

编　者

2018 年 10 月